普通高等教育人工智能创新型系列教材

Python语言基础及应用

江晓林　盛　浩　王力禾　编著

机械工业出版社

Python 是一种简单易学的脚本语言，它具有解释性、编译性、互动性和面向对象的特性，提供了丰富的高级数据结构。目前，Python 已成为广大开发人员的首选编程语言，并广泛应用于 Web 开发、自动化测试、数据分析及人工智能等领域。本书以实用性为出发点，在介绍 Python 程序设计的基础知识时，采用理论与实践相结合的方式，通过项目实战提升读者的应用能力，有效培养读者使用 Python 语言解决实际问题的能力。

本书共 10 章。具体内容分为两大部分：第一部分以 Python 语言基础知识普及为主，介绍了 Python、基本语法、数据类型、函数等；第二部分以项目实战为核心，以贴近生活的案例为依托、以学以致用为导向，介绍了数据处理、可视化分析、科学计算、机器学习和深度学习等项目实战。全书以理论引导、案例驱动和上机实战为理念，打造 Python 语言学习的新模式。本书基于相关高等学校教师长期教学实践编写，旨在通过简练易懂的语言，以理论知识为基础、以项目实战为手段、以解决问题为根本，使读者真正理解所学理论，并能够学以致用。为方便读者学习，本书提供完整的配套资源，包括程序源码、PPT 课件、习题答案等，可从机械工业出版社教育服务网（www. cmpedu. com）下载。

本书可以用作高等学校计算机、人工智能、信息、电气等相关专业本科生的教科书，也可作为技术人员的参考书。

图书在版编目（CIP）数据

Python 语言基础及应用/江晓林，盛浩，王力禾编著. —北京：机械工业出版社，2024. 2
普通高等教育人工智能创新型系列教材
ISBN 978-7-111-74621-8

Ⅰ. ①P… Ⅱ. ①江… ②盛… ③王… Ⅲ. ①软件工具-程序设计-高等学校-教材 Ⅳ. ①TP311. 561

中国国家版本馆 CIP 数据核字（2024）第 001707 号

机械工业出版社（北京市百万庄大街 22 号 邮政编码 100037）
策划编辑：刘琴琴 责任编辑：刘琴琴 侯 颖
责任校对：张慧敏 王 延 封面设计：王 旭
责任印制：郜 敏
中煤（北京）印务有限公司印刷
2024 年 3 月第 1 版第 1 次印刷
184mm×260mm · 24 印张 · 590 千字
标准书号：ISBN 978-7-111-74621-8
定价：73. 80 元

电话服务 网络服务
客服电话：010-88361066 机 工 官 网：www. cmpbook. com
010-88379833 机 工 官 博：weibo. com/cmp1952
010-68326294 金 书 网：www. golden-book. com
封底无防伪标均为盗版 机工教育服务网：www. cmpedu. com

前言
PREFACE

Python是一种使用广泛的、跨平台的、采用解释型方式运行的高级通用编程语言。Python提供了强大的高级数据结构和简单有效的面向对象的编程方法，它简洁明了的语法特点使之成为多数平台上脚本编写和快速开发应用的首选编程语言。随着其版本的不断更新和新功能的添加，Python已经逐渐成为开发独立大型项目的常用编程语言之一。作为面向对象的解释型计算机程序设计语言，Python是纯粹的自由软件，其源代码和解释器CPython均遵循GPL协议。Python具有丰富而强大的标准库，可提供适用于各种主流系统平台的源代码或机器码。此外，Python又被称为“胶水语言”，因为它可以轻松地将用其他语言编写的各种模块连接在一起。Python还具有动态类型系统和垃圾回收功能，能够自动管理内存的使用。它支持多种编程范式，包括函数式、指令式、结构化、面向对象和反射式编程。Python解释器易于扩展，可以使用C语言或C++语言（或者其他可以通过C语言调用的语言）扩展新的功能和数据类型。Python也可作为可定制化软件中的扩展程序语言使用。当前，Python在Web开发、自动化测试、数据分析及人工智能等许多领域都有着广泛的应用。

本书共10章，具体内容如下：

第1章Python语言概述。介绍了Python的历史、特性和应用领域，以及Python开发环境的安装与配置，并介绍了Python扩展库。通过本章的学习，读者可以了解Python语言的基本概念，掌握多种集成开发环境的使用技巧。

第2章Python语言基础。重点介绍了Python语法和程序编写规则。通过本章的学习，读者可以掌握基本的Python语法规则，了解构成有效Python标识符和表达式的方法，熟悉Python中的数据类型，以及在计算机上数字表示的基本原理。

第3章复合数据类型。通过序列类型的介绍，读者可以理解序列和索引的基本概念，掌握元组和列表的区别，了解处理文本信息的编程方法，熟悉通过内置函数对复合型数据进行操作的方法，熟悉复合型数据在实际项目中的使用技巧，以及了解在Python中读取和写入文本文件的基本文件处理概念和技术。

第4章结构体。从选择结构、循环结构、解析式几个方面进行阐述，读者应掌握利用条件语句理解判断编程模式及其实现，理解确定和不定循环的概念，掌握交互式循环和哨兵循环的编程模式，理解循环结构的控制语句。此外，本章还介绍了异常处理的思想。

第5章函数。通过本章的学习，读者可以了解函数式编程的程序设计理念，理解Python函数的基本原理，掌握函数的调用和参数传递的细节，理解递归的定义。

第6章数据处理。通过介绍NumPy数组的创建和操作，读者可以了解数组数据的组成与基本概念，掌握数组数据的基本操作与索引机制，理解 NumPy 矢量化操作对效率的提升，并正确区分循环与矢量化操作的应用场景。

第 7 章可视化分析。内容包括从数据到图形、面向对象的绘图模式，以及人口金字塔可视化分析、电商数据可视化分析、气象数据可视化分析等具体案例。通过本章的学习，读者可以了解数据可视化的意义与基本概念，掌握可视化分析图形中的信息要素与构建方法，理解可视化图表展示的信息内容，并能够进行正确分析。

第 8 章科学计算。先介绍了 Python 在科学计算领域的应用，然后讲解了公司生产最优化规划、气象风速插值分析、数字图像处理等实践案例。通过本章的学习，读者能够协同运用 NumPy、SciPy 与 Matplotlib 库解决科学计算问题，能够针对具体应用正确选择 SciPy 中对应的子模块，并依据该子模块提供的函数解决问题，还能够基于 Python 综合评估使用科学计算算法。

第 9 章机器学习。介绍了基于数据的学习和常用的机器学习算法原理，以及机器学习模型的性能评价指标。本章案例包括手写数字识别、交通车流量预测和电影推荐系统。通过本章的学习，读者能够了解机器学习的基本概念和常用算法，掌握机器学习模型的性能评价。

第 10 章深度学习。介绍了人工神经网络的概念和使用编程语言构建深度学习系统的流程。本章案例包括诗歌生成器及识别验证码的 OCR 模型。通过本章的学习，读者可以了解人工神经网络的特性和基本概念，掌握使用编程语言构建深度学习系统的流程，理解各类神经网络的组成结构。

本书旨在通过简练易懂的语言，以理论知识为基础、以项目实战为手段、以解决问题为根本，使读者真正理解所学理论，并能够学以致用。

由于编者水平有限，疏漏之处在所难免，殷切希望读者批评指正。

编　者

目录

CONTENTS

第1章 Python语言概述

学习目标

知识目标

- 了解Python语言的特性和应用领域；
- 掌握Python的多种集成开发环境；
- 掌握如何解决Python安装问题。

思政目标

- 培养学生对编程的兴趣；
- 从Python语言发展史中明白事物成功背后的因果逻辑以及新旧技术的迭代更替。

技能目标

- 能够配置自身所需的Python开发环境；
- 能够在两种Python的集成开发环境（IDLE和Jupyter）下运行Python程序；
- 能够实现Python的扩展库安装和导入。

Python是一种简单易学且具有解释性、编译性、互动性和面向对象特性的脚本语言，提供了很多高级数据结构，它的语法和动态类型及解释性使其成为广大程序开发者的首选编程语言。例如，它是Google的第三大开发语言、Dropbox的基础语言、豆瓣的服务器语言。

1.1 Python语言简介

Python由其他语言发展而来，其中主要包括ABC、Modula-3、C、C++、SmallTalk、UNIX shell等。Python的成功代表了它借鉴的所有语言的成功。就如同人无完人，每个语言都是混合体，都有它优秀的地方，但也有各种各样的缺陷。对于一门语言好与不好的评判，往往受制于平台、硬件、时代等外部因素。

1.1.1 Python的历史

Python的创始人为荷兰数学和计算机科学研究学会的吉多·范罗苏姆。1982年，吉多从阿姆斯特丹大学获得数学和计算机硕士学位。然而相比数学，他更加享受计算机带来的乐趣，也更趋向于从事计算机相关的工作，并热衷于做任何和编程相关的事情。

当时，吉多已经接触并使用过诸如Pascal、C、Fortran等语言。这些语言的基本设计原则是让机器能更快地运行。在20世纪80年代，虽然IBM和苹果已经掀起了个人计算机（PC）浪潮，但PC的配置一直很低，比如早期的苹果个人计算机只有8MHz的CPU主频和

128KB 的 RAM。因此，所有编译器的核心是做优化，以便让程序能够运行。为了提高效率，也迫使程序员像计算机一样思考，以便能写出更符合机器思路的程序。由于内存的“寸土寸金”，C 语言的指针在当时被认为是一种内存的浪费，而面向对象设计只会让计算机瘫痪。这种编程方式让吉多感到苦恼，因为整个编写过程往往需要耗费大量的时间。

吉多的另一个选择是 shell。Bourne shell 作为 UNIX 系统的解释器已经长期存在，UNIX 管理员们常用 shell 去编写一些简单的脚本。许多动则百行的 C 语言程序，在 shell 下只需要几行就可以完成。然而 shell 的本质是调用命令，无法全面地调用计算机的功能。

因此，吉多一直希望开发一种语言，它既能够像 C 语言一样全面调用计算机的功能接口，又可以像 shell 一样轻松地编程。

彼时吉多所在的研究所正在开发一款新语言 ABC。与当时的大部分语言不同，ABC 语言以教学为目的。ABC 语言的目标是让用户感觉更好，希望语言是容易阅读的、容易使用的、容易记忆的和容易学习的，以此激发人们学习编程的兴趣。例如，下面是一段 ABC 程序，用于统计文本中出现的单词总数。

```
HOW TO RETURN words document:

    PUT {} IN collection
    FOR line IN document:
      FOR word IN split line:
        IF word not.in collection:
          INSERT word IN collection
    RETURN collection
```

其中，HOW TO 用于定义函数，冒号和缩进表示程序块，行尾没有分号，赋值使用 PUT 代替等号。ABC 的语言规则让程序读起来像一段文字，具备良好的可读性和易用性。

但是由于 ABC 语言编译器需要高配置计算机才能运行，而高配置计算机的使用者往往精通编程。对他们来说，程序的高效性比难易度更重要，这导致了 ABC 语言最终没有流行起来。除了硬件上的困难外，ABC 语言的设计也存在一些致命的问题，例如可拓展性差。由于 ABC 语言不是模块化语言，想要增加功能，如 GUI，就需要较为复杂的操作。它也不能直接进行输入/输出，无法直接操作文件系统进行文件的读/写。同时，ABC 语法的过度革新让当时习惯了通用语法的程序员难以适应。再者，其编译器的载体是磁带，安装极不方便，这也导致其难以快速传播。

1989 年，为了打发圣诞节假期的无趣，吉多决定开发一个新的脚本解释程序，作为 ABC 语言的一种继承。新脚本解释程序的名字就叫作 Python，源自吉多所喜爱的电视剧。

1991 年，第一版 Python 编译器诞生。它用 C 语言实现，能够调用 C 语言的库文件，具备类、函数、异常处理，包含表和词典在内的核心数据类型，以及以模块为基础的拓展系统。Python 语法很多来自 C 语言，但又受到 ABC 语言的强烈影响，例如强制缩进。另外，Python 聪明地选择了服从一些符合常识的通用惯例，比如等号赋值。

Python 从一开始就特别注重可拓展性，可以在多个层次上进行拓展。在高层，可以直接

引入 . py 文件；在底层，可以引用 C 语言库。这使得 Python 程序员可以快速地使用 Python 编写 . py 文件作为拓展模块，也可以深入底层编写 C 程序、编译 . so 文件并引入 Python 中使用。

最初的 Python 完全由吉多本人开发。在 Python 得到吉多同事的喜爱后，他们迅速地反馈使用意见并参与 Python 的改进。于是吉多和部分同事组成了 Python 的核心团队，并为之奉献了自己大部分的业余时间。随后，Python 被拓展到研究所之外。Python 将许多计算机层面的细节隐藏起来，着重凸显逻辑层面的编程思考，这使得 Python 程序员可以花更多的时间在程序逻辑上，而非在实现细节方面。这一特征吸引了广大的程序员，Python 开始流行。

吉多维护了一个邮件列表(互联网早期的社区形式之一)，来自不同领域的 Python 用户可以通过邮件进行交流。因为 Python 的开放性和拓展性，需求迥异的用户可以很容易地对 Python 进行拓展或改造。随后，这些用户会将改动发给吉多，并由吉多决定是否将新的特征加入 Python 或者标准库中。最终，用户将不同领域的优点带给了 Python。比如 Python 标准库中的正则表达是参考 Perl 语言，lambda、map、filter 等函数参考了 LISP 语言。可以说，Python 及其标准库的功能强大是整个社区的贡献。吉多自认为不是全能型的程序员，所以他只负责制定框架。遇到复杂的问题，就交由社区中的其他人解决。社区中人才辈出，甚至于创建网站、筹集基金等与开发稍远的事情，也有人乐于处理。因此从 Python 2.0 开始，Python 从邮件列表的开发方式转为完全开源的开发方式。社区气氛已然形成，工作被整个社区分担，合作及开放的心态让 Python 获得了更加高速的发展。

2018 年 7 月 12 日，在完成 Python 增强提案(Python Enhancement Proposals，PEP)572 后，吉多决定退出 Python 核心决策层。

直至今日，Python 的框架已然确立。Python 语言以对象为核心组织代码，支持多种编程范式，采用动态类型，自动进行内存回收，支持解释运行，并能调用 C 语言库进行拓展。Python 有强大的标准库，且由于标准库体系稳定，其生态系统已经拓展到第三方库，如 Django、NumPy、Matplotlib、PIL 等。

图 1-1 彩图

自从 2004 年以来，Python 的使用率呈线性增长，如图 1-1 所示。

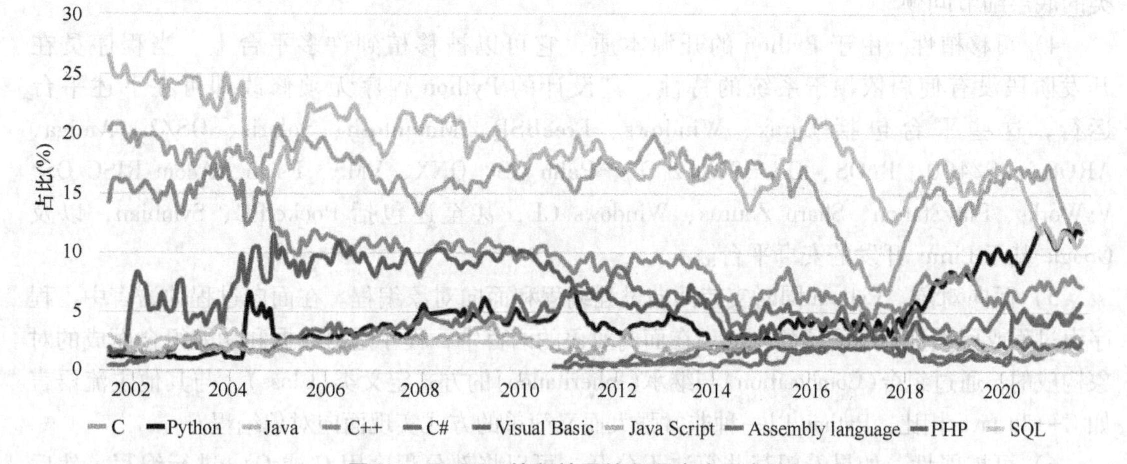

图 1-1　TIOBE 编程社区编程语言应用占比

2011 年 1 月，Python 被 TIOBE 编程社区评为 2010 年年度语言。在 2022 年 8 月的排行榜(见图 1-2)中，Python 表现强劲，份额占比较 7 月增加 3.56%。而且自 2021 年 10 月登顶后，Python 至今仍牢牢占据榜首的位置。

2022年8月	2021年8月	变化	编程语言	占比	变化
1	2	↑	Python	15.42%	+3.56%
2	1	↓	C	14.59%	+2.03%
3	3		Java	12.40%	+1.96%
4	4		C++	10.17%	+2.81%
5	5		C#	5.59%	+0.45%
6	6		Visual Basic	4.99%	+0.33%
7	7		JavaScript	2.33%	−0.61%
8	9	↑	Assembly language	2.17%	+0.14%
9	10	↑	SQL	1.70%	+0.23%
10	8	↓	PHP	1.39%	−0.80%

图 1-2　TIOBE 编程语言排行榜（2022 年 8 月）

1.1.2　Python 的特性及应用领域

1. Python 的特性

1）简单易学。Python 是一种代表简单主义思想的语言，阅读一个良好的 Python 程序如同阅读英文，尽管其阅读要求(比如强制缩进)相对严格。由于其清晰的伪代码风格，Python 极其容易入门，它使人们能够专注于解决问题而不是使用语言本身。

2）免费开源。Python 是自由/开放源码软件(Free/Libre and Open Source Software，FLOSS)之一。简单地说，人们可以自由地发布此软件的备份、阅读源代码、进行修改、把其中的部分用于新的自由软件中。一群希望看到 Python 更加优秀的人创造了 Python 并经常性地对其进行维护和改进，这是一个基于团体分享的理念，也是 Python 优秀的原因之一。

3）高层语言。用 Python 语言编写程序的时候，无须考虑诸如如何管理程序使用内存之类的底层细节问题。

4）可移植性。由于 Python 的开源本质，它可以被移植到许多平台上。当程序员在开发阶段没有使用依赖于系统的特性，其设计的 Python 程序无须修改即可在下述平台运行，这些平台包括 Linux、Windows、FreeBSD、Macintosh、Solaris、OS/2、Amiga、AROS、AS/400、BeOS、OS/390、z/OS、Palm OS、QNX、VMS、Psion、Acom RISC OS、VxWorks、PlayStation、Sharp Zaurus、Windows CE，甚至还包括 PocketPC、Symbian，以及 Google 基于 Linux 开发的安卓平台。

5）面向对象。Python 同时支持面向过程编程和面向对象编程。在面向过程的语言中，程序由过程或可重复利用的函数构成。在面向对象的语言中，程序是由数据和功能组合而成的对象构成的，通过组合(Composition)与继承(Inheritance)的方式定义类(Class)。与其他主流语言如 C++和 Java 相比，Python 以一种非常强大而又简单的方式实现面向对象编程。

6）可扩展性。如果希望某些算法不公开，可以将部分程序用 C 或 C++进行编写，然后在 Python 程序中调用。

7）胶水语言。Python 经常用作胶水语言，将用不同语言编写的程序粘在一起。Boost. Python 使得 Python 和 C++的类库可互相调用(. pyc)；Jython 是用 Java 实现的 Python，可以同时使用两者的类库；IronPython 是 Python 在 . NET 平台上的版本。

8）丰富的库。Python 标准库包括字符串处理(字典、数组切片、正则表达式)、文档生成、多线程、串行化、数据库、HTML/XML 解析(BeautifulSoup)、单元测试(PyUnit)、代码版本控制(PySVN)、WAV 文件、网络控制(urllib2)、密码系统、图形用户界面(Graphical User Interface，GUI)(PyQt)、图形模块(Tkinter、PyTCL、WxPython)等。

9）解释性。编译型语言如 C 或 C++在运行程序时，需要通过编译器和不同的标记、选项把源文件转换到计算机可识别的机器语言(二进制代码，即 0 和 1)，最后连接转载器软件把程序从硬盘复制到内存中运行。而用 Python 语言编写的程序不需要编译成二进制代码就可以直接运行。在计算机内部，Python 解释器把源代码转换成字节码，再翻译成机器语言并运行，即 Python 代码在运行之前不需要编译。事实上，由于不再需要担心如何编译程序、如何确保连接转载正确的库等，使用 Python 变得更加简单，只需把 Python 程序复制到另外一台计算机上，其就可以工作了。这也使得 Python 程序更加易于移植。

10）规范性。采用强制缩进的方式使代码具有较好的可读性，减少视觉上的错乱。

11）交互式命令行。Python 可以单步直译运行，在一个 Python 提示符“>>>”后直接执行代码。

可见，Python 语言相对完善，没有明显的短板，唯一的缺点就是执行效率慢，这是解释型语言共有的问题。随着计算机性能越来越强大，这个缺点也将被弥补。

2. 应用领域

根据 Python 的特性，其主要应用在以下领域。

1）操作系统管理、服务器运维的自动化脚本。在很多操作系统中，Python 是标准的系统组件。大多数 Linux 发行版，以及 NetBSD、OpenBSD 和 Mac OS X 都集成了 Python，可以在终端下直接运行 Python。部分 Linux 发行版的安装器使用 Python 语言编写，比如 Ubuntu 的 Ubiquity 安装器、Red Hat Linux 和 Fedora 的 Anaconda 安装器，Gentoo Linux 使用 Python 来编写其 Portage 包管理系统。Python 标准库包含了多个调用操作系统功能的库。例如，通过 PyWin32 第三方软件包，Python 能够访问 Windows 的 COM 服务及其他 Windows API；使用 IronPython，Python 程序能够直接调用 . Net Framework。一般说来，Python 编写的系统管理脚本在可读性、性能、代码重用度、扩展性几方面都优于普通的 shell 脚本。

2）GUI 程序开发。PyQt、PySide、WxPython、PyGTK 是 Python 常用的 GUI 工具。

3）Web 程序开发。Python 定义了 WSGI 标准应用接口来协调 HTTP 服务器与基于 Python 的 Web 程序之间的通信。一些 Web 框架，如 Django、Flask、TurboGears、web2py、Zope 等，可以让程序员轻松地开发和管理复杂的 Web 程序。

4）网络爬虫。Python 有大量的 HTTP 请求处理库和 HTML 解析库，并且有成熟且高效的爬虫框架 Scrapy 和分布式解决方案 Scrapy-Redis，在爬虫的应用方面非常广泛，为搜索引擎、深度学习等提供数据源。

5）服务器软件。Python 对于各种网络协议的支持非常完善。第三方库 Twisted 支持异步网络编程和多数标准的网络协议(包含客户端和服务器)，并且提供了多种工具，被广泛用于编写高性能的服务器软件。

6）图形处理。图形库譬如 PIL、Tkinter 等，能方便地进行图形处理。

7）文本处理。Python 提供的 Re 模块能支持正则表达式，还提供 SGML、XML 等分析模块，程序员可以利用 Python 进行 XML 程序的开发。

8）数据库编程。通过遵循 Python 数据库应用程序编程接口（DB-API）规范的模块，能够与 Microsoft SQL Server、Oracle、Sybase、DB2、MySQL、SQLite 等数据库通信。Python 自带的 Gadfly 模块提供了一个完整的 SQL 环境。

9）数据科学。第三方库 NumPy 提供了许多标准数学库接口，比如机器学习可以使用 Scikit-Learn、TensorFlow 等框架，数据统计分析和可视化可以使用 Matplotlib、Seaborn 等框架。

1.1.3 Python 的版本

Python 2.0 于 2000 年 10 月 16 日发布，稳定版本是 Python 2.7。Python 2.0 于 2020 年开始不再维护。

Python 3.0 于 2008 年 12 月 3 日发布，解决了早期的 Python 版本在基础设计方面存在的一些不足之处，其性能有一定的提升。然而 Python 3.0 的最大问题就是不完全向后兼容。目前 Python 的最新版本为 3.12，版本更新非常快。

Python 2.0 与 Python 3.0 的部分区别见表 1-1。

表 1-1 Python 2.0 与 Python 3.0 的部分区别

区别	Python 2.0	Python 3.0
代码规范	源代码不规范，重复代码很多	源代码精简、美观、优雅
字符串编码格式	默认采用 ASCII 编码	默认采用 Unicode 编码
模块导入	默认是相对导入，自己创建模块时，必须要有__init__.py 文件	无要求
缩进	同时允许 Tab 和 Space 在代码中共存	使用更加严格的缩进，Tab 和 Space 共存会导致报错
源文件编码格式	默认采用 ASCII 编码，因此使用中文时要在源文件开头加上一行注释： # -- coding: utf-8 --	默认采用 UTF-8 编码
输出	使用 print 关键字进行输出，比如 print 'Hello'	使用 print( ) 函数进行输出，比如 print('Hello')
输入	使用 raw_input( ) 函数进行输入，比如 name=raw_input('请输入名字:')	使用 input( ) 函数进行输入，比如 name=input('请输入名字:')
格式化字符串方式	用%占位符，比如 'Hello,%s'%("World")	用 format( ) 函数，比如 'Hello, {}'.format("World")
数据类型	有整型(int)、长整型(long)	只有整型(int)
布尔类型	True 和 False 是两个变量，可以更改	True 和 False 变成两个关键字，不能进行修改

1.2　Python 开发环境

1.2.1　Python 解释器

虽然 Python 源代码文件(.py)可以直接使用 Python 命令运行，但实际上 Python 并不是直接解释 Python 源代码，它是有一个编译和运行的过程的。具体过程如下：

Python 源码(.py)→Python 解释器→Python 字节码(.pyc)→PVM(虚拟机)→终端输出结果

首先将 Python 源代码(.py 文件)编译生成 Python 字节码(Python Byte Code，字节码文件的扩展名一般是 .pyc)，然后再由 Python 虚拟机(Python Virtual Machine，PVM)来执行 Python 字节码，最后在终端输出运行结果。

因此，Python 是一种解释型语言，指的是解释 Python 字节码。这种机制的基本思想与 Java 和 .NET 是一致的。

这里介绍以下 5 种主要的 Python 解释器。

1）CPython。CPython 是用 C 语言开发的 Python 解释器。作为官方版本的 Python 解释器，CPython 也被称为标准的 Python 解释器，是使用最广泛的 Python 解释器。当用户从官网下载并安装好 Python 之后，就直接获得了官方版本的 Python 解释器——CPython。在 cmd 命令行下运行 Python 程序也能启动 CPython 解释器。CPython 用“>>>”作为提示符。

2）IPython。IPython 是基于 CPython 的一个交互式解释器。注意，IPython 只是在交互方式上有所增强，执行 Python 代码的功能和 CPython 完全一致。就好比很多国产浏览器虽然外观不同，但内核其实都是调用 IE。IPython 用“In[序号]:”作为提示符。Anaconda 中的 Jupyter Notebook 使用的就是 IPython。

3）PyPy。PyPy 主要针对执行速度进行了优化。PyPy 采用 JIT 技术，对 Python 代码进行动态编译。绝大部分 Python 代码都可以在 PyPy 下运行。但由于 PyPy 和 CPython 的些许不同，相同的 Python 代码在这两种解释器下执行可能会有不同的结果。

4）Jython。Jython 是运行在 Java 平台上的 Python 解释器，可以直接把 Python 代码编译成 Java 字节码执行。

5）IronPython。IronPython 是运行在微软 .Net 平台上的 Python 解释器。和 Jython 类似，它可以直接把 Python 代码编译成 .Net 字节码。

1.2.2　Python 开发环境的安装与配置

1. Python 解释器的下载

在 Python 官方网站(https://www.python.org/downloads/)，用户可以根据个人计算机系统选择安装 Windows、macOS 或 Linux 的版本(见图 1-3)。

对于是选择 64 位还是选择 32 位版本，用户可以通过我的电脑→右键快捷菜单→属性命令进行查看。

图 1-3 中圈注出的 installer 是可执行的安装版本，下载到本地计算机后可以直接安装，操作步骤与安装应用软件的步骤相同。推荐使用此类安装版本，它能自动配置环境变量。

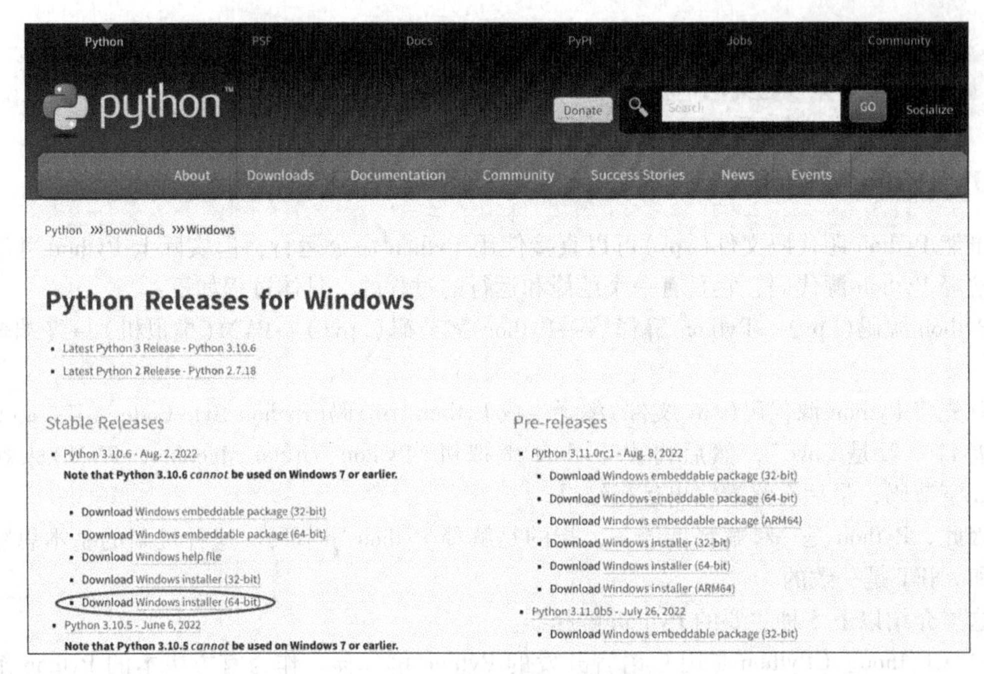

图 1-3　Python 官网下载界面

2. Python 解释器的安装(以 Python3. 10. 6 为例)

双击 Python-3. 10. 6-amd64. exe 文件打开运行，出现图 1-4 所示的界面。其中，1 是自动默认安装在 C 盘，不建议选择此项；2 是自定义安装，可以修改 Python 安装的位置；3 是必须要选的，加入系统变量。

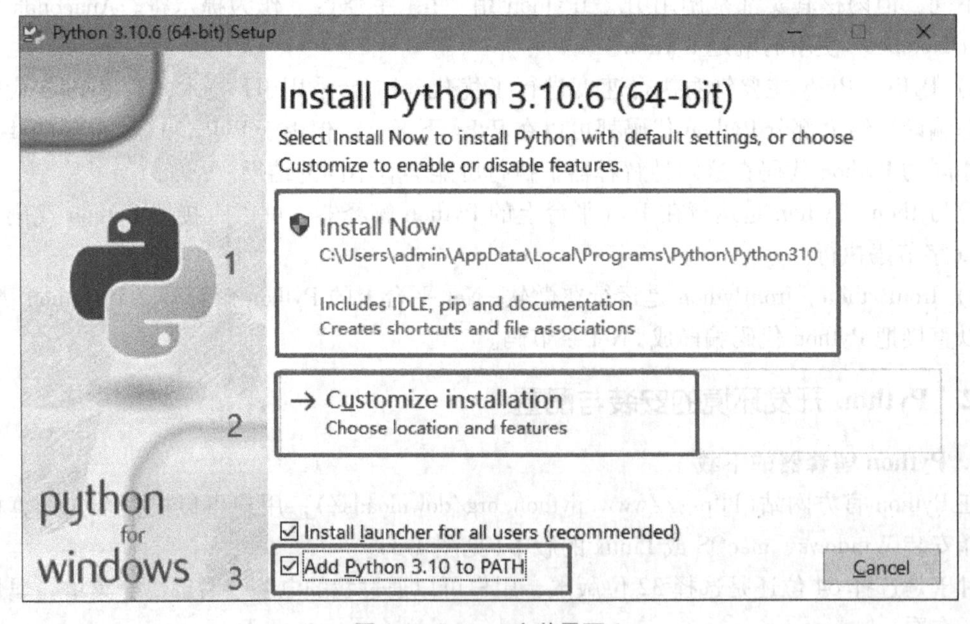

图 1-4　Python 安装界面 1

这里单击选中 Customize installation 选项，进入 Optional Features 界面，按默认全部选中，

然后单击 Next 按钮(见图 1-5)。

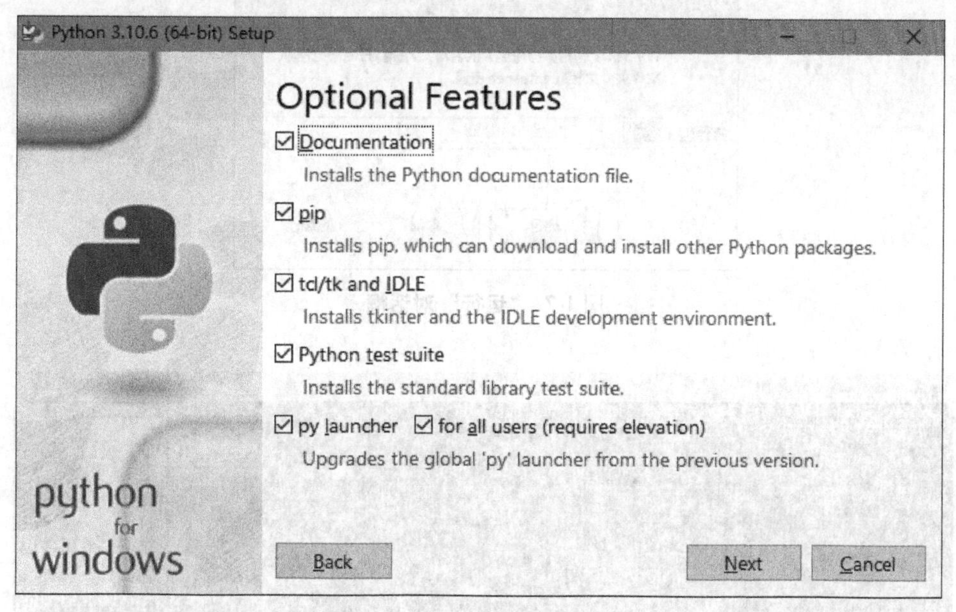

图 1-5　Python 安装界面 2

进入图 1-6 所示的 Advanced Options 界面，保持选中默认选项，然后设置自己的安装路径，单击 Install 按钮即可开始安装。

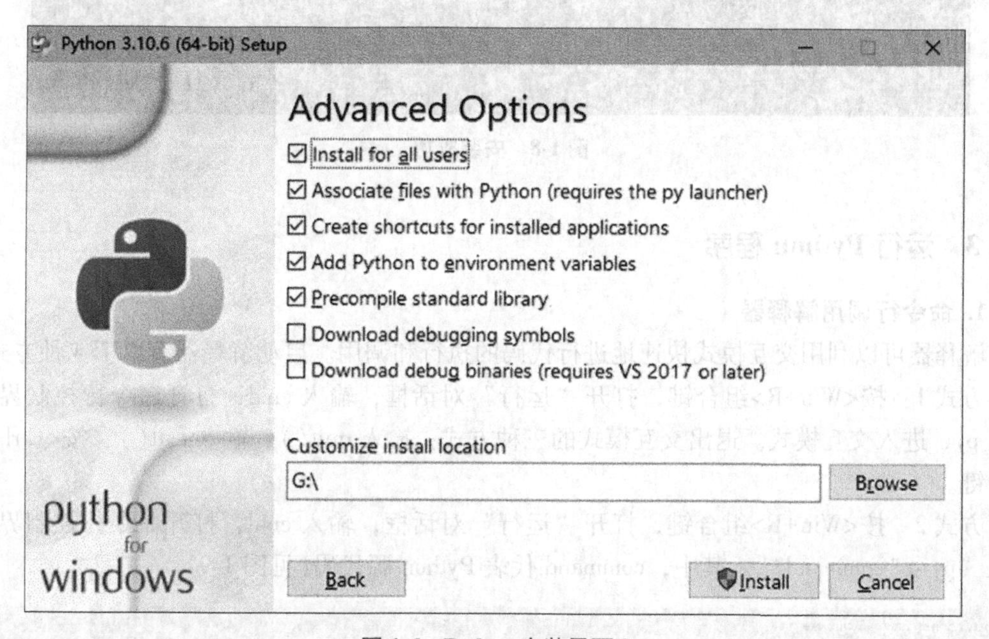

图 1-6　Python 安装界面 3

按<Win+R>组合键打开“运行”对话框，输入 cmd(见图 1-7)，进入命令行控制界面。

在命令行控制界面，输入 py 后，按<Enter>键，若出现图 1-8 所示的内容则表示安装成功，这里也能看到安装的 Python 版本。

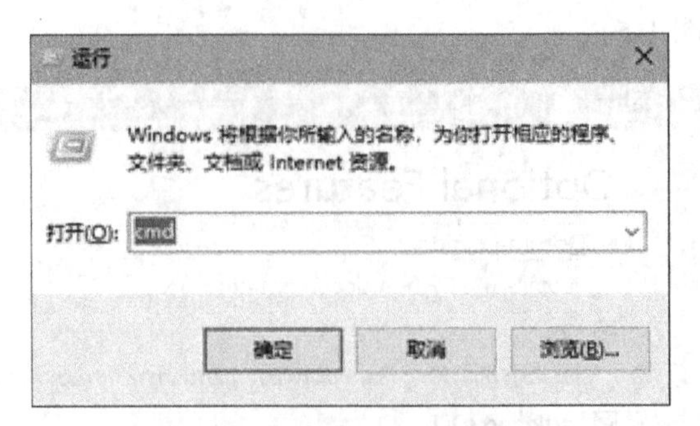

图 1-7 “运行”对话框

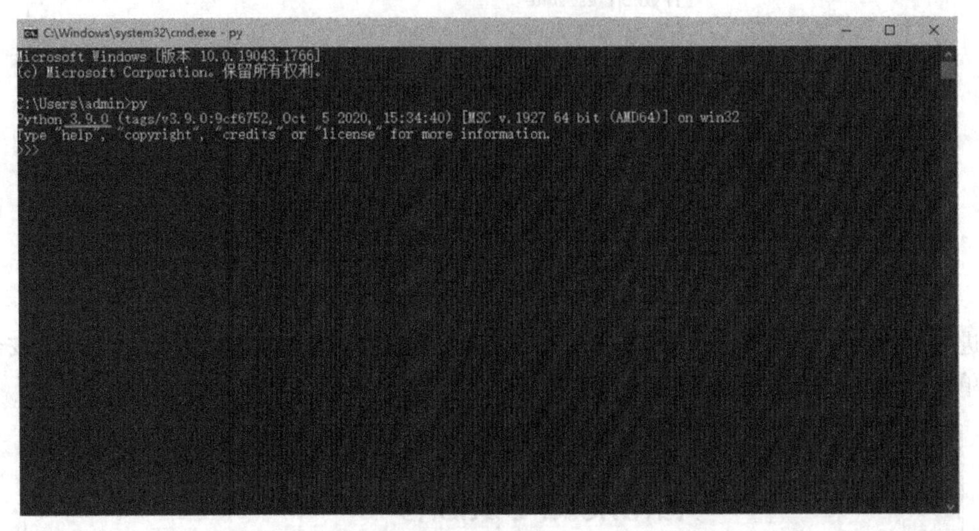

图 1-8 安装成功

1.2.3 运行 Python 程序

1. 命令行调用解释器

解释器可以利用交互模式快速地进行代码的执行和调用。启动解释器有以下 4 种方式。

方式 1：按<Win+R>组合键，打开“运行”对话框，输入 cmd，打开命令行控制界面。输入 py，进入交互模式。退出交互模式的三种方式：输入 quit()、输入 exit()、按<Ctrl+Z>组合键。

方式 2：按<Win+R>组合键，打开“运行”对话框，输入 cmd，打开命令行控制界面。输入“py -c"command"”。其中，command 代表 Python 源代码(见图 1-9)。

图 1-9 运行代码

方式 3：按<Win+R>组合键，打开“运行”对话框，输入 cmd，打开命令行控制界面。进入文件目录，输入“py -m module”，其中，module 代表模块名把模块当作脚本来启动(见图 1-10)。

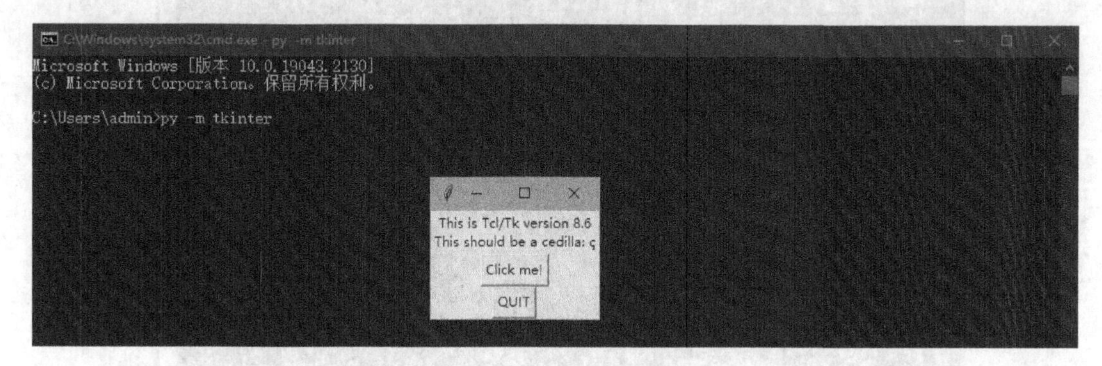

图 1-10　直接运行标准库

方式 4：按<Win+R>组合键，打开“运行”对话框，输入 cmd，打开命令行控制界面。输入“py module”。注意，module 表示完整文件名，可以直接运行源文件(见图 1-11)。

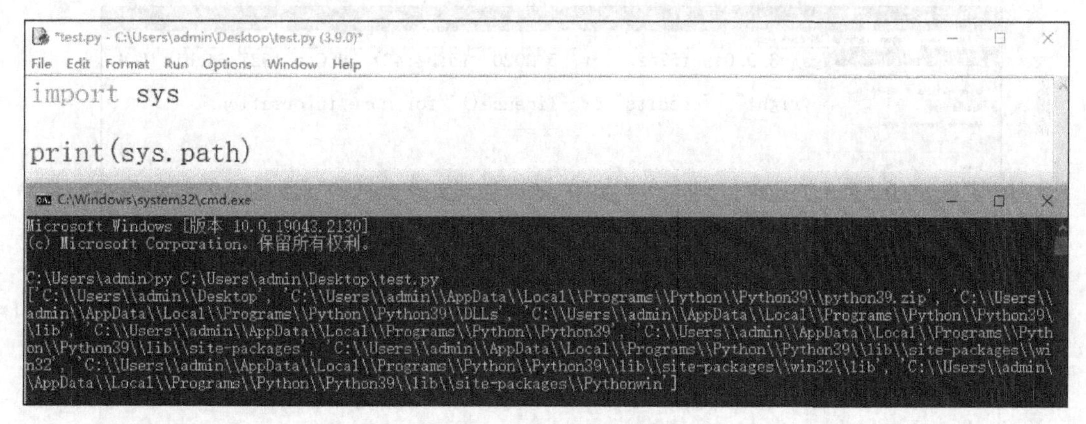

图 1-11　直接运行源文件

方式 1 和方式 2 适用于直接写入源代码执行，方式 3 和方式 4 适用于调用源文件执行。由于方式 3 必须先进入项目文件目录，比较复杂，故通常采用方式 4。

2. 使用 IDLE 编辑 Python 代码并简单运行

1）打开 Python 安装后自带的 IDLE(见图 1-12)。

2）在 IDLE 中，通过单击 File→NewFile 命令(或按快捷键<Ctrl+N>)，新建一个文件(见图 1-13)。

3）在新建的文件中输入代码，例如 print('Hello World')，单击 Run→Run Module 命令(或按快捷键<F5>)开始运行。之后会提示保存，单击“确定”按钮，输入文件名、设置保存地址，单击“保存”按钮完成文件的保存(见图 1-14)。

4）再次单击 Run→Run Module 命令(或按快捷键<F5>)运行 .py 文件，Python 反馈运行结果(见图 1-15)。

或者，在 Python Shell 里使用交互模式，在>>>提示符后输入一行行指令，按<Enter>键后将实时运行(见图 1-16)。

图 1-12　打开 IDLE

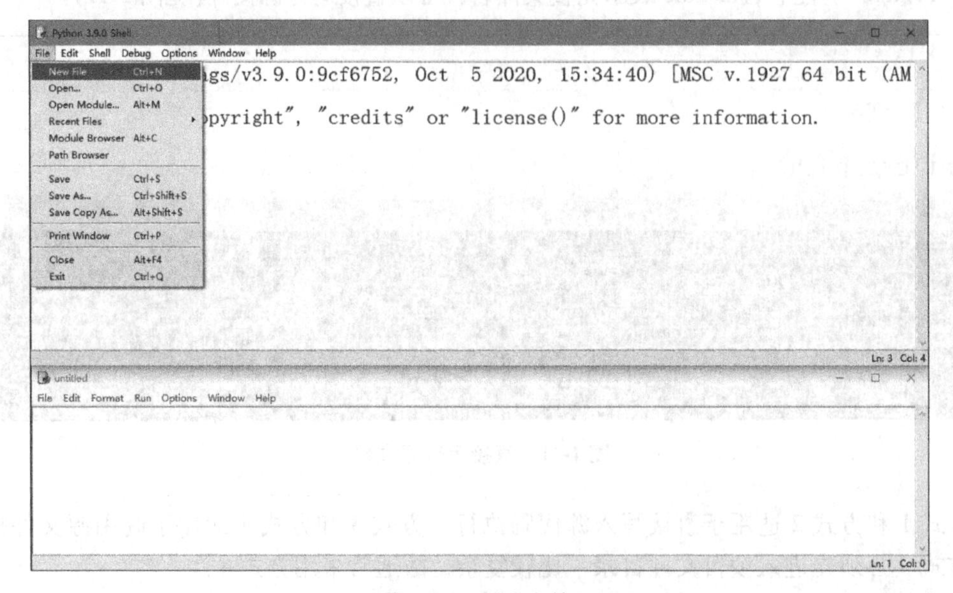

图 1-13　新建文件

图 1-14　保存为 .py 文件

```
print('Hello World')
```

```
Python 3.9.0 (tags/v3.9.0:9cf6752, Oct  5 2020, 15:34:40) [MSC v.1927 64 bit (AMD64)] on win32
Type "help", "copyright", "credits" or "license()" for more information.
>>>
==================== RESTART: C:\Users\admin\Desktop\test.py ====================
Hello World
>>>
```

图 1-15 运行 .py 文件

```
Python 3.9.0 (tags/v3.9.0:9cf6752, Oct  5 2020, 15:34:40) [MSC v.1927 64 bit (AMD64)] on win32
Type "help", "copyright", "credits" or "license()" for more information.
>>> print('Hello World')
Hello World
>>>
```

图 1-16 以交互模式运行代码

1.3 Python 扩展库

Python 作为一个优秀的编程语言，依靠其强大的第三方库，在各个领域都能发挥巨大的作用。例如，NumPy 扩展库支持多维数组与矩阵运算，Pandas 扩展库适合处理数据分析任务；Matplotlib 扩展库适用于图像可视化。因此，学习安装和使用第三方库，是学习 Python 的重要部分。

1.3.1 安装 Python 扩展库

pip 是一个现代的、通用的 Python 包管理工具，用于安装 Python 第三方库。首先，按 <Win+R>组合键，打开“运行”对话框，输入 cmd，进入命令行控制界面。输入 pip，可以查看 pip 是否可用。若 pip 可用，将反馈 pip 指令的使用指南(见图 1-17)。

在命令行控制界面输入“pip list”，可以查看所有已安装的第三方库及其版本(见图 1-18)。

在命令行控制界面输入“py -m pip install SomePackage”，其中，SomePackage 代表第三方库名称，可利用 pip 安装第三方库。

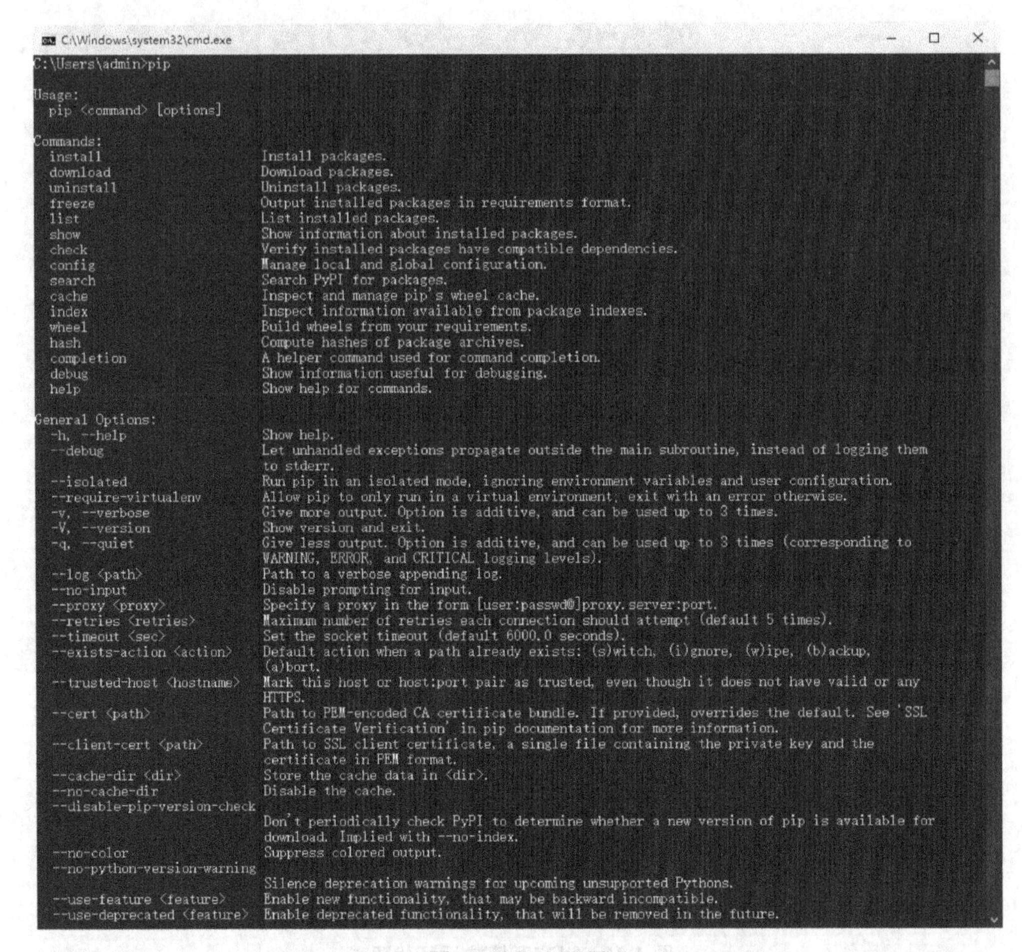

```
C:\Windows\system32\cmd.exe
C:\Users\admin>pip

Usage:
  pip <command> [options]

Commands:
  install                     Install packages.
  download                    Download packages.
  uninstall                   Uninstall packages.
  freeze                      Output installed packages in requirements format.
  list                        List installed packages.
  show                        Show information about installed packages.
  check                       Verify installed packages have compatible dependencies.
  config                      Manage local and global configuration.
  search                      Search PyPI for packages.
  cache                       Inspect and manage pip's wheel cache.
  index                       Inspect information available from package indexes.
  wheel                       Build wheels from your requirements.
  hash                        Compute hashes of package archives.
  completion                  A helper command used for command completion.
  debug                       Show information useful for debugging.
  help                        Show help for commands.

General Options:
  -h, --help                  Show help.
  --debug                     Let unhandled exceptions propagate outside the main subroutine, instead of logging them
                              to stderr.
  --isolated                  Run pip in an isolated mode, ignoring environment variables and user configuration.
  --require-virtualenv        Allow pip to only run in a virtual environment; exit with an error otherwise.
  -v, --verbose               Give more output. Option is additive, and can be used up to 3 times.
  -V, --version               Show version and exit.
  -q, --quiet                 Give less output. Option is additive, and can be used up to 3 times (corresponding to
                              WARNING, ERROR, and CRITICAL logging levels).
  --log <path>                Path to a verbose appending log.
  --no-input                  Disable prompting for input.
  --proxy <proxy>             Specify a proxy in the form [user:passwd@]proxy.server:port.
  --retries <retries>         Maximum number of retries each connection should attempt (default 5 times).
  --timeout <sec>             Set the socket timeout (default 6000.0 seconds).
  --exists-action <action>    Default action when a path already exists: (s)witch, (i)gnore, (w)ipe, (b)ackup,
                              (a)bort.
  --trusted-host <hostname>   Mark this host or host:port pair as trusted, even though it does not have valid or any
                              HTTPS.
  --cert <path>               Path to PEM-encoded CA certificate bundle. If provided, overrides the default. See 'SSL
                              Certificate Verification' in pip documentation for more information.
  --client-cert <path>        Path to SSL client certificate, a single file containing the private key and the
                              certificate in PEM format.
  --cache-dir <dir>           Store the cache data in <dir>.
  --no-cache-dir              Disable the cache.
  --disable-pip-version-check
                              Don't periodically check PyPI to determine whether a new version of pip is available for
                              download. Implied with --no-index.
  --no-color                  Suppress colored output.
  --no-python-version-warning
                              Silence deprecation warnings for upcoming unsupported Pythons.
  --use-feature <feature>     Enable new functionality, that may be backward incompatible.
  --use-deprecated <feature>  Enable deprecated functionality, that will be removed in the future.
```

图 1-17　pip 可用

```
C:\Windows\system32\cmd.exe
Microsoft Windows [版本 10.0.19043.2130]
(c) Microsoft Corporation。保留所有权利。

C:\Users\admin>pip list
Package                  Version
------------------------ ---------
altgraph                 0.17.2
appdirs                  1.4.4
argon2-cffi              21.3.0
argon2-cffi-bindings     21.2.0
asttokens                2.0.5
attrs                    21.4.0
backcall                 0.2.0
beautifulsoup4           4.10.0
black                    22.1.0
bleach                   4.1.0
bs4                      0.0.1
certifi                  2021.5.30
cffi                     1.15.0
charset-normalizer       2.0.4
click                    8.0.1
colorama                 0.4.4
cssselect                1.1.0
```

图 1-18　查看已安装的第三方库及其版本

在命令行控制界面输入“py -m pip install -- upgrade SomePackage”，可更新第三方库版本。

由于下载的服务器在国外，因网速问题可能会出现第三方库下载超时失败的情况。此时，有以下两种解决办法。

方法 1：延长 pip 的下载等待时间。

在命令行控制界面输入“py -m pip --default-timeout=100 install SomePackage”。

方法 2：使用镜像地址提高网速。

例如，清华大学镜像地址是 https://pypi.tuna.tsinghua.edu.cn/simple。在命令行控制界面输入“py -m pip install -i https://pypi.tuna.tsinghua.edu.cn/simple SomePackage”。

也可以使用镜像升级 pip 版本。在命令行控制界面输入“py -m pip install -i https://pypi.tuna.tsinghua.edu.cn/simple pip -U”。

1.3.2　扩展库中对象的导入

Python 标准库与扩展库中的对象必须导入后才可以使用，下面介绍 3 种导入方法。

1. import 模块名［as 别名］

使用该语句，可在程序中使用该模块中的所有函数。使用时要在对象前面加上模块名作为前缀，必须以“模块名．对象名”或者“别名．对象名”的形式进行访问。按照 Python 的编码规范，一般一个 import 语句只导入一个模块，并且按照标准库、扩展库和自定义库的顺序导入。示例如下：

```
import math
a=math.gcd(56,64)
print(a)
```

2. from 模块名 import 对象名［as 别名］

使用该语句时，直接输入对象，不需要模块名作为前缀。使用该方法仅能导入明确指定的对象，并且为其起一个别名。可根据需要从模块中导入任意数量的函数，用逗号分隔函数名。这种导入方法可以减少查询次数，提高访问速率，同时减少程序员要输入的代码量。如果函数需要被频繁使用，而原函数名较复杂，适合使用此方法。示例如下：

```
from random import sample
print(sample(range(100),10))
```

3. from 模块名 import *

使用该语句，可以不用前缀模块名直接输入对象。使用该方法可以一次导入模块中的所有对象。然而，使用并非自己编写的大型模块时，最好不要采用这种导入方法，以防模块中有的函数的名称与项目中函数使用的名称相同，从而导致报错。因为当 Python 面对多个名称相同的函数或变量时，会相互覆盖。示例如下：

```
from math import *
print(sin(3))
```

上述三种导入方法各有所长，第一种和第三种较为笼统，第二种是细致化分工，请根据需要选择。

1.4 Jupyter Notebook

Jupyter Notebook（此前被称为 IPython Notebook）是一个交互式笔记本，它的本质是一个 Web 应用程序，使用 IPython 解释器。它便于创建和共享程序文档，支持实时代码、数学方程、可视化和标记，经常被用作处理数据清理和转换、数值模拟、统计建模、机器学习和深度学习等。

在 Jupyter Notebook 中，代码可以实时地生成图像、视频、LaTeX 和 JavaScript。用户可以通过电子邮件、Dropbox、GitHub 和 Jupyter Notebook Viewer，将 Jupyter Notebook 分享给其他人。除此之外，数据挖掘领域中最热门的比赛 Kaggle 中用到的资料都是 Jupyter 格式的。

Jupyter 包含 Jupyter Notebook 和 Notebook 文件格式、Jupyter Qt 控制台、内核消息协议(Kernel Messaging Protocol)等许多其他组件。Jupyter Notebook 与 IPython 终端共享同一个内核，内核进程可以同时连接到多个前端。在这种情况下，不同的前端访问的是同一个变量。这种设计可以满足以下两方面的需求：第一，相同内核不同前端，用以支持、快速开发新的前端；第二，相同前端不同内核，用以支持新的开发语言。

1. 安装 Jupyter Notebook

按<Win+R>组合键，打开“运行”对话框，输入 cmd，打开命令行控制界面。输入“py -m pip install jupyter”，利用 pip 进行安装。若安装成功，界面如图 1-19 所示。

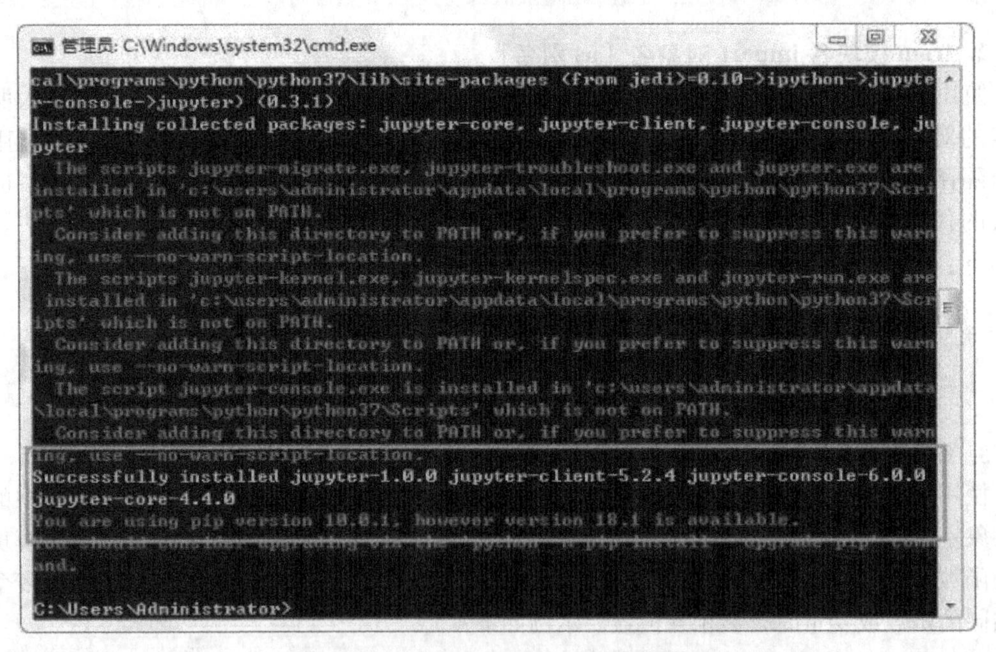

图 1-19 Jupyter Notebook 成功安装提示

安装完成后，先配置 Jupyter Notebook 目录路径，再启动 Jupyter Notebook，否则默认打开和保存 Jupyter Notebook 文件目录在 C 盘。在命令行控制界面，输入“jupyter notebook --generate-config”，生成默认配置文件到 C:\Users\Administrator\.jupyter\jupyter_notebook_config.py，如图 1-20 所示。

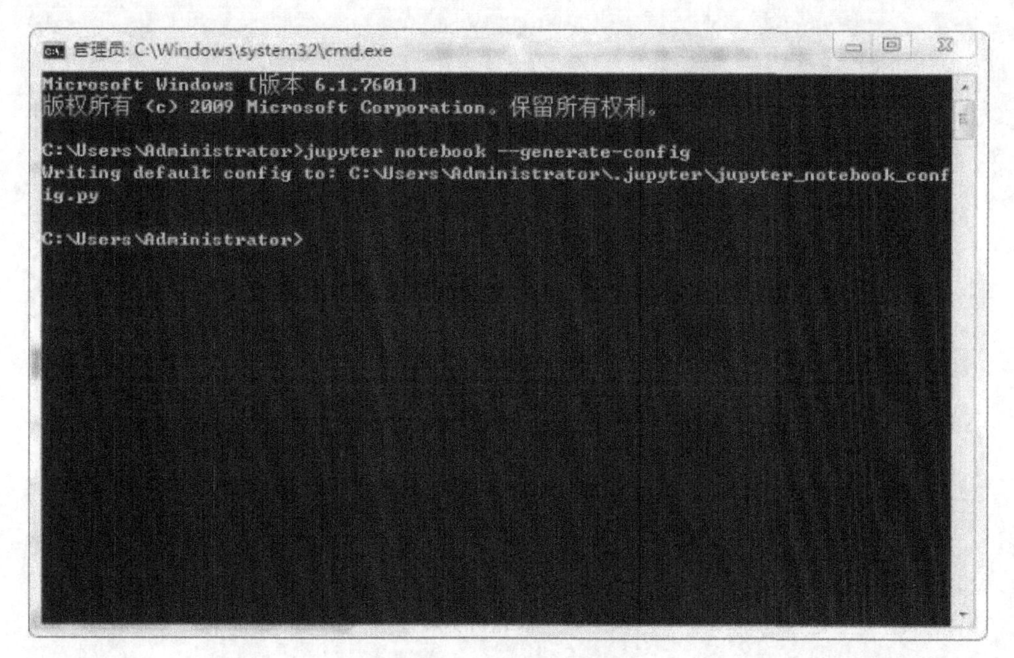

图 1-20　生成默认配置文件

找到默认配置文件的目录(见图 1-21)，很多配置文件都是生成到这个目录中。

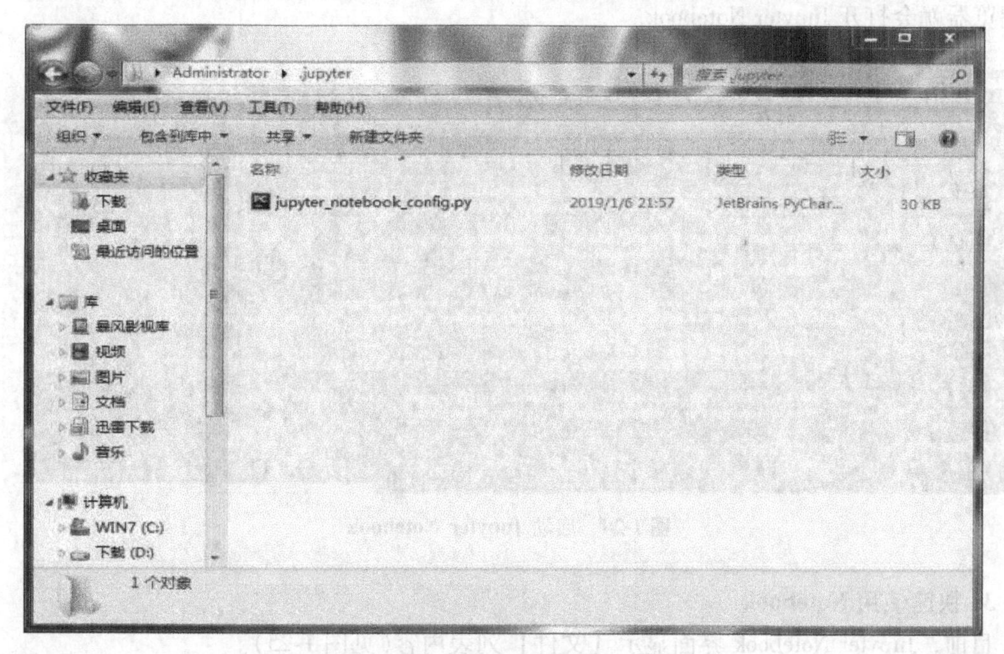

图 1-21　打开默认配置文件的目录

打开 jupyter_notebook_config. py 文件，搜索 c. NotebookApp. notebook_dir(大概在第 261 行)，如图 1-22 所示。

删除该行中的#符号，把引号中的值更改为要存放 Jupyter Notebook 文件的目录路径(见图 1-23)。以后 Jupyter Notebook 创建的文件都会被保存到该目录路径中。

```
259
260 ## The directory to use for notebooks and kernels.
261 #c.NotebookApp.notebook_dir = ''
262
```

图 1-22　jupyter_notebook_config. py 文件内容

```
259
260 ## The directory to use for notebooks and kernels.
261 c.NotebookApp.notebook_dir = 'E:/pycode/jupyterCode'
262
```

图 1-23　设置目录路径

2. 启动 Jupyter Notebook

进入命令行控制界面，输入“jupyter notebook”后按<Enter>键(见图 1-24)。此时，默认浏览器就会打开 Jupyter Notebook。

```
管理员: C:\Windows\system32\cmd.exe
Microsoft Windows [版本 6.1.7601]
版权所有 (c) 2009 Microsoft Corporation。保留所有权利。

C:\Users\Administrator>jupyter notebook
[I 13:09:20.985 NotebookApp] Serving notebooks from local directory: E:/pycode/j
upyterCode
[I 13:09:20.986 NotebookApp] The Jupyter Notebook is running at:
[I 13:09:20.986 NotebookApp] http://localhost:8888/?token=455e49ea0304484bbb258f
c405b1dfd33c1a63140d779395
[I 13:09:20.986 NotebookApp] Use Control-C to stop this server and shut down all
 kernels (twice to skip confirmation).
[C 13:09:21.051 NotebookApp]

    To access the notebook, open this file in a browser:
        file:///C:/Users/Administrator/AppData/Roaming/jupyter/runtime/nbserver-
9520-open.html
    Or copy and paste one of these URLs:
        http://localhost:8888/?token=455e49ea0304484bbb258fc405b1dfd33c1a63140d7
79395
[I 13:10:07.774 NotebookApp] Shutting down on /api/shutdown request.
[I 13:10:07.779 NotebookApp] Shutting down 0 kernels

C:\Users\Administrator>
```

图 1-24　启动 Jupyter Notebook

3. 快速使用 Notebook

目前，Jupyter Notebook 界面显示【文件】列表内容(见图 1-25)。

在当前界面的右侧选项中(见图 1-26)，单击新建→Python 3(ipykernel) 选项，可以新建文件(. ipynb)。

切换到【运行】列表，可以看到命令行窗口和 Notebooks 文件运行的管理窗口(见图 1-27)，类似于计算机的任务管理器。

现在，尝试新建一个文件，进入 Jupyter Notebook 文件界面(见图 1-28)。

jupyter
Quit 注销
文件 运行 集群
选择操作对象.
上传 新建 ▾
0 ▾ /
名字 ↓ 最后修改 File size
Applications 2 年前
Desktop 16 小时前
Documents 10 个月前
Downloads 1 天前
Movies 1 年前
Music 3 年前
NemirtingasSteamEmu 6 天前

图 1-25　Jupyter Notebook 界面【文件】列表

图 1-26　新建文件(. ipynb)

jupyter
Quit 注销
文件 运行 集群
当前运行Jupyter
Terminals ▾
没有终端正在运行。
Notebooks ▾
没有notebooks正在运行。

图 1-27　【运行】列表

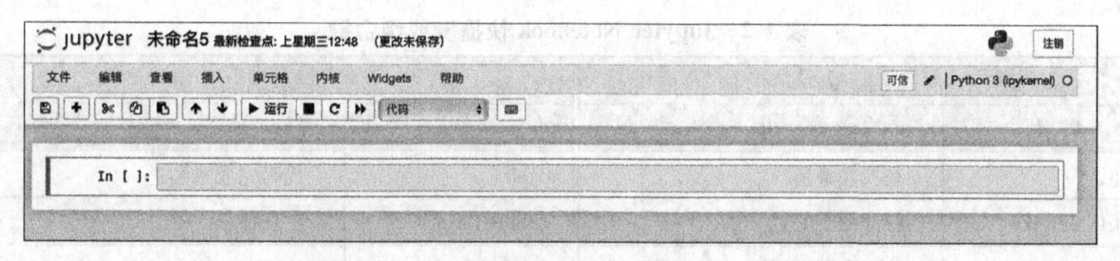

图 1-28　新建的 Jupyter Notebook 文件界面

Jupyter Notebook 以单元格形式存在(见图 1-29)。在单元格中可以写代码、标记语言(Markdown 是一种可以使用普通文本编辑器编写的标记语言)，单击文件名可以进行重命名操作。

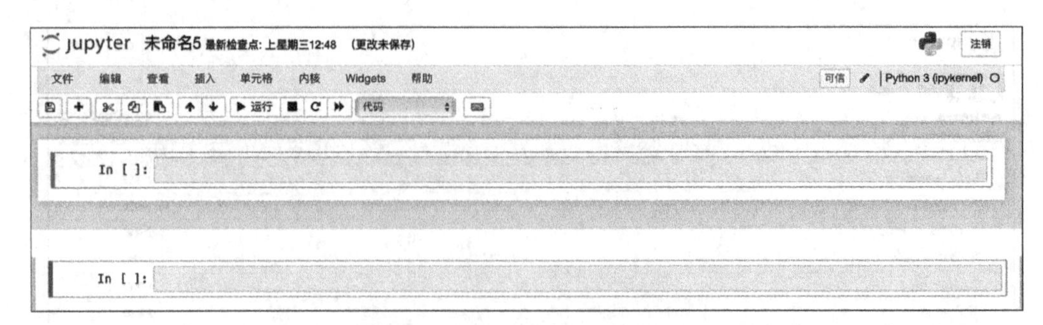

图 1-29 Jupyter Notebook 单元格

当单元格侧边显示为绿色时，表示此时单元格处于命令模式，按<Enter>键可切换为编辑模式；当单元格侧边显示为蓝色时，表示此时单元格处于编辑模式，按<Esc>键可切换为命令模式。编辑模式允许用户将代码或文本输入到一个单元格中；命令模式将键盘与笔记本级命令绑定在一起，并通过一个灰色的单元格边界显示。

在单元格内完成代码编辑后，单击“运行”按钮(或按组合键<Ctrl+Enter>)实现代码运行并在结果运行区反馈结果(见图 1-30)。

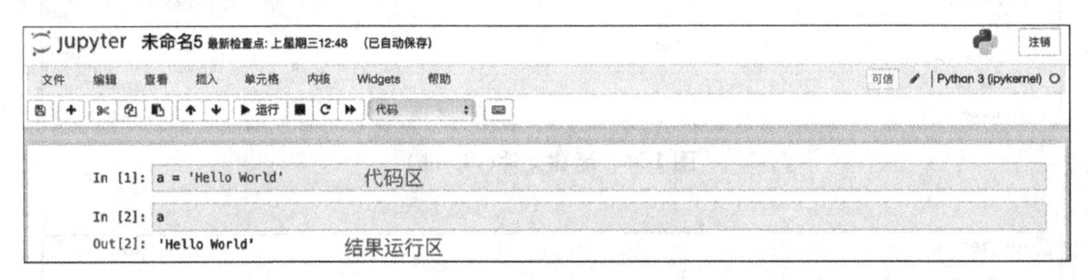

图 1-30 Jupyter Notebook 单元格运行结果

每一单元格代码既有影响又可以互不干涉。多个运行结果可以同时在同一个界面显示，方便用户对比结果和数据。因此，Jupyter Notebook 很适合对数据可视化、科学计算等多数据、多展示图类项目进行测试对比。

Jupyter Notebook 有许多快捷键或组合键。在命令和编辑模式下的快捷键或组合键详见表 1-2。

表 1-2 Jupyter Notebook 快捷键或组合键

命令模式		编辑模式	
按键	功能	按键	功能
<F>	查找并替换	<Tab>	代码完成或缩进
<Ctrl+Shift+F>	打开命令配置	<Shift+Tab>	工具提示
<Ctrl+Shift+P>	打开命令配置	<Ctrl+]>	缩进
<Enter>	进入编辑模式	<Ctrl+[>	取消缩进
<P>	打开命令配置	<Ctrl+A>	全选
<Shift+Enter>	运行代码块,选中下面代码块	<Ctrl+Z>	撤销
<Ctrl+Enter>	运行选中的代码块	<Ctrl+/>	评论

（续）

命令模式		编辑模式	
按键	功能	按键	功能
<Alt+Enter>	运行代码块并且插入到下面	<Ctrl+D>	删除整行
<Y>	把代码块变成代码	<Ctrl+U>	撤销选择
<M>	把代码块变成标签	<Insert>	切换重写标志
<R>	清除代码块格式	<Ctrl+Home>	跳到单元格起始处
<1>	把代码块变成 heading 1	<Ctrl+Up>	跳到单元格起始处
<2>	把代码块变成 heading 2	<Ctrl+End>	跳到单元格最后
<3>	把代码块变成 heading 3	<Ctrl+Down>	跳到单元格最后
<4>	把代码块变成 heading 4	<Ctrl+Left>	跳到单词左边
<5>	把代码块变成 heading 5	<Ctrl+Right>	跳到单词右边
<6>	把代码块变成 heading 6	<Ctrl+Backspace>	删除前面的单词
<K>	选择上面的代码块	<Ctrl+Delete>	删除后面的单词
<↑>	选择上面的代码块	<Ctrl+Y>	重做
<↓>	选择下面的代码块	<Alt+U>	重新选择
<J>	选择下面的代码块	<Ctrl+M>	进入命令行模式
<Shift+K>	扩展上面选择的代码块	<Ctrl+Shift+F>	打开命令配置
<Shift+↑>	扩展上面选择的代码块	<Ctrl+Shift+P>	打开命令配置
<Shift+↓>	扩展下面选择的代码块	<Esc>	进入命令行模式
<Shift+J>	扩展下面选择的代码块	<Shift+Enter>	运行代码块，选中下面代码块
<A>	在上面插入代码块	<Ctrl+Enter>	运行选中的代码块
<B>	在下面插入代码块	<Alt+Enter>	运行代码块并且插入到下面
<X>	剪切选择的代码块	<Ctrl+Shift+Minus>	在鼠标标出分割代码块
<C>	复制选择的代码块	<Ctrl+S>	保存并检查
<Shift+V>	粘贴到上面	<Down>	光标下移
<V>	粘贴到下面	<Up>	光标上移
<Z>	撤销删除		
<D>	删除选中单元格		
<Shift+M>	合并选中的单元格，如果只有一个单元格被选中，则将当前单元格与下面的单元格合并		
<Ctrl+S>	保存并检查		
<S>	保存并检查		
<L>	切换行号		
<O>	选中单元格的输出		
<Shift+O>	切换选中单元的输出滚动		
<H>	显示快捷键		

（续）

命令模式		编辑模式	
按键	功能	按键	功能
<I>	中断服务		
<0>（数字 0）	重启服务（带窗口）		
<Ctrl+V>	从系统剪切板粘贴		
<Esc>	关闭页面		
<Q>	关闭页面		
<Shift+L>	在所有单元格中切换行号，并保持设置		
<Shift+Space>	向上滚动		
<Space>	向下滚动		

1.5 本章小结

Python 是从 ABC 语言发展起来的，并且结合了 Unix shell 和 C 语言编程习惯的解释型高级语言。目前 Python 有两个版本，Python 2.0 和 Python 3.0，这两个版本并不完全兼容。本章阐述了 Python 语言的历史、特性及开发环境，并重点介绍了 CPython 和 IPython 这两种本书主要使用的解释器。本章的学习要点是如何安装 Python 丰富的扩展库以满足多种功能需求，以及 Jupyter Notebook 的使用。

1.6 课后习题

1. 请根据自身计算机系统选择合适的 Python 版本下载并安装。
2. 尝试安装 Jupyter Notebook。
3. 尝试安装本书需要的第三方库，如 NumPy。

第2章

Python语言基础

学习目标

知识目标

- 掌握基本的 Python 语法规则；
- 了解构成有效 Python 标识符和表达式的规则；
- 理解数据类型的概念，熟悉 Python 中的基本数值数据类型，以及在计算机上数字表示的基本原理。

思政目标

- 培养学生的 IPO 思维，将问题分解为输入和处理两个部分，从而使思路更加清晰有条理；
- 引导学生以更平和的心态面对问题，寻求解决办法；
- 提醒学生注意事物的两面性，在扩大和开放中注意防控风险。

技能目标

- 了解遵循输入、处理、输出(IPO)模式的程序，并能够以简单的方式修改它们；
- 能够理解和编写 Python 语句，获取通过键盘输入的信息，为变量赋值，将信息输出到屏幕；
- 能够阅读和编写处理数值数据的程序。

在学习 Python 前，在 IDE 执行命令“import this”即可获得蒂姆·皮特斯(Tim Peters)撰写的“Python 之禅”，他概括了有关编写优秀 Python 代码的指导原则。

例如，随着用户对 Python 的认识越深入、编写的代码越多，会深刻明白编程是为了解决问题，而且代码的编写可以漂亮而优雅；当解决问题的方案众多，建议选择更为简单的方案，以便于后续的代码维护和改进；大部分编程工作都是使用常见的解决方案来解决简单的小问题，所以尽量使用现有方案进行改写；没有完美无缺的代码，先编写一个可以运行使用的代码，再根据需求，尝试对其做进一步的改进。

希望用户根据这些编写优秀 Python 代码的指导原则，开启编程之路。

2.1 Python 语法规则

Python 的语法规则和其他编程语言的语法规则有所不同，编写 Python 程序之前需要对其语法规则有所了解，这样才能编写出规范的 Python 程序。

2.1.1 语句缩进

空白的使用在 Python 中十分重要，行首的空白(又称为缩进)尤为重要。行首空白(空格和制表符)用来决定逻辑行的缩进层次，从而决定语句分组。这意味着同一层次的语句必须有相同的缩进，每一组这样的语句称为一个块。Python 对缩进是敏感的，代码运行中常会出现一些关于 Python 缩进错误的报错，例如 Tab 和空格作为缩进不能混用。按<Tab>键实现缩进，一个缩进等同于 4 个空格。

掌握 Python 代码缩进规则，首先要理解物理行和逻辑行的概念。物理行表示代码编辑器中显示的代码，每一行内容是一个物理行；逻辑行表示 Python 解释器对代码的解释，一个语句是一个逻辑行。示例如下：

```
# 本段代码有 3 个物理行
a=1
b=2
c=3
# 变量 d 虽书写为多行,但是解释器将其作为一个语句处理,即一个逻辑行
d=[[1,2,3],
   [4,5,6],
   [7,8,9]]
```

在 Python 代码中，可以使用“\”(反斜杠)连接多个物理行；使用“;”(分号)将多个逻辑行合并成一个物理行。

对于逻辑行，首行需要顶格，即无缩进；相同逻辑层保持相同的缩进；使用“:”(冒号)作为新逻辑层的标记，增加缩进表示进入下一个代码层，减少缩进表示返回上一个代码层。Python 中缩进相同表示在同一层次，利用好缩进可以使代码变得有层次感，增加代码的可读性。

需要注意的一点就是 Python 中代码使用的符号，无论是逗号、分号还是感叹号等，都是在英文输入状态下的符号。如果出现中文输入状态下的符号，则会造成功能无法实现。

2.1.2 注释

在开发项目期间，编程人员对程序各个部分如何协同工作了如指掌。但当过段时间再次查看该项目代码时，可能已经遗忘了很多细节。又或者，有其他人需要查阅或使用该项目代码，但是编程人员无法提供实时指导。此时，编写注释有助于解决此类问题。

注释即阐述代码的功能，以及如何实现，或者用清晰的自然语言对代码各部分的工作原理或解决方案进行概述。当前，大多数软件都是多位编程人员合作编写的。因此，编写清晰、简洁的注释是专业程序员的必备素养。Python 中的注释是对代码的解释或者评论，目的是方便非原始项目编写者使用该项目。Python 本身并不识别注释语句中的具体内容。Python 中的注释有单行注释和多行注释两种表达方式。

单行注释以#开头。示例如下:

```
# 这是一个注释
print("Hello, World!")
```

多行注释用三个单引号 ''' 或者三个双引号 """ 将注释括起来。示例如下:

```
'''
这是多行注释,用三个单引号
这是多行注释,用三个单引号
这是多行注释,用三个单引号
'''
print("Hello, World!")
```

2.1.3 标识符

名称是编程的重要组成部分。编写代码时需要为模块命名，例如 convert；也要为模块中的函数命名，例如 main；还要为变量命名，例如 celsius。从技术上讲，所有这些名称都称为“标识符”。标识符是指用来标识某个实体的一个符号，在不同的应用环境下有不同的含义。它可以是变量、模块名、函数名或类名，其本质就是对需要重复利用和调取的事物命名以便后续使用。Python 对标识符的构成有一些规则。

1）标识符是由字母、下画线和数字组成的任意序列，且不能以数字开头，字母区分大小写。例如，message_1 是正确的标识符，但 1_message 不是。而 spam、Spam、sPam 和 SPAM 是不同的名称。

2）标识符不能包含空格。下画线用于代替空格来分隔其中的单词。例如，greeting_message 是正确的标识符，但 greeting message 会引发错误。

3）Python 有一组关键字，这些关键字是保留字，不能用作变量名、函数名或任何其他标识符。常见关键字见表 2-1。如果需要在交互模式中查看关键字，可以使用 help( ) 函数：help("keywords")。

表 2-1 Python 常见关键字

False	break	for	not
None	class	from	or
True	continue	global	pass
__peg_parser__	def	if	raise
and	del	import	return
as	elif	in	try
assert	else	is	while
async	except	lambda	with
await	finally	nonlocal	yield

4）标识符应该简短且具有描述性。例如，name 优于 n、student_name 优于 s_n、name_length 优于 length_of_persons_name。

5）慎用小写字母 l 和大写字母 O，因为它们容易与数字 1 和 0 混淆。

6）Python 包括相当多的内置函数，例如第 1 章中使用过的 print 函数。虽然在技术上可以将内置的函数名称标识符用于其他目的，但不建议如此操作。例如，如果重新定义 print 的含义，将无法再输出信息，也容易让其他程序阅读者困惑。

7）在 Python3. X 版本中，中文也可以作为标识符的组成部分。

2.2 Python 数据类型

Python 中的变量不需要声明。每个变量在使用前都必须赋值，变量赋值以后该变量才会被创建。在 Python 中，变量就是变量，它没有类型。类型是变量所指的内存中对象的类型。Python 有 6 个标准的数据类型，分别是 Number(数值)、String(字符串)、List(列表)、Tuple(元组)、Set(集合)、Dictionary(字典)。后四种数据类型将在第 3 章重点讲解。

Python 3. 0 中增加了布尔型数据，将 True 和 False 定义成关键字，值分别是 1 和 0，它们可以和数值相加。而在 Python 2. 0 中没有布尔型数据，用数字 0 表示 False，用 1 表示 True。

2.2.1 数值类型

Python 数值类型主要包括整型(int)、浮点型(float) 和复数型(complex)。

1. 整型(int)

整型与数学中的整数概念一致，整数可正可负。在默认情况下，整数采用十进制。其他进制需要增加相应的前导符，详见表 2-2。

表 2-2　整型十进制转换

进制	前导符	示例	十进制转换	转成十进制
二进制	0b 或 0B	0b10	bin(2)	int('101010',2)
八进制	0o 或 0O	0o10	oct(8)	int('367',8)
十六进制	0x 或 0X	0x10	hex(16)	int('FFF',16)

部分强类型的编程语言会提供多种整数型，每种类型的长度都不同，能容纳的整数大小也不同，开发者要根据实际数值的大小选用不同的类型。例如 C 语言提供了 short、int、long 和 long long 这 4 种类型的整数，它们的长度依次递增。初学者在选择整数类型时要注意，避免数值溢出。

Python 则不同，它的整数不分类型，可以认为它只有一种类型的整数。Python 整数的取值范围是无限的，不管多大或者多小的数值，Python 都能轻松处理。当所用数值超过计算机自身的计算能力时，Python 会自动将其转为高精度计算（大数计算）。

在 Python 中，可对整数执行+(加)、-(减)、*(乘)、/(除)运算。示例如下：

```
>>> 2+3
5
```

```
>>> 3-2
1
>>> 2 * 3
6
>>> 3/2
1.5
```

在上述示例中，空格不影响 Python 计算表达式的方式，它们的存在旨在让用户阅读代码时，能迅速确定先执行哪些运算。为了提高数字的可读性，Python 3.0 允许使用_(下画线)作为数字(包括整数和小数)的分隔符。通常每隔三个数字添加一个下画线，类似于英文状态下的逗号。下画线不会影响数字本身的值。示例如下：

```
>>> a=1_301_547
>>> b=384_000_000
>>> print("a:",a)
a:  1301547
>>> print("b:",b)
b:  384000000
```

2. 浮点型(float)

浮点型与数学中的实数概念一致，其取值范围与精度受不同计算机系统的限制。对于除高精度科学计算外的绝大部分运算来说，浮点型的数值范围和小数精度足够可靠。

Python 只有一种浮点型，即 float。C 语言则有两种，分别是 float 和 double。float 能容纳的小数范围比较小，double 能容纳的小数范围比较大。除了通常看到的十进制形式的浮点数，也有指数形式的：aEn 或 aen。其中，a 为尾数部分，是一个十进制数；n 为指数部分，是一个十进制整数；E 或 e 是固定的字符，用于分割尾数部分和指数部分。整个表达式等价于 $a\times10^n$。示例如下：

```
>>> 2.1E5
210000.0
>>> 14E3
14000.0
```

注意，只要写成指数形式就是浮点数，即使其最终值状似整数。由于浮点数和整数在计算机内部存储的方式不同，整数运算永远是精确的，而浮点数的运算则可能会有四舍五入的误差。示例如下：

```
>>> 0.003 * 0.1
0.00030000000000000003
```

这是由于小数在内存中是以二进制形式存储的，小数点后面的部分在转换成二进制时很有可能是一串无限循环的数字，无论如何都不能精确表示，因此小数的计算结果一般都是不精确的。所有语言都存在这种问题，Python 在每次的版本更新中会尽可能精确地表示结果，但鉴于计算机内部表示数字的方式，在有些情况下难以实现，只能暂时忽略多余的小数位数。

3. 复数型（complex）

复数型与数学中的复数概念一致，由实部和虚部组成，虚部用 j 表示。在 Python 语言中，复数可以看为二元有序实数对(a,b)，表示为 a+bj。例如，2+3j 用 a=complex(2,3)表示。需要注意的是，当 b 为 1 时，1 不能省略。

使用 real 方法可以获取复数的实部，使用 imag 方法可以获取复数的虚部。示例如下：

```
>>>a=complex(2,3)
>>> a.real
2.0
>>> a.imag
3.0
```

可以看到，复数中的实部和虚部都是浮点型。

2.2.2 字符串类型

字符串就是一系列字符。在 Python 中，用引号括起的任意文本都是字符串类型(str)数据，其声明有 3 种方式，分别是：单引号'abc'、双引号"hello"和三引号'''hello'''。字符串在使用时，引号必须成对出现；如果字符串中包含了单引号或双引号，则可以使用另一种引号进行表示。示例如下：

```
'I told my friend,"Python is my favorite language!"'
"One of Python's strengths is its diverse and supportive community."
```

书写长字符串时，用 3 个引号(单引号或双引号)括起来的字符串可以包含多行字符串。示例如下：

```
'''This is a test
for multiple lines
of text.'''
```

在用单引号括起的字符串中，如果包含撇号会导致错误。因为 Python 将第一个单引号和撇号之间的内容视为一个字符串，进而将余下的文本视为 Python 代码，从而引发错误（见图 2-1）。

```
message = 'One of Python's strengths is its diverse community.'
print(message)

  Input In [24]
    message = 'One of Python's strengths is its diverse community.'
                             ^
SyntaxError: invalid syntax
```

图 2-1 语法错误

从上述输出可知，错误发生在第二个单引号后面。这种语法错误表明，在解释器看来，其中有些内容不是有效的 Python 代码。这种错误的来源多种多样，是最不具体的错误类型，因此可能难以找出并修复。

当受困于非常棘手的错误时，可尝试以下方法。

1）重新开始。很多时候，程序员在编程过程中只是遗漏了某些简单部分，例如 for 语句末尾的冒号，再试一次可能会有所帮助。

2）适当放松。长时间从事一个任务时，容易让人陷入单一思维而想不出其他解决方案。通过休息摆脱当前的思维方式，有助于从不同的角度看问题。

3）在线搜索。大部分编程过程中遇到的问题已经有前人面临并解决，甚至在网络上已分享了相关经验。良好的搜索技能和具体的关键字有助于找到有用的资源，以解决当前面临的问题。搜索时请完整搜索错误消息。

1. 转义字符

在计算机当中可以写出数字或字母，但有些字符无法手动书写。例如，有时需要对字符进行换行处理，但无法手动书写出换行符。在编程中，空白泛指任何非打印字符，如空格、制表符和换行符。当需要在字符中使用特殊字符时，就需要用到转义字符。转义字符的意义就是避免出现二义性，避免系统识别错误。同样，使用空白来组织输出，会使程序更易阅读。

在 Python 里用“ \ ”(反斜杠)作为转义字符前缀。在交互式解释器中，输出的字符串用引号引起来，特殊字符用反斜杠转义。具体转义字符见表 2-3。

表 2-3　转义字符

转义字符	描述
\(在行尾时)	续行符，实现用多行表示一个字符串
\\	反斜杠符号
\'	单引号
\"	双引号
\a	发出系统响铃声
\b	退格，把光标前移，覆盖删除前一个字符
\0	一个空字符
\n	换行，一般用于末尾，实现多行字符串的显示效果
\v	纵向制表符，使用率较低，print 会输出一个男性符号
\t	横向制表符，可以认为是一个间隔符
\r	回车，并把当前字符串之前的所有字符删掉
\f	换页，使用率较低，print 会输出一个女性符号

具体示例如下：

```
info_n="my name \nis Neo"
print("n:", info_n)
info_t="my name \tis Neo"
```

```
print("t:", info_t)
info_v="my name \vis Neo"
print("v:", info_v) # 在 Terminal 终端执行,才能显现效果
info_a="my name \ais Neo"
print("a:", info_a) # 在 Terminal 终端执行,才能显现效果
info_b="my name is Neo\b"
print("b:", info_b)
info_r="my name is Neo\r"
print("r:", info_r, '--')
info_f="my name is Neo\f"
print("f:", info_f) # 在 Terminal 终端执行,才能显现效果
print('My name is \'Neo\'')
print("My name is \"Neo\"")

输出:
n:my name
is Neo
t:my name       is Neo
v:my name   is Neo
a:my name   is Neo
b:my name is Ne
  --my name is Neo
f: my name is Neo□
My name is'Neo'
My name is "Neo"
```

2. 字符串前缀

在一个字符串前加一个字符 r，表示该字符串是非转义的原始字符串，其中的反斜杠不会被当作转义字符前缀。此类用法在读取文件绝对地址时非常有用，因为在 Windows 系统中，绝对地址层级分隔用\\表示。示例如下：

```
>>>r=r'c:\a.txt'
>>>r
'c:\\a.txt'
```

在一个字符串前加一个字符 u，表示对字符串进行 Unicode 编码。英文通常在各种编码下能正常解析，但中文必须表明所需编码，否则就会出现乱码的情况。Python 2.0 中需要在字符串前加 u 指定，Python 3.0 中默认字符串就是 Unicode 编码。

在一个字符串前加一个字符 f，表示格式化操作。此方法相比于使用 format( ) 更方便。需要注意的是，f 在 Python 3.6 及之后版本中才可以使用，之前的版本并不支持。详见第

2.4 节格式化输出相关内容。

3. 内置函数 str( )

使用内置函数 str( )可以把非字符串型的数据转换成字符串。将数字转换成字符串的示例如下:

```
>>> a=23
>>> b=str(a)
>>> b
'23'
```

注意，当用 shell 显示字符串的值时，它将字符序列放在单引号中。这样让用户知道该值实际上是文本而不是数字(或其他数据类型)。例如，表达式"23"产生一个字符串，而不是一个数字，Python 实际上是存储字符"2"和"3"，而不是数字 23。

4. Unicode 码

最早只有 127 个字符被编码到计算机里，也就是大小写英文字母、数字和一些符号，该编码表被称为 ASCII 编码。但是要处理中文显然 1 个字节是不够的，至少需要 2 个字节，而且还不能和 ASCII 编码冲突。因此，我国制定了 GB2312 编码，用于对中文进行编码。在功能需求下，全世界有上百种语言的编码，日文编码为 Shift_JIS，韩文编码为 EUC-KR，这样就形成了各自的标准，不可避免地出现了冲突，导致在多语言混合的文本中显示乱码。

于是，Unicode 应运而生。Unicode 把所有语言都统一到一套编码里，防止出现乱码，因此 Unicode 也叫作万国码。Unicode 标准不断发展，但常用的是用 2 个字节表示一个字符(如果是非常生僻的字符，就需要 4 个字节)。现代操作系统和大多数编程语言都直接支持 Unicode。在 Python 3.0 版本中，字符串是用 Unicode 编码的，也就是说，Python 的字符串支持多语言。

2.2.3 布尔型

对与错、0 和 1、正与反，都是传统意义上的布尔型。但在 Python 语言中，布尔型只有两个值，True(真)和 False(假)。True 和 False 是 Python 中的关键字，当作为 Python 代码输入时，一定要注意首字母要大写，不能是其他花式变形，否则解释器会报错。值得一提的是，布尔型可以当作整数型来对待，即 True 相当于整数值 1，False 相当于整数值 0。

使用内置函数 bool( )，可以根据传入参数的逻辑值创建一个新的布尔值。所有计算结果，或者调用返回值是 True 或者 False 的过程都可以称为布尔运算，例如比较运算。布尔值通常用来判断条件是否成立，所以 Python 中布尔型用于逻辑运算。

2.3 赋值语句

在学习赋值语句之前先要明确什么是常量和变量。常量就是不能改变的量，如 3.14159；而变量就是值可以改变的量。变量名是程序为了方便引用内存中的值而为其取的名称。值可能最终放在内存中的任何位置，而变量用于引用它们。

赋值语句包含 3 部分：左值、赋值运算符和右值。基本赋值语句的基本形式：

```
<variable>=<value>
```

在 Python 中，使用=(等号)表示将值赋给变量。左侧的变量是一个标识符，赋值语句让变量指向右侧的值。赋值的语义是右侧的值与左侧命名的变量相关联。其中，左值必须是变量；右值可以是变量、值或结果为值的任何表达式。示例如下：

```
name="Eric"
age=74
x=3.9*x*(1-x)
```

赋值语句有两个用途：一是定义新的变量；二是让已定义的变量指向特定值。也就是说，变量可以多次赋值，它总是保留最新赋的值。示例如下：

```
#初始化语句。创建新变量 a,并将值 1 赋给它
>>> a=1
#给 a 重新赋值,让它指向另一个值
>>> a=2
>>> print(a)
2
```

变量可看作计算机内存中的一种被命名的存储位置。在该位置放入一个值，当变量更改时，即把旧值删除，并写入一个新值。实际上，对变量赋值相当于把一个便笺纸贴在值上，旧值不会被新值擦除，而是变量被引用到新值上，效果等同于便笺纸从一个对象移动到另一个对象。给 3 个变量赋一样的值，就相当于把 3 个便笺纸贴在同一个对象上，每一个对象都有自己的地址。注意，给 3 个变量赋一样的值，指的是 a=b=c=100，而不是 a=100，b=100，c=100。给一个变量重新赋值，就是改变它指向的地址，同样的值并不代表是同样的地址。可以使用 id()函数查看变量地址。这是赋值在 Python 中的实际工作方式。

但是，即使赋值语句不直接导致变量的旧值被擦除和覆盖，计算机内存也不会被这些遗弃值所充斥。当一个值不再被任何变量引用，Python 将自动将其从内存中清除，以便空出空间可以用于存放新值。

利用赋值语句可以给多个变量同时赋值。其形式如下：

```
<var1>,<var2>,…,<varn>=<expr1>,<expr2>,…,<exprn>
```

语义上，Python 首先对右侧所有表达式求值，然后将这些值赋给左侧命名的相应变量。示例如下：

```
>>>a,b='abc',[1,2,3]
>>>print('a=',a)
```

```
a=abc
>>>print('b=',b)
b=[1, 2, 3]
```

这种形式的赋值初看很奇怪，但实际上非常有用。当想要交换 x 和 y 两个变量的值时，可以直接通过赋值来完成。示例如下：

```
>>> a,b=b,a
>>> print('a=',a)
a=[1,2,3]
>>> print('b=',b)
b=abc
```

对于字符串等序列，也可以通过同时赋值语句，把序列中的每一个元素拆解，一一对应到不同的变量上。示例如下：

```
# 字符串序列
>>> a,b,c='efg'
>>> print('a=',a)
a=e
>>> print('b=',b)
b=f
>>> print('c=',c)
c=g
# 列表序列
>>> a,b,c=[1,2,3]
>>> print('a=',a)
a=1
>>> print('b=',b)
b=2
>>> print('c=',c)
c=3
```

当变量个数和序列元素个数不对应时，可以将 * 置于变量名前，从而创建列表，接收剩余的元素。示例如下：

```
# *放后
>>> a,*b='abc'
>>> print('a=',a)
a=a
```

```
>>> print('b=',b)
b=['b','c']
# *放前
>>> *a,b='abc'
>>> print('a=',a)
a=['a','b']
>>> print('b=',b)
b=c
```

当标识符引用错误时，Python 解释器会报错，给出 Traceback。Traceback 是一条记录，指出了解释器尝试运行代码时，在什么地方陷入了困境(见图 2-2)。

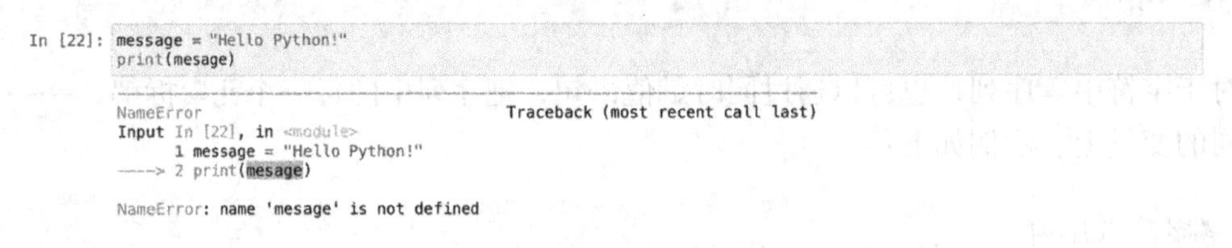

图 2-2　标识符引用错误

由图 2-2 可见，此处创建了一个名为 message 的变量，但是再次引用时，写成了 mesage。解释器列出了这行代码，旨在帮助快速找出错误。在这里，解释器发现了一个名称错误，并指出输出的变量 mesage 未定义，Python 无法识别提供的变量名。

名称错误通常意味着两种情况：一种是使用变量前忘记为其赋值，另一种是输入变量名时拼写不正确。Python 解释器不会对代码做拼写检查，但要求变量名的拼写一致。因此，创建变量名和编写代码时，无须考虑英语中的拼写和语法规则。

2.4　输入与输出

2.4.1　输入函数 input()

输入语句的目的是从用户那里获取一些信息，并存储到变量中。在 Python 中，输入是用一个赋值语句结合一个内置函数 input()实现的。利用赋值语句，程序可以从键盘获得输入。输入语句的确切形式，取决于希望从用户那里获取的数据类型。对于文本输入，input()函数在 Python 中是一个内建函数，可以实现从标准输入(键盘)中读入一个字符串(string)。该函数的基本形式如下：

```
<variable>=input(<prompt>)
```

这里的<prompt>是一个字符串表达式，用于添加提示信息，告知用户需要如何输入。提示几乎总是一个字符串字面量(即引号内的一些文本)。当 Python 调用 input()时，会先在屏幕上给出提示；然后，Python 暂停并等待用户输入一些文本，输入完成后按<Enter>键。示例如下：

```
>>> name=input("Enter your name:")
Enter your name:Eric
>>> name
"Eric"
```

用户输入的任何内容都会存储为字符串，即使用户输入的是数字也不例外。示例如下：

```
>>> age=input("Enter your age:")
Enter your age:27
>>> age
"27"
```

如果需要读取用户输入的数字，就需要形式稍复杂一点的输入语句。该语句的基本形式如下：

```
<variable>=eval(input(<prompt>))
```

此处在 input( )语句外嵌了另一个内置的 Python 函数 eval( )，表示求值(evaluate)。在这种形式中，用户输入的文本被理解为一个求值表达式，以产生存储到变量中的值。示例如下：

```
>>> age=eval(input("Enter your age:"))
Enter your age:27
>>> print(age,type(age))
27 <class 'int'>
>>> age=eval(input("Enter your age:"))
Enter your age:25.5
>>> print(age,type(age))
25.5 <class'float'>
```

在上述示例中，字符串 27 变成整数 27，字符串 25.5 则变成浮点数 25.5。如果有明确的数据类型需要，就对应使用 int( ) 函数或者 float( ) 函数代替 eval( ) 强制转换类型。本示例中，用户输入的只是一个数字字面量，即一个简单的 Python 表达式。事实上，任何有效的表达式都是可接受的。示例如下：

```
>>> ans=eval(input("Enter an expression:"))
Enter an expression:3+2 * 4
>>> print(ans)
11
```

上述举例中，在提示输入表达式时，用户输入“3+2 * 4”。Python 对此表达式通过 eval( ) 函数进行求值，并将值赋给变量 ans。输出 ans 的值发现，已经完成了对应的数学运算。input-eval 组合如同一个延迟的表达式，表达式由用户在语句执行时提供，而不是由程序员在编程时输入。

注意，eval( )函数因为功能太强大而具有危险性。当对用户输入求值时，本质上是允许用户输入一部分程序的。了解 Python 的人可以利用这点输入恶意指令。例如，输入记录计算机上私人信息或删除文件的表达式，成为计算机安全中的代码注入攻击。当程序输入来源不受信任，例如互联网上的用户，使用 eval( )可能是灾难性的。因此，eval( )函数可用来对用户输入求值，但它具有一定的安全风险，不应该用于未知或不可信来源的输入。

Python 还允许同时赋值，同时赋值也可以用单个 input( )从用户那里获取多个数值，这对于利用单个提示获取多个输入值很有用。示例如下：

```
>>> score1,score2=eval(input("Enter two scores separated by a comma:"))
Enter two scores separated by a comma:10,5
>>> average=(score1+score2)/2
>>> print("The average of the scores is:",average)
The average of the scores is:7.5
```

上述示例提示用逗号分隔两个 score。假设用户键入“10,5”。input( )语句的效果就像进行以下赋值：score1,score2=10,5。上述示例只用了两个值，可以扩展为任意数量的输入。如果想要一次性获得的不只是纯数字，而是原始文本，可以使用 split( )函数。该函数的基本形式如下：

```
str.split(str="",num=string.count(str))
```

Python 中 split( )是一个内置函数，用来对字符串进行分割，也包括即时通过 input( )获取的字符串。分割后的字符串以列表形式返回，再通过同时赋值语句赋值给各个变量。示例如下：

```
>>> a,b=input("请输入多个值:").split()
请输入多个值:Eric 28
>>> print('a=',a)
a=Eric
>>> print('b=',b)
b=28
```

在上述示例中，split( )不带参数，默认以空格为分割符。当 split( )带参数时，则以该参数进行分割。示例如下：

```
>>> a,b=input("请输入多个值:").split(',')
请输入多个值:Eric,27
```

```
>>> print('a=',a)
a=Eric
>>> print('b=',b)
b=27
```

在某种程度上，单独的提示对应单独的变量获取，或许对用户来说信息更准确。但有时，在单个 input()中获取多个值提供了更直观的用户接口。采用哪种方法在很大程度取决于个人习惯。

建议在 input()语句提示结尾处放置一个空格，以便用户输入的内容不会紧挨着提示符，这样更容易阅读和理解。

2.4.2　输出函数 print()

print()函数在 Python 中也是一个内建函数，可以实现各类数据的直接输出。print()与任何其他函数调用的基本形式相同。输入函数名 print，后面带上括号，在括号中列出参数，参数用逗号分隔。print()函数的基本形式如下：

```
print(*objects,sep='',end='\n',file=sys.stdout)
```

其中，objects 表示输出的对象，允许输出多个对象；sep 用来间隔多个对象，默认值是一个空格；end 用来设定以什么结尾，默认值是\n(换行符)；file 表示要写入的文件对象。

数值型数据可以使用 print()直接输出。示例如下：

```
>>> print(1)
1
```

如果想通过 print()语句，一次输出多个对象，对象之间要用逗号分隔。对象可以是相同的数据类型，也可以是不同的数据类型。示例如下：

```
>>> str1='hello guys'
>>> print("输出:",str1,'Nice to meet you!')
输出: hello guys Nice to meet you!
>>> a=2
>>> b='cats'
>>> print('I have',a,b)
I have 2 cats
```

如果要在一行中直接输出字符串，字符串间可以不使用逗号。示例如下：

```
>>> print('Hello"World')
HelloWorld
```

如果要在一行中直接输出字符串，字符串间添加了逗号分隔符，输出的字符串会有空格间隔。示例如下：

```
>>> print('Hello','World','!')
Hello World !
```

设置参数 sep(间隔符)可以让用逗号分隔的对象间出现相应的间隔符。示例如下：

```
>>> print('www','baidu','com',sep='.')
www.baidu.com
```

连续的 print()语句通常显示在屏幕的不同行上。print(无参数)生成空行输出。因为在默认情况下，结束文本是表示行结束的特殊标记字符(end='\n')。示例如下：

```
print(3,'+',4)
print()
print("The answer is",3+4)

输出:
3 + 4

The answer is 7
```

可以通过包含一个附加参数显式地覆盖该默认值，从而改变这种表示。示例如下：

```
print(3,'+',4,end=' ')
print("The answer is",3+4)

输出:
3 + 4 The answer is 7
```

在上述示例中，行末字符被改成了一个空格键。注意，print 在 Python 3.0.X 中是一个函数，但在 Python 2.X 中不是一个函数，只是一个关键字。

2.4.3 数据的格式化输出

1. 使用占位符%

占位符%的基本形式如下：

```
"%[(name)][flags][width][.precison]type"%待格式化数据
```

其中,%表示占位符；(name)表示命名占位字符；参数 flags 为可选，详见表 2-4；width 表示占位宽度，若指定宽度小于原数据长度则按原长度数据输出；.precison 表示小数点后保留的位数，在字符串中则表示截取(字符串切片)；参数 type 的种类详见表 2-5，注意字母的大小写，否则会出现值错误 ValueError：unsupported format character。

表 2-4　占位符%中的参数 flags

符号	说明
+	右对齐，正数加正号，负数加负号
-	左对齐，正数无符号，负数加负号
空格	右对齐(默认的对齐方式)，正数前加空格，负数前加负号
0（数字）	右对齐，以 0 填充，正数无符号，负数加负号，并将符号放置在 0 的最左侧

表 2-5　占位符%中的参数 type

符号	说明
s	string，字符串
d	decimal integer，十进制数
i	integer，用法同%d
u	unsigned integer，无符号十进制数
f	float，浮点数(默认保留小数点后 6 位)
F	Float，浮点数(默认保留小数点后 6 位)
e	exponent，将数字表示为科学计数法(小写 e，默认保留小数点后 6 位)
E	Exponent，将数字表示为科学计数法(大写 E，默认保留小数点后 6 位)
o	octal，八进制数(即 0~7)
x	hexdecimal，十六进制数(即 0~9a~f)
X	Hexdecimal，十六进制数(0~9A~F)
g	general format，通用格式
G	General format，通用格式
%c	character，将十进制数转换为所对应的 Unicode 值
%%	转义%，输出百分号

不指定参数 name 时，带有转换说明符的字符串(如%s)与需要转换的值必须按照位置一一对应。示例如下：

```
# 单个数据
>>> print("|My name is %s" %"Lily|")
|My name is Lily|

# 多个数据:使用元组
>>> print("|My name is %s,I'm %d years old. |" %("Lily",18))
|My name is Lily,I'm 18 years old. |
```

指定参数 name 时，需要使用字典指明键值对。示例如下：

```
# 单个数据
>>> print("|My name is %(name)s|" %{"name":"Lily"})
|My name is Lily|

# 多个数据
>>> print("|My name is %(name)s,I'm %(age)d years old.|" %{"name":
"Lily","age":18})
|My name is Lily,I'm 18 years old.|
```

参数 flags 和 width 的使用方式根据变量的数据类型略有区别。示例如下(此处设置 width =10)：

```
# 字符串
print("|%+10s|" %"Lily")  # 字符串右对齐
print("|%-10s|" %"Lily")  # 字符串左对齐
print("|%10s|" %"Lily")   # 字符串右对齐
print("|%010s|" %"Lily")  # 字符串右对齐

输出：
|      Lily|
|Lily      |
|      Lily|
|      Lily|
```

```
# 正整数
print("|%+10d|" %26)  # 正整数右对齐,正数加正号
print("|%-10d|" %26)  # 正整数左对齐,正数无符号
print("|%10d|" %26)   # 正整数右对齐,正数前加空格
print("|%010d|" %26)  # 正整数右对齐,正数无符号,以 0 填充

输出：
|       +26|
|26        |
|        26|
|0000000026|
```

```
# 负整数
print("|%+10d|" %-26)  # 负整数右对齐,负数加负号
print("|%-10d|" %-26)  # 负整数左对齐,负数加负号
print("|%10d|" %-26)   # 负整数右对齐,负数加负号
print("|%010d|" %-26)  # 负整数右对齐,负数加负号,负号和数字之间填充 0

输出:
|       -26|
|-26       |
|       -26|
|-000000026|
```

```
# 正浮点数
# 如未指定浮点数精度,默认保留 6 位小数,其余均用空格填充(如指定 0 则用 0 填充)
# 若 width 小于浮点数的数位,则 width 无效
print("|%+10f|" %2.2)  # 正浮点数加正号右对齐,小数部分以 0 填充
print("|%-10f|" %2.2)  # 正浮点数左对齐,小数位后用空格填充
print("|%10f|" %2.2)   # 正浮点数右对齐,浮点数前为空格
print("|%010f|" %2.2)  # 正浮点数右对齐,浮点数前以 0 填充

输出:
| +2.200000|
|2.200000  |
|  2.200000|
|002.200000|
```

```
# 负浮点数
print("|%+10f|" %-2.2)  # 负浮点数加负号右对齐,小数部分以 0 填充
print("|%-10f|" %-2.2)  # 负浮点数加负号左对齐,小数位后以空格填充
print("|%10f|" %-2.2)   # 负浮点数加负号右对齐,其余用空格填充
print("|%010f|" %-2.2)  # 负浮点数加负号右对齐,其余用 0 填充,注意负号在
最左侧

输出:
|-2.200000|
|-2.200000|
|-2.200000|
|-02.200000|
```

参数 precision 的使用方式根据变量的数据类型也略有区别。示例如下：

```
# 如果待格式化数据为字符串则表示字符串截取
>>> print("|%.2s|" %"python")
|py|
```

```
# 对于浮点型数据,保留小数点后 precision 位
# 注意,示例存在"四舍六入五双"的情况
>>> print("|%(num).2f|" %{"num":0.145})
|0.14|
>>> print("|%(num).2f|" %{"num":1.145})
|1.15|
>>> print("|%(num).2f|" %{"num":2.145})
|2.15|
>>> print("|%(num).2f|" %{"num":3.145})
|3.15|
```

```
# 科学计数
>>>print("|%.3f 用科学计数法表示写作%.2E|" %(40.125,40.125))
|40.125 用科学计数法表示写作 4.01E+01|
```

参数 type 对于不同类型变量的使用示例如下：

```
# s:字符串
>>> print("|My name is %s" %"Lily|")
|My name is Lily|
```

```
# d,i,u:十进制数字
>>> print("|十进制数:%d|" %26)
|十进制数:26|
>>> print("|十进制数:%i|" %26)
|十进制数:26|
>>> print("|十进制数:%u|" %26)
|十进制数:26|
```

```
# f:浮点数(默认保留 6 位小数)
>>> print("|这是一个浮点数%f|" %2.26)
|这是一个浮点数 2.260000|
```

```
# e,E:科学计数
>>> print("|%f 用科学计数法表示写作%e|" %(0.145,0.145))
|0.145000 用科学计数法表示写作 1.450000e-01|
>>> print("|%.3f 用科学计数法表示写作%.2E|" %(0.145,0.145))
|0.145 用科学计数法表示写作 1.45E-01|
```

```
# o:八进制
>>> print("|十进制%(num)d 对应的八进制数为%(num)o|" %{"num":26})
|十进制 26 对应的八进制数为 32|
```

```
# x,X:十六进制
>>> print("|十进制%(num)d 对应的十六进制数为%(num)x|" %{"num":26})
|十进制 26 对应的十六进制数为 1a|
>>> print("|十进制%(num)d 对应的十六进制数为%(num)X|" %{"num":26})
|十进制 26 对应的十六进制数为 1A|
```

```
# g,G:综合的%f 和%e,系统自动决定是否使用科学计数法
>>> print("%g 这个数交给 Python" %1.496)
1.496 这个数交给 Python
>>> print("%g 这个数也交给 Python" %149597871)
1.49598e+08 这个数也交给 Python
```

```
# c:Unicode 字符
>>> print("|%d 对应的 Unicode 字符为:%c|" %(30001,30001))
|30001 对应的 Unicode 字符为:由|
```

```
# %%:转义%
# 如果有待格式化数据需要输出百分号(%),需要使用%%进行转义
>>> print("|I'm %d%%sure.|" %100)
|I'm 100%sure.|
```

2. str.format

format 方法是在 Python 2.6 中引入字符串类型的内置方法，使用{}表示占位符。用 str.format()看似实现的效果和占位符%一致，但是实际上它更灵活、更强大。它的灵活性体现在以下几个方面。

1）可以设置格式化参数的顺序。示例如下：

```
# 按照位置一一对应
>>> print('{} asked {} to do something'.format('Lucy','Lily'))
```

```
Lucy asked Lily to do something
>>> print('{} asked {} to do something'.format('Lily','Lucy'))
Lily asked Lucy to do something

# format()函数支持多个占位符,可以是占位符指定的被转换数据的索引
>>> print('{0}{1}{1}{0}'.format('a','b'))
abba
```

2）可以设置名称。示例如下：

```
# 直接设置名称进行调用
>>> print('Happy Birthday {age},{name}! '.format(age=30,name=
'Mary'))
Happy Birthday 30,Mary!

# 通过字典设置参数
>>> site={"name":"Mary","age":30}
>>> print("祝:{name},{age}岁生日快乐!".format(**site))
祝:Mary,30 岁生日快乐!

# 通过列表索引设置参数
>>> my_list=['Mary',30]
>>> print("祝:{0[0]},{0[1]}岁生日快乐!".format(my_list))   # 0 是必
需的
祝:Mary,30 岁生日快乐!
```

3）兼容性强、适配性强。例如，要输出一个矩阵 A1 的行数和列数，如果使用%，需要把 A1.shape 的两个成员先取出，再做输出处理，但若使用 str.format( )会更加方便。示例如下：

```
>>> import numpy as np
>>> A1=np.array([[1,2,3,4,5],
                 [6,7,8,9,10],
                 [11,12,13,14,15]],dtype='int8')
>>> print('矩阵 A1 的行数和列数分别为(%d,%d)'%(A1.shape[0],A1.shape
[1]))
矩阵 A1 的行数和列数分别为(3,5)
>>> print('矩阵 A1 的行数和列数分别为{}'.format(A1.shape))
矩阵 A1 的行数和列数分别为(3,5)
```

4）可以指定填充、对齐和宽度，以及精度和进制。示例如下：

```
#{<索引>:<填充字符><对齐方式><宽度.精度><格式>}
#^、<、>分别表示居中、左对齐、右对齐，后面的数字表示宽度
#:后填充的字符只能是一个字符，不指定则默认用空格填充
>>> print('{0:*>8}'.format(10))   #右对齐，共 8 个字符
******10
>>> print('{0:*<8}'.format(10))   #左对齐，共 8 个字符
10******
>>> print('{0:*^8}'.format(10))   #居中对齐，共 8 个字符
***10***
>>> print('{0:.2f}'.format(2/3))  #值取两位小数
0.67
```

其他对数字格式的控制见表 2-6。

表 2-6 format 中的数字格式

数字	格式	输出	描述
3.1415926	{:.2f}	3.14	保留小数点后两位
3.1415926	{:.+2f}	+3.14	带符号保留小数点后两位
-1	{:+.2f}	-1.00	带符号保留小数点后两位
3.1415926	{:.0f}	3	不带小数
5	{:0>2d}	05	数字补 0(填充左边，宽度为 2)
5	{:x<4d}	5xxx	数字补 x(填充右边，宽度为 4)
1000000	{:,}	1,000,000	以逗号分隔的数字格式
0.333	{:.2%}	33.30%	百分比格式

3. f-string

Python 3.6 以后开始支持 f-string 字符串。f-string 即格式化字符串(formatting string)，它是 str.format()的一个变种，其语法形式殊途同归。很多时候使用 f-string 可以有效减少代码量，使代码更为清晰、易懂。

f-string 的基本形式为 f"{}{}{}"，即以 f 或 F 开头的字符串，使用符号{}完成格式化输出。示例如下：

```
>>> name="Eric"
>>> age=74
>>> print(f"Hello,{name}.You are {age}.")
Hello,Eric.You are 74.
```

综上所述，Python 字符串格式化的语法较多。%格式化可以满足大多常用的功能，但是不方便处理一些精密的或复杂的格式化需求，所以推荐使用 str.format()或 f-string 格式化处

理字符串。f-string 是 str. format( )的一个变种，在一些特定情况下使用它可以极大地减少代码量，使代码更加清晰易懂，所以可以有选择性的使用 f-string。

2.5 运算符与表达式

2.5.1 算术运算符

算术运算符即数学运算符，用来对数字进行数学运算。

1. 加号(+)

+用于数字时表示加法。当整数型和浮点型数值相加时，求和的结果也是浮点型。示例如下：

```
>>> a=1
>>> b=1.0
>>> print('a+b=',a+b)
a+b=2.0
```

+用于字符串时，能够对字符串进行拼接。示例如下：

```
>>> a='name:'
>>> b='Lily'
>>> print(a+b)
name:Lily
```

2. 减号(-)

-可以用作减法运算，也可以用作求负运算，即正数变负数、负数变正数。示例如下：

```
>>> n=45
>>> m=-n
>>> x=-83.5
>>> y=-x
>>> print(m,"-",y,'=',m-y)
-45 -83.5=-128.5
```

3. 乘号(*)

*用作乘法运算。示例如下：

```
>>> a=4*25
>>> b=12.5*2
>>> print(a,",",b)
100,25.0
```

*还可以用作重复字符串，即将 n 个相同的字符串进行连接。示例如下：

```
>>>str="hello! "
>>>print(str * 4)
hello! hello! hello! hello!
```

4. 除号(/和//)

除法有/和//两种表示形式。/表示普通除法，使用它计算出来的结果和数学中的除法计算结果相同。其计算结果总是小数，不管是否能除尽，也不管参与运算的是整数还是小数；//表示整除，只保留结果的整数部分，舍弃小数部分。当有小数参与运算时，//的结果才是小数，否则就是整数。注意，//是直接丢掉小数部分，而不是四舍五入。示例如下：

```
#整数不能除尽
>>> print("23/5=",23/5)
23/5=4.6
>>> print("23//5=",23//5)
23//5=4
>>> print("23.0//5=",23.0//5)
23.0//5=4.0
#整数能除尽
>>> print("25/5=",25/5)
25/5=5.0
>>> print("25//5=",25//5)
25//5=5
>>> print("25.0//5=",25.0//5)
25.0//5=5.0
#小数除法
>>> print("12.4/3.5=",12.4/3.5)
12.4/3.5=3.542857142857143
>>> print("12.4//3.5=",12.4//3.5)
12.4//3.5=3.0
```

需要注意的是，除数始终不能为 0，否则会导致除数为零错误(见图 2-3)。

```
: 2/0

ZeroDivisionError                         Traceback (most recent call last)
Input In [43], in <module>
----> 1 2/0

ZeroDivisionError: division by zero
```

图 2-3　除数为零错误

5. 求余(%)

%用作求两个数相除的余数，包括整数和小数。%两边的数字都是整数时，求余的结果也是整数；但是只要有一方是小数，求余的结果就是小数。求余结果的正负由第二个数字决定。小数求余的结果只是近似值。示例如下：

```
#整数求余
>>> print("15%6=",15%6)
15%6=3
>>> print("-15%6=",-15%6)
-15%6=3
>>> print("15%-6=",15%-6)
15%-6=-3
>>> print("-15%-6=",-15%-6)
-15%-6=-3
#小数求余
>>> print("7.7%2.2=",7.7%2.2)
7.7%2.2=1.0999999999999996
>>> print("-7.7%2.2=",-7.7%2.2)
-7.7%2.2=1.1000000000000005
>>> print("7.7%-2.2=",7.7%-2.2)
7.7%-2.2=-1.1000000000000005
>>> print("-7.7%-2.2=",-7.7%-2.2)
-7.7%-2.2=-1.0999999999999996
#整数和小数运算
>>> print("23.5%6=",23.5%6)
23.5%6=5.5
>>> print("23%6.5=",23%6.5)
23%6.5=3.5
>>> print("23.5%-6=",23.5%-6)
23.5%-6=-5.5
>>> print("-23%6.5=",-23%6.5)
-23%6.5=3.0
>>> print("-23%-6.5=",-23%-6.5)
-23%-6.5=-3.5
```

注意，求余运算的本质是除法运算，所以第二个数字也不能为 0，否则会导致除数为零错误(见图 2-3)。

6. 次方(**)

用于次方运算。由于开方是次方的逆运算，也可以使用间接地实现开方运算。

示例如下：

```
# 次方运算
>>> print('3^4=',3 ** 4)
3^4=81
>>> print('2^5=',2 ** 5)
2^5=32
# 开方运算
>>> print('81^(1/4)=',81 ** (1/4))
81^(1/4)=3.0
>>> print('32^(1/5)=',32 ** (1/5))
32^(1/5)=2.0
```

Python 基本算术运算符见表 2-7。

表 2-7　Python 基本算术运算符

运算符	说明	示列	运算结果
+	加法	5+10	15
-	减法	100-5	95
*	乘法	8*9	72
/	浮点数除法	100/5	20.0
//	整数除法	100//5	20
%	模（求余）	9%4	1
**	幂	2**3	8

2.5.2　关系运算符

关系运算符也称比较运算符，用于对常量、变量或表达式结果的大小进行比较。关系运算符的运算结果只有一种数据类型，即布尔型，即真(True)或者假(False)。如果这种比较是成立的，则返回 True，反之则返回 False。

Python 关系运算符见表 2-8。

表 2-8　Python 关系运算符

运算符	表达式	描述	实例	运行结果
==	x==y	x 等于 y	'ABCD'=='ABCDEF'	False
!=	x!=y	x 不等于 y	'ABCD'!='abcd'	True
>	x>y	x 大于 y	'ABC'>'ABD'	False
>=	x>=y	x 大于或等于 y	123>=23	True
<	x<y	x 小于 y	'ABC'<'DEF'	True
<=	x<=y	x 小于或等于 y	'123'<='23'	False
is	x is y	x、y 引用同一对象，比较对象的 ID	1is True	False
is not	x is not y	x、y 引用不同对象，比较对象的 ID	1 is not True	True

实际中，当对字符串进行比较时，是通过内置函数 ord( )获取每个字符的 Unicode 编码然后比较大小。对于字符串、列表等可迭代对象来说，进行比较时都是先比较两个对象的第 0 个元素，其大小关系即为对象的大小关系，如果值相等则继续比较后续元素，先终止迭代的对象即为小。

2.5.3 逻辑运算符

逻辑运算符的作用主要是扩充条件。例如，单位招聘明确要求本科学历和计算机专业，在挑选符合要求的简历时，需要把这两个条件进行连接，而连接这两个扩充条件就需要用到逻辑运算符。

逻辑运算符使用布尔运算，不同逻辑量对应的运算结果见表 2-9。

表 2-9 Python 布尔运算

<table>
<tr><th colspan="3">or 运算</th><th colspan="3">and 运算</th><th colspan="2">not 运算</th></tr>
<tr><th>逻辑量 1</th><th>逻辑量 2</th><th>结果</th><th>逻辑量 1</th><th>逻辑量 2</th><th>结果</th><th>逻辑量</th><th>结果</th></tr>
<tr><td>False</td><td>False</td><td>False</td><td>False</td><td>False</td><td>False</td><td rowspan="2">False</td><td rowspan="2">True</td></tr>
<tr><td>False</td><td>True</td><td>True</td><td>False</td><td>True</td><td>False</td></tr>
<tr><td>True</td><td>False</td><td>True</td><td>True</td><td>False</td><td>False</td><td rowspan="2">True</td><td rowspan="2">False</td></tr>
<tr><td>True</td><td>True</td><td>True</td><td>True</td><td>True</td><td>True</td></tr>
</table>

具体示例如下：

```
# 设置变量
>>> a=1
>>> b=2
>>> c=3
# and 都真才真
>>> print(a<b and b<c)
True
>>> print(a<b and b>c)
False
# or 都假才假
>>> print(a>b or b<c)
True
>>> print(a>b or b>c)
False
# not 取反
>>> print(not False)
True
>>> print(not c>b)
False
```

因为对关系运算表达式加上小括号并不会影响代码的运行结果，为了确保代码之间不发生歧义，建议对比较复杂的表达式加上小括号。

Python 逻辑运算符可以用来操作任何类型的表达式，无论表达式是否为布尔型。同时，逻辑运算的结果也不一定是布尔型，它可以是任意类型。对于 and 运算符，如果左边表达式的值为假，左边表达式的值可以直接作为最终结果；如果左边表达式的值为真，需要继续计算右边表达式的值，并将右边表达式的值作为最终结果。对于 or 运算符，如果左边表达式的值为真，左边表达式的值可以直接作为最终结果；如果左边表达式的值为假，需要继续计算右边表达式的值，并将右边表达式的值作为最终结果。Python 逻辑运算见表 2-10。

表 2-10　Python 逻辑运算

逻辑运算符	表达式 A 的布尔值	表达式 B 的布尔值	结果	示例
and	False	—	A	>>> print(0 and 1) 0

	True	—	B	>>> print(1 and 2.0)
				2.0
				>>> print('ABC' and 0)
				0

or	False	—	B	>>> print(None or 'ABC')
				'ABC'
				>>> print(None or 0)
				0

	True	—	A	>>> print([1,2,3] or 0) [1,2,3]

综上所述，and 和 or 运算符不一定会计算右边表达式的值，有时候只计算左边表达式的值就能得到最终结果。左、右表达式其中一个的值将作为最终结果，而非只有 True 或者 False 可以作为最终结果。

2.5.4　运算符的优先级和结合性

所谓结合性，就是当一个表达式中出现多个优先级相同的运算符时，先执行哪个运算符。先执行左边的称为左结合性，先执行右边的称为右结合性。

当一个表达式中出现多个运算符时，Python 会先比较各个运算符的优先级，按照优先级从高到低的顺序依次执行；当遇到优先级相同的运算符时，再根据结合性决定先执行哪个运算符。Python 运算符的优先级和结合性见表 2-11。

表 2-11　Python 运算符的优先级和结合性

优先级（高到低）	运算符	描述	结合性
1	+x，-x	正、负	
2	x ** y	幂	从右向左
3	x * y，x/y，x%y	乘、除、取模	从左向右
4	x+y，x-y	加、减	从左向右

（续）

优先级（高到低）	运算符	描述	结合性
5	x<y，x<=y，x==y，x!=y，x>=y，x>y	比较	从左向右
6	not x	逻辑否	从左向右
7	x and y	逻辑与	从左向右
8	x or y	逻辑或	从左向右

2.6 本章小结

学习 Python 首先需要掌握基本的 Python 语句结构并且培养良好的编程习惯。本章阐述了 Python 的语法规则、数据类型、基本语句，以及运算符和表达式等基础知识，重点介绍了字符串涉及的转义字符和不同功能的字符串前缀的使用。本章的学习要点是如何利用赋值语句和输入/输出语句实现简单功能的代码编写，以及数据的格式化输出的 3 种方式和使用场景。通过本章的学习后，读者或许会发现，很多程序产生错误的原因非常简单，例如在程序的某一行输错了某个字符。然而，找出这种错误往往需要花费大量时间，并且经常会重复遭遇相同的事情。希望读者能够保持积极心态，不要气馁。

2.7 实验：温度转换器

案例描述

人们很难对非常用计量单位表示的数据有一个直观的认知，因此计量单位转换是一个必要的功能需求。请设计一个温度转换程序，其功能是将华氏温度换算成摄氏温度，以便于使用者判断气温的变化。

案例分析

1）分析问题：分析问题的计算部分。

2）确定问题：将问题划分为输入、处理及输出部分。

3）设计算法：计算部分的核心，根据华氏温度转摄氏温度的公式(°F-32)×5/9=℃，确定输入和输出部分。

代码 TempConvert. py 如下：

```
"""
输入华氏温度值,对应显示摄氏温度值                    #④
"""
TempStr=int(input("请输入华氏温度值:"))              #①
C=(TempStr-32)/1.8                                   #②
print("转换后的摄氏温度是{:.1f}C".format(C))          #③
```

其中，代码①创建一个名为 TempStr 的变量，利用赋值语句，将输入的文字内容先利用关键字 int 代表的内置函数进行数据类型转换，再将转换后的值赋给 TempStr，以便后续计算；

代码②按照原始公式编写运算公式，将华氏温度转换为摄氏温度，即引用 TempStr 变量的值进行计算，再将计算结果赋值给变量 C；代码③利用 print( ) 和 format( ) 进行格式化输出，将变量 C 的内容保留为{:.1f}，即一位小数的浮点数，并插入说明文字（转换后的摄氏温度是C）；代码④作为整段代码的功能说明注释，有利于帮助读者快速了解代码的意图。

2.8　实验：输入/输出拓展：制作简单的 EXE 程序

很多时候，编写的程序需要多场景应用，即不仅在编程者的计算机上使用此程序，也需要在其他计算机上使用。在写代码的过程中，开发的脚本一般需要使用到某些第三方库。当其他用户需要使用该脚本时，单一的 xx.py 文件是无法直接使用的，用户还需要安装 Python 解释器，甚至安装对应的第三方库。但是为了使用某个程序而对经手的每一台计算机进行 Python 环境配置，是烦琐且不现实的。不过，由于计算机可以直接运行 EXE 文件，可以尝试对代码进行打包，将其制作成 EXE 程序，同时这样还可以防止拟写的代码被盗。

第三方库 PyInstaller 可以实现 EXE 打包操作。PyInstaller 库可以将 .py 源代码转换成无须源代码的 Windows、Linux、mac OS X 系统的可执行文件。其官方网站为 http://www.pyinstaller.org。具体实现步骤如下：

1）按<Win+R>组合键，打开“运行”对话框输入 cmd，打开命令行控制界面。输入“py -m pip install pyinstaller”，在命令行用 pip 安装 PyInstaller 模块。

2）按<Win+R>组合键，打开“运行”对话框输入 cmd，打开命令行控制界面。输入“pyinstaller -F demo.py”。注意，-F 两边分别有空格，-F 参数表示覆盖打包，即无论打包几次，都以最新版本为准。demo.py 是文件名或该文件的绝对地址，根据个人需要填写。参数说明见表 2-12。

表 2-12　PyInstaller 参数说明

参数	含义
-F	指定打包后只生成一个 EXE 格式的文件
-D	-onedir，创建一个目录，包含 EXE 文件，但会依赖很多文件（默认选项）
-c	-console、-nowindowed，使用控制台，无界面（默认）
-w	-windowed，-noconsole 使用窗口，无控制台
-p	添加搜索路径，让其找到对应的库
-i	改变生成程序的 ICON 图标

由于 Python 脚本无法脱离 Python 解释器单独运行，所以在打包的时候，至少需要将 Python 解释器和脚本一同打包。同理，包和包之间存在依赖关系。例如，只安装一个 Requests 包，但是 Requests 包会顺带安装其他依赖的小包。所以，为了打包的 EXE 能正常运行，建议使用-F 参数将所有安装的第三方包和 Python 解释器一并打包到 EXE 文件中。

如果需要指定图标并去掉命令窗口，可执行命令“pyinstaller -F -i demo.ico -w demo.py”。执行完毕之后将生成数个文件夹。在其中的 dist 文件夹下，存在 EXE 程序，即可执行的 EXE 程序。请根据以上说明，尝试将 TempConvert.py 文件转换成 EXE 程序。

2.9 课后习题

1. 将个人最喜欢的数字存储在一个变量中，再使用该变量创建一条消息，指出最喜欢的数字，然后输出这条消息。

2. 将用户的姓名存到一个变量中，并向该用户显示一条消息，如“Hello Eric，would you like to learn some Python today?”。

3. 将一个人名存储到一个变量中，再以小写、大写和首字母大写的方式显示该人名。

4. 找一句名人名言，将名人的姓名存储在变量 famous_person 中，将他的名言连同姓名存储在变量 message 中。然后输出 message。输出应类似于下面的文本(包括引号、\t、\n)：

```
Albert Einstein once said:
“A person who never made a mistake never tried anything new.”
```

5. 编写一个程序，将华氏温度转换为摄氏温度。

6. 编写一个程序用于执行个人选择的单位转换。确保有程序输出介绍，解释它的作用。

第3章 复合数据类型

学习目标

知识目标

- 理解序列和索引的基本概念；
- 掌握元组和列表的区别；
- 理解和编写处理文本信息的程序；
- 熟悉通过内置函数对复合型数据进行操作；
- 熟悉复合型数据在实际项目中的使用技巧；
- 了解在 Python 中读取和写入文本文件的基本文件处理概念和技术。

思政目标

- 训练学生的数据思维；
- 在大数据时代背景下，启发学生根据数据来思考事物，并基于数据思考，形成定性的描述和结论，辅助决策。

技能目标

- 能够根据实际问题需要创建并使用复合型数据；
- 能够用字符串格式化来产生有吸引力的、富含信息的程序输出；
- 能够针对计算机内的文本文件进行基本的读/写操作。

为满足程序中复杂的数据表示，Python 支持组合数据类型，可以将一批数据作为一个整体进行数据操作，这就是数据容器的概念。也就是说，容器是指根据某种方式组合数据元素形成的数据元素集合。Python 中的容器包含序列、集合和映射。几乎所有的 Python 容器都可以归结为这 3 类。

序列是数据对象的有序排列，数据对象作为序列中的元素被分配了一个位置编号(索引)。序列相当于数学中数列的概念。Python 中的序列包括字符串(str)、列表(list) 和元组(tuple)等。

Python 中的集合相当于数学中集合的概念。在集合型数据中，集合中的元素不能重复出现，当中的每一个元素都是唯一的，元素间不存在排列顺序。集合包括可变集合(set)与不可变集合(frozenset)。

映射是包含一组键(key)和值(value)及其映射关系的容器。字典(dictionary)是 Python 中唯一的映射类型，字典中的每个元素都存在相应的名称(称为键)与之一一对应。字典相当于由带有各自名称的元素组成的集合。与序列不同的是，字典中的元素并没有排列顺序。

3.1 序列类型

所谓序列，就是一个容器(集合)中包含多个数据(元素)，容器中的数据(元素)有先后次序，每个元素通过其下标(索引)进行访问。序列的下标从 0 开始。常用的序列类型有 3 种：列表、元组和字符串。

3.1.1 列表

列表(list)是序列的一种，由 0 或多个有序排列的元素组成，序列所有的特性和操作对于列表都成立。列表的格式为［元素,元素,…,元素］。由于列表中所有的数据项都是对象引用，因此列表可以存放任意数据类型的数据项，既可以是整型(int)、浮点型(float)、字符串(str)等这种基础数据类型，也可以是列表、元组或字典等复合数据类型。列表是 Python 中最常用的复合数据类型。鉴于列表通常包含多个元素，建议给列表指定一个表示复数的名称，如 letters、digits 或 names。

1. 列表的创建

(1) 直接创建　列表用[ ](方括号)创建：空的方括号创建空列表；方括号中多个项之间用逗号分隔。示例如下：

```
# 创建一个空列表
>>> a=[]
# 创建一个内置元素的列表
>>> b=[2,3,5,7,11,13]
```

(2) 使用 list()将其他数据类型转换成列表　可以通过 list()函数创建列表。list()函数最多接收 1 个参数；不带参数的返回空列表；带参数的返回参数的浅拷贝(在有指针的情况下，浅拷贝只是增加了一个指针，指向已经存在的内存)；对复杂参数(非基本元素，如复合型数据)则是将给出的对象转换为列表。示例如下：

```
>>> a=list('hello')
>>> a
['h','e','l','l','o']
>>> b=list()
>>> b
[]
>>> list(range(1,10,2))
[1,3,5,7,9]
```

(3) 用列表解析方法　列表解析式的表示有以下几种：

```
[expression for i in iterable]
[expression for i in iterable if … for j in iterable if …]
[expression for i in iterable for j in iterable if…if…]
```

其中，expression 表示输出的结果；for i in iterable 表示需要迭代的对象；if…表示需要过滤的条件。示例如下：

```
# 单变量列表解析
>>> print([i for i in range(6)])
[0,1,2,3,4,5]
```

此处涉及条件判断和循环的概念，将在第 4 章详细讲解。

由于列表的元素类型也可以是列表，因此使用列表解析式方便构成元素规律的多维列表，如同一个矩阵。示例如下：

```
# 多变量列表解析
>>> a=[[5*i,5*i+1,5*i+2,5*i+3,5*i+4]for i in range(5)]
>>> a
[[0,1,2,3,4],
[5,6,7,8,9],
[10,11,12,13,14],
[15,16,17,18,19],
[20,21,22,23,24]]
```

使用列表解析式可以简化代码，增加其可读性，并且编译器会进行优化，可以提高代码的运行效率。Python 中还有元组解析式、集合解析式、字典解析式，使用方法与列表解析式相同。

（4）用 append()方法，依次输入元素值　当列表内容需要交互式获取，可以尝试使用 append()方法，将每次获取的元素值添加到列表当中，每次添加的值置于列表最后。示例如下：

```
lst=[]
for i in range(4):
    lst.append(input('请输入元素:  '))
print(lst)

输出:
请输入元素: 1
请输入元素: 2
```

```
请输入元素：3
请输入元素：4
['1','2','3','4']
```

由于经常要等程序运行后才知道用户要在程序中存储哪些数据，所以这种创建列表的方式在实际应用中非常普遍。为方便用户交互，首先创建一个空列表，用于存储用户将要输入的值，然后将用户提供的每个新值附加到列表中。

2. 列表的基本操作

（1）访问元素　列表是有序集合，因此要访问列表的任何元素，只需将该元素的位置或索引提供给 Python 即可。要访问列表元素，首先使用列表的名称，然后在方括号中使用要访问元素的索引号。例如，下面的代码表示从列表 names 中提取每一个姓名。

```
>>> names=['Lily','Lucy','May']
>>> print(names[0])
Lily
>>> print(names[1])
Lucy
>>> print(names[2])
May
```

输出表明，当请求获取列表元素时，Python 只返回该元素，而不包括方括号。

如果是多维列表，访问元素时需要把元素所在每个维度的索引分别放入到不同的方括号中，方括号并列排列。示例如下：

```
>>> a=[[0,1,2,3,4],
       [5,6,7,8,9],
       [10,11,12,13,14],
       [15,16,17,18,19],
       [20,21,22,23,24]]
>>> a[0][0]
0
>>> a[1][0]
5
>>> a[0][1]
1
>>> a[4][4]
24
```

实际在 Python 中，索引有两种计数方式。一种是从前往后数，第一个列表元素的索引为 0，第二个列表元素的索引为 1，以此类推。这与列表操作的底层实现相关。根据这种简单的计数方式，要访问列表的任何元素，都可将其位置减 1，并将结果作为索引。另一种是从后往前数，最后一个列表元素的索引为-1，倒数第二个列表元素的索引为-2，以此类推。因此，列表里的每一个元素实际上拥有两个索引值。在实际使用中，可以根据判断计数方便程度进行选择。例如，一个名为 lst 的列表中包含多个元素，且数量未知，但是根据需要只要求获得最后一个元素的值，此时更适合选择倒叙索引如 lst[-1]访问元素。

当索引值超出了列表长度的有效范围时，会出现 IndexError 报错。示例如下：

```
>>> names=['Lily','Lucy','May']
>>> print(names[3])
IndexError:list index out of range
```

（2）修改元素　修改列表元素的语法与访问列表元素的语法类似。要修改列表元素，可指定列表名和要修改的元素的索引号，再指定该元素的新值。例如，修改列表 a 中第一个元素的值，示例如下：

```
>>> a=[1,3,5,7,11]
>>> print(a)
[1,3,5,7,11]
>>> a[0]=2
>>> print(a)
[2,3,5,7,11]
```

输出表明，第一个元素的值确实变了，但其他列表元素的值没变。通过索引，可以修改任何列表元素的值。

（3）添加元素　Python 提供了多种在既有列表中添加新数据的方式。下面介绍 4 种常用方式：append()、extend()、insert()和+号。

添加元素最简单的方式是将元素附加到列表末尾。使用方法 append()可以将新元素添加到列表末尾，而不影响列表中的其他所有元素。该方法能让用户动态地创建列表。示例如下：

```
>>> names=['Lily','Lucy','May']
>>> print(names)
['Lily','Lucy','May']
>>> names.append('Anna')
>>> print(names)
['Lily','Lucy','May','Anna']
```

使用另一种方法 extend()，也能在列表末尾添加元素。区别在于，append()的输入参数为对象，这个对象可以是列表，并且是列表本身；而 extend()的输入对象为元素序列，是列表中具体的元素，而非列表本身，所以可以一次性追加另一个序列中的多个值。示例如下：

```
>>> a=[1,2]
>>> b=[3,4]
>>> c=[1,2]
# 追加新对象
>>> a.append(b)
>>> print(a)
[1,2,[3,4]]
# 追加新元素序列
>>> c.extend(b)
>>> print(c)
[1,2,3,4]
```

extend()相当于将输入对象(列表、字符串或字典等)拆开加入新的列表中。如果输入对象是字典，加入的默认为键(key)，而使用 append()则加入的是整个字典。示例如下：

```
>>> a=[1,2]
>>> b={'Lily':20,'Lucy':22}            # 字典
>>> c=[1,2]
>>> a.extend(b)
>>> print(a)
[1,2,'Lily','Lucy']
>>> c.append(b)
>>> print(c)
[1,2,{'Lily':20,'Lucy':22}]
```

如果不希望把新元素放在列表的末尾，而是想放到指定位置，可以使用方法 insert()在列表的任何位置添加新元素。因此，需要指定新元素的索引号和值。insert()方法会将元素插入到该索引号对应元素的前面。示例如下：

```
# 把新元素 Eda 放到目前的第 1 位元素 Lily 之前
>>> names=['Lily','Lucy','May']
>>> names.insert(0,'Eda')
>>> print(names)
['Eda','Lily','Lucy','May']
# 把新元素 Mia 放到目前的第 2 位元素 Lily 之前
>>> names.insert(1,'Mia')
>>> print(names)
['Eda','Mia','Lily','Lucy','May']
```

注意，不要理解为将元素插入到指定的索引号上。例如，当 index 参数为负数时的示例如下：

```
# 把新元素 Eda 放到目前的最后一个元素 May 之前
>>> names=['Lily','Lucy','May']
>>> names.insert(-1,'Eda')
>>> print(names)
['Lily','Lucy','Eda','May']
```

当索引号超出了列表长度的有效范围时，insert( )方法不会抛出异常，而是将元素插入列表的两端：如果索引号为正整数，则将元素插入列表的尾部，这种情况下 insert( )方法与 append( )方法效果相同；如果索引号为负整数，则将元素插入列表的头部。示例如下：

```
# 正索引号超过列表长度的有效范围
>>> names=['Lily','Lucy','May']
>>> names.insert(5,'Eda')
>>> print(names)
['Lily','Lucy','May','Eda']
# 负索引号超过列表长度的有效范围
>>> names.insert(-5,'Mia')
>>> print(names)
['Mia','Lily','Lucy','May','Eda']
```

当插入的索引号不为整数时，insert( )方法抛出 TypeError 异常。示例如下：

```
>>> names=['Lily','Lucy','May']
>>> names.insert(1.5,'Eda')
TypeError:integer argument expected,got float
```

使用+号，可以将两个列表连接起来，返回一个新的列表对象。从某种意义上说，这也是添加列表元素的一种方式。示例如下：

```
>>> a=[1,2]
>>> c=[1,2]
>>> b=a+c
>>> print(b)
[1,2,1,2]
```

综上所述，append( )、extend( )、insert( )函数直接对原始数据对象进行修改，没有返回值；+号将两个列表相加，返回一个新列表，需要创建新列表对象。

（4）删除元素　Python 提供了多种删除列表中元素的方式。下面介绍 4 种主要方式：del、pop( )、remove( )和 clear( )。

如果需要根据目标元素所在的索引位置删除元素，可以使用 del 关键字或 pop( )方法。del 是 Python 中的关键字，专门用来执行删除操作，它不仅可以删除整个列表，还可以删除列表中的某些元素，格式为 del listname[index]。其中，listname 表示列表；index 表示索引号。示例如下：

```
>>> names=['Lily','Lucy','May']
>>> print(names)
['Lily','Lucy','May']
# 使用正数索引
>>> del names[2]
>>> print(names)
['Lily','Lucy']
# 使用负数索引
>>> del names[-1]
>>> print(names)
['Lily']
# 删除整个列表
>>> del names
>>> print(names)
NameError:name'names'is not defined
```

del 也可以用于删除中间一段连续的元素，格式为 del listname[start，end]。其中，start 是起始索引号；end 是结束索引号。此处，删去的元素不包括结束索引号对应的元素，而是到结束索引号的前一个元素。示例如下：

```
>>> names=['Mia','Lily','Lucy','May','Eda']
>>> print(names)
['Mia','Lily','Lucy','May','Eda']
# 使用正数索引,删去索引号为 2 的元素
>>> del names[2:3]
>>> print(names)
['Mia','Lily','May','Eda']
# 使用负数索引,删去索引号为-3 和-2 的元素
>>> del names[-3:-1]
>>> print(names)
['Mia','Eda']
```

pop( )方法也能用于删除列表中指定索引的元素。格式为 listname. pop(index)。无 index

参数，则默认删除列表中的最后一个元素。示例如下：

```
>>> names=['Mia','Lily','Lucy','May','Eda']
>>> print(names)
['Mia','Lily','Lucy','May','Eda']
>>> names.pop(3)
>>> print(names)
['Mia','Lily','Lucy','Eda']
>>> names.pop()
>>> print(names)
['Mia','Lily','Lucy']
```

如果需要根据元素本身的值进行删除，可使用 remove( ) 方法。它只会删除第一个和指定值相同的元素，而且必须保证该元素是存在的，否则会引发 ValueError 错误，因此使用前需要确定该元素在列表中。示例如下：

```
>>> names=['Mia','Lily','Lucy','Mia','Eda']
>>> print(names)
['Mia','Lily','Lucy','Mia','Eda']
>>> names.remove('Mia')
>>> print(names)
['Lily','Lucy','Mia','Eda']
>>> names.remove('Mia')
>>> print(names)
['Lily','Lucy','Eda']
>>> names.remove('Mia')
ValueError:list.remove(x):x not in list
```

如果需要清空列表，即删除列表中的所有元素但保留空列表，可使用 clear( ) 方法。示例如下：

```
>>> names=['Mia','Lily','Lucy','May','Eda']
>>> print(names)
['Mia','Lily','Lucy','May','Eda']
>>> names.clear()
>>> print(names)
[]
```

（5）切片赋值　切片是用于切割可迭代对象（容器）的一种操作方法。切片并不是对原容器进行修改，而是返回一个新容器或是获取原容器中的某个单值。

在具体学习切片前，先来了解一下浅拷贝和深拷贝的概念。来看下面两个例子。

```
# 例 1
>>> a=[1,2]
>>> b=a
>>> print('a=',a,'b=',b)
a=[1,2] b=[1,2]
>>> b[0]=-1
>>> print('a=',a,'b=',b)
a=[-1,2] b=[-1,2]
```

在例 1 中，b 赋值的实际是对 a 的引用，即浅拷贝。在这种情况下，b 和 a 指向的是同一地址。虽然是两个不同的变量，但是它们代表的是同一个列表，所以改 b 就相当于改 a。

```
# 例 2
>>> a=[1,2]
>>> c=a[:]
>>> print('a=',a,'c=',c)
a=[1,2] c=[1,2]
>>> c[0]=-1
>>> print('a=',a,'c=',c)
a=[1,2] c=[-1,2]
```

在例 2 中，切片[:]实际是让 c 指向新创建的列表对象，即深拷贝。这种情况下，c 和 a 指向的是不同地址，即两个不同的变量。虽然它们代表的事物表现相同，但并非同一件事物，所以改 c 而 a 不改。

总之，浅拷贝(直接赋值)是让同一个列表拥有不同的变量名，所指向的内存空间一致，当其中任意一个发生改变，另外一个也随之改变；而深拷贝(切片)开辟了一个新的空间存放与原列表内容相同的值，其内容不会因原列表的改变而改变。也就是说，浅拷贝只是对指针的复制，深拷贝则同时对指针和指针指向的内容进行复制。

切片赋值中，切片的格式为 listname[start:end:step]。其中，start 是起始索引号；end 是结束索引号；step 是索引间隔(步长)。这三个参数均为正负整数。根据具体的使用情况也可以对冒号和参数进行省略。一般情况下，省略书写时不省略第一个冒号。如果只有一个冒号，系统会默认其为第一个冒号并对参数进行判定。省略确定范围的参数时，系统会根据当前情况补边界值；而省略确定步长的参数时，系统会默认补 1。需要注意的是，取值范围的方向要与步长方向一致。不一致时(参数取值发生冲突时)，系统不会报错，但会返回空容器。取值范围超标时，系统也不会报错，而是自动更改为边界值。列表的部分元素可以被赋值成另外一个列表。依据参数情况，切片有以下几类形式。

1) 正向切割，step 为正整数。示例如下：

```
>>> l=[1,2,3,4,5,6]
>>> l1=l[1:4:1]              # 取 1,2,3
```

```
>>> l1
[2,3,4]
>>> l2=l[-5:-1:1]          # 取-5,-4,-3,-2
>>> l2
[2,3,4,5]
>>> l3=l[1:-1:1]           # 取除 0,-1 外的所有
>>> l3
[2,3,4,5]
>>> l4=l[-5:5:1]           # 统一正负两种索引,后判断
>>> l4
[2,3,4,5]
```

2）逆向切割，step 为负整数。示例如下：

```
>>> l=[1,2,3,4,5,6]
>>> l5=l[5:1:-1]           # 取 5,4,3,2
>>> l5
[6,5,4,3]
>>> l6=l[-1:-5:-1]         # 取-1,-2,-3,-4
>>> l6
[6,5,4,3]
>>> l7=l[5:-5:-1]          # 统一正负两种索引,后判断
>>> l7
[6,5,4,3]
>>> l8=l[-1:1:-1]          # 取除 0,1 外的所有
>>> l8
[6,5,4,3]
```

3）省略切割。示例如下：

```
>>> l=[1,2,3,4,5,6]
>>> l9=l[1::1]             # 取 1 及之后的所有
>>> l9
[2,3,4,5,6]
>>> l10=l[:5:1]            # 取 0,1,2,3,4
>>> l10
[1,2,3,4,5]
>>> l11=l[1:5]             # 取 1,2,3,4
```

```
>>> l11
[2,3,4,5]
>>> l12=l[1::-1]              # 取 1,0
>>> l12
[2,1]
>>> l13=l[:-1:-1]             # 取值范围的方向与步长方向不一致
>>> l13
[]
```

4）表达式切割。示例如下：

```
>>> l=[1,2,3,4,5,6]
>>> l14=l[1+1:11 // 2:1 * 2]
>>> l14
[3,5]
```

切片赋值是在赋值语句中，把切片放在赋值语句的左边，或把它作为 del 操作的对象。切片赋值方便对序列进行嫁接、切除或就地修改，使序列操作更灵活、更方便。为熟悉切片赋值相关操作和使用要求，首先需要创建一个列表。示例如下：

```
>>> l=list(range(10))
>>> l
[0,1,2,3,4,5,6,7,8,9]
```

根据该列表，被赋值的相连元素个数可以小于赋值列表中的元素个数。示例如下：

```
>>> l[2:5]=[20,30]
>>> l
[0,1,20,30,5,6,7,8,9]
```

被赋值的间隔固定位置的元素个数必须等于赋值列表中的元素个数，否则会出现报错。示例如下：

```
>>> l[3::2]=[11,22]
>>> l
ValueError:attempt to assign sequence of size 2 to extended slice of
size 3
>>> l[3::3]=[11,22]
>>> l
[0,1,20,11,5,6,22,8,9]
```

列表中的部分元素可以被删除。示例如下：

```
>>>del l[5:7]
>>> l
[0,1,20,11,5,8,9]
```

赋值元素必须是可迭代对象，否则会报错。示例如下：

```
>>> l[2:5]=100
TypeError:can only assign an iterable
>>> l[2:5]=[100]
>>> l
[0,1,100,8,9]
```

使用切片赋值实现 extend( )操作。示例如下：

```
>>> l[len(l):]=[4,5]
>>> l
[0,1,100,8,9,4,5]
```

（6）其他列表操作　count( )方法用于返回具有指定值的元素个数。调用语法为 list. count(value)，其中 value 作为必需的参数，可以是任何类型(字符串、数字、列表、元组等)。示例如下：

```
>>> l=[1,4,2,9,7,8,9,3,1]
>>> x=l.count(9)
>>> print(x)
2
```

copy( )方法用于返回指定列表的副本，相当于深拷贝。示例如下：

```
>>> l=[1,4,2,9,7,8,9,3,1]
>>> x=l.copy
>>> print(x)
[1,4,2,9,7,8,9,3,1]
>>> x[0]=0
>>> print(x)
[0,4,2,9,7,8,9,3,1]
>>> print(l)
[1,4,2,9,7,8,9,3,1]
```

index()方法用于返回指定值首次出现时的索引号。调用语法为 . index (value [, start [, stop]]），其中 value 是必需的参数，可以是任何类型(字符串、数字、列表等)。查找范围在[start，stop)区间，默认为整个列表范围内。如果找不到该值，index()方法将引发异常。示例如下：

```
>>> l=[4,55,64,32,16,32]
>>> x=l.index(32)
>>> print(x)
3
>>> y=l.index(32,2)
>>> print(y)
3
>>> z=l.index(32,2,3)
ValueError:32 is not in list
```

reverse()方法用于反转元素的排列顺序，返回反向迭代器对象。示例如下：

```
>>> a=[1,1,5,7,11]
>>> a.reverse()
>>> a
[11,7,5,1,1]
```

sort()方法默认对列表进行升序排序，还可以用于创建一个函数来决定排序规则。调用语法为 list.sort(reverse=True|False,key=myFunc)。其中，reverse 为可选项，当 reverse=True 时对列表降序排序，默认 reverse=False，即升序排序；key 也是可选项，用于指定排序规则的函数。示例如下：

```
>>> b=[5,3,1,11,7]
>>> b.sort()
>>> b
[1,3,5,7,11]
>>> b.sort(reverse=True)
>>> b
[11,7,5,3,1]
```

程序员亦可以自定义排序规则函数，返回元素长度。示例如下：

```
>>> def myFunc(e):
    return len(e)
>>> cars=['Ford','Mitsubishi','BMW','VW']
>>> cars.sort(key=myFunc)
```

```
>>> print(cars)
['VW','BMW','Ford','Mitsubishi']
```

列表常用方法或函数汇总见表 3-1。

表 3-1　列表常用方法或函数

列表内置方法	说明
L. append(x)	在列表 L 后面增加一个元素 x
L. clear()	移除列表 L 的所有元素
L. count(x)	计算列表 L 中 x 出现的次数
L. copy()	列表 L 的备份
L. extend(x)	把另一个列表 x 的内容添加到列表 L 的后面
L. index(value[,start[,stop]])	计算在指定范围［start，stop）内首个出现的 value 的索引号
L. insert(index,x)	在索引号 index 的位置插入 x
L. pop(index)	删除并返回列表中指定索引号的数据，如果不指定索引号，则删除最后一项
L. remove(value)	删除值为 value 的第一个元素。若要删除的元素不在列表中，会报错
L. reverse()	倒置列表 L
L. sort(reverse=True | False,key=myFunc)	对列表元素排序。当 reverse=True 时，对列表进行降序排序；默认 reverse=False。key 用于指定排序标准的函数

3. 列表各种创建方法效率比较

在 Python 中经常需要对程序的运行时间进行掌控，一般使用 time 模块进行计时。time()是一个时间戳，记录从 1970 年到当下经过的秒数。通过比较列表建立开始前和结束时的时间戳获取时间差，这样就能确定程序的运行时间。

下面程序还会涉及 random 模块，它实现了各种分布的伪随机数生成器。所谓伪随机数，即人类使用算法等方式，以一个基准(也被叫作种子，最常用的就是时间戳)来构造一系列数字，这些数字的特征符合人们所理解的随机数。但因为是通过算法得到的，所以一旦算法和种子都确定，那么产生的随机数序列也是确定的，所以叫伪随机数。一般默认以系统时间为种子。

为比较列表各种创建方法的效率，首先导入需要的模块。示例如下：

```
from time import time
from random import random
```

下面通过创建一个含有 100000 个元素的列表，来比较各种创建方法的效率。

1）用+产生列表。示例如下：

```
start=time()
lst=[]
```

```
for i in range(100000):
    lst=lst+[random()]
print("addtest",str(time()-start)+"s")   #用时(现在时间-初始时间)

输出:
addtest 11.105808019638062s
```

2）用 append( )产生列表。示例如下：

```
start=time()
lst=[]
for i in range(100000):
    lst.append(random())
print("appendtest",str(time()-start)+"s")

输出:
appendtest0.013904333114624023s
```

3）用 insert( )产生列表。示例如下：

```
start=time()
lst=[]
for i in range(100000):
    lst.insert(0,random())
print("inserttest",str(time()-start)+"s")

输出:
inserttest1.6723971366882324s
```

4）用列表解析式产生列表。示例如下：

```
start=time()
lst=[random() for i in range(100000)]
print("listexptest",str(time()-start)+"s")

输出:
listexptest0.007883071899414062s
```

根据以上测试可知，创建列表的效率由高到低为：列表解析式>append( )方法>insert( )方法>列表相加。

3.1.2　元组

元组与列表类似，是可以表达任何类型、任意数量的数据的有序序列。另外，元组也跟字符串一样，一旦被创建，其元素不可更改。因此，元组也可看作不可变的列表。通常情况下，元组用于保存无须修改的内容。

定义元组非常简单，只需要用逗号(,)分隔一些值即可。元组的格式为(元素,元素,…,元素)。在 Python 中，很多内建函数与方法的返回值都是元组。也就是说，如果要使用这些内建函数和方法的返回值，就必须使用元组。原因是 Python 内部对元组进行了大量优化，其访问和处理速度都快于列表。这种现象与元组的存储方式有关。示例如下：

```
>>> listdemo=[]
>>> listdemo.__sizeof__()
40
>>> tupleDemo=()
>>> tupleDemo.__sizeof__()
24
```

__sizeof__()显示占位大小。从占位可以看出，对于列表和元组来说，虽然都为空值，但元组比列表少占用了 16 个字节。这是由于列表是动态的，它需要存储指针来指向对应的元素(占用 8 个字节)。另外，由于列表中元素可变，又需要额外存储已经分配的长度大小(占用 8 个字节)。而对于元组来说，它长度和大小固定，且存储元素不可变，所以存储空间也固定。另外，元组可以在映射中作为键使用，这是列表无法实现的。

1. 元组的创建

(1) 直接创建　使用括号可以直接创建一个空元组。示例如下：

```
>>> a=()
```

如果需要创建一个内置元素的元组，需把元素放入括号内，用逗号(,)隔开；或者无需括号，直接用逗号隔开元素然后赋值给变量。示例如下：

```
>>> b=(100,20)
>>> type(b)
tuple
>>> c=100,20
>>> type(c)
tuple
>>> e=1,
>>> type(e)
tuple
```

注意，创建只有一个内置元素的元组时，需要使用逗号结尾，否则结果默认为对应元素的类型而非元组。示例如下：

```
>>> d=(1,)
>>> type(d)
tuple
>>> f=(1)
>>> type(f)
int
```

（2）使用 tuple( )函数　使用该函数可以将其他序列类型转换成一个元组。示例如下：

```
>>> a=tuple([2,3,5,7,11])
>>> type(a)
tuple
```

（3）元组推导式　利用推导式生成元组后，元组中的元素并没有立即生成。待访问其中的某个元素时，才正式生成。示例如下：

```
>>> tup=(value for value in range(1,5))
>>> print(tup)
<generator object <genexpr> at 0x113e5c2e0>
>>> for i in tup:
        print(i)
1
2
3
4
```

2. 元组的基本操作

（1）元组不可修改　元组中的元素无法进行增加、删除、修改或排序操作。列表中的修改函数，如 append( )、insert( )、remove( )及 del 语句都不能用于元组。因此，只能创建一个新元组替代旧元组。例如，对元组变量进行重新赋值：

```
>>> a=(2,3,5,7,11)
>>> print(a)
(2,3,5,7,11)
>>> a=(1,2)
>>> print(a)
(1,2)
```

另外，使用加号(+)可以对元组进行拼接，实现往元组中添加新元素的目的。拼接后生成的新元组可以赋值给变量。示例如下：

```
>>> a=(2,3,5,7,11)
>>> b=(1,2)
>>> print( a+b )
(2,3,5,7,11,1,2)
```

虽然使用 del 语句无法删除元组中的部分元素，但是可以删除整个元组。示例如下：

```
>>> a=(2,3,5,7,11)
>>> del a[1]
TypeError:'tuple' object doesn't support item deletion
>>> del a
>>> a
NameError:name 'a' is not defined
```

由于 Python 自带垃圾回收功能，能自动销毁不用的元组，所以一般不需要通过 del 进行手动删除。元组属于静态变量，当其占用空间不大时，Python 会暂时缓存这部分内存。等下次再创建同样大小的元组时，Python 不再向操作系统发出请求去寻找内存，而是直接分配之前缓存的内存空间，提高程序的运行速度。

（2）访问元素　同列表类似，元组支持按索引号查找元素（索引号默认从 0 开始，-1 表示最后一个元素）。使用切片访问元组元素的格式为 tuplename[start:end:step]。其中，start 表示起始索引号；end 表示结束索引号；step 表示步长。

```
>>> a=(1,2,4,6,7,9)
>>> a[1]
2
>>> a[1:5:2]# 表示索引搜索范围在[1,5),2 表示步长
(2,6)
```

（3）元素内置方法　index()方法用于查找和指定值第一次匹配的元素的索引号（根据就近原则，从左往右，找到首个即结束）。使用方法同列表中的 index()方法。调用语法为 tuple.index(value[,start[,stop]])。

count()方法用于返回指定值在元组中出现的次数。使用方法同列表中的 count()方法。调用语法为 tuple.count(value)。

3. 列表和元组创建效率的比较

首先，导入需要的 time 和 random 模块。然后，多次初始化具有相同元素的元组和列表。示例如下：

```
# 多次初始化具有相同元素的列表
start=time()
```

```
for i in range(100000):
    a=[1,2,3,4,5,6]
print("listtest",str(time()-start)+"s")

输出:
listtest 0.010180234909057617s
```

```
# 多次初始化具有相同元素的元组
start=time()
for i in range(100000):
    a=(1,2,3,4,5,6)
print("tupletest",str(time()-start)+"s")
输出:
tupletest0.005105018615722656s
```

上述两段代码结果对比可见，元组的创建速度的确比列表稍快。但是除非数据量巨大，否则无须特别在意。

4. 元组的价值

元组是一种极为强大的适合用于记录的数据类型。它实现类似带字段名的记录，涉及 collections 库。collections 是 Python 的内置模块，提供大量方便且高性能的关于集合的操作。其中，namedtuple()用于返回一个新的元组子类，且规定了元组的元素个数。除了使用索引号获取元素之外，namedtuple()可以通过属性直接获取元素，相当于直接定义了一个新的类(class)，但这个类跟传统的定义类的方式有巨大区别。该方式会比直接定义类的方式节省更多空间。此外，其返回值是元组，支持元组的各种操作。示例如下：

```
from collections import namedtuple
# 生成一个 City 类
City=namedtuple("City","name country polulation coordinates")
# 实例化
tokyo=City("Tokyo",'JP','36.93',('35.68','139,69'))
print(tokyo)
print(tokyo.name)
print(City._fields)

输出:
City(name='Tokyo',country='JP',polulation='36.93',coordinates=
('35.68','139,69'))
Tokyo
('name','country','polulation','coordinates')
```

由上述示例可见，其表现形式类似字典。由于其不可修改的特性，适合存放无须修改的数据，例如示例中的地名、国家、经纬度。

3.1.3　字符串

在第 2 章中讲述了关于字符串的创建方式。本小节主要探讨字符串的序列属性。

1. 访问元素

字符串里的每一个字符就是序列里的一个元素，访问单个字符使用 str[index] 实现，用法同列表。示例如下：

```
>>> s="Hello Python,hello world"
>>> s[0]
'H'
>>> s[5]     #注意,空格也是一个字符
' '
>>> s[30]    #在进行字符串截取的时候,如果指定的索引号不存在,则会抛出异常
IndexError:string index out of range
```

字符串的切片格式为 string[start:end:step]，用法同列表。示例如下：

```
>>> s="Hello Python,hello world"
>>> print(s[6:12:2])
Pto
>>> print(s[:12])      #从首位切片
Hello Python
>>> print(s[6:])       #切片到末尾
Python,hello world
>>> print(s[:])        #整体切片复制
Hello Python,hello world
```

2. 修改元素

同元组类似，字符串不可通过访问索引号进行修改，只能通过用新的字符串对变量重新赋值，表示新的字符串。示例如下：

```
>>> s='hello'
>>> s[0]='k'          #会得到错误
TypeError:'str'object does not support item assignment
>>> s='heloo'
>>> print(s)
'heloo'
```

3. 替换元素

虽然字符串不能直接通过访问索引号修改，但是在 Python 中，字符串对象也提供了多

种字母大小写转换的方法。

lower( )方法用于将字符串中所有的大写字母转为小写字母，并返回一个完全是小写字母的字符串。语法格式为 str. lower( )。字符串中存在的非字母字符和小写字母字符将会原样输出。示例如下：

```
>>> s="Hello Python,Hello World 123"
>>> s.lower()
'hello python,hello world 123'
```

upper( )方法用于将字符串中所有的小写字母转为大写字母，并返回一个完全是大写字母的字符串。语法格式为 str. upper( )。字符串中存在的非字母字符和大写字母字符将会原样输出。示例如下：

```
>>> s="Hello Python,Hello World 123"
>>> s.upper()
'HELLO PYTHON,HELLO WORLD 123'
```

很多时候，由于无法依靠用户来提供正确的大小写，因此需要将字符串先转换为小写，再存储它们。以后需要显示这些信息时，再将其转换为合适的大小写方式。

其他字母大小写互换操作，例如 swapcase( )大小写互换、capitalize( )首字母大写其余小写、title( )首字母大写，请读者自行尝试。

Python 还提供了 replace( )方法和 translate( )方法，用于替换部分元素内容。

replace( )方法用于将指定字符串都替换为另一个字符串，并返回替换后的结果。语法格式为 str. replace(old,new[,max])。其中，old 是将被替换的子字符串；new 是新字符串，用于替换 old 子字符串；max 是可选字符串，表示替换不超过 max 次，如果不指定 max 参数，则默认全部替换。示例如下：

```
>>> a='abcsda'
>>> print(a.replace('b','小明'))
a小明csda
```

translate( )方法用于将某些指定的字符替换为字典或映射表中描述的字符。语法格式为 string. translate(table)。如果使用字典，则必须使用 ASCII 码而不是字符。示例如下：

```
#使用带有 ASCII 码的字典将 83(S)替换为 80 (P)
>>> mydict={83:80}
>>> txt="Hello Sam!"
>>> print(txt.translate(mydict))
Hello Pam!
```

maketrans( )方法用于创建映射表。这个映射表指出了不同 Unicode 码点之间的转换关系。语法格式为 string. maketrans(x,y,z)。其中，x 是必需参数。如果仅指定一个参数，x 是描述如何执行替换的字典；如果指定两个或多个参数，则此参数必须是一个字符串，该字符串指定要替换的字符。y 是可选参数，是与参数 x 长度相同的字符串。z 是可选参数，描述要从原始字符串中删除的字符。使用映射表替换多个字符，maketrans( )方法返回一个以 Unicode 格式描述每个替换的字典。示例如下：

```
>>> txt="Good night Sam!";
>>> x="mSa";
>>> y="eJo";
>>> z="odnght";
>>> mytable=txt.maketrans(x,y,z);
>>> print(txt.maketrans(x,y,z))
{109:101,83:74,97:111,111:None,100:None,110:None,103:None,104:
None,116:None}
>>> print(txt.translate(mytable));
G i Joe!
```

4. 添加元素

由于字符串不可修改，所以不能在字符串中间直接添加新元素，但是可以通过加号(+)对字符串进行拼接组合。示例如下：

```
>>> mot_en="Rememberance is a form meeting. Frgetfulness is a form of
freedom"
>>> mot_cn="记忆是一个相遇。遗忘是一种自由。"
>>> print(mot_en+"-"+mot_cn)
Rememberance is a form meeting. Frgetfulness is a form of freedom - 记
忆是一个相遇。遗忘是一种自由。
```

如果需要把数字和字符串成一句话，可以先使用 str( )函数转变数字的数据类型。示例如下：

```
>>> a=23
>>> message="Happy  "+str(a)+"rd  Birthday!"
>>> print(message)
Happy 23rd Birthday!
```

如果忘记了转换数据类型，就会出现类型错误，表示只能连接字符串型(不是整型)到字符串型。示例如下：

```
>>> message="Happy "+23+"rd Birthday!"
TypeError:can only concatenate str(not "int") to str
```

5. 删除元素

由于字符串不可修改，只能用 del 语句删除整个字符串，用法同元组。但是，Python 提供了去除字符串中的空格和特殊字符的内置方法。

strip( )方法用于删除字符串首尾的空白(包括空格、制表符等)，并返回删除后的结果，但是不能删除字符串中间的空白。语法格式为 str. strip([chars])，其中，str 表示要去除空格字符串；chars 是可选参数，用于指定要去除的字符，可以指定多个，如果设置 chars 为 “@.”，则去除左右侧包括的“@”或“.”，如不指定，则默认去除制表符“\\t”、回车符“\\r”、换行符“\\n”等。示例如下：

```
>>> s1="  Hello Python  "
>>> print(s1.strip())
Hello Python
>>> s2="Hello Python  "
>>> print(s2.strip())
Hello Python
>>> s3="  Hello Python"
>>> print(s3.strip())
Hello Python
>>> s4="@Hello Python."
>>> print(s4.strip('@.'))
Hello Python
```

使用 lstrip( )方法和 rstrip( )方法，可以选择性删除左侧或者右侧的空格和特殊字符。示例如下：

```
>>> s="  Hello Python  "
>>> s.lstrip()
'Hello Python  '
>>> s.rstrip()
'  Hello Python'
```

在实际应用中，在比较两个字符串是否相同时，往往需要删除字符串(例如用户输入的数据)中额外的空格。

6. 检索元素

下面详细介绍 5 种 Python 内置的检索元素的方法，分别为 index( )、count( )、find( )、startswith( )、endswith( )。

(1) index( )方法　用法和列表中的 index( )方法一致，调用语法为 string. index(value,

start,end)。示例如下：

```
>>> txt="Hello, welcome to my world."
>>> x=txt.index("e",5,10)
>>> print(x)
8
```

（2）count()方法　用法和列表中的 count()方法稍有不同，调用语法为 string.count(value,start,end)，多了 start 和 end 两个可选参数。示例如下：

```
>>> txt="Hello,welcome to my world."
>>> x=txt.count("my",10,24)
>>> print(x)
1
```

（3）find()方法　用于检查给定字符串是否包含在目标字符串中，即在目标字符串中查找子串。如找到，返回子串的第一个字符在目标字符串中的索引号，否则返回-1。调用语法为 string.find(value,start,end)。示例如下：

```
>>> txt="Hello, welcome to my world."
>>> x=txt.find("my",10,24)
>>> print(x)
18
```

find()方法与 index()方法几乎相同，唯一的区别是 index()方法如果找不到该值会引发异常。示例如下：

```
>>> txt="Hello, welcome to my world."
>>> x=txt.find("q",)
>>> print(x)
-1
>>> y=txt.index("q")
ValueError:substring not found
```

（4）startswith()方法　该方法用于判断字符串是否以指定的字符串开头，是则返回 True，否则返回 False。调用语法为 string.startswith(value,start,end)。示例如下：

```
>>> txt="Hello, welcome to my world."
>>> x=txt.startswith("Hello")
>>> print(x)
True
```

（5）endswith( )方法　该方法用于判断字符串是否以指定的字符串结尾，是则返回 True，否则返回 False。调用语法为 string. endswith(value, start, end)。示例如下：

```
>>> txt="Hello, welcome to my world."
>>> x=txt.endswith ("word")
>>> print(x)
False
```

7. 字符串和列表的相互操作

字符串和列表的相互操作主要有以下两种方法：split( )和 join( )。

（1）split( )方法　该方法用于将字符串拆分为一个列表。调用语法为 string. split(separator, maxsplit)。其中，separator 是可选参数，指定分割字符串时要使用的分隔符；maxsplit 是可选参数，指定要执行的分割数，默认值为-1。注意，指定 maxsplit 后，列表将包含指定的元素数量+1。

当使用逗号后跟一个空格（，）作为分隔符时，示例如下：

```
>>> txt="hello, my name is Peter, I am 26 years old"
>>> x=txt.split(", ")
>>> print(x)
['hello','my name is Peter','I am 26 years old']
```

当 split( )函数中不带参数时，默认以空格来分隔字符串。示例如下：

```
>>>name='John Johnson'
>>>a=name.split()
>>>print(a)
['John','Johnson']
```

如需要将字符串拆分为最多 2 个元素的列表，可将 maxsplit 参数设置为 1。示例如下：

```
>>> txt="apple#banana#cherry#orange"
>>> x=txt.split("#",1)
>>> print(x)
['apple','banana#cherry#orange']
```

（2）join( )方法　该方法用于获取可迭代对象中的所有项，并将它们连接到一个字符串中，元素之间用指定的内容填充。调用语法为 string. join(iterable)，string 即为指定的填充内容。示例如下：

```
>>>a=['hello','good','boy','wii']
>>>print(''.join(a))
hello good boy wii
```

```
>>>print(':'.join(a))
hello:good:boy:wii
```

可迭代对象必须是字符串类型的元素，否则解释器会报类型错误。示例如下：

```
>>> a=[1,2,3,4]
>>>'-'.join(a)
TypeError:sequence item 0:expected str instance,int found
```

字符串常用方法或函数见表 3-2。

表 3-2　字符串常用方法或函数

方法或函数	说明
capitalize( )	将第一个字符转换为大写
casefold( )	将字符串转换为小写。在 Python 3.3 版本之后引入的，其效果和 lower( ) 方法非常相似，都可以转换字符串中所有大写字符为小写
center( )	返回一个原字符串居中，并使用空格填充至长度 width 的新字符串。默认填充字符为空格
count( )	返回指定值在字符串中出现的次数
encode( )	返回用指定编码格式编码的字符串
endswith( )	如果字符串以指定值结尾，则返回 True
expandtabs( )	返回原字符串中 tab 符号（'\t'）转为空格后生成的新字符串
find( )	在字符串中搜索指定的值，并返回找到该字符串的位置
format( )	把指定值格式化为指定格式
format_map( )	针对字典类型的格式化后的新的对象
index( )	在字符串中搜索指定的值，并返回找到该字符串的位置
isalnum( )	如果字符串中的所有字符都是字母、数字，则返回 True
isalpha( )	如果字符串中至少有一个字符并且所有字符都是字母则返回 True，否则返回 False
isdecimal( )	如果字符串只包含十进制字符则返回 True，否则返回 False
isdigit( )	如果字符串只包含数字则返回 True，否则返回 False
isidentifier( )	用于判断字符串是否是有效的 Python 标识符，可用来判断变量名是否合法
islower( )	如果字符串中的所有字符均为小写，则返回 True
isnumeric( )	如果字符串中只包含数字字符则返回 True，否则返回 False
isprintable( )	如果字符串中的所有字符都是可打印的，则返回 True
isspace( )	如果字符串中的所有字符都是空格，则返回 True
istitle( )	如果字符串中所有的单词首字母均为大写，且其他字母为小写则返回 True，否则返回 False
isupper( )	如果字符串中的所有字符均为大写，则返回 True
join( )	获取可迭代对象中的所有元素，并将它们连接为一个字符串
ljust( )	返回一个原字符串左对齐，并使用空格填充至指定长度的新字符串。如果指定的长度小于原字符串的长度则返回原字符串

（续）

方法或函数	说明
lower( )	将字符串转换为小写
lstrip( )	返回截掉字符串左边的空格或指定字符后生成的新字符串
maketrans( )	用于创建字符映射的转换表，对于接收两个参数的最简单的调用方式，第一个参数是字符串，表示需要转换的字符，第二个参数也是字符串表示转换的目标
partition( )	返回一个三元的元组，第一个为分隔符左边的子串，第二个为分隔符本身，第三个为分隔符右边的子串
replace( )	返回一个字符串，其中将指定值替换为新的指定值
rfind( )	返回字符串最后一次出现的位置（从右向左查询），如果没有匹配项则返回-1
rindex( )	返回子字符串最后一次出现在字符串中的索引号，如果没有匹配项则会报异常
rjust( )	返回一个原字符串右对齐，并使用空格填充至长度 width 的新字符串。如果指定的长度小于字符串的长度则返回原字符串
rpartition( )	返回一个三元的元组，第一个为分隔符左边的子串，第二个为分隔符本身，第三个为分隔符右边的子串
rsplit( )	在指定的分隔符处分割字符串，并返回一个列表
rstrip( )	返回删除 string 字符串末尾的指定字符后生成的新字符串
split( )	在指定的分隔符处分割字符串，并返回一个列表
splitlines( )	在换行符处分割字符串并返回一个列表
startswith( )	如果字符串以指定值开头，则返回 True
strip( )	返回移除字符串头尾指定的字符生成的新字符串
swapcase( )	交换大小写，即小写变成大写，大写变成小写
title( )	将每个单词的第一个字符转换为大写
translate( )	返回翻译后的字符串
upper( )	将字符串转换为大写
zfill( )	返回指定长度的字符串，原字符串右对齐，前面填充 0

3.1.4 通用操作

所有的序列类型都可以进行的操作见表 3-3。

表 3-3 序列类型的通用操作

操作	描述	示例：X=［1，1，2，3，5，8］；Y='hello'

X1+X2	连接序列 X1 和 X2，生成新序列
	注意，序列类型必须相同，列表不能与字符串相加
		>>> X+X
		[1,1,2,3,5,8,1,1,2,3,5,8]
		>>> Y+Y
		'hellohello'

X * n	重复序列 X n 次，生成新序列	>>> X * 2
		[1,1,2,3,5,8,1,1,2,3,5,8]
		>>> Y * 2
		'hellohello'

（续）

操作	描述	示例：X=［1，1，2，3，5，8］；Y='hello'

X[i]	引用序列 X 中索引号为 i 的成员	>>> X[0]
		[1]
		>>> Y[-1]
		'o'

X[i:j]	引用序列 X 中索引号为 i 到 j-1 的子序列
	切片操作，用于访问部分数据
		>>> X[1:-3]
		[1,2]
		>>> X[3:]
		[3,5,8]
		>>> X[:3]
		[1,1,2]

X[i:j:k]	引用序列 X 中索引号为 i 到 j-1 的子序列，步长为 k	>>> X[0:5:2]
		[1,2,5]
		>>> X[-1:1:-1]
		[8,5,3,2]
		>>> X[::-1]
		[8,5,3,2,1,1]

len(X)	计算序列 X 中成员的个数	>>> len(X)
		6
		>>> len(Y)
		5

max(X)	序列 X 中的最大值
	注意，字符串的大小是按照其 Unicode 编码来比较的
		>>> max(X)
		8
		>>> max(Y)
		'o'

min(X)	序列 X 中的最小值	>>> min(X)
		1
		>>> min(Y)
		'e'

v in X	检查 v 是否在序列 X 中，返回布尔值
	对于列表，只能判断某个元素是否在序列中；对于字符串，可以判断某段字符是否在该序列中
		>>> [1,1] in X
		False
		>>> [1,1] in [[1,1],2,3,5,8]
		True
		>>>'l' in 'hello'
		True
		>>>'ll' in 'hello'
		True

v not in X	检查 v 是否不在序列 X 中，返回布尔值	

3.1.5　文件

字处理是字符串数据类型的应用程序。所有字处理程序都有一个关键特征，即能够保存和读取文档作为磁盘上的文件。文件的输入和输出实际是另一种形式的字符串处理。

文件是存储在辅助存储器(通常在磁盘驱动器上)的数据序列。它可以包含任何数据类型，最简单的就是包含文本的文件。文本文件如 TXT 的优点是可以被人阅读和理解。同时，使用通用文本编辑器(诸如 IDLE)和字处理程序可以轻松地创建和编辑此类文件。在 Python 中，文本文件操作非常灵活，它能够自如地在字符串和其他类型之间来回转换。

文本文件相当于一个长字符串，只不过它被存储在了磁盘上。典型的文件通常包含多于一行的文本。特殊字符或字符序列用于标记每行的结尾。对于行结束，标记有许多约定，Python 中只要使用常规换行符(\n)来表示换行即可。例如，在文本编辑器中输入以下内容：

```
Hello

World
```

存储到文件后，会得到以下字符序列：

```
Hello\n\nWorld\n
```

这与用换行字符嵌入到输出字符串并用一个打印语句生成多行输出是一样的效果。示例如下：

```
>>> print('Hello\n\nWorld\n')
Hello

World
```

文件处理的确切细节各编程语言之间有很大不同，但实际上所有语言都共享某些底层的文件操作概念。首先，需要一些方法将磁盘上的文件与程序中的对象相关联，即打开文件。一旦文件被打开，其内容即可通过相关联的文件对象来访问。其次，需要一组文件对象的操作。至少包括允许从文件中读取信息并将新信息写入文件的操作，类似于基于文本的交互式输入和输出的操作。最后，当完成文件操作，文件能被关闭，而这些改动在文件关闭之前，可能不会显示在磁盘版本上。

打开和关闭文件，与字处理类的应用程序如 Microsoft Word 中处理文件的方式密切相关，但概念不完全相同。当在用 Microsoft Word 打开文件时，该文件实际上是从磁盘读取并存储到内存(RAM)中的，文件随即被关闭。当编辑文件时，真正改变的是内存中的数据，而不是文件本身。这些更改不会显示在磁盘上的文件中，除非通知应用程序保存。

保存文件的步骤：首先磁盘上的原始文件以读写模式被重新打开，然后用文件写入操作将内存中版本的当前内容复制到磁盘上的新文件中。用户以为编辑的是一个已有的文件，然而从程序角度来看是打开了一个文件，读取它的内容到内存，关闭文件，创建一个新文件(具有相同的名称)，将内存中的(修改的)内容写入新文件，并关闭这个新文件。

在 Python 中使用文本文件，首先需要利用 open( ) 函数创建一个与磁盘上的文件相对应的文件对象，调用语法为 open(name[,mode])。其中，name 是一个字符串，提供了磁盘当前相对路径下的文件名，又或者是该文件的绝对路径；mode 参数决定了打开文件的模式，如只读、写入、追加等，所有可取值详见表 3-4，该参数可选，默认文件访问模式为只读。注意，确保文件存在，否则会返回错误消息提示。

表 3-4 open( ) 函数 mode 参数

mode 参数	描述
t	文本模式(默认)
x	写模式，新建一个文件，如果该文件已存在则会报错
b	二进制模式
+	打开一个文件进行更新(可读可写)
U	通用换行模式(不推荐)
r	以只读方式打开文件。文件的指针将会放在文件的开头。这是默认模式
rb	以二进制格式打开一个文件用于只读。文件指针默认放在文件的开头 一般用于非文本文件，如图片等
r+	打开一个文件用于读/写。文件指针将会放在文件的开头
rb+	以二进制格式打开一个文件用于读/写。文件指针将放在文件的开头 一般用于非文本文件，如图片等
w	打开一个文件只用于写入 如果该文件已存在，则打开文件，并从头开始编辑，即原有内容会被删除 如果该文件不存在，创建新文件
wb	以二进制格式打开一个文件只用于写入 如果该文件已存在，则打开文件，并从头开始编辑，即原有内容会被删除 如果该文件不存在，创建新文件 一般用于非文本文件，如图片等
w+	打开一个文件用于读/写 如果该文件已存在，则打开文件，并从头开始编辑，即原有内容会被删除 如果该文件不存在，创建新文件
wb+	以二进制格式打开一个文件用于读/写 如果该文件已存在则打开文件，并从头开始编辑，即原有内容会被删除 如果该文件不存在，创建新文件 一般用于非文本文件，如图片等
a	打开一个文件用于追加 如果该文件已存在，文件指针放在文件结尾，新内容被写入已有内容之后 如果该文件不存在，创建新文件进行写入
ab	以二进制格式打开一个文件用于追加 如果该文件已存在，文件指针放在文件结尾，新内容被写入已有内容之后 如果该文件不存在，创建新文件进行写入

（续）

mode 参数	描述
a+	打开一个文件用于读写 如果该文件已存在，文件指针放在文件结尾，文件打开时会是追加模式 如果该文件不存在，创建新文件用于读/写
ab+	以二进制格式打开一个文件用于追加 如果该文件已存在，文件指针将会放在文件的结尾 如果该文件不存在，创建新文件用于读/写

1. 文件的读取

例如，要打开一个名为 numbers. txt 的文件进行内容的读取，Python 提供了 3 种从文件中读取信息的操作。

（1）<file>. read（）　该方法将文件的全部剩余内容作为单个（可能是大的、多行的）字符串返回。示例如下：

```
# read_numbers.py

fname=input("Enter filename:")
infile=open(fname,"r")
data1=infile.read()
print(data1)
infile.close()

输出：
Enter filename:numbers.txt
This is a txt with phone-numbers:
13745638574
15084927588
13464774122
15780990234
```

使用时，首先利用 input 语句获取需要读取的文件名，并保存到 fname 中。然后，利用 open（）方法从磁盘读取 fname 的对应内容，并返回文件对象 infile。然后，可以选择使用 read（）方法读取整个文件，调用格式为 read（[size]）。其中，size 参数表示从文件当前位置起读取 size 个字节，若无参数 size，则表示读取至文件结束为止，返回的是一个字符串，字符串包括文件中的所有内容。最后，使用 print 语句显示内容。注意，若想要将每一行数据分离，即需要对每一行数据进行操作，该方法无效。此外，内存不足时，也无法使用该方法。

（2）<file>. readline（）　该方法返回文件的下一行，即所有文本，直到并包括下一个换行符。该方法每次读取一行内容，所以读取时占用内存小，比较适合大文件的读取。该方法返回一个字符串对象，适合内存不足时使用。示例如下：

```
# readline_numbers.py
'''
打开文件,对象保存至 infile
'''
data2=infile.readline()
print(data2)
# 若不需要获取整行内容,而只需要部分字节,可以在()中输入整数，表示需要读取前
# 几个字节
# 注意，之前已读取的行信息将不再被读取
data2_2=infile.readline(5)
print(data2_2)
infile.close()

输出:
Enter filename: numbers.txt
This is a txt with phone-numbers:

13745
```

readline()方法结合循环能实现逐行读取。示例如下：

```
# readline_numbers_2.py
'''
打开文件,对象保存至 infile
'''
while 1:
    data=infile.readline()
    if not data:
        break
        print(data)
infile.close()

输出:
Enter filename:numbers.txt
This is a txt with phone-numbers:

13745638574
```

```
15084927588

13464774122

15780990234
```

（3）<file>. readlines( ) 该方法返回文件中剩余行的列表,每个列表项都是一行，包括结尾处的换行符。该方法能够一次性读取所有行文件，并将每一行数据分离，保存在一个列表变量中。但读取大文件时会比较占内存，因此若内存不足无法使用此方法。示例如下：

```
# readlines_numbers.py
'''
打开文件,对象保存至 infile
'''
data3=infile.readlines()
print(data3)
infile.close()

输出:
Enter filename:numbers.txt
['This is a txt with phone-numbers:\n','13745638574\n','15084927588\n',
'13464774122\n','15780990234\n']
```

使用 readlines()方法时，可以通过限制字节数进而限制行数的读取。size 的默认值为-1，这意味着将返回所有行。示例如下：

```
# readlines_numbers_2.py
'''
打开文件,对象保存至 infile
'''
# 如果返回的字节总数大于 5,则不要返回下一行
data4=infile.readlines(5)
print(data4)
infile.close()

输出:
Enter filename:numbers.txt
['This is a txt with phone-numbers:\n']
```

实际使用 realines()方法时，结合循环可实现逐行读取，更为方便。这种方法的缺点是

文件可能非常大，并且一次将其读入列表可能占用太多的内存。示例如下：

```
# readlines_numbers_3.py
'''
打开文件,对象保存至 infile
'''
for data in infile.readlines():
    print(data)
infile.close()

输出结果同 readline_numbers_2.py
```

这3种方法相较而言，read()最快，但因其功能简单，多数情况下不能满足需求。readline()和readlines()在功能上类似，在内存足够的情况下使用readlines()能明显提高执行效率。此外，由于Python将文件本身视为一系列行，可以直接循环遍历文件的行。示例如下：

```
# read_each_line_numbers.py
'''
打开文件,对象保存至 infile
'''
for line in infile:
    print(line)
infile.close()

输出结果同 readline_numbers_2.py
```

2. 文件的写入

如果要打开用于写入的文件，需要先让该文件做好接收数据的准备。如果给定名称的文件不存在，就会创建一个新文件；如果存在给定名称的文件，Python将删除它并创建一个新的空文件。写入文件时，应确保不要破坏以后需要的任何文件。打开一个名为write in.txt的文件，使用write()函数或者print()函数进行内容的追加写入，示例如下：

```
# continue_write.py
outfile=open("write in.txt","a")# 若需要覆盖原始内容,mode 设为 w
outfile.write("12785776986")# print 语句也能写入,print("12785776986",
file=outfile)
outfile.close()

# 打开并读取文件后追加
```

```
infile=open("write in.txt","r")
print(infile.read())
infile.close()

输出:
This is a txt with phone-numbers:
13745638574
15084927588
13464774122
15780990234
12785776986
```

总之，文本文件是存储在辅助存储器中的多行字符串，可以打开文本文件进行读取或写入操作。Python 提供了 read( )、readline( )和 readlines( )这 3 种文件读取方法，也可以使用循环遍历文件的行，用 write( )或者 print( )函数将数据写入文件。处理完成后，注意关闭文件。

3.2 字典

字典的名称指出了这种数据结构的用途。日常生活中假设阅读小说，适合按从头到尾的顺序阅读，当然也可以快速翻到任何一页，操作类似于 Python 中的列表。而手册类操作指南读物(如生活中的字典)旨在让用户能够轻松地找到特定的单词(键)，以获悉其定义(值)。因此在很多情况下，使用字典都比使用列表更合适。例如，电话联络簿，存储形式为“姓名-电话”。若字典、列表相互嵌套，能完成更多数据操作。

对于 Python 来说，字典(dictionary)是一个无序、可变和有索引的集合，且可存储任意类型的对象。在 Python 中，字典用花括号限定，字典的每个键值对用冒号(:)连接，如 key:value，每对之间用逗号(,)分隔。键作为索引存储数据，一个键和它所对应的值形成字典中的一个条目。示例如下:

```
thisdict={
         "name":"cjavapy",
         "age":3,
         "gender":"man"
         }
```

1. 字典的创建

(1) 创建空字典　使用花括号可以直接创建空字典，或者使用 dict( )函数。示例如下:

```
>>> a={}
>>> a=dict()
```

（2）直接赋值创建　使用花括号并写入键值对能够实现赋值创建。示例如下：

```
>>> dic={'spam':1,'egg':2,'bar':3}
>>> dic
{'bar':3,'egg':2,'spam':1}
```

（3）通过 dict( ) 函数和关键字参数创建　在 dict( ) 函数内利用等号将值赋给对应的键。示例如下：

```
>>> dic=dict(spam=1,egg=2,bar=3)
```

（4）通过二元组列表创建　dict( ) 函数能将二元组列表转换为字典。示例如下：

```
>>> lis=[('spam',1),('egg',2),('bar',3)]
>>> dic=dict(lis)
```

（5）dict( ) 和 zip( ) 结合使用创建　这两种函数结合也能创建字典。此方法适合将两种序列一对一重组。示例如下：

```
>>> dic=dict(zip('abc',[1,2,3]))
>>> print(dic)
{'a':1,'c':3,'b':2}
```

（6）通过字典推导式创建　示例如下：

```
>>> dic={i:2 * i for i in range(3)}
>>> dic
{0:0,1:2,2:4}
```

（7）利用 fromkeys( ) 方法创建　用该方法可以创建一个新字典，调用语法为 dict. fromkeys(keys,value)。其中，以序列 keys 中元素作字典的键；value 为键对应的初始值，value 是可选参数，默认值为 None。示例如下：

```
>>> x=('key1','key2','key3')
>>> y=0
>>> thisdict=dict.fromkeys(x,y)
>>> print(thisdict)
{'key1':0,'key2':0,'key3':0}
```

2. 字典的基本操作

（1）访问字典里的值　通过在方括号内引用键名来访问字典的各项。示例如下：

```
>>> thisdict={"name":"cjavapy","age":3,"gender":"man"}
>>> thisdict["name"]
'cjavapy'
```

Python 还提供了内置的 get( )方法，用于获取指定键的值。调用语法为 dictionary. get (keyname,value)。其中，keyname 是必需参数；value 是可选参数，表示如果指定的键不存在，则返回一个值，默认值为 None。示例如下：

```
>>> thisdict.get("age")
3
>>> thisdict.get("job")
None
```

除了特定的值，Python 还提供了内置方法获取字典内所有的键(.keys())、值(.values()) 或条目 (.items())。示例如下：

```
>>> thisdict={"name":"cjavapy","age":3,"gender":"man"}
#获取所有 key
>>> thisdict.keys()
dict_keys(['name','age','gender'])
#获取所有值
>>> thisdict.values()
dict_values(['cjavapy',3,'man'])
#获取所有键值对
>>> thisdict.items()
dict_items([('name','cjavapy'),('age',3),('gender','man')])
#利用 list()转换数据类型
>>> list(thisdict.items())
[('name','cjavapy'),('age',3),('gender','man')]
```

(2) 添加/修改字典条目　利用赋值语句，左式在方括号内添加新键名，右式是该键名对应的值，可以实现字典条目的添加。示例如下：

```
>>> cou={} #创建一个空字典
>>> cou['价格']=100
>>> print(cou)
{'价格':100}
```

利用 get( )方法也能实现条目的添加。根据其特性，还能利用字典统计序列中元素出现的次数。示例如下：

```
ls=['aa','b','c','ddd','aa']
cou={} #创建一个空字典
for i in ls:
       #get 的赋值语句,目的是新建字典键值对
       cou[i]=cou.get(i,0)+1  ①
print(cou)

输出:
{'aa':2,'b':1,'c':1,'ddd':1}
```

语句①等价于 cou[i]=0; cou{i}=cou[i]+1。上述代码，首先建立一个空字典用于统计。循环列表里的每一个元素，如果该元素不存在，使用 get()返回 0+1=1，再利用赋值语句建立新的键值对(元素为 1)；如果该元素已存在，读取键对应的值，并且把原值+1，重新赋值给该元素的键。

Python 也提供了 update()方法，用于将指定的键值对更新插入字典。调用语法为 dictionary.update(iterable)。其中，iterable 是具有键值对的字典或可迭代对象，将插入到字典中，如字典中存在要更新的 key，则更新指定 key 对应的 value。示例如下：

```
>>> cou={'价格':100}
>>> xx={'人才':60}
>>> cou.update(xx)
>>> print(cou)
{'价格':100,'人才':60}
>>> xx={'人才':50}
>>> cou.update(xx)
>>> print(cou)
{'价格':100,'人才':50}
```

(3) 删除字典条目　下面介绍 4 种删除方法。

del 语句可以删除指定键值对，也可以删除整个字典。用法同列表。示例如下：

```
>>> thisdict={"name":"cjavapy","age":3,"gender":"man"}
>>> del thisdict["gender"]
>>> thisdict
{"name":"cjavapy","age":3}
>>> del thisdict
>>> thisdict
NameError:name 'thisdict' is not defined
```

clear( )方法用于删除字典中所有元素。用法同列表。

pop( )方法用于删除字典给定键及对应的值，返回值为被删除的值。调用语法为 dictionary. pop(keyname, defaultvalue)。其中，keyname 是必需参数，指定要删除的元素的键名；defaultvalue 是可选参数，如果指定的键名不存在，则返回的值，如果未指定此参数，且未找到具有指定键的项，则会引发错误。示例如下：

```
>>> thisdict={"name":"cjavapy","age":3,"gender":"man"}
>>> thisdict.pop("gender")
'man'
>>> thisdict.pop("job")
KeyError:'job'
>>> thisdict.pop("job",'No such Key')
'No such Key'
```

popitem( )方法用于删除最后插入字典的键值对。在 Python 3.7 之前的版本中，popitem( )方法用于删除一个随机的键值对。删除的键值对是 popitem( )方法的返回值，以元组的形式出现。如果字典已经为空，却调用了此方法，会报出 KeyError 异常。示例如下：

```
>>> thisdict={"name":"cjavapy","age":3,"gender":"man"}
>>> thisdict.popitem()
('gender','man')
>>> thisdict
{'name':'cjavapy','age':3}
>>> thatdict={ }
>>> thatdict.popitem()
KeyError:'popitem():dictionary is empty'
```

Python 关于字典的内置方法详见表 3-5。

表 3-5　字典的内置方法

方法	说明
clear( )	删除字典中所有元素
copy( )	返回字典的副本
fromkeys( )	传入 key 和 value 来创建字典
get( )	返回指定 key 的值
items( )	返回一个列表，其中包含每组 key 和 value 的元组
keys( )	返回包含字典 key 的列表
pop( )	用指定的 key 删除元素
popitem( )	删除最后插入的 key 和 value
setdefault( )	返回指定 key 的值。如果 key 不存在，插入具有指定值的 key
update( )	使用指定的 key 和 value 更新字典
values( )	返回字典中所有 value 的列表

注意，字典中的键一般是唯一的，如果重复则后面的一个键值对会覆盖前面的。但字典的值不需要唯一，值可以取任意数据类型。而键必须是不可变类型，例如字符串、数字或元组，详见第3.4节。

3.3 集合

集合(set)是一类可变容器，元素没有先后顺序，并且元素的值不重复，用花括号{} 表示，例如 {1，2，3}。由于集合内的数据对象都是唯一的，可以把集合看作只有键没有值的字典。由于集合内无序且无索引，无法通过索引号来访问集合中的项目，可以使用for循环遍历集合项目，或者使用in关键字查询集合中是否存在指定的值。集合一旦创建，就无法更改项目，但是可以使用add()方法添加单个新项目，或者使用update()方法添加多个项目。

1. 集合的创建

(1) 直接给变量赋值　注意，a={}，创建一个空字典，而非集合。示例如下：

```
>>>fruit={'apple','orange','pear','banana'}
```

(2) 使用set()方法创建一个空集合　使用set()方法可以创建一个空集合，还可以将列表或元组转换成集合，转换后，Python会消除重复的值。示例如下：

```
>>> a=set()
>>> a=set([1,1,3,5,7,5,11])
>>> a
{1,3,5,7,11}
```

2. 集合的基本操作

(1) 访问元素　Python无法通过索引号或键来访问集合中的元素，但是可以使用for循环遍历元素，或者使用in关键字询问集合中是否存在指定的值。示例如下：

```
#遍历集合
thisset={"c","java","python"}
for x in thisset:
    print(x)
#判断元素是否存在
thisset={"c","java","python"}
print("c" in thisset)
```

(2) 添加元素　往集合中添加元素有两种方式，分别为add()方法和update()方法。

1) 使用add()方法可以实现添加单个集合元素。调用语法为set.add(element)。其中，element表示要添加的元素内容。这里只能使用字符串、数字及布尔型的True或者False等，不能使用列表、元组等可迭代对象。示例如下：

```
>>> s={10,20,40,80}
>>> s.add(30)
>>> print(s)
{10,30,20,40,80}
```

如果想通过添加列表实现添加多个元素，会出现报错。示例如下：

```
>>> s={10,20,40,80}
>>> s.add([30,50])
TypeError:unhashable type:'list'
```

如果想要使用 add()方法实现添加多个集合元素，需要配合循环语句，逐个将元素添加到集合里面。示例如下：

```
s={10,20,40,80}
b=[30,50,60,70]
for i in b:
    s.add(i)
print(s)

输出：
{70,40,10,80,50,20,60,30}
```

2）使用 update()方法可以添加多个元素。调用语法为 set.update(iterable)。注意，这里添加的元素可以是一个或多个集合、字典(只取键)、序列等可迭代对象，但不能是单独的数字。示例如下：

```
>>> aset={1,2,3}
# 如果 update()内不传参数,则保持原样返回
>>> aset.update()
>>> print(aset)
{1,2,3}
# 合并集合
>>> aset.update({4,5})
>>> print(aset)
{1,2,3,4,5}
# 一次可以合并多个不同类型
>>> aset.update({6,7},(8,9))
```

```
>>> print(aset)
{1,2,3,4,5,6,7,8,9}
#传入参数为字典时,只取键
>>> aset.update({'a':10})
>>> print(aset)
{1,2,3,4,5,6,7,8,9,'a'}
#用列表更新(元组同理)
>>> bset={'b','c'}
>>> bset.update(['d'])
>>> print(bset)
{'b','c','d'}
#用字符串更新
>>> bset.update('ef1')
>>> print(bset)
{'b','c','d','e','f','1'}
#单独的数字不行,update() 传入的是可迭代对象
>>> bset.update(2)
TypeError:'int'object is not iterable
```

（3）删除元素　Python 提供了 3 种删除集合元素的方式，分别为 remove( )方法、discard( )方法和 pop( )方法。

1）使用 remove( )方法删除元素时，如果元素存在，则直接删除；如果元素不存在，那么程序会报错。调用语法为 set.remove(element)。示例如下：

```
>>> my_set={11,13,15}
>>> my_set.remove(13)
>>> print(my_set)
{11,15}
>>> my_set.remove(131)
KeyError:131
```

2）discard( )方法与 remove( )方法不同，如果指定的元素不存在，remove( )方法会引发错误，而 discard( )方法则不会。调用语法为 set.discard(element)。示例如下：

```
>>> my_set={11,13,15}
>>> my_set.discard(13)
>>> print(my_set)
{11,15}
>>> my_set.discard(131)
```

```
>>> print(my_set)
{11,15}
```

3）使用 pop( )方法可以删除集合中的随机项，并返回删除的集合元素。如果集合中没有元素，则程序报错。调用语法为 set. pop( )。示例如下：

```
>>> my_set={11,13,15}
>>> my_set.pop()
11
>>> my_set
{13,15}
>>> your_set={ }
>>> your_set.pop()
TypeError:pop expected at least 1 argument,got 0
```

实际上，pop( )方法是根据某种内置顺序删除元素的，并不是随机的，并且每次执行的结果都一样。

如果要清空集合内的所有元素，可以调用 clear( )方法，用法同列表。

（4）其他集合操作　集合对象支持联合(union)、交(intersection)、差(difference) 和对称差集(sysmmetric difference)等数学运算。其非运算符(non-operator)版本，例如 s. union( )，接受任何可迭代对象作为参数；相反，它们的运算符(operator based counterparts)版本，例如 &，要求参数必须是集合。示例如下：

```
'''集合的交集、并集、差集、对称差集示例'''
print('------建立的集合-------')
s={10,20,30,40}
s1={30,20,10,50,60}
print(s,s1)

print('--------求解集合的交集-----')
print(s.intersection(s1))
print(s & s1)# & 交集的操作
print('--------求解集合的并集-----')
print(s.union(s1))
print(s|s1)
print('--------求解集合的差集-----')
print(s.difference((s1)))
print(s-s1)
print(s1.difference((s)))
print(s1-s)
```

```
print('--------求解集合的对称差集-----')
print(s.symmetric_difference(s1))
print(s^s1)

输出:
------建立的集合-------
{40,10,20,30} {10,50,20,60,30}
--------求解集合的交集-----
{10,20,30}
{10,20,30}
--------求解集合的并集-----
{40,10,50,20,60,30}
{40,10,50,20,60,30}
--------求解集合的差集-----
{40}
{40}
{50,60}
{50,60}
--------求解集合的对称差集-----
{50,40,60}
{50,40,60}
```

（5）不可变集合　前面学习的集合可以往其中增加、删除元素，使用灵活。但有些时候，需要固定集合的元素，不让集合出现变动，以增加数据的稳定性。可以使用 Python 中的 frozenset()函数创建不可变集合，其内容在被创建后不能再改变，因此可以被用作字典的键或其他集合的元素。调用语法为 frozenset（[iterable]），返回一个不可更改的 Frozenset 对象。

当传入一个可迭代对象时，生成一个新的不可变集合。示例如下：

```
>>> a=frozenset(range(10))
>>> a
frozenset({0,1,2,3,4,5,6,7,8,9})
>>> b=frozenset('I am a Pythoner')
>>> b
frozenset({'y','I','','r','t','m','h','o','a','e','n','P'})
```

当不传入参数时，生成空的不可变集合。示例如下：

```
>>> c=frozenset()
>>> c
frozenset()
```

如果试图改变不可变集合中的元素，就会报 AttributeError 错误。示例如下：

```
>>> mylist=['apple','banana','cherry']
>>> x=frozenset(mylist)
>>> x.add(2)
AttributeError:'frozenset'object has no attribute'add'
```

Python 中关于集合的内置方法详见表 3-6。

表 3-6 集合的内置方法

方法	说明
add()	将元素添加到集合中
clear()	删除集合中所有元素
copy()	返回集合的副本
difference() s1-s2	返回一个包含两个或多个集合之间的差的集合
difference_update()	删除此集合中还包含在另一个指定集合中的元素
discard()	删除指定的元素
intersection() s1 & s2	返回一个集合，即另外两个集合的交集
intersection_update()	删除此集合中其他指定集合中不存在的元素
isdisjoint()	返回两个集合是否相交
issubset()	返回另一个集合是否包含此集合
issuperset()	返回此集合是否包含另一个集合
pop()	从集合中删除一个元素
remove()	删除指定的元素
symmetric_difference() s1^s2	返回具有两个集合的对称差的集合，即两个集合中不重复的元素集合
symmetric_difference_update()	插入此集合和另一个集合的对称差，移除当前集合中与另外一个指定集合相同的元素，并将另外一个指定集合中不同的元素插入到当前集合中
union() s1 | s2	返回一个包含集合并集的集合
update()	用这个集合和其他集合的并集更新集合

综上所述，集合是无序的，集合中的元素是唯一的，一般用于元组或者列表中的元素去重处理。集合可以像元组一样，利用 frozenset() 函数设置不可改变的集合，也可以默认像字典、列表一样，进行迭代改变，同时集合里的元素可以是列表、元组、字典。

3.4 可变类型和不可变类型

当该数据类型对应变量的值改变后，其对应的内存地址(ID)不变，证明是在原有基础上发生了改变，新值覆盖了原值。具有这种特性的类型称为可变类型，包括集合、列表、字典。相反，变量的值改变时，内存地址改变，即原值不改变，Python在内存中开辟了新内存用以存放新值，并把变量指向新值。具有这种特性的类型称为不可变类型，包括数字、字符串、元组。

判断类型时，可以通过id()方法监测对象的内存地址有没有随值的改变而改变。示例如下：

```
#判断布尔型是否为可变类型
a=True
id_1=id(a)
a=False
id_2=id(a)
print(id_1==id_2)

输出:False

#判断列表是否为可变类型
a=[1,2,3]
id_1=id(a)
a[0]=3
id_2=id(a)
print(id_1==id_2)

输出:True
```

Python也可以通过hash()函数获取一个对象的哈希值，从而判断其类型。因为，可哈希的类型为不可变类型，不可哈希的类型为可变类型。示例如下：

```
'''整数'''
>>> a=5
>>> hash(5)     #返回5
5
'''列表'''
>>> a=[1,2,3]
>>> hash(a)     #报错
TypeError:unhashable type:'list'
```

使用不可变数据类型可以使代码更安全，它适用于部分严格环境，以防在多个地方调用同一个变量时，因不小心对变量进行修改导致整个程序崩溃。同时还可以节省内存，无论有多少个引用，相同的对象只占用了一块内存。

3.5 本章小结

Python 有多种数据类型，其中一些是复合数据类型，也就是数据结构，它们是通过某种方式组织在一起的数据元素的集合，这些数据元素可以是数字或者字符，甚至可以是其他数据结构。本章介绍了 3 种复合数据类型：序列、字典、集合。重点介绍了 3 种有序序列(列表、元组、字符串)及其异同，明确各类可迭代对象的使用场景：元组通常由不同的数据组成，列表一般应用在相同类型的数据队列；元组表示结构，列表表示顺序。本章的学习要点是如何创建并结合需求使用多种不同类型的数据，以及各数据类型的通用操作。

3.6 课后习题

1. 请在 list=[1,2,3,4,5,6,7,8,9] 中索引号为 2 的位置后面插入多个数字(元素)：78，89，76，23，78，89，76，23。

2. 求英文句子“This is a pen”的单词数。

3. 在一行中输入若干个整数(至少输入一个整数)，整数之间用空格分隔。要求将数据从小到大排序输出。

4. 对列表 mailto=['cc','bbbb','afa','sss','bbbb','cc','shafa'] 进行去重操作，并保持原有顺序。

5. 编写程序。

1）新建一个空列表，向其中添加 10 名同学的成绩(百分制)。显示此列表中所有成绩的最高成绩、最低成绩、平均成绩。

2）将列表降序排序后，使用切片显示前三名的成绩、后三名的成绩、第 3 名至第 5 名的成绩；使用切片在列表首部插入一个 100 分，并在尾部追加一个 0 分；使用切片将此时的列表的后五个数全部替换为 60；使用切片删除倒数第 1、3、5 三个数；最后显示所有的成绩。

6. 要求输入一个 4 位数的年份，判断当前年份的生肖。生肖纪年顺序为：子鼠、丑牛、寅虎、卯兔、辰龙、巳蛇、午马、未羊、申猴、酉鸡、戌狗、亥猪。

第4章 结构体

学习目标

知识目标

- 通过分支语句理解判断编程模式及其实现；
- 理解确定和不定循环的概念；
- 理解交互式循环和哨兵循环的编程模式；
- 理解文件结束循环的编程模式，以及在 Python 中实现这种循环的方法；
- 理解异常处理的思想。

思政目标

- 以选择结构实例强调问题解决办法的多样性，培养学生多角度思考问题、多方式解决问题的能力；
- 提醒学生合理运用他人经验、技术，有效分配时间攻坚克难。

技能目标

- 能够编写简单异常处理代码，捕捉标准的 Python 运行时错误；
- 能够阅读、编写和实现使用判断结构的算法，包括使用系列判断和嵌套判断结构的算法；
- 能够通过获取用户输入控制程序的运行时间，编写出交互式的循环程序；
- 能为涉及循环模式(包括嵌套循环结构)的问题设计和实现解决方案。

结构体是程序语言最基本的语法，是用来有效组织语句的手段。程序有 3 种基本结构，即顺序结构、选择结构和循环结构。

程序中的执行语句，默认是按照书写顺序、自上而下依次执行的，即顺序结构。但是仅有顺序结构无法实现更多功能，因为有时需要根据特定的情况有选择地执行某些语句，这时就需要用到选择结构。另外，有时还可以在给定条件下重复执行某些操作，这就是循环结构。根据这 3 种基本结构，能够构建任意复杂的程序。

选择和循环这两种结构让程序具备判断力，能针对不同的条件实现不同顺序的语句执行。第 3 章中涉及部分 for 循环和 if 语句应用于序列的例子，本章将具体讲解其含义和使用方式。需要注意的是，不管是选择结构还是循环结构，Python 用缩进代替了 Java/C/C++/C# 中常用的大括号来区分代码块；另外，Python 在包含选择/循环结构关键字的列尾需要使用冒号。

4.1 选择结构

在实际生活中，面对不同的情况往往需要使用不同的处理方式。例如，根据个人实际收入的不同，个人所得税的计算方式不同。编程时也经常需要检查不同的条件，并据此决定采取不同措施。Python 中的选择结构，就是利用 if 语句检查程序的当前状态并据此采取相应的措施。本章将学习条件测试以检查感兴趣的任何条件，以及创建一系列复杂的 if 语句来确定当前到底处于何种情形。

选择结构的语法并不复杂，无论单分支、二分支还是多分支，Python 都用 if 语句实现。学习中请读者思考和把握两个问题：一是如何把一个问题中的条件转换为符合语言语法规则的一个或多个条件表达式，尤其是在条件复杂且隐晦的情况下；二是在实际问题中多个条件情况下如何清晰、准确地用选择结构表达出来。

4.1.1 选择结构的种类

选择结构分为单分支、二分支和多分支，各自的流程图如图 4-1 所示。

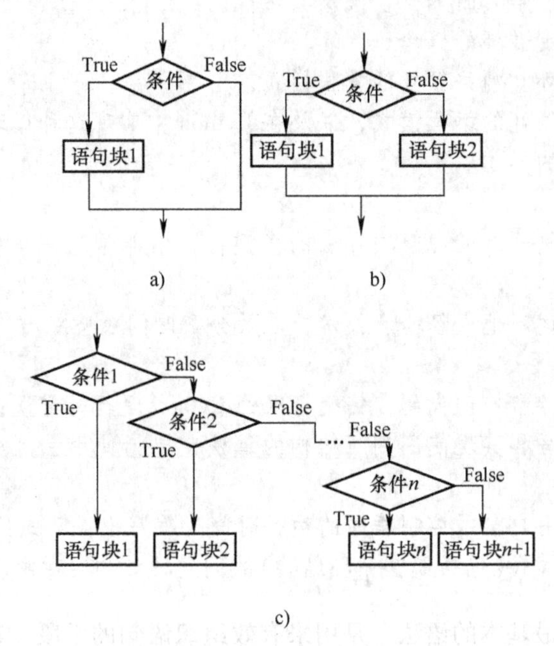

图 4-1 选择结构流程图

a）单分支 b）二分支 c）多分支

1. 单分支

语句结构如下：

```
if 条件语句:
    执行语句
```

每条 if 语句的核心都是一个值为 True 或 False 的表达式，这个表达式被称为条件测试（条件语句）。Python 根据条件测试的值（布尔值）来决定是否执行 if 语句中的代码。如果条件测试的值为 True，Python 执行紧跟在 if 语句后面的带缩进的代码（执行语句）；如果为 False，Python 跳过这些语句，继续执行下面非 if 语句块的其他语句（见图 4-1a）。示例如下：

```
#只有if的例子
amount=int(input('请输入状态自评分【1(十分沮丧)~10(满面红光)】:'))
if amount >=7:
    print('******************')
    print('{0:=^14}'.format('今天状态不错'))
    print('{0:-^14}'.format('适合学习'))
    print('******************')
print('希望您度过愉快的一天!')

输出1:
请输入状态自评分【1(十分沮丧)~10(满面红光)】:8
******************
====今天状态不错====
-----适合学习-----
******************
希望您度过愉快的一天!

输出2:
请输入状态自评分【1(十分沮丧)~10(满面红光)】:5
希望您度过愉快的一天!
```

在上述代码中，首先，使用等号从input语句中获取amount的值，这种做法在第2章已出现过多次。接下来，使用大于或等于号(>=)比较amount的值和7的大小。当amount大于或等于7时返回True，否则返回False。在输出1中，amount=8，大于7，因此Python返回True，程序运行缩进的语句块，反馈信息；在输出2中，amount=5，小于7，Python返回False，程序不再执行缩进语句块，无反馈信息。非缩进的最后一句print语句，由于并非条件结构内的语句块，始终保持输出。注意，选择结构中能充当条件的形式很多，除了惯用的关系表达式或逻辑表达式，绝大部分合法的Python表达式都可以作为条件表达式，例如“if 1:代表条件为真”。

如果条件判断与字母相关，可能会涉及输入字符大小写的问题。根据Unicode码，大小写不同的值会被视为不相等。如果对功能实现而言，大小写无关紧要，只是想检查变量的值，建议使用upper()或lower()方法先转换输入值，再进行条件比对。在实际应用中，譬如网站，采用类似的方式让用户输入的数据符合特定的格式。例如，网站可能使用类似的测试来确保用户名是独一无二的，而并非只是与另一个用户名的大小写不同。当用户提交新的用户名时，内部程序将它转换为小写，并与所有既有用户名的小写版本进行比较。执行这种检查时，如果已经有用户名john(不论大小写如何)，则用户提交用户名John时将遭到拒绝。

此外，in/not in关键字也能搭配if语句进行布尔值判断。例如确定某个特定的值是否被包含在列表中，有一份公司职员表，只有在表单上的人员才允许进入公司，就可通过控制门禁判断是否允许该人员进入，示例如下：

```
allowed_users=['andrew','carolina','david']
user='lily'
if user not in allowed_users:
    print(user.title()+",you are not allowed to come in. SORRY")

输出：
Lily,you are not allowed to come in. SORRY
```

2. 二分支

语句结构如下：

```
if 条件语句：
    执行语句 1
else:
    执行语句 2
```

if-else 语句根据条件真假来决定要执行哪一步操作（见图 4-1b）。如果是 True，那么执行语句块 1；如果是 False，那么执行语句块 2。对上面单分支中的程序功能进行扩充，示例如下：

```
# if-else 例子
amount=int(input('请输入状态自评分【1(十分沮丧)~10(满面红光)】:'))
print('*****************')
if amount >=7:
    print('{0:=^14}'.format('今天状态不错'))
    print('{0:-^14}'.format('适合学习'))
else:
    print('{0:=^14}'.format('今天状态不佳'))
    print('{0:-^14}'.format('用学习提升自己吧'))
print('*****************')
print('希望您度过愉快的一天！')

输出 1：
请输入状态自评分【1(十分沮丧)~10(满面红光)】:8
*****************
====今天状态不错====
-----适合学习-----
*****************
```

```
希望您度过愉快的一天!

输出2:
请输入状态自评分【1(十分沮丧)~10(满面红光)】:5
*****************
====今天状态不佳====
---用学习提升自己吧---
*****************
希望您度过愉快的一天!
```

如上述示例所示，即使条件不成立，也能给予用户相应反馈。因此，相较于单分支结构，二分支结构有助于用户判断操作是否正确。

3. 多分支

多分支语句包含3种形式：并列式、嵌套式和延拓式。并列式多分支结构由多个并列的单分支结构组成；嵌套式多分支结构由二分支结构嵌套组合而成；延拓式多分支结构，即下面的if-elif-else语句(见图4-1c)：

```
if 条件语句 1:
    执行语句 1
elif 条件语句 2:
    执行语句 2
...
else:
    执行语句 n+1
```

注意，延拓式多分支结构中的else要放到整个结构体的最后，表示以上所有条件都不成立时执行的语句。elif和if相同，表示只要有一种情况成立，就执行了相关代码，其他情况不会被解释器执行。它的用法类似数学中的分段函数：n次条件判断，实现(n+1)个分支。

下面通过一个例子，理解3种形式的多分支结构的实现方法。对百分制成绩评定等级，输出评语。具体要求如下：(100,+∞)，超出范围；[90,100]，优秀；[80,90)，良好；[70,80)，中等；[60,70)，及格；[0,60)，不及格；(-∞,0)，超出范围。

首先，大于100分和小于0分的分数，都属于超过范围而没有意义的分数，它们对应的执行语句一致。那么，如果把这两个条件并在一起，就可以少写一个判断条件。像此类同时检查多个条件的需求，需要配合使用逻辑运算符and和or。例如，需要在两个条件都为True时才执行相应的操作，可以使用and关键字把两个条件测试合二为一，这样如果每个测试都通过，整个表达式为True；如果两个条件中只要至少有一个条件满足即可，即仅当两个测试都没有通过时，表达式才为False，可以使用or关键字连接条件。所以，本例中，大于100或小于0只要其中一个出现就符合条件，应当使用or关键字。

其他的分级实际也是将两个条件组合在一起，例如“优秀”需要的分数即大于或等于 90 且小于或等于 100。但由于大小判断同向，所以像数学表达式中那样用关系运算符直接连接即可。

（1）采用并列式多分支评定成绩等级 示例如下：

```
score=int(input('成绩:'))
level=''
if score>100 or score<0:
    level='超出范围'
if 90<=score<=100:
    level='优秀'
if 80<=score<90:
    level='良好'
if 70<=score<80:
    level='中等'
if 60<=score<70:
    level='及格'
if 0<=score<60:
    level='不及格'
print('您的评级是:{}'.format(level))
```

在并列式多分支结构中，首先需要判断输入的分数是否符合“超出范围”的情况，若条件成立就执行其内部缩进的执行语句，若条件不成立就不执行。至此，该条件结构已失效(运行完毕)，程序将执行下一条非缩进语句。在该顺序结构中，每一个语句都是一个单分支结构，需要重复进行以上操作。

对于并列式多分支结构而言，每一个单分支条件结构都是独立的。所有的 if 条件都会被执行，进行条件判断，而不会被跳过。假设有 n 个条件，那么总共要进行 n 次条件判断。可以把每个单支条件结构想象成一行执行语句，多条执行语句按照顺序被执行。当功能需求上要求必须检查所关心的所有条件，采用并列式多分支结构比较合适。

（2）采用嵌套式多分支评定成绩等级 示例如下：

```
score=int(input('成绩:'))
level=''
if score > 100 or score < 0:
        level='超出范围'
else:
    if score >=90:
        level='优秀'
    else:
```

```
        if score >=80:
            level='良好'
    else:
        if score >=70:
            level='中等'
        else:
            if score >=60:
                level='及格'
            else:
                level='不及格'
print('您的评级是:{}'.format(level))
```

嵌套式多分支结构中，首先进行第一层(最外层)条件判断，如果判断为 True，执行内部的语句块，不再执行 else 中的余下内层语句，整个嵌套条件判断语句工作结束，直接执行下一个非缩进语句即可。如果第一层的条件判断不成立，执行 else 语句内的执行语句，只不过该执行语句是一个新的二分支条件判断结构。对每一层二分支条件判断结构重复以上操作，直到判断为 True，运行对应的执行语句；或者永远判断为 False，运行至最内层的 else 语句内部的执行语句。

嵌套式多分支结构中条件判断层层递进，但凡符合其中一层的条件，递进结束。假设有 n 个条件，会进行 1 到 n 次不等的条件判断。

(3) 采用延拓式多分支评定成绩等级　示例如下：

```
score=int(input('成绩:'))
level=''
if score>100 or score<0:
    level='超出范围'
elif score>=90:
    level='优秀'
elif score>=80:
    level='良好'
elif score>=70:
    level='中等'
elif score>=60:
    level='及格'
else:
    level='不及格'
print('您的评级是:{}'.format(level))
```

由上述示例可见，拓展式多分支结构相当于用并列式多分支结构实现嵌套式的效果，比嵌套式多分支结构更清爽明了，又不需要像并列式一般每个条件都判断一遍。

当需要经常检查超过 2 个及以上的情形时，适合使用 if-elif-else 结构。Python 只执行该结构中的一个代码块：依次检查每个条件测试，直到遇到通过的条件，Python 将执行紧跟在它后面的代码，并跳过余下的条件测试。

Python 并不要求 if-elif 结构后面必须有 else 代码块。在某些情况下 else 代码块很有用，而在一些情况下使用一条 elif 语句来处理特定的情形更清晰。由于 else 是一条包罗万象的语句，只要不满足任何 if 或 elif 中的条件测试，其中的代码就会被执行，这可能会引入无效甚至恶意的数据。如果知道最终要测试的条件，应考虑使用一个 elif 代码块来代替 else 代码块。这样就可以肯定，仅当满足相应的条件时，代码才会被执行。

上述 3 种形式的输出结果均一致。不同输入对应的输出示例如下：

```
成绩:87
您的评级是:良好
成绩:96
您的评级是:优秀
成绩:60
您的评级是:及格
成绩:27
您的评级是:不及格
成绩:101
您的评级是:超出范围
```

需要注意的是，在延拓式多分支结构中，if、elif 和 else 必须在同一列对齐；在嵌套式多分支结构中，要重点考虑 else 的匹配，即 else 总是根据它自己所处的缩进和同列的最近的那个 if 匹配。

4.1.2 条件表达式

所谓条件表达式，就是把 if-else 语句转换成一个表达式来使用，属于三元结构，需要 3 个值：条件满足时的值、条件、条件不满足时的值。语法格式如下：

```
条件成立时执行的语句 if 条件 else 条件不成立时执行的语句
```

将第 4.1.1 小节中的二分支示例转变成条件表达式，代码如下：

```
amount=int(input('请输入状态自评分【1(十分沮丧)~10(满面红光)】:'))
print('******************')
print('{0:=^14}\n{1:-^14}'.format('今天状态不错','适合学习')) if amount>=
7 else  print('{0:=^14}\n{1:-^14}'.format('今天状态不佳','用学习提升自己吧'))
print('****************** \n 希望您度过愉快的一天！')
```

将第4.1.1小节中的多分支示例转变成条件表达式，代码如下：

```
score=int(input('成绩:'))
level=('超出范围' if score > 100 or score < 0 else
       '优秀' if score >=90 else
       '良好' if score >=80 else
       '中等' if score >=70 else
       '及格' if score >=60 else
       '不及格')
print('您的评级是:{}'.format(level))
```

最终输出都与原来的一致。条件表达式的使用场景主要取决于项目复杂度。若项目复杂程度高，使用if-else结构更简单明了。需要注意的是，条件表达式不能有改变判断条件的值的语句，否则会报以下错误：

```
SyntaxError:cannot assign to conditional expression
```

4.1.3　异常处理

尝试利用Python实现一元二次方程求解。基本代码如下：

```
a=float(input("Enter coefficient a:"))
b=float(input("Enter coefficient b:"))
c=float(input("Enter coefficient c:"))
discrim=b*b-4*a*c
discRoot=math.sqrt(discrim)
root1=(-b+discRoot)/(2*a)
root2=(-b-discRoot)/(2*a)
print("\nThe solutions are:",root1,root2 )
```

根据数学原理，此类方程有解需要一些前提条件。例如，a不能为0，否则不算二次方程；$b \times b-4 \times a \times c \geqslant 0$，否则无解。实际运行代码时也会发现，输入的值不符合条件时会出现报错，代码停止运行并反馈错误原因。

一般情况下，可以根据条件判断规避并反馈错误输入。上述代码修改如下：

```
a=float(input("Enter coefficient a:"))
b=float(input("Enter coefficient b:"))
c=float(input("Enter coefficient c:"))
discrim=b*b-4*a*c
if a==0:
    print("\nThe equation is not a quadratic!")
```

```
else:
    if discrim<0:
        print("\nThe equation has no real roots!")
    else:
        discRoot=math.sqrt(discrim)
        root1=(-b+discRoot)/(2*a)
        root2=(-b-discRoot)/(2*a)
        if root1==root2:
            print("\nonly one solution:",root1)
        else:
            print("\nThe solutions are:",root1,root2)
```

在上述代码中，使用判断结构求解二次方程，避免了因对负数取平方根、除数为 0 而产生的错误。在许多程序中，这是一种常见的模式：使用判断来防止罕见但可能的错误。

有时程序充满了检查特殊情况的判断，导致处理一般情况的主要算法占比过小。为此，编程语言设计者提出了“异常处理”机制，帮助解决这种设计问题。异常处理机制让程序员可以编写一些代码，捕获和处理程序运行时出现的错误。具有异常处理的程序不会显式地检查算法中的每个步骤是否成功，只会告诉程序：做这些步骤，出现任何问题，以这种方式处理。

抛开 Python 异常处理机制的所有细节，下面根据上面求解二次方程的修改代码而改编的具体实例展示异常处理的工作原理，即异常处理是通过类似于判断的特殊控制结构完成的。示例如下：

```
print("This program finds the real solutions to a quadratic\n")
try:
    a=float(input("Enter coefficient a:"))
    b=float(input("Enter coefficient b:"))
    c=float(input("Enter coefficient c:"))
    discrim=b*b-4*a*c
    discRoot=math.sqrt(discrim)
    root1=(-b+discRoot)/(2*a)
    root2=(-b-discRoot)/(2*a)
    if root1==root2:
        print("\nonly one solution:",root1)
    else:
        print("\nThe solutions are:",root1,root2 )
except ValueError as e:
    print(e,":No Real Roots")
```

```
except ZeroDivisionError as e:
    print(e,":Invalid coefficient given")
except:
    print("\nSomething went wrong,sorry!")
```

由此可见，try-except 语句的一般语法格式如下：

```
try:
    <主程序>
except <错误类型>:
    <处理方式>
```

当 Python 遇到 try 语句时，它尝试执行其中的语句。如果这些语句执行没有错误，就正常完成所有主程序操作；如果在其中某处发生错误，Python 会查找具有匹配错误类型的 except 子句。如果找到合适的 except 子句，则执行相应的处理程序代码。多个 except 类似于 elif。发生错误时，Python 将依次执行每个 except 子句，查找与错误类型匹配一致的错误。最后的空 except 子句类似于 else，如果前面的 except 错误类型都不匹配，它将作为默认行为，输出“未知错误”。如果没有任何 except 类型匹配错误，最后还没有设置默认值，程序将崩溃，Python 会报告错误。

异常实际上是一种对象。如果在 except 子句中，在错误类型后跟有 as<variable>，Python 会将该变量赋值为实际的异常对象。此处，异常被转换成一个字符串，输出导致错误的原因。

try-except 语句适合用于编写防御式程序。把错误处理和真正的工作分开来，能使代码更易组织、更清晰，让复杂的工作任务更容易实现、更安全，避免由于一些小的疏忽而使程序意外崩溃。

思政小课堂：人生也会需要异常处理。首先，培养良好的心态，降低崩溃的概率；其次，尝试预想可能遭遇的异常情况，并摸索缓解办法，比如找信任的人倾诉也是不错的执行语句哦！

4.2 循环结构

反复做同一件事的情况，称为循环，这在生活中十分常见。比如听歌的时候，在歌曲的页面就会出现单曲循环、列表循环、随机播放等几种播放模式。循环是让计算机自动完成重复工作的常见方式之一。Python 中循环语句的逻辑为：多次执行一个语句/一段代码块。循环主要有两种类型：一是重复一定次数的循环，称为计次循环，如 for 循环；二是一直重复，直到条件不满足时才结束的循环，称为条件循环，如 while 循环，只要条件为真，这种循环会一直持续下去。

4.2.1 for 循环结构

for 循环又被称为 for…in 循环，它的一般语法格式如下：

```
for <变量> in <序列>:
    缩进代码块
非缩进代码块
```

在每一轮循环中，<变量>会依次取序列中的一个值。对序列中的最后一个值执行完缩进代码块后，程序继续执行非缩进代码块。<序列>是容器型数据类型的数据，例如，字符串、列表、字典、元组、集合、迭代器、生成器。迭代模式下的 for 循环示例代码如下：

```
#字符串循环
for i in'hello':
    print(i,type(i))

输出:
h<class'str'>
e<class'str'>
l<class'str'>
l<class'str'>
o<class'str'>
```

```
#列表循环
week=['MON','TUE','WED','THU','FRI','SAT','SUN']
for name in week:
    print(name)

输出:
MON
TUE
WED
THU
FRI
SAT
SUN
```

```
#字典循环
a={'name':'Lily','wx':'Lily_W'}
```

```
for key,value in a.items():
    print(key,':',value)

输出:
name:Lily
wx:Lily_W
```

for 循环适合用于枚举或遍历序列，以及迭代对象中的元素，一般应用在循环次数已知的情况下。在第 3 章中讲过如何创建简单的列表，还介绍了如何操作列表元素。而在实际应用过程中，往往需要对列表中的每一个元素进行相同操作。当列表元素个数庞大时，使用 for 循环能对列表中的每个元素都采取一个或一系列相同的操作，从而高效地处理任意长度的列表，包括包含数千甚至数百万个元素的列表。结合 os 模块，可以实现系统文件的批量操作，如文件名读取、文件名修改等。

在很多实际应用中，需要存储的是一组组的纯数字。例如，在游戏中跟踪角色的位置变化。列表非常适合用于存储数字集合，而 Python 中的函数 range( )能够轻松地生成一系列的数字，高效地处理数字列表。使用 range( )函数进行循环的方式，称为计数器模式。range( )的用法如下：

1） range(N)，产生一个［0,N)的数字序列且 N>0。

2） range(M，N)，产生一个［M,N)的数字序列且 M<N。

3） range(M，N，step)，产生一个［M,N)的数字序列。其中，step 为步长(每次数字增加的值)，可为负值。

注意，N 是无法被循环到的数字，实际循环到 N-1。示例如下：

```
#计数器模式
for current_index in range(1,6):
    print(current_index)

输出:
1
2
3
4
5
```

若要创建数字列表，可使用函数 list( )将 range( )的结果直接转换为列表。具体来说，就是将 range( )作为 list( )的参数，输出将是一个数字列表。示例如下：

```
#创建数字列表
numbers=list(range(1,6))
```

```
print(numbers)

输出:
[1,2,3,4,5]
```

使用函数 range()几乎能够创建任何需要的数字集合。数字列表中的元素值作为另一个已知列表的索引号存在时，可以实现选择性地读取列表元素。示例如下：

```
#计数器循环,依次读取索引号对应的元素值
week=['MON','TUE','WED','THU','FRI','SAT','SUN']
for i in range(len(week)):
    print(week[i])

输出:
MON
TUE
WED
THU
FRI
SAT
SUN
```

```
#计数器循环,间隔读取索引号对应的元素值
week=['MON','TUE','WED','THU','FRI','SAT','SUN']
for i in range(0,len(week),2):
    print(week[i])

输出:
MON
WED
FRI
SUN
```

在实际应用中，面对列表加元组表示的二维表，循环存取的 3 种方式如下：

```
#二维表循环存取
students=[(110121,"李丽丽"),
          (110122,"王凯"),
          (110123,"胡波涛"),
```

```
        (110124,"江南怀"),
        (110125,"徐静")]
for row in students:                            #按行存取
    print(row[0],row[1])
for id,name in students:                        #按行拆包存取
    print(id,name)
for index in range(len(students)):              #按索引号存取
    print(students[index][0],students[index][1])
```

3种循环方式的输出效果一致，如下所示：

```
输出：
110121  李丽丽
110122  王凯
110123  胡波涛
110124  江南怀
110125  徐静
```

在上述示例中，编写for循环时，对于存储列表中每个值的临时变量，虽然可以指定任意名称，但是选择描述单个列表元素的有意义的名称大有益处。例如，针对姓名列表、一般性列表，如下编写for循环的第一行代码是不错的选择。

```
for name in name_list:
for item in list_of_items:
```

这些命名约定有助于使用者理解for循环将对每个元素执行的操作。使用单数和复数式名称有助于判断代码块处理的是单个列表元素还是整个列表。在应用方面，循环对于读取文件非常有用。Python将文件视为一系列行，因此使用for循环逐行处理文件很容易。

4.2.2 while循环结构

for循环是一个有限循环，这意味着需要在循环开始时确定迭代次数。除非提前知道迭代次数，否则就不能使用定义循环。但是在多数情况下，比如对一整页的数字求平均值，在输入所有数字之前，无法知道这个循环需要多少个迭代。

while条件循环能够解决此类问题。while循环语句根据一个逻辑条件(循环条件)，在条件成立时循环执行某段程序以处理需要重复操作的相同任务，不成立时结束循环。它的一般语法格式如下：

```
while 判断条件:
    缩进代码块
非缩进代码块
```

其中，判断条件是一个布尔表达式(可以是表达式，也可以是字符)。如果判断条件的值为True，那么一定要在执行语句中添加改变判断条件的值的语句或者有触发退出的操作，否则会进入死循环。注意，在选择结构和循环结构中，条件表达式的值只要不是 False、0(或 0.0、0j 等)、空值(None)、空列表、空元组、空集合、空字典、空字符串或其他空迭代对象，Python 解释器均认为与 True 等价，即条件成立。

while 循环同样适合计数。例如，利用 while 循环从 1 数到 5。示例如下：

```
# while 循环计数
current_index=1
while current_index<=5:# 判断条件
    print(current_index)
    current_index+=1# 改变判断条件的值的语句

输出:
1
2
3
4
5
```

注意，在循环体执行之前，该条件始终在循环顶部进行测试。这种结构称为“先测试”循环。如果循环条件最初为假，则循环体根本就不会执行。while 要求在循环之前初始化 current_index，并在循环体的最后让 current_index 增加。而在 for 循环中，循环变量是自动处理的。while 循环的简单性让它既强大又危险。因为不那么严格，所以更为通用，即可以完成遍历序列之外的其他任务。但它也是错误的常见来源。在计数示例中，假设忘记在循环体最后增加改变 current_index 的值，即删除最后一句代码，当 Python 开始循环时，current_index 始终是 1(小于 5)，所以循环体持续执行打印 1，成为无限循环。

在应用方面，不定循环有一个很好的用途，即编写交互式循环。交互式循环的思想是，允许用户根据需要重复程序的某些部分。使用不定循环时，要注意避免出现无限循环。以第 4.1.1 小节中对百分制成绩评定等级并输出评语为例，之前的版本只针对一个成绩输出评语，然后程序运行完毕。如果需要对多个成绩反馈评语，需要多次运行原程序。下面尝试优化程序以便一次性记录多个成绩对应的评语。同时，为了允许用户在任何时间停止，循环的判断条件中可以设定一个数值，如-999，当用户输入-999 时表示输入终止。示例如下：

```
# 评级 2.0
print('若想要终止输入,请输入值-999')                # ①
score=int(input('成绩:'))
level=''
while score!=-999:                               # ②
```

```
    if score > 100 or score < 0:
            level ='超出范围'
    elif score >=90:
            level ='优秀'
    elif score >=80:
            level ='良好'
    elif score >=70:
            level ='中等'
    elif score >=60:
            level ='及格'
    else:
            level ='不及格'
    print('您的评级是:{}'.format(level))
    score=int(input('成绩:'))                    #③
print('完成.')                                   #④
```

跟原版本相比，只多出了4行语句，其中，②和③是必备语句，①和④只是提高交互效率的说明语句。首先需要把握的是，if-elif-else多分支条件判断语句块的目的是不断重复实现相关功能，所以while判断条件语句②需要在该功能语句块之上，即将该功能语句块包裹，成为其内部的缩进语句块。

判断条件根据设计者的出发点，以不同的形式展现。但从方便交互的角度而言，应当选择不容易误输入的数值作为判断值，即采用“哨兵循环”模式。哨兵循环的一般模式如下：

```
获取第一个数据项
而该数据项不是特殊值(哨兵):
    处理项目
    获取下一个数据项
```

哨兵循环不断处理数据，直到达到一个特殊值，表明迭代结束，这个特殊值就称为“哨兵”。可以选择任何值作为哨兵，唯一的限制是能与实际数据值区分开来。哨兵不作为数据的一部分进行处理。程序运行过程：在循环开始之前取得第一项数据，启动读入；如果第一项是哨兵，立即终止循环，最终不处理任何数据；否则处理该项数据，并读取下一项；直到遇到哨兵，循环终止。

上面示例中的语句③就是执行语句中改变判断条件的值的语句。根据功能需要，该值由用户输入。一般情况下，该句放置于需要实现的全部功能之后。示例输出结果如下：

```
输出:
若想要终止输入,请输入值-999
成绩:101
```

```
您的评级是:超出范围
成绩:68
您的评级是:及格
成绩:87
您的评级是:良好
成绩:-999
完成.
```

在实际操作中，为了不受只能处理数字的前提限制，想要拥有一个真正独特的哨兵，需要扩大可能的输入。假设将用户的输入作为字符串获取，可以用一个独特的非数字字符串表示输入结束，而所有其他输入都将被转换为数字类型数据。例如，使用一个空字符串作为哨兵值，表示终止输入。示例如下：

```
# 评级 2.0.1
print ('若想要终止输入,请输入空格键')
score=input ('成绩:')
level=''
while score!='  ':
    score=int(score)
    print('continue')
    score=input('成绩:')
print('完成.')
```

由于引入了无法转换数据类型的字符串，需要把原先的 score = int(input('成绩:')) 语句进行拆解并调整好顺序：先判断是否是哨兵值，再在循环中转换数据类型。示例输出结果如下：

```
输出:
若想要终止输入,请输入空格键
成绩:76
continue
成绩:34
continue
成绩:98.7
continue
成绩:
完成.
```

上述程序还可以进一步优化，使用累积器(count)来计数不同的评语出现的次数。它从 0 开始，每次通过循环增加 1。示例如下：

```
#评级2.1
print('若想要终止输入,请输入值-999')
score=int(input('成绩:'))
level=''
A=B=C=D=F=0                                #⑤
while score!=-999:
    if score > 100 or score < 0:
        level='超出范围'
    elif score >=90:
        level='优秀'
        A+=1                               #⑥
    elif score >=80:
        level='良好'
        B+=1                               #⑥
    elif score >=70:
        level='中等'
        C+=1                               #⑥
    elif score >=60:
        level='及格'
        D+=1                               #⑥
    else:
        level='不及格'
        F+=1                               #⑥
    print('您的评级是:{}'.format(level))
    score=int(input('成绩:'))
print('完成.')
print('经统计:【优秀】共{}名,【良好】共{}名,【中等】共{}名,【及格】共{}名,【不及格】共{}名'.format(A,B,C,D,F))  #⑦
```

在新添加的功能中，语句⑤表示 A、B、C、D、F 均引用内存中同一对象的变量，因为需要在循环中直接使用这些计数器，因此需要在循环结构体前就对其进行赋值操作。但实际并不建议使用该语句同时为多个变量赋予相同的值，当赋值可变对象时容易出错。在每个条件分支下，添加执行语句⑥，实现计数。语句⑦反馈统计结果。对于超出范围的成绩没有使用计数器，是考虑到输入时误触的情况。此类情况就目前需要的功能而言，没有统计意义。示例输出结果如下：

```
输出:
若想要终止输入,请输入值-999
成绩:87
```

```
您的评级是:良好
成绩:89
您的评级是:良好
成绩:87
您的评级是:良好
成绩:96
您的评级是:优秀
成绩:60
您的评级是:及格
成绩:27
您的评级是:不及格
成绩:101
您的评级是:超出范围
成绩:68
您的评级是:及格
成绩:57
您的评级是:不及格
成绩:65
您的评级是:及格
成绩:87
您的评级是:良好
成绩:89
您的评级是:良好
成绩:86
您的评级是:良好
成绩:-999
完成.
经统计:【优秀】共 1 名,【良好】共 6 名,【中等】共 0 名,【及格】共 3 名,【不及格】共 2 名
```

4.2.3 循环控制语句

在执行 while 循环或者 for 循环时，只要循环条件满足，程序将会一直执行循环体。但在某些场景，使用者可能希望在中间离开循环，也就是在 for 循环结束计数之前，或者 while 循环找到结束条件之前可以手动离开循环。Python 提供了 2 种强制离开当前循环体的办法：一是使用 break 语句，完全终止当前循环；二是使用 continue 语句，跳过执行本次循环体内的剩余执行代码，转而执行下一次的循环。

1. break 语句

break 语句一般会搭配 if 语句使用，表示在某种条件下跳出循环。如果使用嵌套循环，break 语句将跳出当前的循环体。在 while 和 for 循环中使用 break 语句，格式见表 4-1。

表 4-1 在 while 和 for 循环中使用 break 语句的格式

for 循环	while 循环

for 迭代变量 in 对象：
    执行代码
    if 条件表达式 2：
        break
	while 条件表达式 1：
	    执行代码
	    if 条件表达式 2：
	        break

循环语句还能配对 else 子句。当循环携带 else 子句时，格式见表 4-2。

表 4-2 在循环结构中使用 else 语句的格式

for 循环	while 循环

for <变量> in <序列>：
    语句块 1
else：
    语句块 2
非缩进代码块
	while 条件：
	    语句块 1
	else：
	    语句块 2
	非缩进代码块

Python 中完整的 for/while 循环后面都有 else 结构。当迭代完成后，若存在 else 子句则执行 else 子句，没有则继续执行后续代码。注意，else 子句在循环正常完成时才会被执行，这意味着循环没有遇到任何 break 语句。

现在尝试实现一个功能：输入一个大于或等于 2 的正整数，判断其是否为素数。使用 while-else 语句实现，分步骤说明如下。

1）循环控制变量 a 从 num-1 递减到 1，程序每次循环判断 a(赋值从 num-1 到 2)是否是 num 的因数。

2）若 a 被判断是 num 的因数，打印“不是素数”。此时根据素数的定义，剩余循环再无意义，使用 break 语句跳出 while 循环，同时跳过 else 子句。

3）若循环过程中，num % a 始终不为 0，即 num 不能被从 2 到 num-1 中的任何一个数整除，说明 num 是素数，在循环结束后执行 else 子句，打印“是素数”。

具体代码如下：

```
# while-else 判断素数
num=int(input('请输入一个大于或等于 2 的正整数:'))
a=num-1                                          #①
while a>1:                                       #①
    if num % a==0:                               #②
        print("不是素数")                         #②
        break     #跳出当前循环,包括 else 子句      #②
    a=a-1                                        #①
else:                                            #③
   print("是素数")                                #③

输出 1:
```

```
请输入一个大于或等于 2 的正整数:11
是素数

输出 2:
请输入一个大于或等于 2 的正整数:4
不是素数
```

判断条件亦替换为 while-true 也可实现相同效果。其思路是循环持续获取输入，直到该值可以接受。该算法包含一个循环，其条件测试在循环体之后，即“后测试循环”。后测试循环必须至少执行一次循环体，与先前给出的交互式循环模式结构类似。交互式循环适合并可实现后测试。Python 中的 break 语句能直接模拟后测试循环。

上述功能若使用 if-else 语句实现，分步骤说明如下。

1）程序中的循环控制变量 a 从 2 递增到 num-1，每次循环判断 a 是否是 num 的因数。

2）若 a 被判断是 num 的因数，打印“不是素数”，然后执行 break 语句跳出 for 循环，同时跳过 else 子句。

3）若循环过程中，num % a 始终不为 0，说明 num 是素数，在循环结束后执行 else 子句，打印“是素数”。

具体代码如下：

```
#if-else 判断素数
num=int(input('请输入一个大于或等于 2 的正整数:'))
for i in range(2,num):            #i 从 2 到 num-1          #①
    if num % i==0:                                          #②
        print("不是素数")                                   #②
        break                                               #②
else:                                                       #③
    print("是素数")                                         #③
```

在任何 Python 循环中都可使用 break 语句。例如，可使用 break 语句退出遍历列表或字典的 for 循环。break 如同一个位于循环体中间的循环出口。但需要注意的是，避免在一个循环体中同时使用多个 break 语句。当存在多个出口时，循环的逻辑容易失控。

2. continue 语句

continue 语句实现部分删除的效果，其存在是为了删除满足循环条件下的某些不需要的成分。语法格式：在相应 while 或 for 循环内的执行语句中直接加入即可。例如，在一大段网页地址文本中剔除掉不需要的逗号分隔符，使有用信息更直观地展示，具体代码如下：

```
html_list='http://www.baidu.com/,http://www.google.com/'
for i in html_list:
    if i==',':
```

```
        print('\n')
        continue
    print(i,end="")

输出:
http://www.baidu.com/

http://www.google.com/
```

如上述代码所示，当遍历 html_list 字符串至逗号(,)时，会进入 if 判断语句并执行 print()语句和 continue 语句。其中，print()语句起到换行的作用，而 continue 语句会使 Python 解释器忽略执行最后一行代码，直接开始下一次循环。

上述只是参考示例，实际上，当剔除部分是固定或者样式统一的时候，利用 split()函数或者 re 正则表达式能够更方便地实现相应功能。示例如下：

```
html_list="http://www.baidu.com/,http://www.google.com/"
print(html_list.split(','))

输出:
['http://www.baidu.com/','http://www.google.com/']
```

可见，编程只是实现功能目标的手段。当程序员熟悉更多的已有函数或方法，其编程思维会更加的灵活。

4.2.4 循环嵌套

Python 程序的单层循环结构常常难以解决更加复杂的问题，这就要求进一步学会使用循环语句的嵌套来处理相对复杂的问题。Python 语言允许在一个循环体里面嵌入另一个循环。如在 while 循环中可以嵌入 for 循环，反之，可以在 for 循环中嵌入 while 循环。

下面尝试在原先判断素数的基础上添加另一种功能：给定一个整数区间，找出其中的所有素数，并求和。使用 for 嵌套循环语句实现，分步骤说明如下。

1）获取区间范围［m,n］，创建求和变量 summe。

2）程序中的外层循环控制变量 i 从 m 递增到 n，依次获取每一个区间内的整数作为判断对象。

3）程序中的内层循环控制变量 j 从 2 递增到 i-1，每次循环判断 j 是否是外层变量 i 的因数。

4）若 j 被判断是 i 的因数，执行 break 语句结束内层循环，进行下一次的外层循环。

5）若内层循环过程中，i % j 始终不为 0，说明 i 是素数，在该层循环结束后执行 else 子句，打印 i 的值，并更新 summe，然后进行下一次的外层循环。

6）等循环全部结束后，打印素数和。

具体代码如下：

```
# 素数和 1.0
m,n=map(int,input('请输入一个区间范围:').split())                    # ①
summe=0

for i in range(m,n+1):                                               # ②
    for j in range(2,i):        # j 从 2 到 i-1                      # ③
        if i % j==0:                                                 # ④
            break                                                    # ④
    else:                                                            # ⑤
        print(i,end='')                                              # ⑤
        summe+=i                                                     # ⑤

print('在{}到{}区间中,所有素数和={}'.format(m,n,summe))              # ⑥

输出:
请输入一个区间范围:10 20
11 13 17 19 在 10 到 20 区间中,所有素数和=60
```

在语句①中，首先利用 split( ) 函数获取一个由多个输入值组成的列表，再利用 map( ) 函数对列表中的每一个元素进行数据类型的转换。在语句②中，要注意 range( ) 函数的取值范围。

实际上，可以使用其他方式获得求和值，例如建立一个空列表，每找到一个素数，就添加进该列表中，最后利用 sum( ) 函数对列表元素求和。示例如下：

```
# 素数和 2.0
m,n=map(int,input('请输入一个区间范围:').split())
prime=[]
for i in range(m,n+1):
    for j in range(2,i):                  # j 从 2 到 i-1
        if i % j==0:
            break
    else:
        prime.append(i)
print('在{}到{}区间中,总共有{}个素数,分别是{},所有素数和={}'.format(m,
n,len(prime),prime,sum(prime)))

输出:
```

```
请输入一个区间范围:10 20
在 10 到 20 区间中,总共有 4 个素数,分别是[11,13,17,19],所有素数和=60
```

下面根据前面所学，尝试实现一个约瑟夫环算法：*m* 个猴子报数选大王，即从 1 到 *n* 循环报数，数到 *n* 出列淘汰，剩下的最后一只猴子就是大王。根据需求，需要实现以下两个功能：

1）用户交互式输入开始时的猴子数 *m*、报数的最后一个数 *n*，创建猴子队列。

2）给出当选猴王的初始编号。

功能 1)相对比较好实现，利用列表解析式可以快速生成需要的从 1 到 *m* 的列表，创建猴子队列。例如，lst=[i for i in range(1,m+1)]。功能 2)需要思考、理清逻辑。首先，循环是有头有尾的单向逻辑。而猴子持续报数淘汰的过程，实际上是让猴子队列站成一个圈。如何实现这个圈的循环报数？回想一下军训经历，有一种训练：第一个人报完数，离开原位，跑至队伍结尾；此时原本的第二个人成为新的第一个人，他再报数，再跑至队尾。每一个队员循环反复，这个队伍虽然以一字队形排列，但实际上实现了圆环的无限性。队列的首尾不再固定，每一名队员能经历队列中的任何一个位置。

按照 *n* 的报数要求来说，可以建立一个循环，在每一批次报数过程中，对队列重新排序，即把列表中的第 0 个元素删去，再将其添加回原列表，成为其最后一个元素。示例如下：

```
m=int(input('总猴子数:'))
n=int(input('报数到:'))
l=[i for i in range(1,m+1)]# 列表解析式,创建 m 个猴子的序列

for i in range(1,n+1):
    l.remove(l[0])
    print(l)
    l.append(l[0])
    print(l)

输出:
总猴子数:10
报数到:3
[2,3,4,5,6,7,8,9,10]
[2,3,4,5,6,7,8,9,10,2]
[3,4,5,6,7,8,9,10,2]
[3,4,5,6,7,8,9,10,2,3]
[4,5,6,7,8,9,10,2,3]
[4,5,6,7,8,9,10,2,3,4]
```

运行后，发现输出结果跟设想的不一致，1 消失了！原因在于，当使用 remove( )对序列进行删除元素操作后，序列已被更新，后续利用 append( )添加元素时，l［0］已经由其他元素占位。因此，需要对原序列先进行复制，函数中的参数用原序列进行元素读取，修改操作在复制序列中进行。最后，根据复制序列的内容，对原序列进行更新。示例如下：

```
'''m,n 赋值'''
lst=[i for i in range(1,m+1)]# 列表解析式
l=lst[:]# 利用深拷贝复制 lst

# 报数循环。从 1 开始数到 n 表示一批次报数完成,总共报数 n 次
for i in range(1,n+1):
    l.remove(lst[0])
    l.append(lst[0])
    print(l)
    # 更新原序列,此句是后期改变外循环判断条件的关键
    lst=l[:]

输出:
总猴子数:10
报数到:3
[2,3,4,5,6,7,8,9,10,1]
[3,4,5,6,7,8,9,10,1,2]
[4,5,6,7,8,9,10,1,2,3]
```

现在，最重要的循环报数思路已经实现，只需要在循环中添加二分支选择判断语句：当从 i 数到 n 时，把该元素剔除后不再添加回列表中。示例如下：

```
'''m,n,lst,l 如上述示例赋值'''

for i in range(1,n+1):
    # 当并非每批次中最后一个报数的猴子
    if i !=n:
        # 报完数后把该猴子从复制队列的第一位调到复制队列的最后一位
        l.remove(lst[0])
        l.append(lst[0])
        print(l)
        lst=l[:]
    else:
        # 报数为 n 的猴子直接淘汰,不再重新进入循环
```

```
        l.remove(lst[0])
        print(l)
        lst=l[:]

输出:
总猴子数:10
报数到:3
[2,3,4,5,6,7,8,9,10,1]
[3,4,5,6,7,8,9,10,1,2]
[4,5,6,7,8,9,10,1,2]
```

现在，每一批次报数并剔除一只猴子的功能已经实现。由于需求明确整个队伍剔除到只剩一只猴子当大王，这意味着上述功能是需要循环处理的。这就需要在外部添加一个循环，形成嵌套。

外层循环如何设计？根据需求，最后只能剩一只猴子，也就是一个元素在列表中，而每次内部循环还会再剔除掉一个元素。这意味着，每次更新后的原列表内的元素个数需要大于1，才能使最后一次内部循环后保留一个元素在列表中。所以，外层循环可以设计 while len(lst)>1:。最终实现代码如下：

```
# 约瑟夫环算法
'''m,n,lst,l 如上述示例赋值'''

# 当原列表 lst 内始终有元素时,继续循环
while len(lst)>1:
    for i in range(1,n+1):
        if i !=(n):
            l.remove(lst[0])
            l.append(lst[0])
            lst=l[:]
        else:
            l.remove(l[0])
            lst=l[:]
    # 每批次报数(即淘汰掉一只猴子)后,显示新的队列排列顺序
    print(l)# 注意 print 语句的缩进位置
```

输出结果如下所示：

```
请输入猴子总数:10
请输入要淘汰猴子的报数:3
```

```
[4,5,6,7,8,9,10,1,2]
[7,8,9,10,1,2,4,5]
[10,1,2,4,5,7,8]
[4,5,7,8,10,1]
[8,10,1,4,5]
[4,5,8,10]
[10,4,5]
[10,4]
[4]
```

4.3 解析式

在 Python 中经常能够看到形如 res=[x**2 for x in range(5)] 这样的赋值语句，这就是 Python 为了简洁而发明的新语法。Python 的解析式主要有两个优点：一是代码简洁，可读性强；二是效率比普通迭代稍高。具体分为 4 种：列表解析式、生成器解析式、集合解析式、字典解析式。

1. 列表解析式

列表解析式的使用格式为[expr for e in iterator]。它可以和 if 语句一起使用。例如筛选出列表 lst 中的偶数，示例如下：

```
lst=[1,2,3,5,6,8,10]
res=[x for x in lst if x % 2==0]
print(res)

输出:
[2,6,8,10]
```

列表解析式的 for 语句可以嵌套。例如生成二维列表，示例如下：

```
#说明列表解析式一定要使用中括号括起来
[[x,y] for x in range(2) for y in range(5)]

输出:
[[0,0],
 [0,1],
 [0,2],
 [0,3],
 [0,4],
```

```
[1,0],
[1,1],
[1,2],
[1,3],
[1,4]]
```

注意，单行 if 语句的写法和列表解析式很像。表达式的使用语法为 x if cond else y，其中 if 和 else 必须同时存在。因此，列表解析式也能配合 if 特殊用法使用。示例如下：

```
lst=[1,2,3,5,6,8,10]
[x**2 if x % 2==0 else x**3 for x in lst]

输出：
[1,4,27,125,36,64,100]
```

2. 生成器解析式

通过列表解析式可以直接创建一个列表，但是受内存限制，列表的容量有限。创建元素量过大的列表，会占用很大的存储空间。如果仅需要访问前面的几个元素，那后面绝大多数元素占用的空间会产生浪费。所以在 Python 中出现了一边循环一边计算的机制，称为生成器(generator)。这样就不必创建完整的列表，从而节省大量的内存空间。

生成器也是一种迭代器，但只能迭代一次。因为它没有把所有的值都存在内存中，而是在运行时生成值。列表解析式返回的是一个列表，而生成器解析式返回的就是一个解析式。列表解析式的中括号变成小括号就是生成器解析式。示例如下：

```
g=(x**2 for x in range(10))
print(g)
输出:<generator object <genexpr> at 0x10dd85b30>
#利用 list()函数可以将其转换成列表
list(g)
输出:[0,1,4,9,16,25,36,49,64,81]
```

在实际使用中，如果需要用索引号访问数据，选择使用列表解析式；若只需要对结果进行迭代，优先使用生成器解析式。

3. 集合解析式

将列表解析式的中括号换成大括号就是集合解析式，同样能实现去重效果。示例如下：

```
lst=[1,2,2,3,5,6,8,10]
s={x**2 for x in lst}
print(s)
输出:{64,1,4,36,100,9,25}
```

4. 字典解析式

字典解析式使用的也是大括号，但是和集合解析式不同的是，在 expr 处使用的不是单个元素而是键值对。示例如下：

```
{str(x): x**2 for x in range(5)}
输出:{'0': 0,'1': 1,'2': 4,'3': 9,'4': 16}
```

下面尝试使用列表解析式实现判断素数的功能。对之前的示例(if-else 判断素数)进行改造，示例如下：

```
#列表解析式
num=int(input('请输入一个大于或等于 2 的正整数:'))
lst=[factor for factor in range(2,num) if num % factor==0]
if lst==[]:
    print("是素数")
else:
    print("不是素数")
```

当 num % factor==0 时，就把该值作为新元素保存在列表中，最后判断列表是否为空列表。如果是，判断为素数；如不是，则包含其他因数，就并非素数。

4.4 本章小结

本章阐述了 Python 中的选择结构和循环结构。重点介绍了 while 循环和 for 循环，两者本质上没有区别，但在实际应用中针对性不同。while 循环适用于未知循环次数的不定循环，for 循环适用于已知循环次数的有限循环；for 循环主要用作遍历，while 主要用作判断符合条件下循环。本章的学习要点是如何使用不同的结构体，利用嵌套等形式组合生成具有更复杂逻辑和功能的代码。在练习之余需要注意的是，成熟的程序员并不会将工作重点聚焦在已经存在的优秀功能上。在遇到问题时，要先弄清楚该问题是否已经被解决。从头开始设计的确能积累好的经验，但是真正的程序员懂得如何活用<Ctrl+C>和<Ctrl+V>。在此基础上，思考是否有更好的方法来处理这个问题，力求达到简单、高效和可扩展。

4.5 实验：温度转换器 2.0

案例描述

在第 2.7 节中实现的温度转换器的基础上，完善程序功能：根据输入的对应温度单位，实现反向转换。

案例分析

1）根据输入的字符串，判断当前温度单位。

2）分别根据获得的温度值，进行温度转换。

3）对输入不符合要求的其他情况进行处理。

代码 TempConvert2. py 如下：

```
TempStr=input("请输入温度值,并提供单位(例如 37C/200F):")        # ①
Temp=float(TempStr[:-1])
unit=TempStr[-1].lower()
if unit=='f':                                                   # ②
    C=(Temp-32)/1.8
    print("转换后的摄氏温度是{:.1f}C".format(C))
elif unit=='c':                                                 # ③
    F=Temp * 1.8+32
    print("转换后的华氏温度是{:.1f}F".format(F))
else:                                                           # ④
    print("输入有误,请重新输入")
```

上述代码首先通过语句①提示语句明确告知用户需要输入的内容及规范要求，然后利用 if-elif-else 多分支条件判断结构，对输入值进行分析。

实际上分析的是获取的字符串中最后一个字符的值是否是某个特定字符。总共分为 3 种情况：正确输入温度并带有华氏度单位符号，即语句②；正确输入温度并带有摄氏度单位符号，即语句③；输入温度，但未提供温度单位，即语句④。由于字符串是序列，可以利用索引号访问元素。考虑到输入字母的大小写问题，使用 lower( )方法把输入字母一律转换为小写。

语句②，输入的值是华氏度单位，利用公式计算出转换后的摄氏度温度值；语句③，输入的值是摄氏度单位，利用公式计算出转换后的华氏度温度值；语句④，即不符合语句②和③两种情况的所有其他情况，判定输入错误。

在实际测试中发现，语句④对应多种情况：忘记输入单位、输入单位字母错误、输入单位字母过多、输入单位位置错误等。如果使用 int 或者 float 处理 TempStr 变量，在输入单位字母过多时，会导致 ValueError。可以根据需要加入 try-except 语句。

4.6 实验：文件处理

4.6.1 批处理文件名

案例描述

编写一个“申请人统计”程序。假设当前收集到了很多来自各地的简历，简历的文件名命名格式统一为“姓名”。但是部分人员的文件格式并非要求的 . doc 格式，而是 . pdf 格式。现在需要新建一个 . txt 文件，保存收集到的所有申请人的姓名，形成申请人报名统计表。

案例分析

1）找到简历保存文件夹。

2）依次读取每一个文件的文件名，不保留文件格式扩展名，同时添加序号。

3）把读取的文件名写入新建的 ApplicationList. txt 文件中。

由于需求涉及遍历文件夹里的文件，首先需要了解 Python 的一个内置模块 os。os 模块是 Python 中整理文件和目录最为常用的模块，该模块提供了非常丰富的方法用来处理文件和目录。os. listdir(path)返回 path 目录下的文件夹和文件，但不包含子文件夹里的文件夹和文件，并按照目录树结构排序输出结果，形成列表。注意，该函数虽然列举了当前文件下的所有文件，但是不一定会按原来的顺序，而是按照二进制的方式排序。如果想要保持原来顺序输出，就需要对原来的文件进行规范命名。

代码 GetApplicationList. py 如下：

```
# 导入 os 模块
import os

file='ApplicationList.txt'                                        #①
outfile=open(file ,"a")                                           #①

log_d=r'/Users/lihewang/Desktop/代码/4/cv'                         #②
logFiles=os.listdir(log_d)                                        #③

count=1                                                           #④
for filename in logFiles:                                         #⑤
    name=str(count)+'.'+filename.split('.')[0]                    #⑥
    print(name,file=outfile)                                      #⑦
    print('已完成{0}/{1}...'.format(count,len(logFiles)))          #⑧
    count+=1                                                      #④

outfile.close()                                                   #①
print('over! ')                                                   #⑧
```

语句①表示以追加模式打开要写入的文件，该文件可以是已经存在的文件，也可以是新建文件。变量 file 存储的是该文件的地址。如果该地址只包含文件名(相对地址)，表示在当前目录下读取或者新建同名文件；如果是绝对地址，表示在此地址下读取或者新建同名文件。同时，有打开操作就需要配合相应的关闭操作。

语句②表示把待分析文件夹的绝对地址赋值给变量 log_d，该地址根据需要改变。如果执行的 PY 文件与该文件夹处于同一目录下，只需填入文件夹名即可。语句③使用 listdir( ) 函数返回该文件夹下的所有文件(夹)名组成的列表。

语句④结合下面的循环结构体建立计数器，用于依次添加文件序号，起始序号从 1 开始。语句⑤利用循环语句迭代文件夹中的每一个文件(夹)。语句⑥获取新文件名，该文件名由序号(计数器)和利用 split( ) 函数去除扩展名的原文件名组成。语句⑦利用 print 语句将新文件名作为内容追加写入文件中。语句⑧显示完成进度，属于非必要的提示语句。

4.6.2 可视化浏览文件系统

使用文件操作程序经常出现一个问题，即如何指定要使用的文件。如果数据文件与程序位于同一目录(文件夹)，那么只需输入正确的文件名称，Python 会直接在当前目录中查找文件。然而获取一个文件的完整名称是一个不那么方便的操作，大多数现代操作系统使用具有类似<name>. <type>形式的文件名，type 描述文件包含什么类型数据的短扩展名。例如，用户名可能存储在名为 ApplicationList. txt 的文件中，其中 . txt 扩展名表示文本文件。一些操作系统(如 Windows 和 macOS)在默认情况下还不显示扩展名。

当文件存在于除当前目录之外的某处时，情况更加困难。文件处理程序可能用于辅助存储器中任何位置存储的文件。为了找到这些远程文件，必须使用完整路径(绝对地址)在用户的计算机系统中定位文件，而路径的确切形式因系统而异。例如，在 Windows 系统上路径分隔符是“\”，而 macOS 中则是“/”。此外，这些绝对地址可能很长。

常用的查看文件绝对地址的方式有两种：一是拖拽文件到终端，二是右击查看文件属性。虽然最终可以方便复制地址，但是都需要 3~4 个步骤才能完成。如果查找的文件变更了，那么又需要重复以上操作。

比较方便的办法是允许用户可视地浏览文件系统，并导航到特定的目录/文件。向用户请求打开或保存文件名是许多应用程序的常见任务，通常的技术包括对话框(用于用户交互的特殊窗口)，它允许用户使用鼠标在文件系统中单击选择或直接输入文件名称。Python 自带的 Tkinter GUI 库提供了一些简单易用的函数，能够创建用于获取文件名的对话框。

首先，导入模块：

```
import tkinter as tk
from tkinter import filedialog
```

tkinter. filedialog 模块中包含询问用户打开文件名称的函数 askopenfilename( )。调用 askopenfilename( )将弹出一个系统对应的文件对话框：

```
file=filedialog.askopenfilename()
```

使用 askopenfilename( )函数可以给对话框取名，方便提示用户该对话框的功能，同时也可以选择只查找特定类型文件，以防同一目录下文件过多而不便查找。例如，现在想找一个 Excel 文件，代码如下：

```
file=filedialog.askopenfilename(title='选择需要的 Excel 文件!',file-
types=[('Excel','*.xlsx')])
```

在 macOS 中执行此代码的结果如图 4-2 所示。

该对话框允许用户输入文件的名称或用鼠标选择。当用户单击“Open”按钮时，文件的完整路径名称将作为字符串返回并保存到变量 file 中。如果用户单击“Cancel”按钮时，该函数将简单地返回一个空字符串。

Tkinter 还提供了一个类似的函数 askdirectory( )，用于打开文件夹：

```
log_d=filedialog.askdirectory()
```

注意，当使用 Tkinter 模块时，每次会自动创建根窗体，显示在系统界面(见图 4-3)。如果觉得妨碍视线，可以先利用 root = tk. Tk( )语句创建根窗体的具体实例对象，然后使用 root. withdraw( )将根窗体隐藏，其作用是将窗体移动到另一个地方并不是删除它。

图 4-2　askopenfilename( )交互界面

图 4-3　Tkinter 根窗体

完整代码如下：

```
import tkinter as tk
from tkinter import filedialog

root=tk.Tk()
root.withdraw()

# 读取文件地址
file=filedialog.askopenfilename()
# 读取文件夹地址
log_d=filedialog.askdirectory()
```

4.7　课后习题

1. 根据输入的第一个和第二个英文字母，判断是星期几。

2. 登录验证。用户输入用户名和密码，判断是否都正确，两个都正确才能成功登录。

3. 数字猜谜游戏。猜大了提示“猜的数字大了”，猜小了提示“猜的数字小了”，猜正确停止。

4. 用嵌套循环打印九九乘法表。

5. 用嵌套循环将字符 * 输出 I♥U 效果。

6. 通过设置 print( )函数中的参数 end 实现加载效果：加载中 1%到 100%。

7. 对之前的【状态自评】进行需求扩充。具体要求如下：

(10+∞)：睡醒了吗，亲？

[8,10]：今天状态不错，适合学习。

[6,8)：今天状态尚可，用学习稳定心情吧。

[4,6)：今天状态欠佳，用学习提升自己吧。

[1,4)：你或许需要好好休息，或者放松一下。

(-∞,1)：睡醒了吗？

第5章

函　数

5

学习目标

知识目标

- 了解程序员为什么将程序分成多组合作的函数；
- 理解 Python 中函数调用和参数传递的细节；
- 理解递归定义和函数的基本原理。

思政目标

- 培养学生的函数思想：在变化与动态之中，找寻事物之间始终不变的因果关系；
- 引导学生用函数的概念和性质去分析问题、转化问题和解决问题。

技能目标

- 能够在 Python 中定义新的函数；
- 能够利用函数来编程，减少代码重复并增加程序的模块性；
- 能够编写简单的递归函数。

程序员的目标之一是编写简单的代码来完成任务，而函数有助于实现这样的目标。函数是带名字的代码块，用于完成具体的任务。

函数使重复实现相同功能变得简单且高效。需要在程序中多次执行同一项任务时，无须重复编写完成该任务的代码，而只需调用执行该任务的函数，让 Python 运行其中的代码。更微妙的是，被重复使用的代码块必须在不同的地方维护。未能保持代码相关部分同步是程序维护中的常见问题。而通过使用函数，程序的编写、阅读、测试和修复都将更容易。例如，需要修改函数的功能时，只需修改一个代码块就能影响调用该函数的每个地方。

5.1　函数概述

函数如同一个子程序，即程序里面的一个小程序。函数的基本思想是写一个语句序列，并给该序列取一个名字，然后可以通过引用函数名称，在程序中的任何位置执行这些指令。创建函数的程序部分称为函数定义。随后当函数在程序中使用时，称该定义被调用。单个函数定义可以在程序的许多不同位置被调用。

知识拓展：我此生没有什么遗憾的，死亡并不可怕，它只不过是我要遇到的最后一个函数。

——拉格朗日

5.1.1 函数的定义和调用

举一个具体的案例说明函数的定义。假设希望编写一个用于自我介绍的程序，标准的自我介绍如下：

```
Hello,
My name is <insert-name>,
I'm <insert-age> years old.
Nice to meet you!
```

在 Python 中实现自我介绍，可以选择使用 4 个 print 语句，或者利用换行符\n 将 4 句话合成一个 print 语句输出。自我介绍(Lily,25)示例如下：

```
print("Hello,")
print("My name is Lily,")
print("I'm 25 years old.")
print("Nice to meet you!")

输出：
Hello,
My name is Lily,
I'm 25 years old.
Nice to meet you!
```

显然，上述程序的通用性还不错，适合用于很多人的自我介绍。每个人在使用时，只需要替换成自己的姓名和年龄即可。唯一的模式化区别就是所谓的参数。自定义函数格式如下：

```
def 函数名(参数表):
    函数体
```

通过引入一个带参数的函数，可以将上述的自我介绍模板转换成一个名为 introduction 的通用函数。示例如下：

```
def introduction(name,age):                    #①
    '''显示简单的自我介绍'''                    #②
    print("Hello,")
    print("My name is {},".format(name))
    print("I'm {} years old,".format(age))
    print("Nice to meet you!")
```

在语句①中关键字 def 告诉 Python 需要定义一个函数，并向 Python 指定了函数名，还在括号内指出函数为完成其任务需要什么样的信息。即使该函数不需要任何信息就能完成其工作，括号依然必不可少，但括号内可以没有参数。函数定义以冒号结尾，后面的所有缩进构成函数体。

②处的文本是被称为文档字符串(docstring)的注释，描述了函数的功能。文档字符串用三引号引起，Python 使用它们来生成有关程序中函数的说明文档。

此函数包含名为 name 和 age 的必要信息，即参数。参数是在调用函数时初始化的变量名的序列。形参与函数中使用的所有变量一样，只能在函数体中访问。注意，在程序的其他地方，具有相同名称的变量与函数体内的形参和变量并不是同一事物。调用函数，需要依次指定函数名及括号内的参数。利用 introduction( )函数为不同人进行自我介绍时，需要在调用函数时提供该人的姓名和年龄作为参数。示例如下：

```
introduction("Fred",30)
print()
introduction("Elle",27)
print()

输出：
Hello,
My name is Fred,
I'm 30 years old,
Nice to meet you!
Hello,
My name is Elle,
I'm 27 years old,
Nice to meet you!
```

根据实际需要，函数 introduction( )可以被调用任意次，调用时无论传入什么样的姓名和年龄，都会生成相应的输出。需要注意的是，自定义函数时，最好指定描述性名称，且只在其中使用小写字母和下划线。描述性名称有助于使用者理解代码的功能。同时每个函数都应包含简要地阐述其功能的注释，该注释应紧跟在函数定义后面，并采用文档字符串格式。良好的函数注释让其他程序员只需阅读文档字符串中的描述就能够了解该函数的功能，通过函数的名称、需要的实参及返回值的类型即可正确使用它。另外，相对于阅读一系列的代码块，通过阅读一系列函数调用，程序员能够更快地明白整个程序的作用和架构。

5.1.2 函数的参数和返回值

在上述函数 introduction( )的定义中，变量 name 和 age 是形参，即函数完成其任务所需的信息。在代码 introduction("Fred",30)中，值"Fred"和 30 是实参。实参是调用函数时实际传递给函数的信息。调用函数时，函数内部需要使用的信息应放在括号内。在 introduction("Fred",30)中，将实参"Fred"和 30 传递给函数 introduction( )，这两个值分别被存储在形参 name 和 age 中。

鉴于函数定义中可能包含多个形参，函数调用中也可能包含多个实参。向函数传递实参的方式有很多：可使用位置实参，这要求实参的顺序与形参的顺序相同；也可使用关键字实参，其中每个实参都由变量名和值组成；还可使用列表和字典。下面来详细介绍这些方式。

1. 位置实参

调用函数时，Python 必须将函数调用中的每个实参都关联到函数定义中的一个形参。最简单的关联方式就是基于实参的顺序，这种关联方式被称为位置实参。例如之前 introduction( )函数的使用，第一次调用时，实参"Fred"存储在形参 name 中，而实参 30 存储在形参 age 中；第二次调用时，实参"Elle"关联到形参 name 中，而实参 27 关联到形参 age 中。在函数中，可根据需要使用任意数量的位置实参，Python 按顺序将函数调用中的实参关联到函数定义中相应的形参。注意，使用位置实参来调用函数时，如果实参的顺序不正确，结果可能违反常识。示例如下：

```
introduction(27,"Elle")

输出:
Hello,
My name is 27,
I'm Elle years old,
Nice to meet you!
```

在上述函数调用中，先指定年龄，再指定姓名。由于实参 27 在前，该值将存储到形参 name 中，同理，"Elle" 将存储到形参 age 中，导致自我介绍与实际不符。

2. 关键字实参

```
introduction(age=27,name="Elle")

输出:
Hello,
My name is Elle,
I'm 27 years old,
Nice to meet you!
```

关键字实参是传递给函数的“名称-值”对。由于已经直接在实参中将名称和值关联起来，因此向函数传递实参时不会混淆。关键字实参让使用者无须考虑函数调用中的实参顺序，还清楚地指出了函数调用中各个值的用途，因此关键字实参的顺序无关紧要。下面两个函数调用是等效的：

```
introduction(age=27,name="Elle")
introduction(name="Elle",age=27)
```

注意，使用关键字实参时，务必准确地指定函数定义中的形参名。

3. 默认值

编写函数时，可给每个形参指定默认值。在调用函数中给形参提供实参时，Python 将使用指定的实参值，否则将使用形参的默认值。因此给形参指定默认值后，可在函数调用中省略相应的实参。使用默认值可简化函数调用，还可清楚地指出函数的典型用法。

例如有关集体成年礼的程序，调用 introduction( )时，描述的大都是 18 岁的学生，就可将形参 age 的默认值设置为 18。这样，调用 introduction( )来完成自我介绍时，就可不提供年龄信息。示例如下：

```
def introduction(name,age=18):
    print("Hello,")
    print("My name is {},".format(name))
    print("I'm {} years old,".format(age))
    print("Nice to meet you!")
introduction("Elsa")
print()
introduction("Stella",33)

输出：
Hello,
My name is Elsa,
I'm 18 years old,
Nice to meet you!

Hello,
My name is Stella,
I'm 33 years old,
Nice to meet you!
```

将实参变成可选项，使用函数的人只需在必要时才提供额外的信息。使用默认值能让实参实现可选，可选值让函数在能够处理各种不同情形的同时，确保函数调用尽可能简单。

注意，可混合使用位置实参、关键字实参和默认值。当然使用哪种调用方式无关紧要，重点在于函数调用能生成希望的输出，因此选择最容易理解的调用方式即可。

当实参和形参个数不匹配时，将出现实参不匹配错误。示例如下：

```
>>> def introduction(name,age=18):
        print("Hello,")
        print("My name is {},".format(name))
        print("I'm {} years old,".format(age))
        print("Nice to meet you!")
```

```
>>> introduction()
TypeError: introduction()missing 1 required positional argument:
'name'
```

Traceback 中指出问题出在什么地方，让程序员能够快速根据对应行定位错误，并详细告诉错误类型：该函数调用少了一个实参，并指出相应形参的名称。如果该函数存储在一个独立的文件中，也许无须打开该文件查看函数的代码，就能重新正确地编写函数调用。

4. 列表作参数

向函数传递列表也是常见操作。这种列表包含的可能是名字、数字或更复杂的对象（如字典）。将列表传递给函数后，函数就能直接访问其内容，提高处理列表的效率。示例如下：

```
def hello(names):
    for name in names:
        print('Hello!'+name)
name_list=['Lily','Fred','Elle']
hello(name_list)

输出:
Hello! Lily
Hello! Fred
Hello! Elle
```

将列表等可变对象传递给函数后，函数就可对其进行修改。在函数中对该列表所做的任何修改都是永久性的，这让程序员能够高效地处理大量的数据。示例如下：

```
def waiting(wait,finish):
"""候补名单,排队等叫号录入信息,直到候补名单清零。完成录入的人将被移至fin-
ish列表"""
    wait_copy=wait[:]
    for _wait in wait_copy:
        print('Next,'+_wait+'please! ')
        finish.append(_wait)
        wait.remove(_wait)

def finished(finish):
"""显示完成进度"""
    for _finish in finish:
        print('The Info of {} has been saved.'.format(_finish))
```

```
waiting_list=['Lily','Fred','Elle']
finished_list=[]

waiting(waiting_list,finished_list)
finished(finished_list)

输出:
Next,Lily please!
Next,Fred please!
Next,Elle please!
The Info of Lily has been saved.
The Info of Fred has been saved.
The Info of Elle has been saved.
```

使用函数后，程序变得更容易扩展和维护。因为函数不依赖也不修改外部的状态，函数调用的结果不依赖调用的时间和位置，这样的代码容易进行推理、不容易出错，测试和维护也容易得多。可编写分别调用每个函数的程序，并测试每个函数是否在它可能遇到的各种情形下都能正确运行。上例中的两个函数设置演示了一种理念，即每个函数都应只负责一项具体的任务。第一个函数打印候补名单叫号情况，第二个显示完成进度。这优于使用一个函数来完成两项任务。编写函数时，尽量让函数只负责一项任务。也可以选择在一个函数中调用另一个函数，这有助于将复杂的任务划分成一系列的子任务。

5. 任意数量的实参

如果无法提前知道函数需要接收多少个实参，Python 允许函数从调用语句中收集任意数量的实参。例如前面的 hello( ) 函数，假设打招呼的名单人数不定，示例如下：

```
def hello(*names):
    for name in names:
        print('Hello!'+name)

hello('Lily','Fred','Elle')
print()
hello('Elsa')

输出:
Hello! Lily
Hello! Fred
Hello! Elle

Hello! Elsa
```

形参名 * names 中的星号表示让 Python 创建一个名为 names 的空元组，并将收到的所有值都封装到该元组中。函数体内的循环语句通过生成输出来证明 Python 能够处理不同数目的参数。注意，Python 将实参封装到一个元组中，即便函数只收到一个值也如此。

如果要让函数接收不同类型的实参，必须在函数定义中将接纳任意数量实参的形参放在最后。Python 先匹配位置实参和关键字实参，再将余下的实参都收集到最后一个形参中。示例如下：

```
def hello(group, * names):
"""向各组别的成员打招呼"""
    print('Here is group {}:'.format(group))
    for name in names:
        print('Hello!'+name)

hello('4-1','Lily','Fred','Elle')
print()
hello('4-2','Elsa')

输出:
Here is group 4-1:
Hello! Lily
Hello! Fred
Hello! Elle

Here is group 4-2:
Hello! Elsa
```

6. 任意数量的关键字实参

Python 同样允许函数从调用语句中收集任意数量的“键-值”对。例如，之前的 introduction()函数需要创建用户简介，但不确定每个用户会提供哪些信息。下面修改函数 introduction()，使其能接收任意数量的关键字实参。示例如下：

```
profile={}

def introduction(name, ** person):
"""创建一个字典,其中包含知道的有关用户的一切"""
    person['name']=name
    profile[name]=person

introduction('Fred',age=30,career='Engineer')
```

```
introduction('Elle',age=27)

print(profile)

输出:
{'Fred': {'age': 30,'career':'Engineer','name':'Fred'},'Elle': {'age': 27,'
name':'Elle'}}
```

函数 introduction()的定义要求姓名和个人信息，同时允许用户根据需要提供信息：任意数量的“名称-值”对。形参 ** person 中的两个星号表示让 Python 创建一个名为 person 的空字典，并将收到的所有“名称-值”对都封装到该字典中。

注意，变量的作用域是程序可以引用它的区域。函数定义中的形参和其他变量是函数的局部变量。局部变量与可在程序其他地方使用的同名变量不同。

7. 返回值

函数并非总是直接显示输出，相反，它可以处理一些数据并返回一个或一组值。函数返回的值被称为返回值。在函数中，可使用 return 语句将值返回到调用函数的代码行。函数可以通过返回值将信息传递回调用者。在 Python 中，函数可以返回多个值。有返回值的函数通常应该从表达式内部调用，没有显式返回值的函数会返回特殊对象 None。返回值让程序员能够将程序的大部分繁重工作转移到函数中去完成，从而简化主程序。

分析第 4 章完成的素数和程序（见图 5-1）会发现，最后的 print()语句主要就是对 prime 列表进行处理。当获得 prime 后，就能知道该范围内的素数个数和素数和，还能根据需要实现更多其他操作并获得信息。

```
m,n=map(int,input('请输入一个区间范围:').split())
prime=[]
for i in range(m,n+1):
    for j in range(2,i):              #j从2到i-1
        if i % j==0:
            break
    else:
        prime.append(i)
print('在{}到{}区间中,总共有{}个素数,分别是{},所有素数和={}'.format(m,n,len(prime),prime,sum
(prime)))
```

图 5-1　素数和程序代码

下面尝试将该程序改写成函数，prime 就是需要的返回值，而交互输入的 m 和 n 就是函数需要的外部信息，即参数。把该函数命名为 find_prime()，并赋予实参调用函数。示例如下：

```
def find_prime(m,n):
    prime=[]
    for i in range(m,n+1):
```

```
        for j in range(2,i):                    #j从2到i-1
            if i % j==0:
                break
        else:
            prime.append(i)
    return prime
prime_list1=find_prime(20,50)
print(prime_list1)
prime_list2=find_prime(5,10)
print(prime_list2)

输出:
[23,29,31,37,41,43,47]
[5,7]
```

可以看到，函数的结果(返回值)会被存储在变量 prime_list1 和 prime_list2 中。当然，函数可返回任何类型的值，包括字典等较复杂的数据结构。例如，把自我介绍函数更改一下，将介绍信息作为键、参数作为值，并返回一个表示介绍人信息的字典。示例如下：

```
def introduction(name,age):
    person={'name':name,'age':age}
    return person
person_1=introduction('Fred',30)
print(person_1)

输出:
{'name':'Fred','age': 30}
```

上述示例中的函数 introduction( )接收姓名和年龄，并将这些值封装到字典中。存储 name 的值时，使用的键为'name'，而存储 age 的值时，使用的键为'age'。最后，返回表示人的整个字典。打印该返回的值，此时原来的两项文本信息存储在一个字典中。

该函数接收的是简单的文本信息，可将其放在一个更合适的数据结构中，让使用者不仅能打印这些信息，还能以其他方式处理它们。例如，可以轻松地扩展该函数，使其接收可选值，如职业、爱好等其他需要存储的任何信息。修改函数，使其能选择性地存储职业，示例如下：

```
def introduction(name,age,career=''):
    person={'name':name,'age':age}
    if career:
```

```
        person['career']=career
    return person
person_1=introduction('Fred',30,career='Engineer')
print(person_1)
person_2=introduction('Elle',27)
print(person_2)

输出:
{'name': 'Fred','age': 30,'career': 'Engineer'}
{'name': 'Elle','age': 27}
```

在上述函数定义中，新增了一个可选形参 career，并将其默认值设置为空字符串。如果函数调用中包含该形参的值，该值将存储到字典中。在任何情况下，该函数都会存储人的姓名和年龄，但可对其进行修改，使其也存储有关人的其他信息。

当把函数和循环结构结合在一起的时候，程序效率会大幅提升。下面将结合使用函数 introduction( ) 和 while 循环，以更正规的方式保存用户信息并反馈给用户。示例如下：

```
"""
定义 introduction(name,age,career='')函数
"""

person_list={}
while True:
    print("\nPlease tell me your personal Info:")
    print("(enter'q'at any time to quit)")
    _name=input("name: ")
    if _name=='q':
        break
    _age=input("age: ")
    if _age=='q':
        break
    _career=input("career: ")
    if _career=='q':
        break
    _person=introduction(_name,_age,_career)
    person_list[_person['name']]=_person
    print("\nHello,"+_person['name']+"! Your Info has been saved")

print(person_list)
```

输出：

```
Please tell me your personal Info:
(enter'q'at any time to quit)
name: Fred
age: 30
career: Engineer

Hello,Fred! Your Info has been saved

Please tell me your personal Info:
(enter'q'at any time to quit)
name: Elle
age: 27
career:

Hello,Elle! Your Info has been saved

Please tell me your personal Info:
(enter'q'at any time to quit)
name: q
{'Fred': {'name':'Fred','age':'30','career':'Engineer'},'Elle': {'name':'
Elle','age':'27'}}
```

其中，while 循环让用户可以持续输入信息：依次提示用户输入姓名、年龄、职业。为了让用户能尽可能容易地退出，在用户每次输入时，都提供了退出途径，即使用 break 语句；同时，添加提示消息来告诉用户如何退出。然后在每次提示用户输入时，都检查他输入的是否等于退出值，如果是，则退出循环。该程序将不断地询问，直到用户输入'q'为止。最终，所有的用户信息保存在 person_list 字典中，以便后续调用。

一个函数中可以有多个 return 语句，但是只要有一个 return 语句被执行，那么该函数就会结束，后面的 return 语句不再被执行。出现多个 return 语句时，一般都会在函数定义内部伴随条件判断结构，在不同的场景下执行不同的 return 语句。示例如下：

```
def create_nums(num):

    print("---1---")
    if num==100:
        print("---2---")
        return num+1
    else:
```

```
        print("---3---")
        return num+2
    print("---4---")

result1=create_nums(100)
print(result1)
result2=create_nums(200)
print(result2)

输出:
---1---
---2---
101
---1---
---3---
202
```

5.1.3 函数嵌套

函数内部可以调用另外一个函数，实现函数嵌套调用。例如，有两个函数：函数 A 的功能是求三个数的和；函数 B 的功能是求三个数的平均值。函数 A 的结果是函数 B 需要的，这时就可以使用函数嵌套。示例如下：

```
def sum3Number(a,b,c):
    """求 3 个数的和"""
    return a+b+c            # return 的后面可以是数值,也可是一个表达式

def average3Number(a,b,c):
    """完成对 3 个数求平均值"""
    # 因为 sum3Number 函数已经完成了 3 个数的求和,所以只需调用即可
    # 即把接收到的 3 个数当作实参传递
    sumResult=sum3Number(a,b,c)
    aveResult=sumResult/3.0
    return aveResult

"""调用函数,完成对 3 个数求平均值"""
result=average3Number(11,2,55)
print("average is %f"%result)

输出:average is 22.0
```

递归函数就是函数在内部调用自身，是函数嵌套调用的一种特殊形式。一般来说，递归这种方式与循环相比被认为是更符合人的思维的，即告诉机器做什么，而不是告诉机器怎么做。递归函数中，必须有一个明确的递归结束条件，称为递归出口，否则会造成函数的无限调用。示例如下：

```
def f1():
    print('是我')
    f1()
f1()
```

下面采用迭代和递归两种方式创建阶乘函数，示例如下：

```
# 迭代
def fact(n):
    result=1
    for i in range(2,n+1):
        result *=i
    return result

fact(5)

输出:120

# 递归
def fact(n):
    if n==1:            # 递归结束条件
        return 1
    else:
        return  n * fact(n-1 )

fact(5)

输出:120
```

递归的实现其实可以分为两个阶段：一是回溯，一层一层调用下去；二是递推，满足某种结束条件，结束递归调用，然后一层一层返回。以 fact(5)为例，其分步骤计算过程如下：

```
fact(5)                   # 第 1 次调用使用 5
5 * fact(4)               # 第 2 次调用使用 4
5 * (4 * fact(3))         # 第 3 次调用使用 3
```

```
5*(4*(3*fact(2)))                    #第 4 次调用使用 2
5*(4*(3*(2*fact(1))))                #第 5 次调用使用 1
5*(4*(3*(2*1)))                      #从第 5 次调用返回
5*(4*(3*2))                          #从第 4 次调用返回
5*(4*6)                              #从第 3 次调用返回
5*24                                 #从第 2 次调用返回
120                                  #从第 1 次调用返回
```

相比较而言，递归能将复杂任务分解成更简单的子问题，使代码看起来更加整洁。但是，递归的逻辑难以调试、跟进，并且会占用大量的内存和时间导致效率低。

知识拓展：函数式编程语言的根源可以追溯到现代计算机出现以前。阿隆佐·丘奇，图灵的博士论文导师，1936 年他在研究形式化公理系统时，设计了 Lambda 演算系统。与图灵机对机械计算过程的抽象不同，Lambda 演算是从数学的角度对算法进行的抽象：只用了 3 条构造性语法规则和 2 条化简规则，就得到了与图灵机等价的计算模型。

5.2 lambda 函数

在 Python 里有两类函数：一类是用 def 关键词定义的正规函数；另一类是用 lambda 关键词定义的匿名函数。Python 使用 lambda 关键词来创建匿名函数时，无须定义标识符（函数名），可以接收任意多个参数（包括可选参数）并且返回单个表达式的值。其语法结构如下：

```
lambda [arg1 [,arg2,…,argn]]:expression
```

其中，argn 表示函数将接收的参数，它们可以是位置参数、默认参数、关键字参数，和正规函数里的参数类型一样；expression 表示结果为函数返回值的表达式。冒号前是参数，可以有多个，用逗号隔开；冒号后为表达式，只能为一个。其实 lambda 返回值是一个函数的地址，也就是函数对象。定义一个简单的 sum( ) 函数，示例如下：

```
def sum(x,y,z):
    return x+y+z
print(sum(1,2,3))
```

把它转换成 lambda 函数的书写方式，示例如下：

```
lambda x,y,z : x+y+z
```

可见，没有了对函数名 sum 的定义。使用该函数时，需要将其赋值给一个变量，通过该变量间接调用该lambda函数。示例如下：

```
#使用 lambda 函数
sum=lambda x,y,z : x+y+z
print(sum(1,2,3))
```

尝试对以下代码进行写法的优化：

```
#打印其中所有的奇数
numbers=[1,2,6,23,37,41,60,83,2022]

odd_number=[]
for n in numbers:
    if n % 2==1:
        odd_number.append(n)
print(odd_number)

输出:[1,23,37,41,83]
```

可以使用列表解析式进行改写，示例如下：

```
odd_numbers=[i for i in numbers if i % 2==1]
```

也可以将匿名函数与高阶函数配合进行改写，示例如下：

```
print(list(filter(lambda x: x % 2==1,numbers)))
```

由于lambda函数主要在短时间内需要一个函数时才被使用，所以匿名函数常应用于函数式编程的高阶函数中，作为参数传递给高阶函数。高阶函数以一个函数作为实际参数，并且可以返回另一个函数。例如，lambda函数在sorted()函数中的应用，示例如下：

```
#sorted+lambda
leaders={4: "Edward Li",2: "Tom",3: "Jerry Zhang",1: "Jerry"}
leaders=dict(sorted(leaders.items(),key=lambda x: x[0]))
print(leaders)
leaders=dict(sorted(leaders.items(),key=lambda x: len(x[1])))
print(leaders)

输出:
{1:'Jerry',2:'Tom',3:'Jerry Zhang',4:'Edward Li'}
{2:'Tom',1:'Jerry',4:'Edward Li',3:'Jerry Zhang'}
```

sorted()函数接收一个 key 函数来实现对可迭代对象进行自定义排序。其调用格式为 sorted(iterable , key=None, reverse=False)。其中，可迭代对象(iterable)主要是列表、字符串、元组、集合和字典；key 接收一个函数，根据此函数返回的结果进行排序；reverse 表示排序方向，默认为从小到大，reverse=True 为逆向。

filter()函数用于过滤序列。其调用格式为 filter(function,iterable)。该函数接收一个函数和一个序列，把传入的函数依次作用于每个元素，然后根据返回值是 True 还是 False 决定保留还是丢弃该元素。其返回的是一个迭代器对象，如果要转换为列表，可以使用 list()实现。lambda 在 filter()函数中的应用示例如下：

```
#filter+lambda
odd=lambda x: x % 2==1
templist=filter(odd,[1,2,3,4,5,6,7,8,9])
print(list(templist))

输出:[1,3,5,7,9]
```

map()函数用于把一个函数应用在一个(或多个)序列上。其调用格式为 map(function, *iterables)。该函数接收一个函数和一个序列，将传入的函数依次作用到序列的每个元素，并把结果作为新的序列返回。lambda 在 map()函数中的应用示例如下：

```
#map+lambda
m1=map(lambda x: x**2,[1,2,3,4,5])
print(list(m1))
m2=map(lambda x,y: x+y,[1,3,5,7,9],[2,4,6,8,10])
print(list(m2))

输出:
[1,4,9,16,25]
[3,7,11,15,19]
```

知识拓展：2004 年，谷歌的 Jeff Dean 和 Sanjay Ghemawat 在 OSDI 上发表了著名的 MapReduce 论文，至此函数式编程方法真正在产业界创造出巨大的价值。MapReduce 编程模型解决了大规模分布式计算系统的高并发和容错难题：程序员使用 map()函数将对单个元素进行操作的函数扩展到该类元素组成的列表，然后再使用 reduce()函数对列表中的元素进行归约。

高阶函数被广泛接受或许是因为随着硬件越来越复杂，软件工程方法学发展方向有所转变。SICP 的作者 Gerry Sussman 提到，20 世纪 80 年代的软件工程师们通过组合简单并且易于理解的模块的方式来构造复杂系统，但当代软件工程师们的主要工作是为那些他们并不完全理解的复杂硬件写代码。

如今，大多数程序员学习编程是在研究如何使用那些巨大的无所不能的程序库满足自己的需求。而高阶函数提供了一种高效且易于理解的将程序库中的函数批量化地应用到大量数据的能力，程序员无须考虑数据级并行和容错设计，就能享受程序库中现成的功能，以及高并发和分布式系统的性能。归根结底，一种编程语言是否流行，是由特定时期多数程序员思考问题的方式决定的。

5.3　模块

函数还能存储在被称为模块的独立文件中，通过模块导入被主程序使用。函数存储在独立的文件中，可隐藏代码细节，让人专注于程序的高层逻辑，也能在多个程序中重复利用函数，实现部分功能共享。

1. 如何创建模块

模块是扩展名为 . py 的文件，包含要导入到程序中的代码。下面将 5-11 代码拆分，先创建一个包含函数 introduction( )的模块，将文件命名为 intro. py，把 introduction( )程序块中的内容复制到该文件中。在 intro. py 所在的目录中创建另一个名为 intro_list. py 的文件，在该文件中导入刚创建的模块，将主程序部分内容复制到该文件中。

2. 如何导入模块

具体操作详见第 1. 3. 2 小节。如果想在一个模块中包含多个函数，可以使用两个空行将相邻的函数分开，方便阅读。所有的 import 语句都应放在文件开头，唯一例外的情形是，在文件开头使用了注释来描述整个程序。

5.4　本章小结

函数是一种子程序。函数可减少代码重复，也可用于组织或模块化程序。一旦定义了函数，它可以在程序中的许多不同位置被多次调用。参数允许函数具有可更改的部分，函数定义中出现的参数称为形参，函数调用中出现的表达式称为实参。本章阐述了 Python 中的函数和 lambda 函数。重点介绍了函数的定义与调用，并据此优化了本书前几章中出现的案例代码。本章的学习要点是如何使用函数让代码块与主程序分离，通过给函数指定描述性名称，让主程序更加易读，也让代码更容易测试和调试。

5.5　实验：递归遍历文件

案例描述

递归遍历指定路径下的所有文件和文件夹。

案例分析

1）传入最外层文件夹路径，用 Python 中的 listdir( )方法遍历该路径下的文件和文件夹。

2）循环中用 Python 中的 isfile( )方法识别是否为文件夹。如果遍历到文件夹，继续递归调用，逐渐深入到最深层，从而打印出整个路径下的全部文件。

代码 displayFile. py 如下：

```
"""
递归遍历指定路径下的所有文件和文件夹
"""


import os                                          # ①


def display_File(path):                            # ②
    # 遍历路径下的文件和文件夹
    for each in os.listdir(path):                  # ③
        # 得到文件的绝对路径
        absolute_path=os.path.join(path,each) # ④
        # 得到是文件还是目录的布尔值(文件是 True,文件夹是 False)
        is_file=os.path.isfile(absolute_path) # ⑤

    # 二分支选择:若是文件就直接打印,若是文件夹就递归
    if is_file:
        print(each)
    else:
        # 文件夹范围开始标识
        print('++++',each,'++++')                  # ⑦
        display_File(absolute_path)                # ⑥
        # 文件夹范围结束标识
        print("++++",each,"++++")                  # ⑦

print("------递归遍历文件:--------")               # ⑦
# 需要遍历的文件夹地址:按需修改
display_File(r"/Users/lihewang/Desktop/代码") # ⑧
```

语句①表示导入需要使用的 os 模块。本代码用到了里面的 3 个函数：os. listdir( )返回一个由文件名和目录名组成的列表、os. path. join( )拼接文件路径、os. path. isfile( )判断某一对象（需提供绝对路径）是否为文件。

语句②开始定义函数，递归遍历指定路径下的所有文件和文件夹。函数名称为 display_File，带一个参数 path，该函数没有返回值。递归遍历过程如下：

首先，利用 os. listdir( )返回指定路径（path）内的所有文件(夹)的列表，并使用 for 循环遍历(语句③)，对其中的每一个文件(夹)，使用 os. path. join( )将当前目录的绝对地址

(path)和文件(夹)名拼接起来，获取其绝对地址，保存到 absolute_path 变量中(语句④)。使用 os. path. isfile( )判断该对象(absolute_path)是否为文件，并将布尔值反馈给 is_file 变量(语句⑤)。然后，对 is_file 进行条件判断。如果为 True，就打印循环变量 each，代表文件名；如果为 False，递归调用该函数(语句⑥)，实现逐层判断，直到进入最后一层级，即路径当前内部只有文件或者为空。输出时，利用断行可以比较好地分隔每个文件夹的信息，使文件名在输出的同时告知该文件在哪个文件夹内(语句⑦)。

语句⑧调用该函数，把正确的需要遍历的文件夹的绝对地址作为参数传入。

5.6 实验：学员管理系统

案例描述

创建一个学员管理系统。进入系统显示系统功能界面，功能包括：

1）添加学员。

2）删除学员。

3）修改学员信息。

4）查询学员信息。

5）显示所有学员信息。

6）退出系统。

案例分析

1）显示功能界面。

2）用户输入功能序号。

3）根据用户输入的功能序号，执行不同的功能（函数），共 6 个函数：显示功能界面 print_info( )、添加信息 add_info( )、删除信息 del_info( )、修改信息 modify_info、查询信息 search_info( )，以及显示所有信息 print_all( )。由于退出系统实现简单，可以在主程序中直接添加代码完成，而不需要另外包装成函数。

4）各个功能的函数定义。

5）在主程序中进行函数调用。

具体操作上，可以先根据需求，搭建主程序框架。首先，需要创建一个空列表，用于存储学员名单。在主程序中，输出显示系统功能，作为系统使用引导指南，例如，告诉用户每个功能对应哪个序号；利用 if-elif-else 多分支结构，在用户输入系统功能对应序号时，在相应的 if 条件成立的位置调用该功能函数。

代码优化思路

在实际中，用户不会只实现一次功能操作，所以用户选择系统功能的代码需要循环使用，直到用户主动退出系统。那这就需要在选择结构体外嵌套 while-true 实现循环：直到用户选择退出系统，通过交互进行条件判断，利用 break 语句实现退出循环。此外，如果用户输入 1~6 以外的数字，需要提示用户输入错误，需要重新输入。具体代码如下：

```
# 主程序
info=[] # 学员名单
```

```
while True:
    #1.显示功能界面
    print_info()

    #2.用户选择功能
    user_num=input('请选择您需要的功能序号:')

    #3.根据用户输入的序号,执行不同的功能
    if user_num=='1':
        print('添加学员')
        add_info()
    elif user_num=='2':
        print('删除学员')
        del_info()
    elif user_num=='3':
        print('修改学员信息')
        modify_info()
    elif user_num=='4':
        print('查询学员信息')
        search_info()
    elif user_num=='5':
        print('显示所有学员信息')
        print_all()
    elif user_num=='6':
        exit_flag=input('确定要退出吗? yes or no:')
        if exit_flag=='yes':
            break
    else:
        print('输入错误,请重新输入!!! ')
#显示功能界面
def print_info():

    print('-'*20)
    print('欢迎登录学员管理系统')
    print('1:添加学员')
    print('2:删除学员')
    print('3:修改学员信息')
    print('4:查询学员信息')
    print('5:显示所有学员信息')
```

```
    print('6:退出系统')
    print('-'*20)
```

所有功能函数都是对学员信息进行操作，因此存储的学员信息应该是一个全局变量，能在函数中引用并修改。对于第一个功能添加学员，建立其对应的功能函数 add_info()。在其函数定义中，实现两个功能：一是接收用户输入学员信息，并保存；二是判断是否添加学员信息，如果学员姓名已经存在，则报错，如果学员姓名不存在，则准备空字典，将用户输入的数据追加进字典，再在列表追加字典数据。具体代码如下：

```
def add_info():

    """添加学员"""
    #接收用户输入学员信息
    new_id=input('请输入学号:')
    new_name=input('请输入姓名:')
    new_tel=input('请输入手机号:')

    #声明 info 是全局变量
    global info

    #检测用户输入的姓名是否存在,存在则报错
    for i in info:
        if new_name==i['name']:
            print('该用户已经存在!')
            return

    #如果用户输入的姓名不存在,则添加该学员信息
    info_dict={}

    #将用户输入的数据追加进字典
    info_dict['id']=new_id
    info_dict['name']=new_name
    info_dict['tel']=new_tel

    #将该学员的字典数据追加进列表
    info.append(info_dict)
    print('已完成学员添加,添加学员:',new_name)
```

对于第二个功能删除学员，建立其对应的功能函数 del_info()。在其函数定义中，按用户输入的学员姓名进行删除操作，包含两个功能：一是用户输入目标学员姓名，并保存；二

是检查该学员是否存在，如果存在，则在列表中删除该数据，如果不存在，则提示“该学员不存在”。具体代码如下：

```
def del_info():

"""删除学员"""
    #  用户输入要删除的学员姓名
    del_name=input('请输入要删除的学员姓名:')

    global info
    #  判断学员是否存在,如果输入的姓名存在则删除,否则报错
    for i in info:
        if del_name==i['name']:
            info.remove(i)
            break
    else:
        print('该学员不存在')
        return

    print('已完成学员删除,删除学员:',del_name)
```

对于第三个功能修改学员信息，建立其对应的功能函数 modify_info( )。在其函数定义中，按用户输入的学员姓名进行信息修改，包含两个功能：一是用户输入目标学员姓名，并保存；二是检查该学员是否存在，如果存在，则找到该学员(对应列表元素)，修改信息(修改字典)，如果不存在，则提示“该学员不存在”。具体代码如下：

```
def modify_info():
    """修改函数"""
    #  用户输入要修改的学员姓名
    modify_name=input('请输入要修改的学员姓名:')

    global info
    #  判断学员是否存在,如果输入的姓名存在则修改手机号,否则报错
    for i in info:
        if modify_name==i ['name']:
            i['tel']=input('请输入新的手机号:')
            break
    else:
        print('该学员不存在')
```

```
        return

    print('已完成学员修改,修改学员:',modify_name)
```

对于第四个功能查询学员信息，建立其对应的功能函数 search_info( )。在其函数定义中，实现查看用户输入学员的详细信息，包含两个功能：一是用户输入目标学员姓名，并保存；二是检查该学员是否存在，如果存在，则显示该学员信息(对应列表元素)，如果不存在，则提示“该学员不存在”。具体代码如下：

```
def search_info():
    """查询学员"""
    # 输入要查找的学员姓名
    search_name=input('请输入要查找的学员姓名:')

    global info
    # 判断学员是否存在,如果输入的姓名存在则显示这位学员的信息,否则报错
    for i in info:
        if search_name==i['name']:
            print('查找到的学员信息如下:----------')
            print(f"该学员的学号是{i['id']},姓名是{i['name']},手机号是
{i['tel']}")
            break
    else:
        print('该学员不存在')
        return
```

对于第五个功能显示所有学员信息，建立其对应的功能函数 print_all( )。在其函数定义中，实现显示所有学员信息，包含两个功能：一是通过 for 循环逐行显示列表各元素内容；二是可以根据需要优化显示效果，例如首行显示列名。具体代码如下：

```
def print_all():
    """显示所有学员信息 """
    print('学号\t 姓名\t 手机号')
    for i in info:
        print(f'{i["id"]}\t{i["name"]}\t{i["tel"]}')
```

组合以上代码，保存到 StudentManagementSystem. py 文件中。

5.7 课后习题

1. 输入两个正整数 num1 和 num2(不超过 500)，求它们的最小公倍数并输出结果。

2. 编写函数，接收字符串参数，返回一个元组。其中，第一个元素为大写字母个数，第二个元素为小写字母个数。

3. 编写函数，接收一个正偶数为参数，输出两个素数，并且这两个素数之和等于原来的正偶数。如果存在多组符合条件的素数，则全部输出。

4. 编写函数，计算字符串匹配的准确率。以打字练习程序为例，假设 origin 为原始内容，userInput 为用户输入的内容，测试用户输入的准确率。

5. 编写函数模拟猜数游戏。系统随机产生一个数，玩家最多可以猜 5 次，系统会根据玩家的猜测给予提示，玩家则可以根据系统的提示对下一次的猜测进行适当调整。

6. 模拟蒙蒂霍尔悖论游戏。

游戏说明：有 3 扇关闭着的门，其中 2 扇门后面各有一只羊，另一扇门后面有一辆车。参与者有 2 名，一个游戏者和一个主持人。主持人事先知道各扇门后的物品，而游戏者不知道。游戏者需要通过自己的判断选到后面有车的那扇门。在游戏过程中，游戏者随机选定一扇门；在不打开此扇门的情况下，主持人打开另一扇有羊的门；此时面对剩下 2 扇门，游戏者有一次更改上次选择的机会。问题是：游戏者是否应该改变上次的选择，以使选到车的概率较大?

第 6 章

数据处理

学习目标

知识目标

- 了解数组的组成与基本概念；
- 掌握数组的基本操作与索引机制；
- 理解 NumPy 矢量化操作在效率上的提升，正确区分循环与矢量化操作。

思政目标

- 培养学生的计算思维；
- 提升学生的创新意识；
- 锤炼学生刻苦钻研、精益求精的品格。

技能目标

- 能够通过多种手段创建数组并使用切片与索引实现数组数据的增、删、改、查；
- 能够对已有数组进行合并、拆分、变形等操作；
- 能够通过 NumPy 数组解决复杂数据处理问题。

Python 是一门扩充性极强的编程语言，由社区开发的丰富而强大的第三方库极大地扩展了 Python 的应用领域生态。在诸如 NumPy、SciPy、Matplotlib 等常用库的加持下，Python 已成为一个卓越的科学计算环境，在统计分析、机器学习、可视化分析等领域有着广泛的应用。本章将讲解 NumPy 的基本功能，并介绍基于 NumPy 的数据处理。

NumPy(Numerical Python)是 Python 中最常用也是最基础的科学计算第三方库。它提供了多维数组对象，以及针对数组快速操作的各类方法。由于其底层的函数主要用 C 语言进行编写，所以它能非常高效地执行数值运算。NumPy 通常与其他各类科学计算第三方库同时使用，在一些应用场景下已经可以替代商业软件 MATLAB。

NumPy 可以通过 conda 或者 pip 命令进行安装。在安装完成后，通常以如下方式进行引用：

```
>>> import numpy as np
```

需要注意的是，将导入的名称简写为 np 是一种广泛采用的约定，这可以方便他人轻松地理解代码。本书代码均是以用上述语句引入 NumPy 的前提下进行编写的。

6.1 数组概述

数组是 NumPy 库中的核心数据结构。数组的类被称为 ndarray，是“N 维数组”（N-dimensional array）的缩写，它描述了相同类型的元素组成的集合，其中每一个元素在内存中占用相同大小的内存块。这体现了与 Python 内置列表的不同，由于列表中保存的是数据的指针，因此同一个列表中数据的类型是可以不同的；而在同一个 ndarray 中，所有元素都必须是同一类型。

6.1.1 数组的创建

NumPy 提供 array( )函数来创建数组，它接收“array-like”对象并将其转换为数组形式，最常见的“array-like”对象是 Python 的列表与元组。下面通过一些示例代码来说明数组的创建过程。

```
# 报错,需要提供单个序列对象作为参数
>>> a=np.array(1,2,3)
Traceback (most recent call last):
...
TypeError: array ( ) takes from 1 to 2 positional arguments but 4 were given
# 使用 Python 列表创建一维数组
>>> a=np.array([1,2,3])
>>> a
array([1,2,3])
# 使用列表变量创建一维数组
>>> element=[1,2,3]
>>> np.array(element)
array([1,2,3])
# 数组的 upcast
>>> np.array([1,2.0,3])
array([1.,2.,3.])
# 使用 Python 的 range 对象创建数组
>>> np.array(range(1,4))
array([1,2,3])
# 使用嵌套列表创建二维数组
>>> np.array([[1,2],[3,4]])
array([[1,2],
       [3,4]])
# 设置数组最小的维度为 2
>>> np.array([1,2,3],ndmin=2)
array([[1,2,3]])
# 使用 Python 列表和元组创建二维数组
>>> np.array([[1,2],[3,4],[5,6]])
```

```
array([[1,2],
       [3,4],
       [5,6]])
```

由上述代码可以发现，当数组中存储的元素是不同类型的元素(如整数和浮点数)，数组将使用占更多位(bit)的数据类型作为数组的数据类型，也就是偏向更精确的数据类型，这种现象被称为upcast。

除了通过序列数据创建数组外，NumPy还提供了arange()、linspace()、zeros()、ones()、empty()等函数用于创建数组。示例如下：

```
# 使用 arange()函数创建数字序列,用法与 Python 内置 range()类似
>>> np.arange(5,25,5)
array([5,10,15,20])
# arange()函数支持浮点数参数
>>> np.arange(0,1,0.3)
array([0.,0.3,0.6,0.9])
# 使用 linspace()函数创建从 0 到 1 之间 6 个数字的等差数列,默认包含终止值
>>> np.linspace(0,1,6)
array([0.,0.2,0.4,0.6,0.8,1.])
# 生成 2 行 3 列的全 0 数组
>>> np.zeros((2,3))
array([[0.,0.,0.],
       [0.,0.,0.]])
# 生成 2 行 3 列的全 1 数组
>>>np.ones((2,3))
array([[1.,1.,1.],
       [1.,1.,1.]])
# 生成 2 行 2 列的对角线单位数组,数据格式为 int8
>>> np.eye(2,dtype=np.int8)
array([[1,0],
      [0,1]],dtype=int8)
# 生成 1 行 3 列的数组,值为当前内存中的值,未经初始化
>>> np.empty((1,3))
array([[1.49166815e-154,1.49166815e-154,5.92878775e-323]])
```

表6-1列出了NumPy常用创建数组的函数。由于NumPy数组通常用于科学计算，数组小数的默认数据类型是64位浮点数(np.float64)。

表 6-1　NumPy 常用创建数组的函数

函数	描述
array( )	将 array_like 对象（如列表、元组、数组等）转换成 ndarray，默认复制输入数据
asarray( )	与 array( )类似，但当输入数据已经是 ndarray 时，不会复制一个新的副本
arange( )	用法与内置 range( )函数类似，但返回的是 ndarray
ones( )	根据输入的形状和数据类型创建全 1 的 ndarray
ones_like( )	返回一个与接收数组具有相同形状和数据类型的全 1 的 ndarray
zeros( )	根据输入的形状和数据类型创建全 0 的 ndarray
zeros_like( )	返回一个与接收数组具有相同形状和数据类型的全 0 的 ndarray
empty( )	根据输入的形状和数据生成 ndarray，数组的值为内存中的值，由于不需要设置数组的值，速度会快于 ones( )和 zeros( )
empty_like( )	返回一个与接收数组具有相同形状和数据类型的 ndarray，数组的值为内存中的值
full( )	根据输入的形状、fill_value 和数据类型创建 ndarray，数组的值全为给定的 fill_value
full_like( )	返回一个与接收数组具有相同形状和数据类型的全 0 的 ndarray，数组的值全为给定的 fill_value
eye( )	创建 N 维单位数组（对角线上的值为 1，其他值为 0），允许创建非方阵矩阵，且对角线可偏置
identity( )	创建 N 维单位数组（对角线上的值为 1，其他值为 0），只能创建方阵，且对角线不可偏置

6.1.2　数组的基本属性

NumPy 数组有以下重要且常用的属性。

1）维数(ndarray. ndim)：返回数组维度的数量(即轴的数量)。

2）形状(ndarray. shape)：返回一个整数元组，表示数组每个维度的大小。如具有 n 行 m 列的矩阵，形状为(n,m)。

3）尺寸(ndarray. size)：返回数组中元素数量的总数，相当于 . shape 中的元素的乘积。

4）元素类型(ndarray. dtype)：返回数组中元素的数据类型。NumPy 提供了内置的元素类型，如 int32、uint16 和 float64 等。

5）元素大小(ndarray. itemsize)：返回数组中每个元素的大小（以字节(B)为单位）。

以下通过一个示例创建数组并演示数组的属性。

```
# 创建数组
>>> array_example=np. array([[[0,1,2,3],
                              [4,5,6,7]],
                              [[0,1,2,3],
                              [4,5,6,7]],
                              [[0 ,1 ,2,3],
                              [4,5,6,7]]])
# 数组的维数
>>> array_example. ndim
```

```
3
#数组的形状
>>> array_example.shape
(3,2,4)
#数组的尺寸
>>> array_example.size
24
#数组元素的类型
>>> array_example.dtype
dtype('int32')
#数组中元素的大小,int64为32bit,占4B
>>> array_example.itemsize
4
```

6.1.3 数组的特点

NumPy 数组的主要优点在于更有效地减少内存消耗和更快的运行时间。下面示例演示了分别基于原生序列和 NumPy 数组求解 1000 个元素的平方。可以发现，NumPy 数组的运算速度是原生序列的近 250 倍。

```
>>> L=range(1000)
>>> %timeit [i**2 for i in L]          #在编者计算机上花费293微秒
293 µs ± 3.22 µs per loop (mean ± std.dev.of 7 runs,1000 loops each)
>>> a=np.arange(1000)
>>> %timeit a**2                        #在编者计算机上花费1.17微秒
1.17 µs ± 10.6 µs per loop (mean ± std.dev.of 7 runs,1000000 loops each)
```

造成性能差异的一个很重要的原因是 NumPy 数组是同质的，即数组元素都是同一种数据类型的。这使得 NumPy 能够将数学操作代理给预先优化和编译过的 C 语言代码，这个过程称为矢量化(Vectorization)。使用 NumPy 将显著提升大数据分析效率。因此，在基于 NumPy 数组运算时，应尽可能地运用 NumPy 矢量化，即更多地使用 NumPy 的自带函数，而尽量减少采用 for 循环。这样不仅可以大幅度提高效率，还可以使代码更接近数学符号，提升代码的阅读性。

6.2 数组的操作

NumPy 提供了丰富的函数对 ndarray 进行操作和处理，这之中包含了大量的数学函数，适用于基于数组的科学计算，这些函数充分发挥了 NumPy 矢量化的运算高效与节省空间的特点。

6.2.1 切片与索引

对于 NumPy 数组，可以通过切片或索引来访问或修改数组中的子集或单个元素。

1. 基础索引

基础索引即使用索引号来访问元素。在数组只有一个维度的情况下，其使用方法与 Python 序列的索引完全相同，即索引从 0 开始，且也支持负数下标索引。示例如下：

```
# 创建一维数组
>>> a=np.arange(6)
>>> a
array([0,1,2,3,4,5])
# 正向索引。从 0 开始
>>> a[3]
3
# 反向索引,从-1 开始
>> a[-2]
4
```

在二维平面中描述高维数组比较困难，考虑数组形状的一种直观的方法就是在维度方向从左到右进行读取。通过如下代码创建一个三维数组。

```
# 创建三维数组
>>> a=np.arange(18).reshape(3,2,3)
>>> a
array([[[0,1,2],
         [3,4,5]],
        [[6,7,8],
         [9,10,11]],
        [[12,13,14],
         [15,16,17]]])
# 查看数组维度
>>> a.ndim
3
# 查看数组形状
>>> a.shape
(3,2,3)
```

上述示例三维数组的索引可以通过图 6-1 来描述，图中每个方框中上部是数组的值，下部是值所对应的索引。在此例中可以发现，第一维度是 3 的三维数组可以看作 3 个二维数组的嵌套。同样地，每个二维数组的第一维度是 2，又可以看作 2 个一维数组的嵌套。因此，

NumPy 的高维数组可以理解为“数组中的数组”，这对理解高维数组的索引和切片很有帮助。

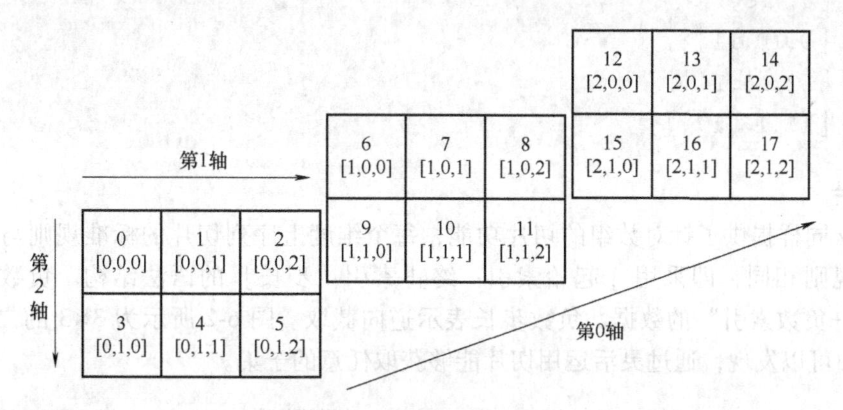

图 6-1 三维数组的索引

下面通过一个实例来演示上述三维数组的索引。需要注意的是，在结果上 a [0,1,1] 与a [0] [1] [1] 的索引结果相同，但实际上前者是更高效的索引方法，因为后者在每一次索引后都需要创建临时数组。通过索引给数组指定位置的元素赋值会直接修改数组。

```
>>> a=np.arange(18).reshape(3,2,3)
# 第 0 维度(轴)上的数组
>>> a[0]
array([[0,1,2],
       [3,4,5]])
# 三次索引
>>> a[0][1][1]
4
# 两次索引
>>> a[0][1,1]
4
# 直接索引
>>> a[0,1,1]
4
# 负数索引
>>> a[0,1,-2]
4
# 使用索引更改数组中的数据
>>> a[0,1,1]=10
>>> a
array([[[0,1,2],
```

```
 [3,10,5]],
[[6,7,8],
 [9,10,11]],
[[12,13,14],
 [15,16,17]]])
```

2. 切片

NumPy 同样提供了针对数组的切片功能，每个维度上序列切片的标准规则与 Python 序列切片的规则相同，即采用［起始索引：终止索引：步长］的语法结构。负数索引指向“序列长度+负数索引”的数据，负数步长表示逆向截取。图 6-2 所示为 3×3 的二维数组的切片，从中可以发现，通过灵活运用切片能够获取任意的子集。

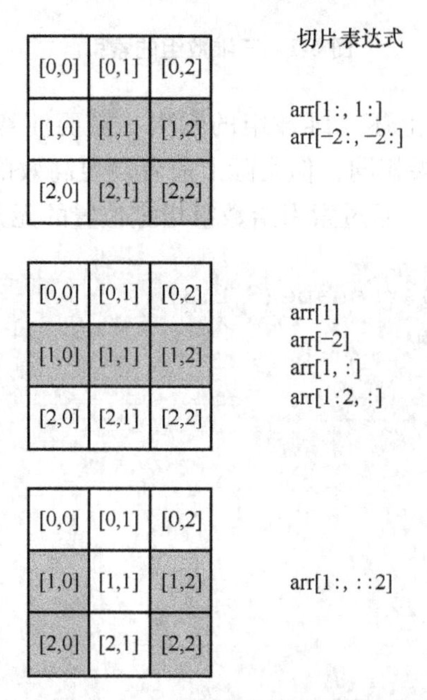

图 6-2　3×3 二维数组的切片

在多维数组中，可以通过省略号“…”索引所有未明确指定的维度。在一次切片中最多允许出现一次省略号。示例如下：

```
>>> a=np.arange(18).reshape(3,2,3)
>>> a
array([[[0,1,2],
        [3,4,5]],
       [[6,7,8],
        [9,10,11]],
       [[12,13,14],
        [15,16,17]]])
```

```
# 等价于 a[:,:,2]
>>> a[…,2]
array([[2,5],
       [8,11],
       [14,17]])
# 等价于 a[1,:,:]
>>>a[1,…]
array([[6,7,8],
       [9,10,11]])
# 等价于 a[:,1,:]
>>> a[…,1,:]
array([[3,4,5],
       [9,10,11],
       [15,16,17]])
```

在切片时，还可以利用 np. newaxis 进行维度的扩展。示例如下：

```
>>> a=np.arange(18).reshape(3,2,3)
>>> a.shape
(3,2,3)
# 在原数组第 0 轴前扩展维度
>>> a[np.newaxis,…].shape
(1,3,2,3)
# 在原数组第 1 轴前扩展维度
>>> a[:,np.newaxis,…].shape
(3,1,2,3)
```

“杨辉三角”是一种二项式系数的几何排列，以三角形的形式展示。其基础规律为第 n 层(顶层称第0层，即第1行，第 n 层即第 $n+1$ 行，n 为包含0在内的自然数)正好对应多项式$(a+b)^n$展开的系数。例如第2层［1,2,1］是幂指数为2的二项式$(a+b)^2$展开形式$a^2+2ab+b^2$的系数。基于数组的切片，可以轻松创建“杨辉三角”。下列代码创建并打印5层“杨辉三角”。

```
>>> n=5
>>> c=np.ones([n,n],dtype=int)
>>> for i in range(2,n):
        for j in range(1,i):
            c[i,j]=c[i-1,j-1]+c[i-1,j]
        for i in range(n):
```

```
            print(c[i,:i+1])
    [1]
    [1 1]
    [1 2 1]
    [1 3 3 1]
    [1 4 6 4 1]
```

思政小课堂：杨辉三角是中国古代数学的杰出研究成果之一。其最早由北宋的贾宪首先应用。杨辉在1261年所著的《详解九章算法》一书中，辑录了该三角形数表，并说明此表引自贾宪的《释锁算术》。故此，杨辉三角又被称为贾宪三角。欧洲的帕斯卡在1654年发现了这一规律，这一发现比杨辉迟了393年，比贾宪迟600余年。

3. 高级索引

NumPy数组的索引表达式可写为“x=arr[obj]”的形式。在基础索引中，obj是以逗号分隔的数字序列。当obj为一个非元组的序列或者ndarray对象时，会触发数组的高级索引。高级索引可分为整数索引和布尔索引。

整数索引采用整数数组在*N*维索引中选择数组的任意项，每个整数数组表示该维度的下标值。整数索引支持负数索引，但不允许索引超出边界。整数索引提取二维数组四个角数据的示例如下：

```
>>> a=np.arange(9).reshape(3,3)
>>> a
array([[0,1,2],
       [3,4,5],
       [6,7,8]])
#需要索引[0,0],[0,2],[2,0],[2,2]位置的数据
>>> rows=np.array([[0,0],[2,2]])                    #索引值的行数据
>>> cols=np.array([[0,2],[0,2]])                    #索引值的列数据
>>> a[rows,cols]                                    #整数索引
array([[0,2],
       [6,8]])
```

布尔索引中的obj是布尔类型的数组对象，它返回原数组中索引obj为True的值。示例如下：

```
>>> a=np.array([[0,1],[1,1],[2,2]])
#索引数组中大于或等于2的数据
>>> a[a >=2]
array([2,2])
```

```
# 计算数组中每行数据之和
>>> rowsum=a.sum(-1)
# 索引数组中行内数据之和大于或等于 2 的行
>>> a[rowsum >=2,:]
array([[1,1],
       [2,2]])
```

6.2.2 数组变换

NumPy 对多维数组有非常灵活的处理方式，对数组进行形状变换、合并与拆分。

1. 形状变换

针对数组的变换更改有 .reshape( ) 和 .resize( ) 两种方法，它们在使用功能上一致，区别在于，前者返回形状改变后的新数组，并不会对原数组进行更改，而后者直接更改原数组且没有返回值。它们都接收新的数组形状作为输入参数，新数组的维度元组的积必须与原数组维度元组的积相同。运用 .reshape( ) 方法可将一维数组变形为高维数组。示例如下：

```
# 创建一维数组
>>> a=np.arange(12)
# 变形为(3,4)的二维数组,不更改原数组
>>> a_2d=a.reshape(3,4)
>>> a_2d
array([[0,1,2,3],
       [4,5,6,7],
       [8,9,10,11]])
# 变形为(2,3,4)的三维数组,不更改原数组
>>> a_3d=a.reshape(2,2,3)
>>> a_3d
array([[[0,1,2],
        [3,4,5]],
       [[6,7,8],
        [9,10,11]]])
# 将多维数组转化为一维数组
>>> a_3d.reshape(-1)
array([0,1,2,3,4,5,6,7,8,9,10,11])
# 变形为(3,4)的二维数组,更改原数组
>>> a.resize(3,4)
>>> a
```

```
array([[0,1,2,3],
       [4,5,6,7],
      [8,9,10,11]])
```

2. 数组合并

数组的合并与拼接可以分别使用 np. concatenate( ) 和 np. stack( ) 函数。不同之处在于，前者沿选定的现有轴进行数组的合并(不产生新的轴)，而后者沿着新产生的轴进行拼接。基于这个特点，np. stack( )要求参与拼接的数组需要有完全相同的形状，而 np. concatenate( )允许参与合并的轴上的维度不同。

```
# 分别创建(3,4)形状和(3,2)形状的两个二维数组,数组内元素随机
>>>a,b=np.random.randn(3,4),np.random.randn(3,2)
# 将两个相同数组沿新创建的第 0 轴拼接
>>> np.stack([a,a],axis=0).shape
(2,3,4)
# 将两个相同数组沿已有的第 0 轴合并
>>> np.concatenate([a,a],axis=0).shape
(6,4)
# 将两个相同数组沿新创建的第 1 轴拼接
>>> np.stack([a,a],axis=1).shape
(3,2,4)
# 将两个相同数组沿已有的第 1 轴合并
>>> np.concatenate([a,a],axis=1).shape
(3,8)
# 将两个不同数组沿已有的第 1 轴合并
>>> np.concatenate([a,c],axis=1).shape
(3,6)
# 形状不同的数组无法使用 np.stack()
>>> np.stack([a,b],axis=0).shape
ValueError: all input arrays must have the same shape
```

3. 数组拆分

数组拆分需要用到 np. split( ) 函数。其接收待拆分的数组，拆分条件和拆分的轴(默认为 axis=0)作为输入参数，输出包含拆分后数组的列表。拆分条件可以是一个整数或者排序好的一维数组(由小到大)。当拆分条件是整数时，数组会沿指定轴进行均匀拆分，当这种均匀拆分不可实现时程序将报错；当拆分条件是一维数组时，将一维数组作为索引进行拆分，当索引超过对应轴的维度大小时，返回一个空的子数组。

```
>>> a=np.random.randn(2,4,5)
```

```
# 沿第 1 轴以整数均匀拆分原数组
>>> even_split=np.split(a,2,axis=1)
>>>print("拆分前数组的形状为{}\n 拆分后的数组形状分别为{},{}"\
    .format(a.shape,even_split[0].shape,even_split[1].shape))
拆分前数组的形状为(2,4,5)
拆分后的数组形状分别为(2,2,5),(2,2,5)

# 沿第 1 轴以一维数组按索引拆分原数组
>>> array_split=np.split(a,[2,3],axis=1)
>>> array_split[0].shape                        # 结果等同于 a[:,:2,:]
(2,2,5)
>>> array_split[1].shape                        # 结果等同于 a[:,2:3,:]
(2,1,5)
>>> array_split[2].shape                        # 结果等同于 a[:,3:,:]
(2,1,5)
```

6.2.3　数组计算

在 NumPy 数组中，基础的计算函数是逐个元素操作的，其同时支持函数形式与运算符重载形式。示例如下：

```
>>> a=np.array([[1,2],[3,4]],dtype=np.float64)
>>> b=np.array([[7,8],[9,10]],dtype=np.float64)
# 逐个元素相加,等价于 np.add(a,b)
>>> a+b
array([[8.,10.],
       [12.,14.]])
# 逐个元素相减,等价于 np.subtract (a,b)
>>> a-b
array([[-6.,-6.],
       [-6.,-6.]])
# 逐个元素相乘,等价于 np.multiply (a,b)
>>> a * b
array([[7.,16.],
       [27.,40.]])
# 逐个元素相除,等价于 np.divide (a,b)
>>> a / b
array([[0.14285714,0.25],
       [0.33333333,0.4]])
```

在科学计算中很多时候需要计算向量的内积，如矩阵相乘。在 NumPy 中该操作是通过 np. dot( ) 函数实现的，它也可以作为对象的实例方法使用。在二维矢量内积运算中，它等同于 np. matmul( ) (其算术重载符是@)。示例如下：

```
>>> a=np.array([[1,2],[3,4]],dtype=np.float64)
>>> b=np.array([[7,8],[9,10]],dtype=np.float64)
>>> v=np.array([5,6],dtype=np.float64)
# 矩阵相乘,等价于 np.matmul(a,b)或 np.dot(a,b)或 a.dot(b)
>>> a @ b
array([[25.,28.],
       [57.,64.]])
# 矩阵与向量相乘,等价于 np.matmul(a,bb)或 np.dot(a,v)或 a.dot(v)
>>> a @ v
array([17.,39.])
```

除此之外，NumPy 还在统计计算、三角函数、复数运算、线性代数等领域具有丰富且强大的功能。下面仅以统计计算为例讲解，感兴趣的读者可参考 NumPy 官方文档。

```
>>> a=np.array([[1,2],[3,4]])
# 求数组所有数据之和
>>> np.sum(a)
10
# 对第 1 轴(从 0 开始)求和
>>> np.sum(a,axis=1)
array([3,7])
# 对第 0 轴求平均值
>>> np.mean(a,axis=0)
array([2.,3.])
# 对第 0 轴取最大值,即在 a[0,:]和 a[1,:]中取最大值
>>> np.max(a,axis=0)
array([3,4])
```

6.2.4 广播机制

广播机制(broadcasting) 是 NumPy 在算术运算期间处理不同形状数组的一种机制，即较小的数组在运算期间会在较大的数组上“广播”，使其具有兼容的形状。示例如下：

```
>>> a=np.array([[1,2,3],[4,5,6],[7,8,9],[10,11,12]])
>>> b=np.array([1,2,3])
>>> a.shape,b.shapc
```

```
((4,3),(3,))
#数组与向量相加,触发广播机制
>>> a+b
array([[2,4,6],
       [5,7,9],
       [8,10,12],
       [11,13,15]])
```

在上述例中，数组 a 的形状是(4, 3)，数组 b 的形状是(3,)，在进行相加运算时，广播机制扩展数组 b 的形状到(4, 3)，其中每一行都是数组 b 的一个复制，使得两个数组可以逐元素相加，如图 6-3 所示。

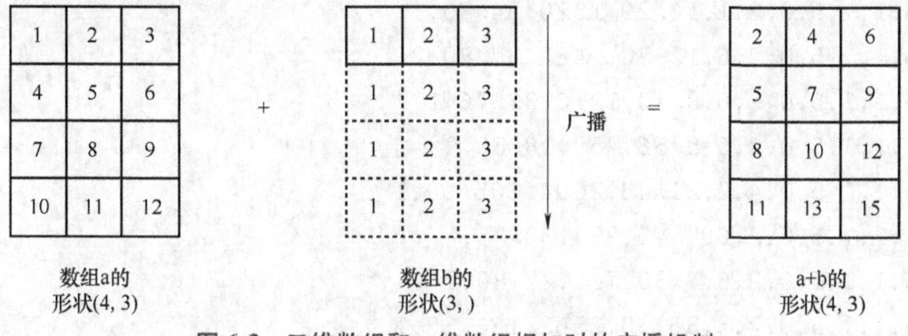

图 6-3 二维数组和一维数组相加时的广播机制

广播机制提供了矢量化的数组操作方法，这会使代码变得更简洁、更高效。在大部分情况下应尽可能地使用广播机制。

6.3 网约车平台数据分析

现有某网约车公司上半年的平台数据，数据包含了每单出行业务的发起时间、出行距离、出行持续时间、乘客支付费用等相关信息。在本案例中，将基于该数据集，通过 NumPy 分析如下数据信息：

1）所有司机的平均速度。

2）三月份乘客的乘车次数。

3）单笔费用超过 50 元的出行单数及其占单数总量的百分比。

在开始分析数据前，首先需要了解数据集的构成。该数据集保存在 taxis_dataset.csv 文件中，.csv 文件以逗号分隔的形式存储信息，将数据以这种形式保存便于不同应用程序之间进行数据交换。在 Jupyter Notebook 中可以利用魔术命令对数据集进行便捷的观察。

1）在 Linux 和 macOS 系统中可以使用“%%bash”单元命令配合“head+文件名”展示 .csv 文件的前 10 行。示例如下：

```
>>> %%bash
    head taxis_dataset.csv
```

2）由于 Windows 系统默认不支持 bash，可以使用“%% cmd”单元命令，配合 powershell 中的“Get-Content”指令进行展示。示例如下：

```
>>> %%cmd
    powershell -command "& {Get-Content taxis_dataset.csv -TotalCount 10}"
```

读者可以根据自己的操作系统使用对应的命令，得到如下所示的数据集情况展示：

```
pickup_year,pickup_month,pickup_day,pickup_dayofweek,pickup_time,
pickup_location_code,dropoff_location_code,trip_distance,trip_
length,total_amount,payment_type
2016,1,1,5,0,2,4,21.00,2037,69.99,1
2016,1,1,5,0,2,1,16.29,1520,54.30,1
2016,1,1,5,0,2,6,12.70,1462,37.80,2
2016,1,1,5,0,2,6,8.70,1210,32.76,1
2016,1,1,5,0,2,6,5.56,759,18.80,2
2016,1,1,5,0,4,2,21.45,2004,105.60,1
2016,1,1,5,0,2,6,8.45,927,32.25,1
2016,1,1,5,0,2,6,7.30,731,22.80,2
2016,1,1,5,0,2,5,36.30,2562,131.38,1
```

从中可以得知数据集的样式结构，该数据集中共有 11 列，分别代表乘客上车的年、月、日、星期几、上车时间（以代码表示）、上车地点位置代码、下车地点位置代码、行驶距离（单位为 km）、行驶时间（单位为 s）、费用（单位为元）和支付方式代码。使用 np.loadtext( ) 函数可以导入 csv 格式文件为 ndarray。在本案例中，对数据集进行导入，并在导入时设置不导入表的第一行（即表头标签数据），具体代码如下：

```
>>> import numpy as np
>>> data=np.loadtxt("taxis_dataset.csv",delimiter=",",skiprows=1)
>>> data_shape=data.shape
>>>print("该数据集共有{:.0f}条数据,{:.0f}项特征。"\
        .format(data_shape[0],data_shape[1]))

该数据集共有 89560 条数据,11 项特征。
```

平均速度的计算需基于路程和时间数据。通过 NumPy 的切片功能可取得行驶距离和行驶时间对应列的数据，这里需要注意单位的转换。利用数组矢量化操作方式求得每次出行的速度，并进行平均值的求解，具体代码如下：

```
>>> distance=data[:,7]              # 每单出行的距离
>>> duration=data[:,8] / 3600       # 每单出行的时间,单位要换为小时
```

```
>>> speed=distance / duration              # 矢量化运算
>>> mean_speed=speed.mean(axis=0)          # 求平均值
>>>print("所有司机的平均速度为{:.2f}km/h".format(mean_speed))

所有司机的平均速度为32.24km/h
```

为求得三月份乘车的乘客数量，可以使用np.unique()函数分析月份列，返回每个月份在数据集中出现的次数。具体代码如下：

```
>>> months=data[:,1]                              # 获取月份数据
>>> values,counts=np.unique(months,return_counts=True)
>>> for i in range(len(values)):
    print("{:.0f}月乘客乘车的次数为:{:.0f}次"\
.format(values[i],counts[i]))

1月乘客乘车的次数为:13481次
2月乘客乘车的次数为:13333次
3月乘客乘车的次数为:15547次
4月乘客乘车的次数为:14810次
5月乘客乘车的次数为:16650次
6月乘客乘车的次数为:15739次
```

该任务亦可通过数组索引的方法实现，感兴趣的读者可自行尝试。

通常在进行数据分析时，可视化是很好的表现形式。下面代码将每月乘客乘车的次数利用柱状图直观地表示出来，如图6-4所示。图中以水平虚线标注月乘客乘车次数的平均值，并辅以文字注释。关于可视化的内容将在第7章中详细介绍，现阶段无须理解这段代码的具体含义。

```
>>> import matplotlib.pyplot as plt
>>> plt.rcParams['font.sans-serif']=['SimHei']
>>> plt.rcParams['axes.unicode_minus']=False
# 计算月平均值
>>> mean_counts=counts.mean()
>>> fig,ax=plt.subplots(figsize=(12,6))
>>> bar_plot=ax.bar(values,counts,color='g',alpha=0.5)
>>> ax.axhline(mean_counts,color='k',linestyle='dashed',linewidth=2)
>>>ax.annotate('月平均值:{}'.format(int(mean_counts)),xy=(1,mean_
counts+500),color='black')
>>> ax.bar_label(bar_plot,padding=2)
```

```
>>>ax.set_title("每月乘客乘车次数")
>>>ax.set_xlabel("月份")
>>>ax.set_ylabel("乘车次数")
>>> plt.grid()
>>> plt.show()
```

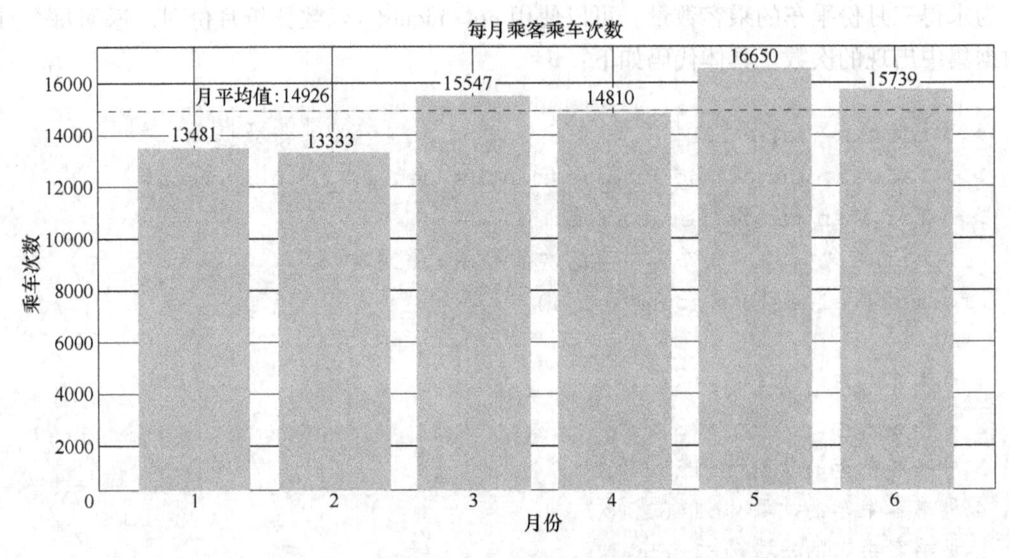

图 6-4　网约车平台每月乘客乘车次数柱状图

要知道单笔费用超过 50 元的出行单数时，可以使用 NumPy 高级索引中的布尔索引功能轻松实现，具体代码如下：

```
>>> amount=data[:,-2]                              # 获取金额数据
>>> greater_50=amount[amount > 50]                 # 高级索引中的布尔索引
>>> percentage=greater_50.shape[0] / amount.shape[0] *100 # 百分比计算
>>>print("单笔费用超过 50 元的出行单数共有{:.0f}单\n 占总量的{:.2f}%"\
        .format(greater_50.shape[0],percentage))

单笔费用超过 50 元的出行单数共有 41571 单
占总量的 46.42%
```

6.4　股票历史价格分析

股票历史价格以时间序列的形式反映出市场与公司的有关信息。在分析某只股票历史股价时，通常会遇到如下问题：给定这只股票在某个时段的股价序列，并假设只能进行一次买入和一次卖出，且无法做空，可以获得的每股最大利润是多少？假设历史股价为(22,15,

13,19,20,21,15)，在 13 元/股时买入并在 21 元/股时卖出时获得最大利润，为 8 元/股。本小节将使用 NumPy 对该案例问题进行求解。

对于这类问题，最直观的方案就是穷举每两个股价的组合，约束为第二个股价出现在第一个股价之后，取差值最大的组合便是最大利润。这种方案的时间复杂度为 $O(n^2)$。与之相比更优的方案是，对股价序列进行一次迭代，找出每个价格与最低股价的差异，同时对比最大利润值。这种方案的时间复杂度为 $O(n)$，具体代码如下：

```
# 计算股价序列最大利润,时间复杂度为 O(n)
>>> def profit_vanillaPython(prices):
    # 定义最大利润值,初始化为 0
        max_profit=0
    # 定义最低股价,初始化为股价序列的第一个值
        min_price=prices[0]
        for price in prices[1:]:
            min_price=min(min_price,price)
            max_profit=max(price - min_price,max_profit)
        return max_profit
# 功能验证
>>> profit_vanillaPython((22,15,13,19,20,21,15))

8
```

当然，这个问题是可以利用 NumPy 矢量化求解的，需要用到 NumPy 的 ufunc(universal funvtion)函数。该函数作用于数组上的每一个元素，而不是针对数组对象，其运算速度要高于循环与列表推导式。在本例中，采用的是 np. minimum. accumulate，它沿指定轴计算最小值，并保留中间结果：

```
>>> import numpy as np
>>> prices=(22,15,13,19,20,21,15)
>>> prices=np. asarray(prices)
>>> np. minimum. accumulate(prices)

array([22,15,13,13,13,13,13])
```

通过上述代码可以发现，np. minimum. accumulate 的计算结果与 profit_vanillaPython( )函数中计算最低股价的语句相似，不同之处在于其没有使用循环结构，而是采用了 NumPy 的矢量化操作。

基于此，可以构建出基于 NumPy 的计算利润最大值的函数：

```
# 矢量化计算股价序列最大利润
```

```
>>> def profit_numpy(prices):
        prices=np.asarray(prices)
        return np.max(prices - np.minimum.accumulate(prices))
# 功能验证
>>> profit_numpy((22,15,13,19,20,21,15))

8
```

用随机生成的长度为 1000 的整数序列来验证 NumPy 函数的高效性。观察下列代码的输出结果，使用 NumPy 方法比使用原生 Python 循环在 CPU 效率方面提高了 60 多倍。虽然两种方法都有相同的理论时间复杂度，但 NumPy 的运行机制在实际解决方案中发挥了重大作用。

```
>>> seq=np.random.randint(0,100,size=100000)
# 原生 Python 方法运行时间
>>> %%time
    profit_vanillaPython(seq)

CPU times: user 67.3 ms,sys: 2.97 ms,total: 70.3 ms
Wall time: 70.3 ms

# NumPy 矢量化方法运行时间
>>> %%time
    profit_numpy(seq)

CPU times: user 1.01 ms,sys: 434 ? s,total: 1.44 ms
Wall time: 717 µs
```

接下来，利用 NumPy 生成一个仿真的股票历史股价序列。首先构建一个由 NaN 构成的一维数组，在一维数组上设置若干拐点(局部最高点与最低点)，随后对数组进行一维插值，并增加噪声。具体代码如下：

```
# 创建长度为 200 的序列,初始值为 NaN
>>> prices=np.full(200,fill_value=np.nan)
# 设置序列中的拐点
>>> prices[[0,20,40,60,85,110,145,-1]]=[70.,30.,45.,30.,70.,60.,
20.,45.]
>>> x=np.arange(len(prices))
>>> is_valid=~ np.isnan(prices)
```

```
#进行线性插值
>>> prices=np.interp(x=x,xp=x[is_valid],fp=prices[is_valid])
#增加噪声数据
>>> prices+=np.random.randn(len(prices))*5
```

在需要知道买入和卖出的点位时，可以对函数做如下改进，此时函数会返回(买入时间，卖出时间，最大利润)元组。

```
>>> def profit_numpy_with_index(prices):
        prices=np.asarray(prices)
        profit_array=prices - np.minimum.accumulate(prices)
        #计算最佳卖出点位
        sell_index=np.argmax(profit_array)
        #计算最佳买入点位
        buy_index=np.argmin(prices[:sell_index])
        return buy_index,sell_index,np.max(profit_array)
```

将改进后的函数作用于生成的仿真股价序列上，可以得到这只股票历史股价中最佳的买入点位和卖出点位，并计算出其最高利润。

```
>>> mn,mx,max_profit=profit_numpy(prices)
>>>print("最佳买入点位:{:.2f}元/股\n最佳卖出点位:{:.2f}元/股\n最大利润:\
{:.2f}元/股\n".format(prices[mn],prices[mx],max_profit))

最佳买入点位:21.10元/股
最佳卖出点位:75.97元/股
最大利润:54.87元/股
```

下列代码对股价历史序列与最佳买入点与卖出点位进行可视化，绘制的图像如图6-5所示。图中绿色(向下)箭头标注处为最佳买入点位，红色(向上)箭头标注处为最佳卖出点位，并用虚线对该两点位进行连接，注释最大利润。现阶段无须理解这段代码的具体含义，相关内容将在第7章中进行详细介绍。

```
>>>import matplotlib.pyplot as plt
>>>plt.rcParams['font.sans-serif']=['SimHei']
>>>plt.rcParams['axes.unicode_minus']=False
>>>x1,x2,x3=[mn,(mx+mn)/2],[(mx+mn)/2,(mx+mn)/2],[(mx+mn)/2,mx]
>>>y1,y2,y3=[prices[mn],prices[mn]],[prices[mn],prices[mx]],
[prices[mx],prices[mx]]
```

```
>>>fig,ax=plt.subplots(figsize=(12,5))
>>>ax.plot(prices,color='b')
>>>ax.set_title('历史股价走势图')
>>>ax.set_xlabel('天')
>>>ax.set_ylabel('股票价格')
>>>ax.plot(mn,prices[mn],color='green',marker='v',markersize=10,
label="最佳买入点")
>>>ax.plot(mx,prices[mx],color='red',marker='^',markersize=10,
label="最佳卖出点")
>>>ax.plot(x1,y1,linestyle='dotted',color='k')
>>>ax.plot(x2,y2,linestyle='dotted',color='k')
>>>ax.plot(x3,y3,linestyle='dotted',color='k')
>>>ax.annotate('最大利润:{:.2f}'.format(max_profit),xy=((mx+mn)/2-
25,prices[mx]-10),color='black')
>>> ax.legend()
>>> plt.grid()
>>> plt.show()
```

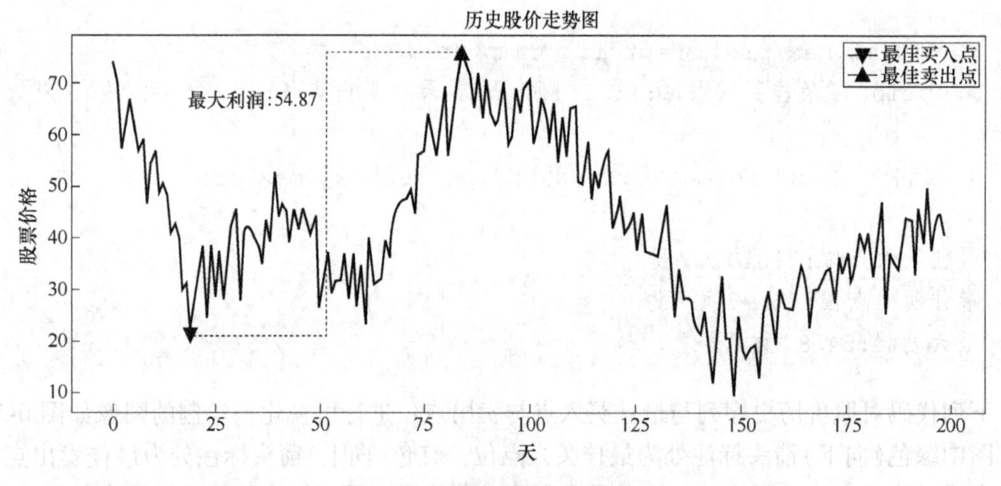

图 6-5　股票历史股价数据分析

6.5　摩尔定律的验证

摩尔定律是由英特尔公司的联合创始人戈登·摩尔的名字命名的。该定律的内容为：当价格不变时，集成电路上可容纳的晶体管数量大约每两年翻一番。其在一定程度上揭示了信息技术的发展和进步速度。在本案例中，将使用 NumPy 分析 1971 年—2017 年的芯片晶体管数量的发展趋势，利用最小二乘构建分析模型，并与摩尔定律进行对比。

在进行数据分析前，一般首先检查数据集的数据结构，明确其中有意义的变量内容，再进行导入操作。transistor_counts. csv 文件中存储着从 1971 年开始每年生产的芯片中晶体管的数量，通过如下代码对数据集前 10 行进行观察：

```
# 以 Windows 操作系统为例
>>> %%cmd
    powershell -command "& {Get-Content transistor_counts1.csv -TotalCount 10 -Encoding utf8}"
# processor,transistors,year,manufacturer,process,area

Intel 4004,2300,1971,Intel,10µm,12mm²
Intel 8008,3500,1972,Intel,10µm,14mm²
MOS Technology 6502,3510,1975,MOS Technology,8µm,21mm²
Motorola 6800,4100,1974,Motorola,6µm,16mm²
Intel 8080,4500,1974,Intel,6µm,20mm²
RCA 1802,5000,1974,RCA,5µm,27mm²
Intel 8085,6500,1976,Intel,3µm,20mm²
Zilog Z80,8500,1976,Zilog,4µm,18mm²
Motorola 6809,9000,1978,Motorola,5µm,21mm²
```

在本例中，关注的是生产时间和晶体管的数量，其他诸如处理器名称、生产厂商、制造工艺等信息是不需要的。因此在导入数据时只需保留第 2 列和第 3 列。利用 np. loadtext( ) 函数可以导入 .csv 格式的文件。导入完成后，利用 NumPy 的切片提取数据集前 5 年的年份和晶体管数量，验证数据集是否正确导入。

```
>>> import numpy as np
>>> data=np.loadtxt("transistor_counts.csv",delimiter=",",\
usecols=[1,2],skiprows=1)  # 导入数据,只保留第 2 列、第 3 列,去掉标题行
>>> transistor_count,year=data[:,0],data[:,1]
>>>print("生产时间:\t",year[:5])                # 数据集前 5 年年份
>>>print("晶体管数量:\t",transistor_count[:5])  # 数据集前 5 年晶体管数量

生产时间:[1971.1972.1975.1974.1974.]
晶体管数量:[2300.3500.3510.4100.4500.]
```

根据摩尔定律，每两年集成电路中可容纳的晶体管数量就会上涨一倍，这与数学上的指数函数相符，可以得到公式：

$$晶体管数量=\exp(A_M\times 年份+B_M) \tag{6.1}$$

式中，A_M 和 B_M 均是常数。

在本例中，利用 1971 年的数据进行常数值的求解，1971 年上市的 Intel 4004 芯片中共有 2300 个晶体管。下面利用 Python 的 lambda 函数构建摩尔定律的公式。

```
>>> Am=np.log(2)/2                          # 每两年增长一倍
>>> Bm=np.log(2300)-Am*1971                 # 初始值由 1971 年的数据确定
>>> Moores_law=lambda year: np.exp(Bm)*np.exp(Am*year)  # 摩尔定律公式
>>> transistor_Moores_law=Moores_law(year)      # 摩尔定律预测值
```

通过构建的公式推测 1973 年芯片中晶体管的数量，如是 1971 年的两倍，则代表公式正确。

```
>>> ML1971=Moores_law(1971)      # 摩尔定律预测 1971 年芯片中晶体管的数量
>>> ML1973=Moores_law(1973)      # 摩尔定律预测 1973 年芯片中晶体管的数量
>>>print("在 1973 年,摩尔定律预测一个芯片可以容纳{:.0f}\
个晶体管".format(ML1973))
>>>print("这是 1971 年芯片中晶体管数量的{:.0f}倍".format(ML1973 /
ML1971))

在 1973 年,摩尔定律预测一个芯片可以容纳 4600 个晶体管
这是 1971 年芯片中晶体管数量的 2 倍
```

接下来，通过数据集中的数据建立最小二乘模型，并与摩尔定律进行比较。最小二乘模型需要最小化晶体管数量的实际值与预测值，即

$$\min \sum |\log(\text{实际晶体管数量}) - (A_{\text{LSTQ}} \times \text{年份} + B_{\text{LSTQ}})|^2 \tag{6.2}$$

在求解数据拟合和模型建立的问题中，Python 有诸如 Scipy、Scikit-Learn、Statsmodel 等专业的第三方资源库。对于简单的最小二乘模型，也可以直接使用 NumPy 的 np.linalg.lstsq( ) 函数。它接收自变量和因变量矩阵作为输入参数，返回(系数矩阵，残差平方和，矩阵的秩，奇异值)元组。

```
>>> yi=np.log(transistor_count)          # 尺寸为(102,)
>>> yi=yi[:,np.newaxis]                  # 尺寸为(102,1)
>>> Z=year[:,np.newaxis]**[1,0]          # 自变量矩阵,系数为年份和 1
>>> Z[:5,:]

array([[1971.,1.],
       [1972.,1.],
       [1975.,1.],
       [1974.,1.],
       [1974.,1.]])

>>> A=np.linalg.lstsq(Z,yi)                              # 求解最小二乘
>>> print("A_lstq:\t{:.3f}\nB_lstq:\t{:.3f}"\
.format(A[0].item(0),A[0].item(1)))                     # 系数 A 和 B 的值
```

```
A_lstq:    0.348
B_lstq:    -678.032

>>> transistor_count_lstq=np.exp(Z@ A[0])      #最小二乘预测值
```

创建完摩尔定律和最小二乘模型后，便可以对其进行可视化分析。在图 6-6 中，方块代表数据集中的历史真实数据，实线表示摩尔定律的趋势，虚线表示利用数据集构建的最小二乘模型的趋势。从中可以发现，摩尔定律与利用数据集建立的最小二乘模型在趋势上十分相近。

```
>>> import matplotlib.pyplot as plt
>>> plt.rcParams['font.sans-serif']=['SimHei']
>>> plt.rcParams['axes.unicode_minus']=False
>>> fig,ax=plt.subplots(figsize=(8,4))
>>>ax.semilogy(year,transistor_count,"s",label="微处理器",marker-
facecolor='none')
>>>ax.semilogy(year,transistor_Moores_law,label="摩尔定律",line-
width='3',linestyle='solid')
>>>ax.semilogy(year,transistor_count_lstq,label="最小二乘法",line-
width='3',linestyle='dashed')
>>>ax.set_title("微处理器中的晶体管数量")
>>>ax.set_xlabel("发布年份")
>>>ax.set_ylabel("晶体管数量")
>>> ax.legend()
>>> ax.grid()
>>> plt.show()
```

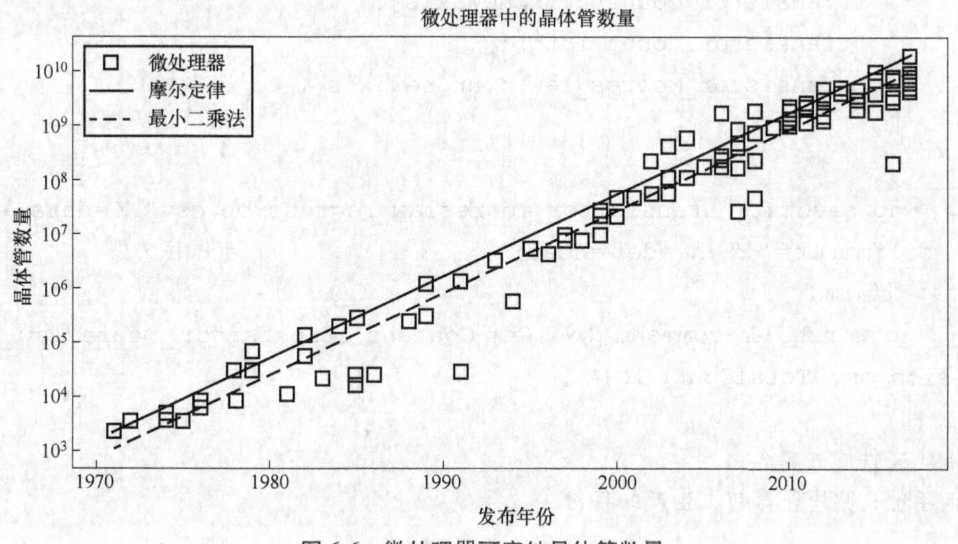

图 6-6　微处理器可容纳晶体管数量

至此，已使用 NumPy 构建了摩尔定律模型和最小二乘模型。可以将两种模型的预测数据一并保存至 .csv 文件中，以便后续分析和使用。首先对文件的表头进行描述和定义。

```
>>>head="此文件的列包含\n 年份: 微处理器初次生产的年份\n"
>>>head+="晶体管数量: 制造商给出的一个芯片内容纳的晶体管数量\n"
>>>head+="晶体管数量_最小二乘: 最小二乘模型=\
exp({:.2f})*exp({:.2f}*year)\n".format(A[0].item(1),A[0].item(0))
>>>head+="晶体管数量_摩尔定律: 摩尔定律=\
exp({:.2f})*exp({:.2f}*year)\n".format(Bm,Am)
>>>head+="年份:,晶体管数量:,晶体管数量_最小二乘:,\
晶体管数量_摩尔定律:"
>>> print(head)

此文件的列包含
年份: 微处理器初次生产的年份
晶体管数量: 制造商给出的一个芯片内容纳的晶体管数量
晶体管数量_最小二乘: 最小二乘模型=exp(-678.03)*exp(0.35*year)
晶体管数量_摩尔定律: 摩尔定律=exp(-675.36)*exp(0.35*year)
年份:,晶体管数量:,晶体管数量_最小二乘:,晶体管数量_摩尔定律:
```

随后，利用 np.block()函数将数据打包。这里特别需要要注意各个数据的维度。最后将其保存至文件中。

```
>>> data=np.block(
    [
        year[:,np.newaxis],
        transistor_count[:,np.newaxis],
        transistor_count_lstq[:],
        transistor_Moores_law[:,np.newaxis],
    ]
)
>>> np.savetxt("transisitor_mooreslaw_regression.csv",X=data,\
  delimiter=",",header=head)                    #保存文件
>>> %%cmd
    powershell -command "& {Get-Content transisitor_mooreslaw_re-
gression.csv -TotalCount 10}"

#此文件的列包含
#年份: 微处理器初次生产的年份
```

```
# 晶体管数量:制造商给出的一个芯片内容纳的晶体管数量
# 晶体管数量_最小二乘:最小二乘模型=exp(-678.03)*exp(0.35*year)
# 晶体管数量_摩尔定律:摩尔定律=exp(-675.36)*exp(0.35*year)
# 年份:,晶体管数量:,晶体管数量_最小二乘:,晶体管数量_摩尔定律:
1.971000000000000000e+03,2.300000000000000000e+03,1.097541082545
697918e+03,2.299999999999972260e+03
1.972000000000000000e+03,3.500000000000000000e+03,1.553682874969
319073e+03,3.252691193458359976e+03
1.975000000000000000e+03,3.510000000000000000e+03,4.407447613717
454260e+03,9.199999999999923602e+03
1.974000000000000000e+03,4.100000000000000000e+03,3.113476310484809
801e+03,6.505382386916362520e+03
```

思政小课堂:黄敞(1927—2018)是半导体器件领域的先行者,我国集成电路发展的引领者,航天微电子与微计算机技术的奠基人。黄敞于1953年在美国哈佛大学获得博士学位,从事半导体前沿科学研究工作。新中国成立后受国家的召唤,他毅然决然地放弃了美国永久居留权和丰厚的待遇,排除险阻,于1959年绕道回到国内,在北京大学、中国科学院计算技术研究所任职、任教。他主持研制成功了多种运载火箭专用集成电路及计算机,创造了中国航天微电子、微计算机事业的辉煌成就,为我国航天事业的发展做出了重大贡献。

6.6 本章小结

本章介绍了Python中被广泛运用于科学计算中的NumPy库的基本用法。众多Python的科学计算库都是在NumPy数组的基础上建立的。其主要对象是ndarray的数组,本章详细讲解了针对数组的计算与操作方法。最后以网约车平台数据、股价历史数据和摩尔定律三个案例着重讲解了NumPy在进行数据分析时的有效性和高效性。

在进行大数据分析和处理的时候,需要尽可能地运用到矢量化的手段来提升算法性能。但是在某些特殊情况下,使用Python的循环几乎是不可避免的,在编写程序时需要正确分析程序的瓶颈,在更高的抽象级别上考虑优化整个程序,统筹开发效率与运行效率,不应盲目地避免使用循环。

6.7 课后习题

1. 请将列表数据[1,3,6,15]转化为NumPy数组。
2. 请基于NumPy编写一个函数,统计给定数组中包含的缺失值NaN的总数。
3. 请使用NumPy分别创建下列数组:

（1）由 10 个 5 组成的一维数组。

（2）由 1，7，5，13 组成的一维数组。

（3）形状为(3，4)的二维数组，其中的数据由 10~21 的整数构成。

（4）形状为(3，4)的二维数组，其中的数据由 10~21 的整数构成，再改变其中11~15 的符号为负号。

4. 请使用 NumPy 计算下列两个矩阵的乘法。

$$\boldsymbol{A}=\begin{bmatrix}1 & 3\\2 & 4\end{bmatrix},\boldsymbol{B}=\begin{bmatrix}-5 & 3\\7 & 0\end{bmatrix}$$

5. 请基于 NumPy 编写一个函数，统计二维数组中所有元素的和、每行元素的和，以及每列元素的和。

6. 请使用 NumPy 创建一个长度为 7 的一维数组，由 0~5 的任意整数填充。

7. 请使用 NumPy 创建一维数组［1 2 3 4 5 6 7 8 9 10 11 12 13 14］，再将其划分为［1 2］、［3 4 5 6 7 8 9］和［10 11 12 13 14］三个一维数组。

第7章

可视化分析

学习目标

知识目标

- 了解数据可视化的意义与基本概念；
- 掌握可视化分析图形中的信息要素与构建方法；
- 理解可视化图表展示的信息内容并能够开展正确分析。

思政目标

- 培养学生严谨的逻辑分析能力，发展辩证思维；
- 引导学生的探索求是精神；
- 激励学生树立优化创新思想，解决复杂挑战问题。

技能目标

- 能够在 Matplotlib 中使用基于状态与面向对象的两种绘图模式构建可视化图形；
- 能够根据数据特征与类型，选择 Matplotlib 中合适的可视化工具进行展示；
- 能够在 Matplotlib 中对可视化图形进行正确的编辑与设置，提升可视化效果。

在大数据和人工智能时代，数据科学一项重要的任务就是对海量数据进行直观地描述、总结和表示。相比文本数据，图表数据可以更加清晰、高效地展示数据信息。在很多情况下，执行数据分析的第一步便是对数据进行可视化分析，并从中获得数据的异常值、必要的数据转换、模型设计的洞察等信息。

Matplotlib 是 Python 中应用最广泛的可视化库，其基于 NumPy 的数组能绘制出版级别的可视化图形(包括二维图形和三维图形)，并可与 Scipy、Pandas 等第三方库联合使用。随着 Python 的流行，Matplotlib 衍生出了诸如 Seaborn、ggplot 等高级封装的数据可视化库，这些库都使用 Matplotlib 作为底层进行绘图。本章将讲解 Matplotlib 的基本功能，并介绍基于 Matplotlib的数据可视化分析任务处理。

Matplotlib 库包含 pylab 和 pyplot 两类接口。在最初时，Matplotlib 的设计与 MATLAB 高度类似，并因此产生了 pylab 模块，其旨在模仿 MATLAB 的全局风格。然而，pylab 的使用会影响 Python 的内置函数并可能导致难以跟踪的错误污染命名空间。如今 Matplotlib 官方已放弃 pylab，并明确建议不使用该模块。为此，在任何情况下都应该使用 pyplot 模块。

Matplotlib 可以通过 conda 或者 pip 命令进行安装。在安装完成后，通常以如下方式进行引用：

```
>>> import matplotlib.pyplot as plt
```

本章代码均是按上述语句引入 Matplotlib 和 pyplot，并以 np 引入 NumPy 的前提下进行编写的。

7.1 从数据到图形

由于人脑对视觉信息的天生敏感度，在数据分析领域，常有“一图胜千言”的说法。可视化图表是通过图形的方法对数据进行有效整理，并对数据的分布状态、数字特征和随机变量之间关系进行估计和描述，目的是通过直观的方式描述数据的基本特征，找出数据的基本规律。

7.1.1 基础图形

下面通过一个图形案例来熟悉 Matplotlib 中 pyolot 的基础功能。本例要绘制正弦曲线图形，其思路为：首先使用 NumPy 生成［0,4π］之间等距分割的200个点的一维数组，计算出其对应的正弦值，再基于这两个数组使用 pyplot 生成图 7-1 所示的图形。

```
>>> x=np.linspace(0,4*np.pi,200)            #生成点的横坐标
>>> y=np.sin(x)                             #计算点的纵坐标
>>> plt.plot(x,y)                           #绘制正弦曲线图形
>>> plt.show()                              #将生成的图形进行显示
```

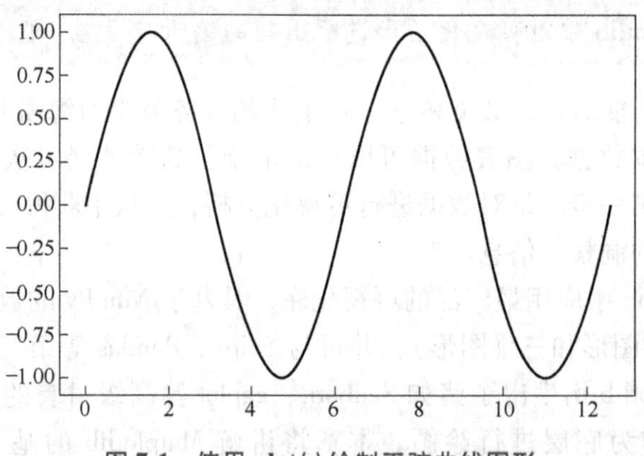

图 7-1 使用 plot( ) 绘制正弦曲线图形

可见，通过上述4行代码就可以绘制并展现正弦曲线图形。这其中最核心的就是 pyplot 中的 plot( ) 函数，其语法格式如下：

```
matplotlib.pyplot.plot(x,y,fmt,data,**kwargs)
```

其中 x、y 是标量或 array-like 对象，作为数据点的横、纵坐标，当 x 没有明确给定时，默认等于 range(len（y））；fmt 为格式字符串，不是必需项，用于对绘制图形的样式属性进行快速设置，其格式为“［标记（marker)］［线条（line)］［颜色（color)］”，这3项中的每一项都是可选的，且不需明确按上述顺序排列。例如'bo'中没有给定线条参数，代表蓝色圆圈

的标记但不绘制线条。表 7-1~表 7-3 列出了每项格式字符串参数常见取值，这些属性也可以通过关键字参数进行设定；data 是可索引对象，不是必需项，其为有标签数据的对象(如字典对象)，用于提供参数中的数据。

表 7-1　格式字符串 fmt 中标记样式的常用取值

<table>
<tr><th>符号</th><th>描述</th><th>符号</th><th>描述</th></tr>
<tr><td>.</td><td>点标记</td><td>*</td><td>星号标记</td></tr>
<tr><td>,</td><td>像素标记</td><td>h</td><td>垂直六边形标记</td></tr>
<tr><td>o</td><td>圆标记</td><td>H</td><td>水平六边形标记</td></tr>
<tr><td>v</td><td>下三角标记</td><td>+</td><td>加号标记</td></tr>
<tr><td>^</td><td>上三角标记</td><td>P</td><td>实心加号标记</td></tr>
<tr><td><</td><td>左三角标记</td><td>x</td><td>叉号标记</td></tr>
<tr><td>></td><td>右三角标记</td><td>X</td><td>实心叉号标记</td></tr>
<tr><td>8</td><td>八角形标记</td><td>D</td><td>菱形标记</td></tr>
<tr><td>s</td><td>正方形标记</td><td>|</td><td>垂直线标记</td></tr>
<tr><td>p</td><td>五边形标记</td><td>_</td><td>水平线标记</td></tr>
</table>

表 7-2　格式字符串 fmt 中线条样式的常用取值

符号	描述
-	实线样式
--	破折线样式
-.	点画线样式
:	点虚线样式

表 7-3　格式字符串 fmt 中颜色的常用取值

符号	描述	符号	描述
b	蓝色	m	品红色
g	绿色	y	黄色
r	红色	k	黑色
c	青色	w	白色

绘制正弦曲线图形代码的最后一行是将结果进行展现供可视化分析。Matplotlib 展现图像的方式可以分为 3 种情况：

1）在脚本文件(.py)中：需要调用 plt.show()函数，该函数会启动事件循环，查找所有当前活动的图形对象，并打开显示图形交互的窗口。

2）在 IPython 笔记本(如 Jupyter Notebook)中：在内核中运行%matplotlib inline 后，创建绘图的单元格都将嵌入所得图形的 PNG 图像，而无须调用 plt.show()函数。

3）在 IPython shell 中：在启动后输入%matplotlib 魔术命令后，任何 pyplot 的绘图命令都会打开一个图形窗口，可以运行更多命令来更新绘制窗口，而无须调用 plt.show()函数。

前述的案例仅绘制了一组正弦曲线数据，而在数据分析时，有时需要在一副图形上绘制多组数据。下面通过在一副图像上同时展示正弦曲线和余弦曲线来讲解绘制多组数据的两种常用方法。

1）多次调用 plt. plot( ) 函数。此方法最为直接且最为常用。如下列代码所示，正弦曲线使用绿色实线绘制，余弦曲线使用红色点画线绘制。值得注意的是，当有多项数据时，可以使用关键字参数“label=”明确每个数据对应的图像名称，并利用 plt. legend( ) 函数对图例进行展示，以便在分析时更好地认识数据结构。

```
>>> x=np.linspace(0,4*np.pi,200)                 # 生成横坐标
>>> y_sin=np.sin(x)                              # 生成正弦曲线的纵坐标
>>> y_cos=np.cos(x)                              # 生成余弦曲线的纵坐标
>>> plt.plot(x,y_sin,'g-',label='sin(x)')        # 绘制正弦曲线图形为绿色实线
>>> plt.plot(x,y_cos,'r-.',label='cos(x)')       # 绘制余弦曲线图形为红色点画线
>>> plt.legend()                                 # 显示图例
>>> plt.show()
```

2）在同一个 plt. plot( ) 中指定多组 x、y 和 fmt 参数。此方法只需要调用一次 plt. plot( ) 函数，但需在函数内部输入每组（x，y，fmt）的数据。使用此种方法时需要注意的是，无法在 plt. plot( ) 函数中制定多个标签，故需要将标签信息移动到图例展示的函数plt. legend( ) 中。

```
>>> x=np.linspace(0,4*np.pi,200)          # 生成横坐标
>>> y_sin=np.sin(x)                       # 生成正弦曲线的纵坐标
>>> y_cos=np.cos(x)                       # 生成余弦曲线的纵坐标
>>> plt.plot(x,y_sin,'g-',x,y_cos,'r-.') # 同时绘制正弦曲线和余弦曲线图形
>>> plt.legend(['sinx','cosx']) # 显示图例,并在图例中明确正弦和余弦曲线的标签
```

以上两种方法都可以生成图 7-2 所示的图形，即在一幅图像上绘制多组数据。其中，第一种方法的优点是直观，且可以对每项数据图形绘制的样式进行精确设计，在数据组数较多

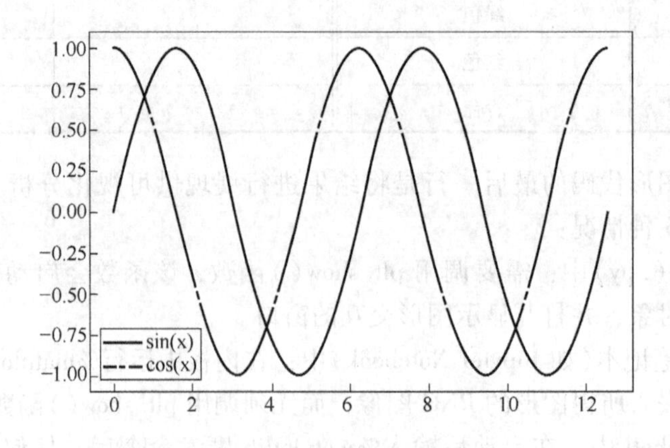

图 7-2　正弦与余弦曲线图形

时，也可以较好地配合for 循环来实现绘图。而第二种方法的结构十分紧凑，适用于数据组较少的情况。除这两种常用的方法外，还可以使用 NumPy 数组的特性等方式进行多组数据绘制，感兴趣的读者可自行学习。

通常完整的绘图还包括标题、轴标签等信息，分别可以通过 pyplot 中的 title( )、xlabel( )、ylabel( )等函数进行设置。同时，在数据分析时常运用网格线进行辅助观察，这可以通过 pyplot 中的 gird( )函数设置。下列代码将图形的横、纵轴分别标记为 x 和 y，设置图形标题为“Graphs of Sine and Cosine Cruves”，并设置了网格线。所绘制的图形如图 7-3 所示。

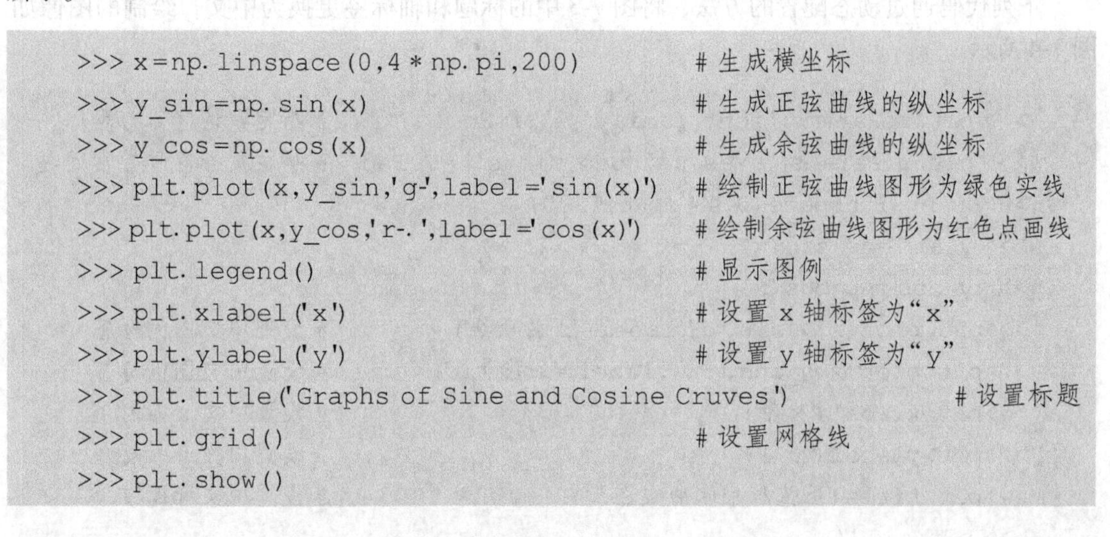

```
>>> x=np.linspace(0,4*np.pi,200)                # 生成横坐标
>>> y_sin=np.sin(x)                             # 生成正弦曲线的纵坐标
>>> y_cos=np.cos(x)                             # 生成余弦曲线的纵坐标
>>> plt.plot(x,y_sin,'g-',label='sin(x)')       # 绘制正弦曲线图形为绿色实线
>>> plt.plot(x,y_cos,'r-.',label='cos(x)')      # 绘制余弦曲线图形为红色点画线
>>> plt.legend()                                # 显示图例
>>> plt.xlabel('x')                             # 设置 x 轴标签为“x”
>>> plt.ylabel('y')                             # 设置 y 轴标签为“y”
>>> plt.title('Graphs of Sine and Cosine Cruves')        # 设置标题
>>> plt.grid()                                  # 设置网格线
>>> plt.show()
```

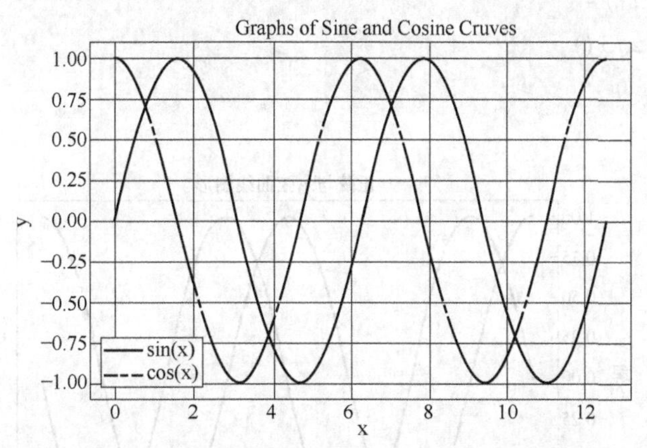

图 7-3　包含标题、轴标签和网格线的正弦与余弦曲线图形

在 Matplotlib 中，默认的字体是不支持中文的，因此如果在上述代码中直接将标题和轴坐标设置为中文会出现乱码。若需要在图像中显示中文字符，有以下两种方式：

1）修改配置文件。Matplotlib 从配置文件 matplotlibrc 中读取相关配置信息，比如字体、样式等，因此可修改此配置文件中的字体为支持中文字体的样式。此方法虽然可以在当前本地终端正确显示中文，但在新的终端上运行代码时依然存在乱码问题，且不同操作系统的配置文件修改方法亦不尽相同。

2）在代码中动态设置。直接在 Python 代码中动态设置字体信息，此方法方便灵活，亦避免了修改配置文件。如下列代码所示。需要注意的是，更改字体后会导致负号符号的显示异常，故还需对符号进行配置。同时这种方式仅针对当前的脚本或内核，重新启动内核或运行脚本需重新运行这段代码。

```
>>> plt.rcParams['font.family']='SimHei'             # 指定默认字体为黑体
>>> plt.rcParams['axes.unicode_minus']=False   # 解决负号符号异常问题
```

下列代码通过动态配置的方法，将图 7-3 中的标题和轴标签更换为中文，绘制的图像如图 7-4 所示。

```
>>> plt.rcParams['font.family']='SimHei'             # 指定默认字体为黑体
>>> plt.rcParams['axes.unicode_minus']=False   # 解决负号符号异常问题
>>> x=np.linspace(0,4*np.pi,200)
>>> y_sin=np.sin(x)
>>> y_cos=np.cos(x)
>>>plt.plot(x,y_sin,'g-',label='正弦曲线')             # 设置中文图例标签
>>>plt.plot(x,y_cos,'r-.',label='余弦曲线')            # 设置中文图例标签
>>>plt.xlabel('x 轴')                                   # 设置中文 x 轴标签
>>>plt.ylabel('y 轴')                                   # 设置中文 y 轴标签
>>>plt.title('正弦与余弦曲线图形')                      # 设置中文标题
>>> plt.grid()
>>> plt.legend()
>>>plt.show()
```

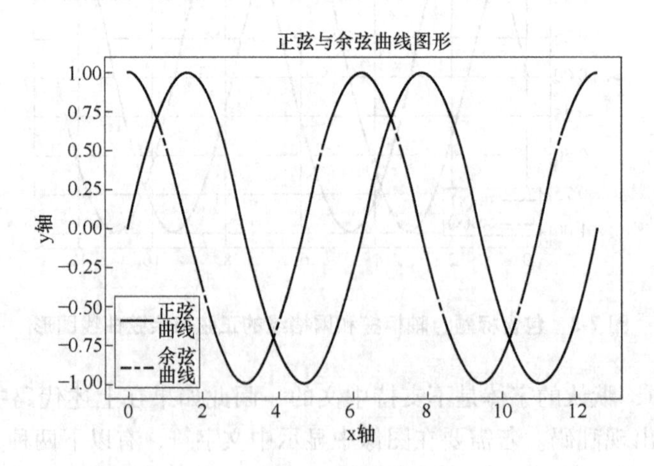

图 7-4　包含中文标题、轴标签和图例标签的正弦与余弦曲线图形

在完成图形的绘制后，有时需要将其保存供后续查看分析，为此可以将 plt.show( ) 更改

为 plt. savefig( ) 函数。该函数将当前图形画布按指定方式保存，其接收的第一个参数为要保存为的文件名，同时可以利用 "dpi =" 关键字参数设置保存图像的分辨率，利用 "transparent =" 关键字参数设置背景是否为透明等。如下列代码表示将当前图形命名为 graph. jpeg 并存储在工作目录下，且将存储图形的分辨率设置为 300dpi，背景设置为透明。需要注意的是，当使用 plt. show( ) 后，当前工作画布会被清除，因此需要保存的图形不建议调用 plt. show( ) 函数。

```
#存储当前画布的图形
>>> plt.savefig('graph.jpeg',dpi=300,transparent=True)
```

7.1.2　统计图

在 pyplot 中，除了有第 7. 1. 1 节讲解的 plot( ) 函数以外，还有多种适合用于可视化分析的图形绘制函数。表 7-4 列举了常用的绘图函数。本节将重点讲解在统计分析中常用的图形函数，其他函数的用法读者可自行查阅 Matplotlib 的官方帮助文档。

表 7-4　pyplot 中的常用绘图函数

函数	描述	函数	描述
scatter(x,y)	散点图	hist(x)	直方图
bar(x,height)	垂直柱状图	boxplot(X)	箱形图
barh(y,width)	水平柱状图	errorbar(x,y,yerr,xerr)	误差线图
stem(x,y)	火柴杆图	pie(x)	饼图
step(x,y)	阶梯图	polar(theta,r)	极坐标图

1. 散点图

在统计分析，尤其是回归分析领域，常用散点图来直观地显示数据变量的分布情况，从而判断数据之间是否存在某种关联或总结分布模式。在 pyplot 中可以使用 scatter( ) 函数绘制散点图，其基本语法格式如下：

```
matplotlib.pyplot.scatter(x,y,s=None,c=None,data,**kwargs)
```

其中 x、y 为浮点数或长度相同的 array-like 对象，代表散点的位置；s 为浮点数或长度相同的 array-like 对象，不是必需项，代表散点的大小，其默认值为标记大小的 2 倍；c 为 array-like 对象或一组包含颜色数据的列表或单个颜色数据，不是必需项，代表散点的颜色，其默认值由颜色循环的下一个颜色决定；data 是可索引对象，不是必需项，为有标签数据的对象 (如字典对象)，用于提供参数中的数据。

下列代码利用 NumPy 生成包括散点位置、大小、颜色的随机数据，利用 plt. scatter( ) 函数绘制图 7-5 所示的散点图，这里将参数都存放于名为 data 的字典中，并利用 "data =" 参数将数据信息传递至绘图函数中。

```
>>> np.random.seed(42)                                  # 随机数生成器种子
>>> N=30                                                # 散点数量
>>> data={'a': np.arange(N),                            # 随机生成散点横坐标
          'c': np.random.randint(0,N,N),                # 随机生成散点颜色
          'd': np.random.randn(N)}                      # 随机生成散点大小序列
>>> data['b']=data['a']+70 * np.random.randn(N)         # 散点纵坐标
>>> data['d']=np.abs(data['d']) * 500                   # 散点大小幅度
>>> plt.scatter('a','b',c='c',s='d',data=data)          # 绘制散点图
>>> plt.xlabel('X Axis')
>>> plt.ylabel('Y Axis')
>>> plt.grid()
>>> plt.show()
```

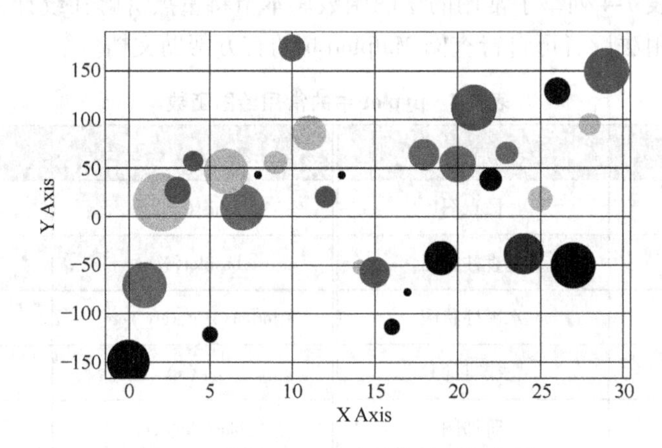

图 7-5　使用 scatter( ) 函数绘制散点图

2. 柱状图

柱状图以长方形的长度为变量，直观地反映了数据的分布情况。柱状图的坐标轴分别为类别和数值。在 pyplot 中可根据可视化的需要，绘制垂直柱状图或水平柱状图。

（1）垂直柱状图　在 pyplot 中可以使用 bar( ) 函数绘制垂直柱状图，其语法格式如下：

```
matplotlib.pyplot.bar(x,height,width=0.8, ** kwargs)
```

其中，x 为浮点数或 array-like 对象，代表类别项；height 为浮点数或 array-like 对象，代表每个柱的高度；width 为浮点数或 array-like 对象，指代柱状图的宽度，默认值为 0.8。柱状图底座的位置、对齐形式等也可通过关键字参数控制。

下列代码实现基于列表构建某快餐店午餐套餐销量的情况，利用 plt.bar( ) 函数绘制出图 7-6 所示的柱状图。

```
>>> plt.rcParams['font.family']='SimHei'                        # 设置中文字体
>>>x=['黄焖鸡','鱼香肉丝','水煮肉片','梅菜扣肉','糖醋里脊']     # 套餐名称
```

```
>>> height=[25,41,25,36,19]                          # 套餐销量
>>> plt.bar((x ,height,width=0.6))                   # 绘制垂直柱状图
>>>plt.xlabel('套餐名称')
>>>plt.ylabel('销量(份)')
>>>plt.title('午餐套餐销量垂直柱状图')
>>> plt.show()
```

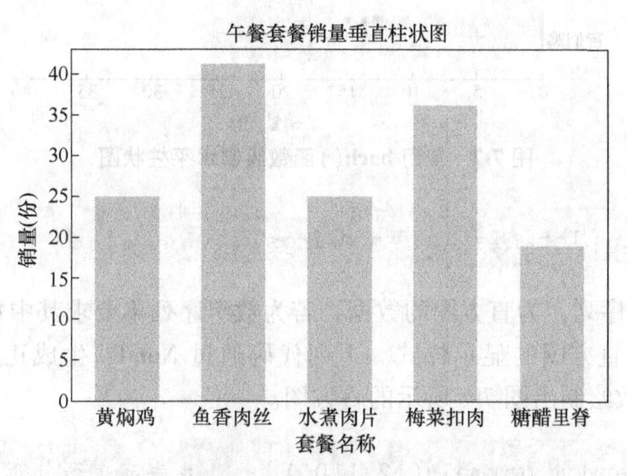

图 7-6　使用 bar( ) 函数绘制垂直柱状图

（2）水平柱状图　柱状图还可以通过 pyplot 中的 barh( ) 函数绘制为水平形式，其语法格式如下：

```
matplotlib.pyplot.bar(y,width,height=0.8, ** kwargs)
```

其中各参数的含义可类比垂直柱状图，图 7-7 为利用下列代码绘制的水平柱状图。

```
>>> plt.rcParams['font.family']='SimHei'
>>>y=['黄焖鸡','鱼香肉丝','水煮肉片','梅菜扣肉','糖醋里脊']
>>> width=[25,41,25,36,19]
>>> plt.barh(y ,width,height=0.6)      # 绘制水平柱状图
>>>plt.xlabel('销量(份)')
>>>plt.ylabel('套餐名称')
>>>plt.title('午餐套餐销量水平柱状图')
>>>plt.show()
```

3. 直方图

不同于柱状图，直方图是一种表现在连续间隔或者是特定时间段内数据分布情况的图形。可描述数据的频次分布，并能够直观地显示数据的众数、中位数、缺失值与异常值等统计信息。在 pyplot 中可以使用 hist( ) 函数绘制直方图，其语法格式如下：

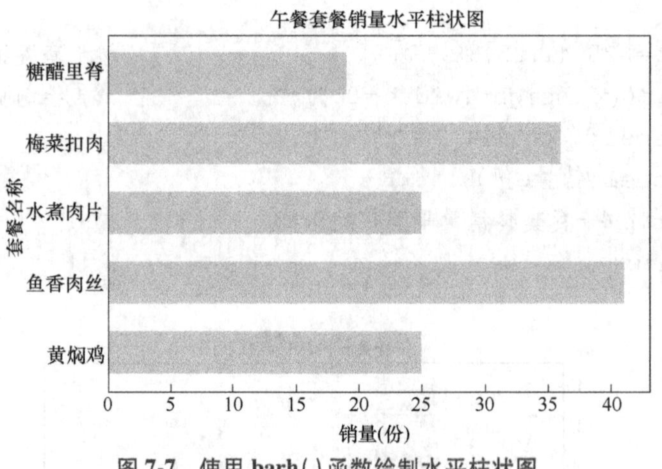

图 7-7　使用 barh( ) 函数绘制水平柱状图

```
matplotlib.pyplot.hist(x, ** kwargs)
```

其中 x 为数组或数组序列，为直方图的数据，若为数组序列不要求其中数组长度一致；其余关键字参数用来调整直方图的显示样式。下列代码通过 NumPy 生成正态分布的随机数据，并利用 plt. hist( ) 函数绘制出图 7-8 所示的直方图。

```
>>> x1=np.random.normal(0,2,1100)           # 生成正态分布数据
>>> x2=np.random.normal(-5,1,900)           # 生成正态分布数据
>>> x3=np.random.normal(4,1,700)            # 生成正态分布数据
>>> kwargs={'bins': 30,'alpha': 0.5}        # 将关键字参数保存至字典中
>>> plt.hist(x1, ** kwargs)                 # 绘制直方图
>>> plt.hist(x2, ** kwargs)                 # 绘制直方图
>>> plt.hist(x3, ** kwargs)                 # 绘制直方图
>>> plt.xlabel('Data')
>>> plt.ylabel('Amount')
>>>plt.show()
```

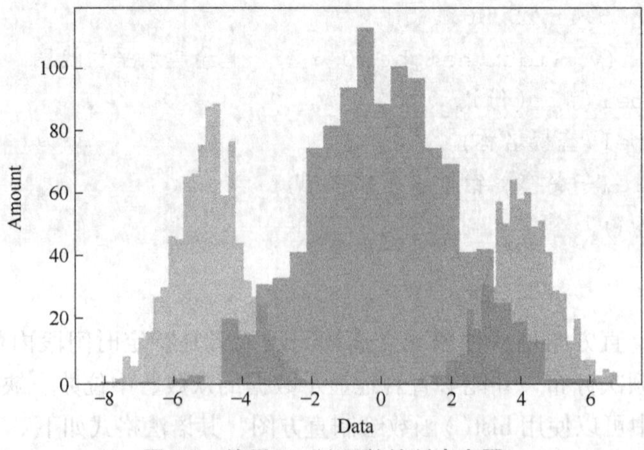

图 7-8　使用 hist( ) 函数绘制直方图

4. 饼图

饼图是一种划分为几个扇形的圆形图形，常用来表现数量、频率或百分比之间的相对关系。在 pyplot 中可以使用 pie( ) 函数绘制饼图，其语法格式如下：

```
    matplotlib.pyplot.pie(x,explode=None,labels=None,autopct=None,
 **kwargs)
```

其中，x 为一维的 array-like 对象，为每个扇形的数据；explode 为 array-like 对象，表示各个扇形之间的间隔，当值为空时，扇形之间不分离；labels 为列表，代表各个扇形的标签；autopct 为字符串，用于设置各个扇区百分比显示。

下列代码利用 plt.pie( ) 函数绘制出图 7-9 所示的饼图，表示某快餐店午餐套餐销量情况，并对糖醋里脊的份额进行分离突出显示。

```
>>> plt.rcParams['font.family']='SimHei'
>>> x=[25,41,25,36,19]
>>>labels=['黄焖鸡','鱼香肉丝','水煮肉片','梅菜扣肉','糖醋里脊']
>>> explode=(0,0,0,0,0.15)                         # 设置分离显示的扇形
>>> plt.pie(x,explode,labels,autopct='%1.1f%%')  # 绘制饼图
>>>plt.title('午餐套餐销量水平饼图')
>>> plt.show()
```

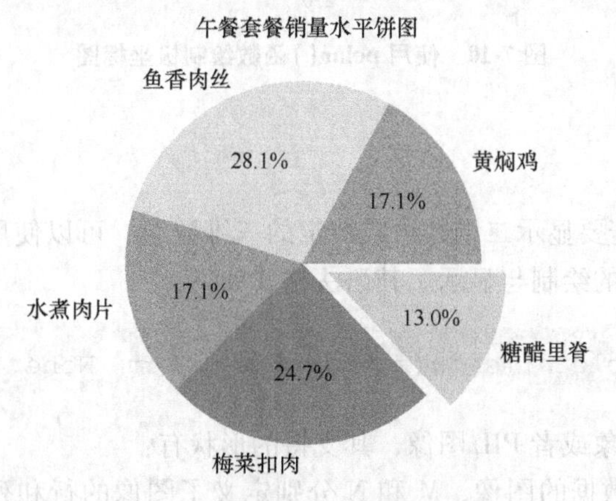

图 7-9　使用 pie( ) 函数绘制饼图

5. 极坐标图

极坐标图是使用值和角度来将信息显示为极坐标的圆形图。当数据点之间的关系可以根据半径和角度进行表示时，它非常实用。其常用于科学计算分析，同时也可以用于绘制雷达图等可视化图形。在 pyplot 中，既可以在 plot( ) 函数中设置极坐标，也可以直接使用 polar( ) 函数绘制垂直柱状图，其语法格式如下：

```
    matplotlib.pyplot.polar(theta,r,**kwargs)
```

其中 theta 为浮点数标量或 array-like 对象，代表所绘制曲线的角度；r 为浮点数标量或 array-like 对象，代表距离；同时 polar( ) 也支持 plot( ) 函数中的各类关键字参数。下列代码利用 plt. polar( ) 函数绘制出图 7-10 所示的极坐标图。

```
>>> rad=np.arange(0,2*np.pi,0.01)                # 生成数据
>>> for i in rad:
        r=i
        plt.polar(i,r,'g.')                      # 绘制极坐标图
>>> plt.show()
```

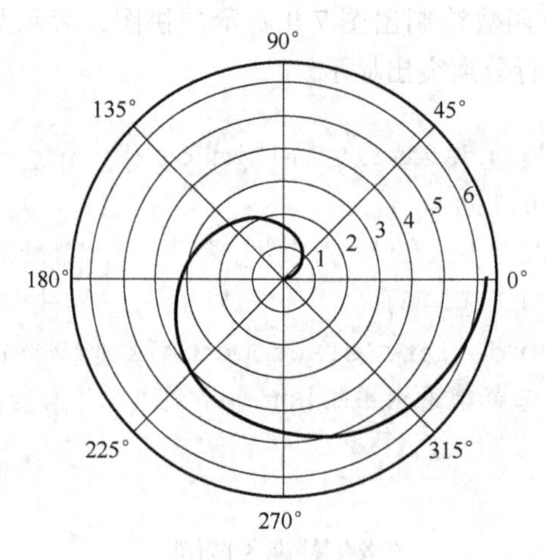

图 7-10　使用 polar( ) 函数绘制极坐标图

7.1.3　数组绘制

在 Matplotlib 中，若要显示二维数组或特定的三维数组，可以使用 pyplot 中的 imshow( ) 函数。其通常用于图像的绘制与显示。其语法格式如下：

```
matplotlib.pyplot.imshow(x,cmap=None,norm=None, **kwargs)
```

其中，x 为 array-like 对象或者 PIL 图像，其支持的形状有：

1）(M,N)：标量数据的图像，M 和 N 分别定义了图像的行和列，图像的值通过 norm 和 cmap 的参数设置转化为颜色。

2）(M,N, 3)：RGB 值的图像，M 和 N 分别定义了图像的行和列，支持 0~1 的浮点数或 0~255 的整数，超出范围的值将被裁剪掉。

3）(M,N, 4)：RGBA 值的图像，M 和 N 分别定义了图像的行和列，其中第 4 维度(即 A 维度)为透明度，超出范围的值将被裁剪掉。

cmap 为字符串或 Colormap 对象，用于将标量数据映射到色彩空间，对于 RGB（A）格式的数据，此参数将被忽略；norm 用来在数据标量映射到色彩空间前将数据缩放至［0, 1］，默认采取线性缩放，对于 RGB(A)格式的数据，此参数将被忽略；imshow( ) 函数还有

丰富的关键字参数用来控制图像显示的效果，读者可自行查阅 Matplotlib 官方文档。下面通过几个案例阐述 imshow( ) 函数的用法。

1. 条码图的绘制

条码是典型的二维单色图像。下列代码首先定义一维的 NumPy 数组，其中“0”代表白色，“1”代表黑色；接着设置图像画布大小；随后利用 imshow( ) 函数绘制条码图，这里“aspect=”关键字需要设置成“auto”，该参数代表轴域的长度保持固定并调整横纵比以适应图形；最后将坐标轴隐去，绘制出图 7-11 所示的条码图。

```
>>> code=np.array([
    1,0,1,1,1,0,1,0,1,1,0,0,0,1,0,0,1,0,1,0,0,1,1,1,
    0,0,0,1,0,1,1,0,0,0,0,1,0,1,0,0,1,1,0,0,1,0,1,0,
    1,0,1,0,0,1,0,1,0,1,1,1,0,1,0,1,1,1,0,1,1,0,0,1,
    1,0,1,1,1,0,1,0,1,1,1,0,0,1,0,0,0,1,1,0,1,1,1])
>>> pixel_per_bar=4                                  # 单个条码的像素
>>> dpi=100
>>> plt.figure(figsize=(len(code) * pixel_per_bar / dpi,2)) # 设置画布
>>> plt.imshow(code.reshape(1,-1),cmap='binary',aspect='auto')
                                                          # 绘制条码
>>> plt.axis('off')
>>> plt.show()
```

图 7-11 条码图

2. 分类热力图的绘制

分类热力图通常用来表现两组分类变量之间的强度分布关系。下列代码用于绘制图 7-12 所示的某村各户作物收成的热力图。首先分别构建作物和农户的分类列表，再建立二维的 NumPy 数组，表示各户作物的对应关系，然后利用 imshow( ) 函数生成热力图，设置横轴和纵轴的轴标签，其中横轴的标签进行 45°旋转，再利用 for 循环对每个热力图上的类别进行标注，最后使用 pyplot 的 colorbar( ) 函数生成色阶颜色栏，用来指示颜色对应的数值。

```
>>> plt.rcParams['font.family']='SimHei'
>>>vegetables=['黄瓜','番茄','生菜','芦笋','马铃薯','小麦','大麦']
```

```
>>>farmers=['老王家','老李家','老孙家','老谢家','老刘家','小亮家','大庆家']
>>> harvest=np. array([[0.8,2.4,2.5,3.9,0.0,4.0,0.0],
                      [2.4,0.0,4.0,1.0,2.7,0.0,0.0],
                      [1.1,2.4,0.8,4.3,1.9,4.4,0.0],
                      [0.6,0.0,0.3,0.0,3.1,0.0,0.0],
                      [0.7,1.7,0.6,2.6,2.2,6.2,0.0],
                      [1.3,1.2,0.0,0.0,0.0,3.2,5.1],
                      [0.1,2.0,0.0,1.4,0.0,1.9,6.3]])
>>> plt. imshow(harvest)                                    # 绘制热力图
>>> plt. xticks(np. arange(len(farmers)),labels=farmers,rotation=45)
>>> plt. yticks(np. arange(len(vegetables)),labels=vegetables)
# 给每个单元增加文字注释
>>> for i in range(len(vegetables)):
        for j in range(len(farmers)):
            text=plt. text(j,i,harvest[i,j],ha='center',va='center',
color='w')
>>>plt. title('各户作物收成(吨/年)')
>>> plt. colorbar()                                         # 显示色阶颜色栏
>>>plt. show()
```

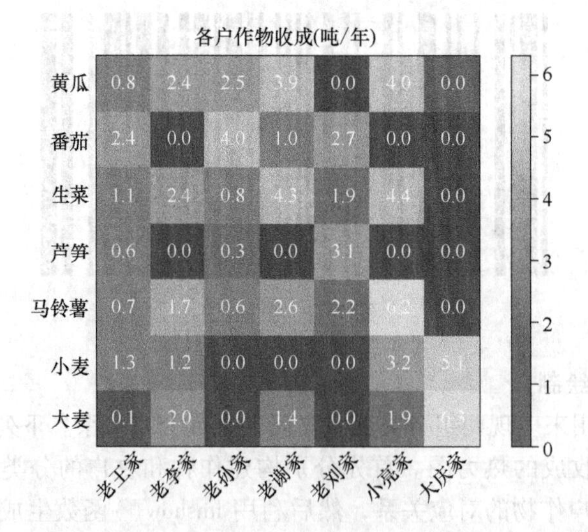

图 7-12　某村各户作物收成热力图

3. 图像显示

imshow()函数的另一个常用功能是显示图片。下列代码首先利用 pyplot 中的 imread()函数读取目录下的 Panda. jpg 图片为 NumPy 数组，再使用 imshow()函数将数组显示为图片，显示效果如图 7-13 所示。

```
>>> img=plt.imread('Panda.jpg')                # 将图像读取为 NumPy 数组
# type(img): numpy.ndarray
# img.shape: (480,720,3)
>>> plt.imshow(img)                            # 将数组显示为图像
>>> plt.show()
```

图 7-13　显示效果

7.2　面向对象的绘图模式

7.1 节详细讲解了基于 pyplot 的绘图方法。这种方法采用了基于状态的绘图模式，即自动创建和管理图及轴域，简单直观并能快速地生成图像。但当需要对图形进行更细致地控制与定义，就需要采取面向对象的编程思想。本节将重点讲解 Matplotlib 中面向对象的绘图模式。

7.2.1　图形对象

在 Matplotlib 中，每个绘图中都有一个树状结构的 Matplotlib 对象。具体来说，最外层容器为画布(figure)对象，它可以包含一个或多个轴域(axes)对象；每个轴域代表一个实际的绘图单元，其层次结构的下方是如刻度线、坐标轴、图例、线条、文字等绘图中的基础类对象。整体的层次结构如图 7-14 所示，而这其中每一个元素都是可以独立控制的 Python 对象。

当以基于面向对象的模式进行绘图时，作图流程如下所示。

1. 创建画布实例

Matplotlib 中提供了 matplotlib.figure 模块，其包含了创建画布的对象和方法，可以通过调用 pyplot 中的 figure( ) 函数来实例化 figure 对象。其语法格式如下：

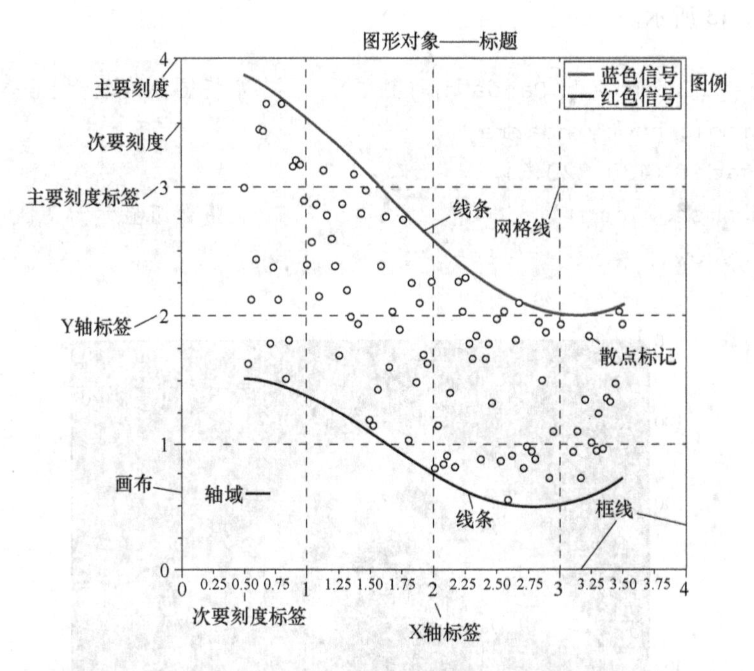

图 7-14　Matplotlib 图形对象的层次结构

```
matplotlib.pyplot.figure (num = None, figsize = None, dpi = None, facecolor=None,edgecolor=None,frameon=True, ** kwargs )
```

其中，num 为整数或字符串，作为画布的唯一标识符，默认为 None；figsize 为 array-like 对象，包含两个浮点数元素，为画布的宽和高，单位为英寸，默认为(6.4, 4.8)；dpi 为浮点数，代表画布以每英寸点数为单位的图形分辨率，默认为 100；facecolor 和 edgecolor 分别代表背景颜色和边框颜色，默认为白色；frameon 表示是否显示边框，默认为显示。

2. 在画布上创建轴域实例

在创建好画布实例后，可以在其上通过 add_axes( ) 方法创建轴域实例。其语法格式如下：

```
add_axes(rect,projection=None,polar=False,** kwargs)
```

其中，rect 为序列或浮点数，代表轴域的尺寸，其格式为［左部，底部，宽度，高度］，每个数字必须在 0~1 之间，代表其与画布宽度和高度的比例；projection 表示将轴域映射至何种坐标系，默认为直角坐标系；polar 表示是否为极坐标系，如果为 True，则等同于 projection='polar'。

3. 在每个轴域中添加基础类对象

在轴域中，大部分绘图方法都与 pyplot 中的方法完全相同，如 plot( )、scatter( )、imshow( )、legend( )等。但不是所有命令都是这种情况，特别是对标签、标题、坐标轴等的设置，函数有略微改动，常见绘图命令的区别见表 7-5。

表7-5 面向状态和面向对象常用绘图命令的区别

命令	在 pyplot 中	在 axes 中
设置 x 轴标签	xlabel( )	set_ xlabel( )
设置 y 轴标签	ylabel( )	set_ ylabel( )
设置 x 轴限制	xlim( )	set_ xlim( )
设置 y 轴限制	ylim( )	set_ ylim( )
设置标题	title( )	set_ title( )

在面向对象模式绘图中，更常采用的是直接调用 set( )函数，其可以通过关键字参数一次性设置标签、标题、刻度等特性。

下列代码以面向对象模式绘制出图 7-15 所示的正弦曲线图形。首先创建画布实例为 fig，随后在 fig 上使用 add_ axes( )方法构建轴域实例 ax，并设置轴域起点在画布的左下角，宽度和高度与画布的相等，最后在 ax 上进行图形绘制和样式设置。

```
>>> plt.rcParams['font.family']='SimHei'
>>> plt.rcParams['axes.unicode_minus']=False
>>> x=np.linspace(0,4*np.pi,200)
>>> y=np.sin(x)
>>> fig=plt.figure(dpi=300)                    # 创建画布实例 fig
>>> fig.tight_layout()
>>> ax=fig.add_axes([0,0,1,1])                 # 在画布上添加轴域实例 ax
>>> ax.plot(x,y)                               # 在轴域中绘图
>>>ax.set(xlabel='x 轴',ylabel='y 轴',title='正弦曲线图形')    # 设置轴域
>>> plt.show()
```

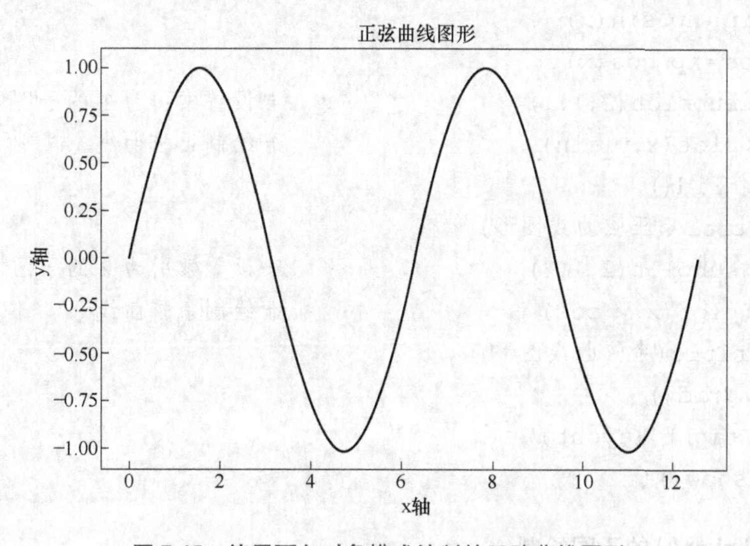

图 7-15 使用面向对象模式绘制的正弦曲线图形

7.2.2 子图绘制

在进行可视化分析时，并排比较不同的数据视图有时会对分析起到较大的帮助，此时可以利用 Matplotlib 中的子图。所谓子图，是指在单个画布中划分不同的轴域，并在每个单独的轴域上绘制不同的图形。子图绘制有 subplot( ) 和 subplots( ) 两种常用的方法。

1. 基于 subplot( ) 的子图绘制

pyplot 提供的 subplot( ) 函数是一种较为底层的子图绘制函数，它可以对画布进行均等划分。其语法格式如下：

```
matplotlib.pyplot.subplot(nrows,ncols,index,**kwargs)
```

其中，nrows 和 ncols 为整数，代表将画布分为几行几列的子区域；index 可以是整数也可以是元组，当其为整数时，代表当前子图的索引，索引起始值为 1，从左上角开始，并向右增加，当其为元组时，代表跨越的子图索引，其格式为（初始索引位置，结束索引位置）；其余关键字参数可以对子图的边框、位置、标签等进行设置。

下列代码通过 subplot( ) 函数绘制出图 7-16 所示的包含正弦与余弦曲线的子图。在每一幅子图绘制时，先设置子图，再利用 plot( ) 函数绘制图形，并设置标题，然后进入下一副子图的绘制。可以发现，使用 subplot( ) 函数是基于状态的绘制模式。若在基于 subplot( ) 的子图绘制中要采取面向对象的绘图模式，需对画布实例采用 add_subplot( ) 方法建立子图轴域。在实际使用过程中，若采用面向对象的绘图模式则更常用基于 subplots( ) 的子图绘制。

```
>>> plt.rcParams['font.family']='SimHei'
>>> plt.rcParams['axes.unicode_minus']=False
>>> x=np.linspace(0,4*np.pi,200)
>>> y_sin=np.sin(x)
>>> y_cos=np.cos(x)
>>> plt.subplot(2,1,1)                    # 设置索引为 1 的子图
>>> plt.plot(x,y_sin)                     # 绘制正弦曲线
>>> plt.grid()
>>>plt.title('正弦曲线图形')
>>> plt.subplot(2,1,2)                    # 设置索引为 2 的子图
>>> plt.plot(x,y_cos)                     # 绘制余弦曲线
>>>plt.title('余弦曲线图形')
>>> plt.grid()
>>> plt.tight_layout()
>>>plt.show()
```

2. 基于 subplots( ) 的子图绘制

pyplot 提供的 subplots( ) 函数与 subplot( ) 函数的使用方法类似，不同之处在于，

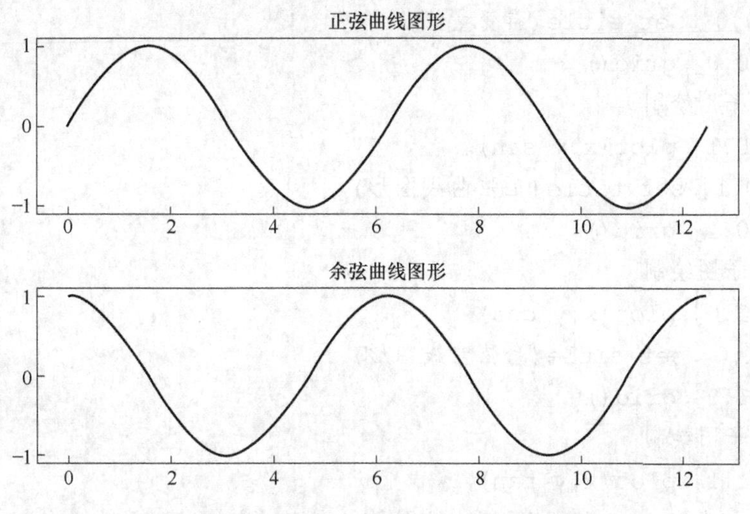

图 7-16　使用 subplot( )函数绘制正弦与余弦曲线子图

subplots( )函数同时创建了画布对象和子图的轴域，这种特性使其十分适合面向对象的子图绘制。其常用的语法格式如下：

```
fig ,ax=plt.subplots(nrows=1,ncols=1, ** kwargs)
```

其中，nrows 和 ncols 为整数，代表将画布分为几行几列的子区域，默认都为 1，由于其默认为 1 的特性，subplots( )函数也常用来生成不含子图的画布和轴域实例的方法。其第 1 个返回值为画布实例，第 2 个返回值为轴域实例。需要注意的是，在 subplots( )方法中，由于返回的是对象，每个轴域对象的索引是从 0 开始的。

下列代码通过 subplots( )函数绘制出图 7-17 所示的包含 2 行 2 列共 4 个子图的图形。在生成子图轴域对象时，使用了关键字参数“sharex='col'”，这意味所有列上的子图都共用横坐标，这可以使子图的可视化效果更为清晰。在对每个子图进行绘制与设置时，直接在对应的轴域实例对象上操作，因此基于 subplots( )的子图绘制是天然面向对象的。

```
>>> plt.rcParams['font.family']='SimHei'
>>> plt.rcParams['axes.unicode_minus']=False
>>> x=np.linspace(0,4 * np.pi,200)
>>> y_sin=np.sin(x)
>>> y_cos=np.cos(x)
>>> y_tan=np.tan(x)
# 2 行 2 列 4 个子图,同列共用横轴
>>> fig,ax=plt.subplots(2,2,sharex='col')
>>> fig.tight_layout()
# 第 1 个子图绘制
>>> ax[0,0].plot(x,x)
```

```
>>>ax[0,0].set_title('自变量值')
>>> ax[0,0].grid()
# 第 2 个子图绘制
>>> ax[0,1].plot(x,y_sin)
>>>ax[0,1].set_title('正弦曲线图形')
>>> ax[0,1].grid()
# 第 3 个子图绘制
>>> ax[1,0].plot(x,y_cos)
>>>ax[1,0].set_title('余弦曲线图形')
>>> ax[1,0].grid()
# 第 4 个子图绘制
>>> ax[1,1].plot(x,y_tan)
>>>ax[1,1].set_title('正切曲线图形')
>>> ax[1,1].grid()
>>>plt.show()
```

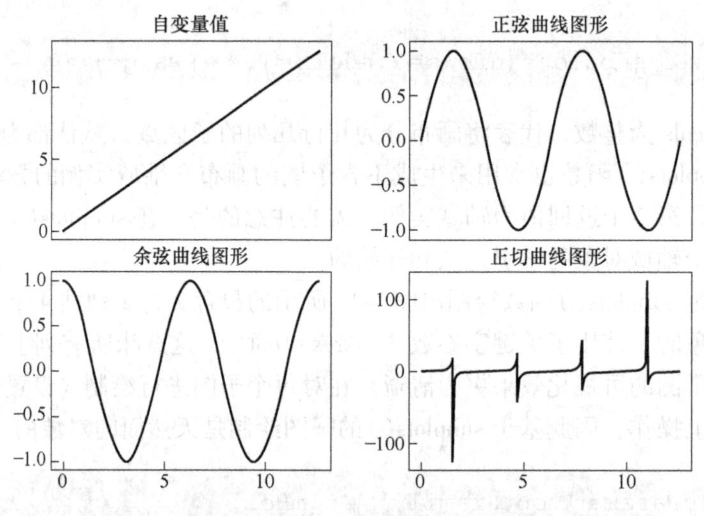

图 7-17　使用 subplots( ) 函数绘制 2 行 2 列共 4 个子图

7.2.3　文字注释

在可视化分析的过程中，很多情况下需要对图表中的信息进行文字标识和注解，以求更完整地描述图形。在之前的章节中已运用了标题、轴标签、图例等形式注释图形，当需要更细致的文字注释时，可以运用 text( ) 和 annotate( ) 等函数。

在注释时，最基础的就是 text( ) 函数，它同时支持基于状态和面向对象的绘图模式，功能是在轴域上指定的坐标添加文字。其语法格式如下：

```
matplotlib.pyplot.text(x,y,s,fontdict=None, ** kwargs)
```

其中 x 和 y 均为浮点数，代表文字的坐标；s 为字符串，为要显示的文字；fontdict 为字典，用于覆盖默认文本属性；其余关键字参数可对文字做更细致的设置。

下列代码首先生成包含 2 行 2 列 4 个子图的图形，再使用 text( ) 函数在每个子图的中间位置进行索引标注，最终生成图 7-18 所示的图形。

```
>>> fig,ax=plt.subplots(2,2)
>>> for i in range(2):
        for j in range(2):
            ax[i,j].text(0.5,0.5,str((i,j)),fontsize=25,ha='center')
            ax[i,j].set_xticks([])                    # 隐藏 x 轴刻度标签
            ax[i,j].set_yticks([])                    # 隐藏 y 轴刻度标签
>>>plt.show()
```

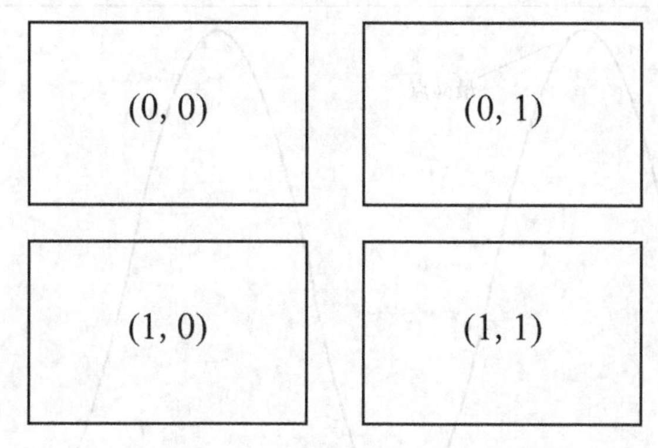

图 7-18　使用 text( ) 函数对每个子图进行索引标注

在实际可视化过程中，标注文字往往需要和箭头搭配使用做更精确的指示。pyplot 提供了 arrow( ) 函数来绘制箭头，但基于此方法生成的箭头会受轴域的横纵比及限制的影响，导致箭头的头尾不成直角。因此在需要箭头标注的环境中，通常采用的是 annotate( ) 函数。其语法格式如下：

```
matplotlib.pyplot.annotate(text,xy,xytext=xy,*args,**kwargs)
```

其中，text 为字符串，为要注释的文字；xy 为包含两个浮点数的元组，指代需要注释的坐标；xytext 为包含两个浮点数的元组，表示注释文字的位置，默认与需要注释的坐标相同；除此之外，还有可选用参数 arrowprops，其为字典格式，用于在 xy 和 xytext 之间绘制箭头，默认为无，即不绘制箭头。

下列代码绘制正弦图形，并使用 annotate( ) 函数对正弦曲线的最高点与最低点进行标记，通过关键字参数分别调整两项注释的文本和箭头样式，生成的图形如图 7-19 所示。可以发现，使用 annotate( ) 函数能够实现对图形进行详细的注释设置。

```
>>> plt.rcParams['font.family']='SimHei'
```

```
>>> plt.rcParams['axes.unicode_minus']=False
>>> x=np.linspace(0,4*np.pi,200)
>>> y_sin=np.sin(x)
>>> fig,ax=plt.subplots()
>>> fig.tight_layout()
>>> ax.plot(x,y_sin)
>>>ax.annotate('最高点',(0.5*np.pi,1),(4,0.5),fontsize=15,bbox=dict(boxstyle='round',fc='none',arrowprops=dict(arrowstyle='->'))
>>>ax.annotate('最低点',(1.5*np.pi,-1),(8,-1),fontsize=15,arrowprops=dict(arrowstyle='fancy'))
>>> plt.show()
```

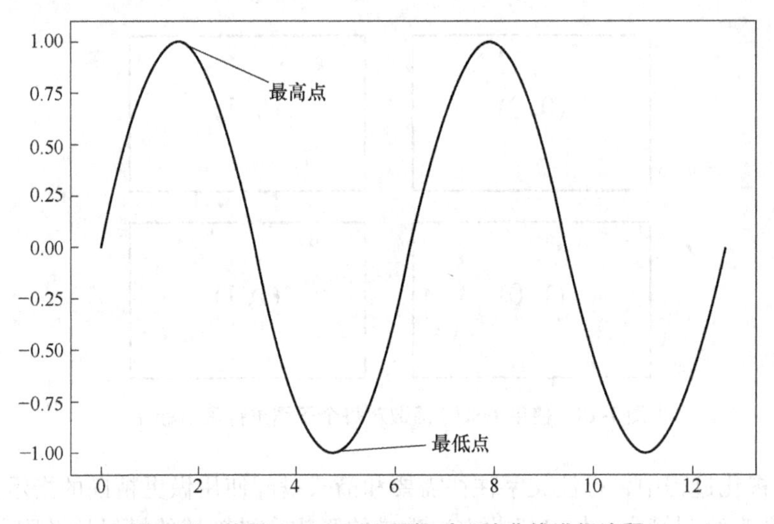

图 7-19 使用 annotate( ) 函数对正弦曲线进行注释

7.3 人口金字塔可视化分析

在对某地人口进行分析时，人口金字塔是一项十分重要的可视化分析工具。其按男女人口年龄的自然顺序自下而上在纵轴左右画成并列的横条柱，各条柱代表各个年龄组，用于表现某时间点上的年龄直方图，能够直观地反映当地人口数据、老龄化程度、生育年龄人口、人口抚养比、未来的出生率和死亡率等关键数据，是各类涉及人口发展或规划的分析基础。本节将读取某地的人口数据信息，采用可视化手段对其分析，并构建人口金字塔。

在本案例中将用到以下的第三方库和模块，首先进行导入工作：

```
>>> import numpy as np
>>> import matplotlib.pyplot as plt
```

同时，本案例中的可视化分析涉及中文的使用，在图形风格上，采用 seaborn-whitegrid 风格，需要进行如下设置：

```
>>> plt.style.use('seaborn-whitegrid')          # 风格设置
>>> plt.rcParams['font.family']='SimHei'
>>> plt.rcParams['axes.unicode_minus']=False
```

7.3.1　提取人口数据

本案例中的人口数据保存在文件 Population2020.csv 中，在第6章中已经介绍可以使用 Jupyter Notebook 中的魔术命令对数据集进行快速的观察，这里以 Windows 系统为例。

```
>>> %%cmd
    powershell -command "& {Get-Content Population2020.csv -Total-
Count 10}"
```

上述命令将在 Jupyter Notebook 中打印 Population2010.csv 文件的前10行，可以得到如下输出：

```
Age,M,F
0-4,44456332,39476105
5-9,46320144,40415039
10-14,45349923,38912828
15-19,44103122,38238737
20-24,46273865,40884302
25-29,51522843,46466160
30-34,66443228,62295742
35-39,51345507,48745948
40-44,49289359,46984787
```

从中可以得知，该文件由3列数据组成：Age 代表年龄段，以5年间隔为一行；M 代表该年龄段男性的人口数；F 代表该年龄段女性的人口数。

接下来使用 np.loadtext()函数将数据导入为 NumPy 数组以便后续分析。在导入时需跳过第一行表头。导入后使用索引将代表男性和女性的年龄人口数据分别赋值给两个新变量。实际上，使用 Pandas(Python Data Analysis Library)库可以对.csv 格式的数据进行更便捷的读取，后续的章节将对 Pandas 的使用方法进行介绍。

```
>>> np.set_printoptions(suppress=True)          # 设置不使用科学计数法
# 导入数据
>>> data_2020=np.loadtxt("Population2020.csv",delimiter=",",
skiprows=1,usecols=(1,2))
```

```
>>> male_2020=data_2020[:,0]
>>> female_2020=data_2020[:,1]
```

由于年龄段以 5 岁为间隔，可以使用列表生成式快速地生成包含年龄段字符串的列表，赋值给 age 变量，对于末尾的“大于 100 岁”，使用列表的 append( )方法进行添加。

```
>>> age=['{}至{}岁'.format(5*i,5*(i+1)-1)for i in range(20)]
>>>age.append('大于 100 岁')
>>> print(age)

['0 至 4 岁','5 至 9 岁','10 至 14 岁','15 至 19 岁','20 至 24 岁','25 至 29 岁','30 至 34 岁','35 至 39 岁','40 至 44 岁','45 至 49 岁','50 至 54 岁','55 至 59 岁','60 至 64 岁','65 至 69 岁','70 至 74 岁','75 至 79 岁','80 至 84 岁','85 至 89 岁','90 至 94 岁','95 至 99 岁','大于 100 岁']
```

下一步，计算每个年龄段、每个性别的人口数量占总人口数的百分比。首先计算人口总数，使用 NumPy 数组的广播功能可以快速地计算百分比。

```
#计算人口总数
>>> sum_pop_2020=np.sum(data_2020)
#计算男性占比
>>> male_2020_pct=male_2020 / sum_pop_2020
#计算女性占比
>>> female_2020_pct=female_2020 / sum_pop_2020
>>> str_male_2020_pct= ','.join(str('{:.2}%').format(i*100)for i in male_2020_pct).split(',')
>>> str_female_2020_pct= ','.join(str('{:.2}%').format(i*100)for i in female_2020_pct).split(',')
```

接下来可以使用 print( )函数对现有数据进行解读，以女性数据为例。

```
>>>print('2020 年女性数据:')
    for i,v in enumerate(age):
        print('{}占总人口的{}'.format(v,str_female_2020_pct[i]))

2020 年女性数据:
0 至 4 岁占总人口的 2.7%
5 至 9 岁占总人口的 2.8%
10 至 14 岁占总人口的 2.7%
15 至 19 岁占总人口的 2.7%
```

```
20 至 24 岁占总人口的 2.8%
25 至 29 岁占总人口的 3.2%
30 至 34 岁占总人口的 4.3%
35 至 39 岁占总人口的 3.4%
40 至 44 岁占总人口的 3.3%
45 至 49 岁占总人口的 4.1%
50 至 54 岁占总人口的 4.2%
55 至 59 岁占总人口的 3.4%
60 至 64 岁占总人口的 2.7%
65 至 69 岁占总人口的 2.6%
70 至 74 岁占总人口的 1.6%
75 至 79 岁占总人口的 1.0%
80 至 84 岁占总人口的 0.65%
85 至 89 岁占总人口的 0.33%
90 至 94 岁占总人口的 0.11%
95 至 99 岁占总人口的 0.025%
大于 100 岁占总人口的 0.0043%
```

通过输出结果可见，文字虽然能全面地展示数据信息，但却无法直观地表现数据的模式与结构，为此可采用可视化分析手段进一步阐述数据。

7.3.2　可视化人口数据

本小节将首先采取基础的可视化分析工具对人口数据进行剖析。对于这类包含数量与百分比对应关系的数据，采用饼图可进行直观的描述。由于数据共涉及 21 个类，部分占比较小的数据若在图表中以注释形式出现将导致混叠，因此首先创建函数对占比在 1%以下的数据注释进行隐藏。

```
>>> f_pct=lambda pct: ('{:.2f}%'.format(pct))if pct > 1 else''
```

接下来以女性数据为例，进行饼图的绘制。下列代码首先设置画布的宽和高分别为 7 英寸，使用 plt.pie( )函数将 2020 年女性年龄人口数据绘制为饼图，其中注释采用之前定义的 f_pct 函数来隐藏百分比占比在 1%以下的数据，并确定注释颜色为白色，在饼图右侧绘制图例，添加标题后生成图 7-20 所示的图形。

```
>>> plt.figure(figsize=(7,7))
>>> plt.pie(female_2020,autopct=f_pct,textprops=dict(color="w"))
>>> plt.legend(age,title="年龄段",
loc="center left",bbox_to_anchor=(1,0,0.5,1))
>>>plt.title('2020 年女性年龄分布饼图')
```

```
>>> plt.show()
```

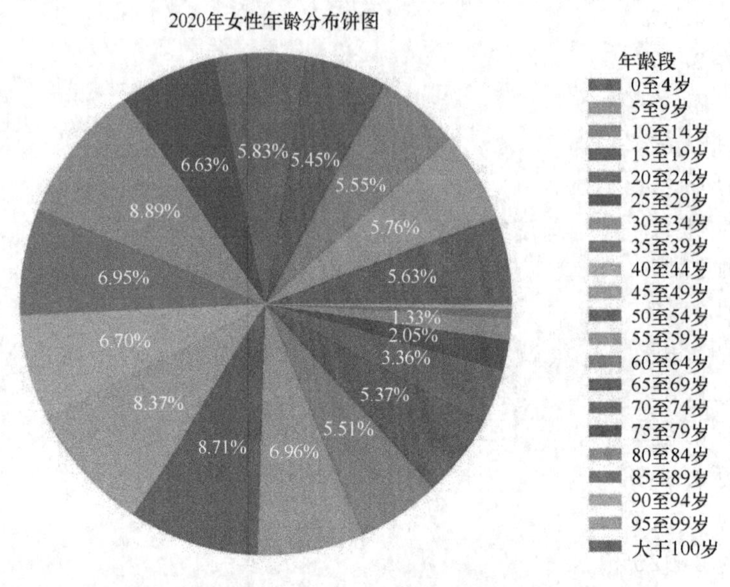

图 7-20　2020 年女性年龄分布饼图

图 7-20 彩图

由图 7-20 可以发现，在面对分类较多的数据时（如本案例中有 21 组类别），饼图虽然能展示出数据的结构信息，但在数据比较时却不够直观。另一种常用于针对数据分布情况的可视化分析工具是柱状图。下列代码首先制定 1 行 2 列包含 2 幅子图的画布，尺寸为宽 20 英寸、高 7 英寸。第 1 幅子图绘制男性数据的柱状图，第 2 幅子图绘制女性数据的柱状图，并使用 ax.set( ) 函数对每幅子图的轴标签、刻度标签进行调整。每幅子图的横轴代表年龄段、纵轴代表人口数，由于图形的限制，还需要调整横轴的轴标签旋转 90°以避免混叠。最终生成图 7-21 所示的柱状图。

```
>>> fig,ax=plt.subplots(1,2,figsize=(20,7))
>>> ax[0].bar(age,male_2020)
>>>ax[0].set(xlabel='年龄段',ylabel='人口数',title='2020 年男性年龄分布柱状图', yticks = [0, 10000000, 20000000, 30000000, 40000000, 50000000, 60000000,70000000],yticklabels=['0',r'$1\times 10^7 $',r'$2\times 10^7 $',r'$3\times 10^7 $',r'$4\times 10^7 $',r'$5\times 10^7 $',r'$6\times 10^7 $',r'$7\times 10^7 $'])
>>> ax[0].tick_params(axis='x',labelrotation=90)
                                                    # 旋转横轴标签 90 度
>>> ax[1].bar(age,female_2020,color='# CC6699')
>>>ax[1].set(xlabel='年龄段',ylabel='人口数',title='2020 年女性年龄分布柱状图', yticks = [0, 10000000, 20000000, 30000000, 40000000, 50000000, 60000000,70000000],yticklabels=['0',r'$1\times 10^7 $',r'$2\times 10^7 $',
```

```
r'$3\times 10^7 $',r'$4\times 10^7 $',r'$5\times 10^7 $',r'$6\times 10^7
 $',r'$7\times 10^7 $'])
    >>> ax[1].tick_params(axis='x',labelrotation=90) # 旋转横轴标签 90 度
    >>> plt.show()
```

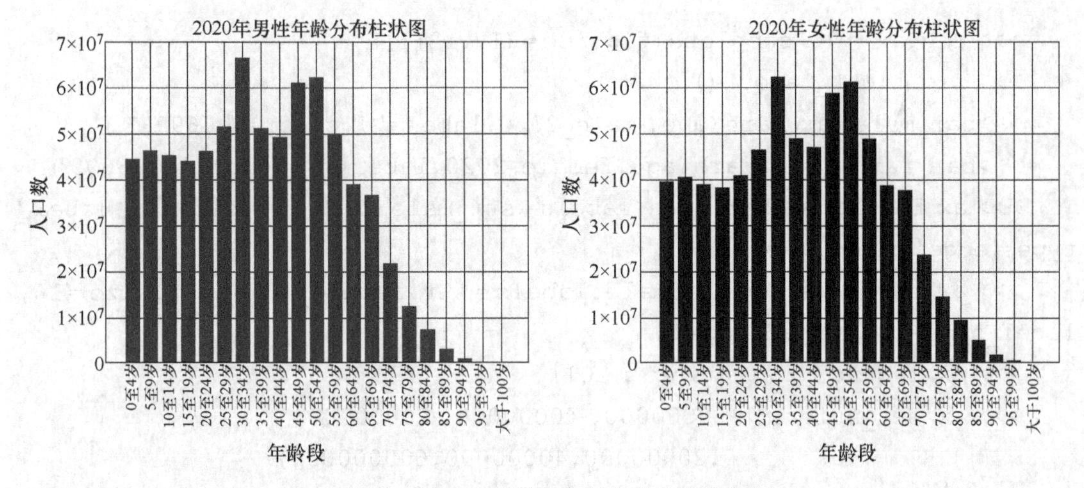

图 7-21 2020 年男性与女性年龄分布柱状图

对比图 7-20 和图 7-21 可以发现，柱状图能更好地展示数据中各个类别的对比关系，如男性和女性的人口的波峰都处在 30 至 34 岁、45 至 49 岁、50 至 54 岁 3 个阶段，且新生人口比重没有上升趋势。尽管此处通过子图的方式将男性和女性的数据进行了并排陈列，但还是无法直观比对每个年龄段上男性与女性的人口数据差异。

7.3.3 绘制人口金字塔

上节提到，使用柱状图可以较直观地阐述数据中各个类别之间的关系，但无法较好地结合年龄与性别的数据。为此，可采取人口金字塔的方式进行可视化分析。

人口金字塔又被称为“性别-年龄金字塔”，它按照年龄和性别划分某阶段某一地区的人口。其由连续堆叠的水平直方图构成，每个条柱的大小可以显示为占总人口的百分比或人口数，在大部分情况下男性数据分布在左侧而女性数据分布在右侧。人口金字塔可以清晰地可视化人口性别和年龄分布，从而推导出地区人口依赖性、生育水平、人口抚养比等关键指标，能为人口发展政策的制定提供有效的支撑。

通常来说，人口金字塔可分为扩张型、稳定型和缩减型 3 种类型。

1）扩张型。年轻人口比重较大，从最低年龄段到最高年龄段依次逐渐缩小，人口金字塔的塔形下宽上尖，这类地区有较好的人口增长速度。

2）稳定型。除最老年龄组外，其余各年龄段大致相差不多，扩大或缩小均不明显，人口金字塔的塔形较直，这类地区出生人数和死亡人数大致平衡，人口保持稳定。

3）缩减型。年轻人口有规则地逐渐缩小，中年以上各年龄段比重较大，人口金字塔的塔形下窄上宽，这类地区死亡率较低，但出生率也较低，可能出现高抚养比。

由之前的描述可以很自然地联想到使用绘制水平柱状图的 barh( )函数进行人口金字塔的绘制。将男性的人口数量取为负数值，便可以将相同年龄段的男女数据均显示在同一行。为使坐标轴数据正常(即不显示负数)，可采取 Axes. set_ xticklabels( )方法对横轴的刻度标签进行重新设置。除此之外，Axes. bar_label( )方法可以快速设置每一个柱状图上的标签。基于此思路，通过下列代码能够绘制出图 7-22 所示的人口金字塔。

```
>>> fig,ax=plt.subplots(figsize=(17,12))
>>> fig.tight_layout()
>>>bar_male=ax.barh(age,-male_2020,label='男',color='#6699FF')
>>>bar_female=ax.barh(age,female_2020,label='女',color='#CC6699')
>>> ax.bar_label(bar_male,labels=str_male_2020_pct,size=16,label_type='edge',padding=5)
>>> ax.bar_label(bar_female,labels=str_female_2020_pct,size=16,label_type='edge',padding=5)
>>> ax.legend(prop={'size': 20})
>>> ax.set_xticks([-60000000,-40000000,-20000000,
                   0,20000000,40000000,60000000])
>>> ax.set_xticklabels([r'$6\times 10^7$',r'$4\times 10^7$',r'$2\times 10^7$','0',r'$6\times 10^7$',r'$4\times 10^7$',r'$2\times 10^7$'],fontsize=16)
>>> ax.set_yticklabels(age,fontsize=16)
>>>ax.set_ylabel('年龄段',fontsize=16)
>>>ax.set_xlabel('人数',fontsize=16)
>>>ax.set_title('2020 年人口金字塔',fontsize=25)
>>> plt.show()
```

由图 7-22 可以发现，该地区青壮年人口比例较高，且男性人口略高于女性人口。但人口出生率有下降的趋势，若干年后会出现人力资源不足的问题，人口抚养比也会增加。由此可见，人口金字塔能有效且清晰地反映人口状况，展示人口发展的历史并预测未来人口发展趋势，对解决人口问题、进行人口预测、制定人口政策、实行人口控制具有重要意义。

思政小课堂：截至 2022 年，我国已建成世界最大规模高等教育体系，在学总人数超过 4430 万人，高等教育毛入学率从 2012 年的 30%，提高至 2021 年的 57.8%，提高了 27.8 个百分点，实现了历史性跨越，高等教育进入世界公认的普及化阶段。全国接受高等教育的人口达到 2.4 亿，新增劳动力平均受教育年限达 13.8 年，劳动力素质结构发生了重大变化，全民族素质得到稳步提高。

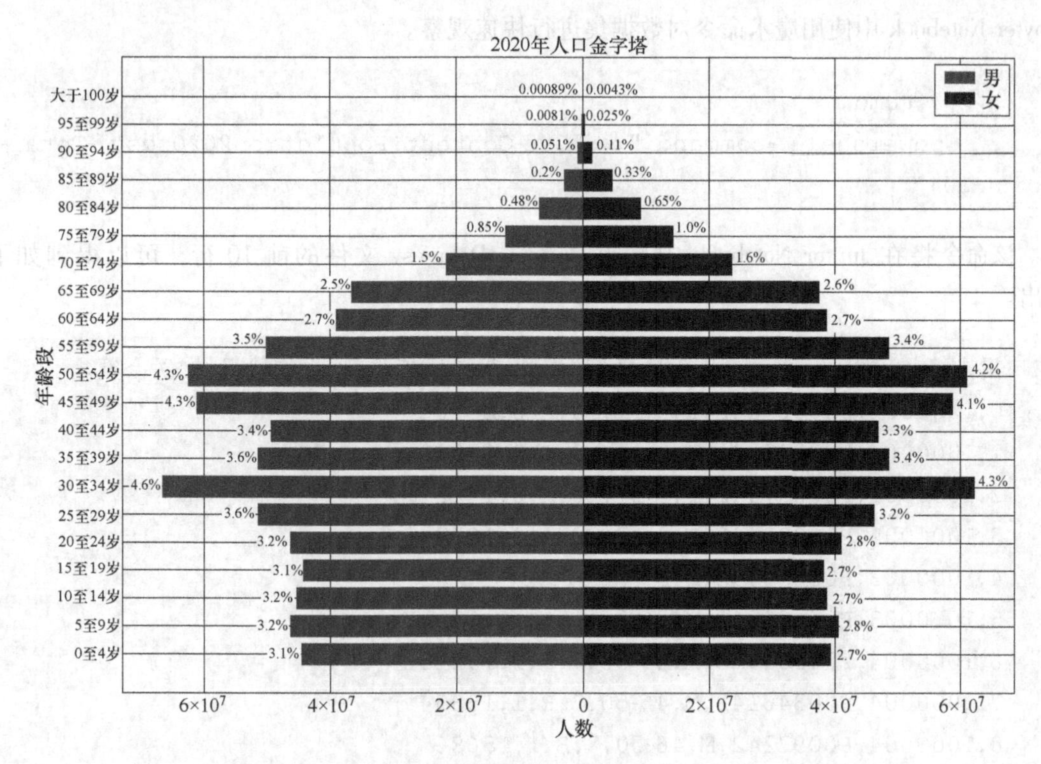

图7-22　2020年人口金字塔

7.4　电商数据可视化分析

随着互联网的蓬勃发展，在线购物平台使全国乃至全世界人们在同一平台上浏览和购买成为可能。为用户提供良好的购物体验并提升用户满意度是在线购物平台最首要的任务，这需要对用户进行合理且确切的分析，了解用户群及其偏好，为用户提供个性化服务。本节将读取某电商公司的销售与用户信息数据，采用可视化手段对其进行多维度分析，以挖掘有价值的信息。

在本案例中将运用到以下的第三方库和模块，首先进行导入工作。

```
>>> import numpy as np
>>> import matplotlib.pyplot as plt
```

同时，可视化分析涉及中文的使用，需要进行如下设置。

```
>>> plt.rcParams['font.family']='SimHei'
>>> plt.rcParams['axes.unicode_minus']=False
```

7.4.1　提取电商数据

本案例中的电商数据保存在文件 CustomerData.csv 中，依然以 Windows 系统为例在

Jupyter Notebook 中使用魔术命令对数据集进行快速观察。

```
>>> %%cmd
    powershell -command "& {Get-Content Population2020.csv -Total-
Count 10}"
```

该命令将在 Jupter Notebook 中打印 CustomerData.csv 文件的前 10 行，可以得到如下输出。

```
用户编号,商品编号,性别,年龄,职业类型,所在城市类别,婚姻状况,购买金额
0,1000001,P00069042,F,0-17,10,A,0,8370
1,1000001,P00248942,F,0-17,10,A,0,15200
2,1000001,P00087842,F,0-17,10,A,0,1422
3,1000001,P00085442,F,0-17,10,A,0,1057
4,1000002,P00285442,M,55+,16,C,0,7969
5,1000003,P00193542,M,26-35,15,A,0,15227
6,1000004,P00184942,M,46-50,7,B,1,19215
7,1000004,P00346142,M,46-50,7,B,1,15854
8,1000004,P0097242,M,46-50,7,B,1,15686
```

该数据集一共由 8 项特征组成，本案例中需要将“商品编号”“性别”“年龄”“职业类型”和“购买金额”共 5 项特征用于可视化分析。使用 np.loadtext( ) 将每项特征导入为 NumPy 数组供后续分析使用，导入时需跳过第一行表头，并注意特征数据的格式：前 3 项特征的数据格式为字符串，后 2 项特征的数据格式为浮点数。

```
# 商品编号数据
>>> product_id = np.loadtxt ("CustomerData.csv", delimiter = ",",
skiprows=1,usecols=(2),dtype=np.str_,encoding='utf_8_sig')
# 性别数据
>>> gender=np.loadtxt("CustomerData.csv",delimiter=",",skiprows=
1,usecols=(3),dtype=np.str_,encoding='utf_8_sig')
# 年龄数据
>>> age=np.loadtxt("CustomerData.csv",delimiter=",",skiprows=1,
usecols=(4),dtype=np.str_,encoding='utf_8_sig')
# 职业类型数据
>>> occupation = np.loadtxt ("CustomerData.csv", delimiter = ",",
skiprows=1,usecols=(5),encoding='utf_8_sig')
# 购买金额数据
>>> purchase = np.loadtxt ("CustomerData.csv", delimiter = ",",
skiprows=1,usecols=(8),encoding='utf_8_sig')
```

在完成数据提取后便可对数据开展分析，并根据分析结果使电商公司更有策略、更有目的性地调整产品与活动，以适应客户群体的需求。很显然，针对这样高维度的数据信息，无法直接运用二维的可视化分析手段。接下来将分别针对产品数据和用户数据，提取适当的特征，开展合适的分析，运用可视化手段帮助商家决策。

7.4.2　产品数据可视化分析

本小节将针对产品的销售数据开展可视化分析。在面对包含多个特征的数据时，熟悉数据库使用的读者便知道可以使用 Group By 操作对数据按要求（如年龄、金额等）进行分组。目前，NumPy 还不支持类似于 Group By 的方法，当不借助 Pandas 等其他数据处理库时，可以通过 NumPy 构建如下的函数，使用 Python 的字典实现 Group By 分组。

```
>>> def groupby(x):
        x_uniques=np.unique(x)
        return {xi:np.where(x==xi) for xi in x_uniques}
```

对商家来说最重要的是知晓最受欢迎的产品，即销售额或销售量最高的产品是什么。在数据集中，每一个商品编号都出现了数次，每一次都对应着不同消费者的购买金额。下列代码首先根据商品编号特征对数据进行分组，分别计算每个商品的销售总额和销售总量，并由高到低进行排序。随后构建 2 行 1 列的子图图形（见图 7-23），上图展示销售额前 10 位的商品，下图展示销售量前 10 位的商品。

```
# 根据商品编号分组
>>> id_index=groupby(product_id)
# 计算每种商品编号的销售总额并按降序排序
>>> purchase_group={key: purchase[id_index[key]].sum() for key in
id_index.keys()}
>>> sorted_purchase=sorted(purchase_group.items(),key=lambda kv:
(kv[1],kv[0]),reverse=True)
>>> purchase_top_label=[i[0] for i in sorted_purchase[:10]]
>>> purchase_top_data=[i[1] for i in sorted_purchase[:10]]
# 计算每种商品编号的数量并按降序排序
>>> product_group={key: id_index[key][0].shape[0] for key in id_in-
dex.keys()}
>>> sorted_product=sorted(product_group.items(),key=lambda kv:
(kv[1],kv[0]),reverse=True)
>>> purchase_count_top_label=[i[0] for i in sorted_product[:10]]
>>> purchase_count_top_data=[i[1] for i in sorted_product[:10]]
# 对销售额和销售量前十位的商品进行可视化分析
>>> fig,ax=plt.subplots(2,1,figsize=(16,12),dpi=300)
```

```
>>> ax[0].plot(purchase_top_label,purchase_top_data,'co-')
>>> ax[0].grid()
>>>ax[0].set_xlabel('商品编号')
>>>ax[0].set_ylabel('商品销售额')
>>>ax[0].set_title('销售额前十位的商品',fontsize='20')
>>> ax[1].plot(purchase_count_top_label,purchase_count_top_data,'yo-')
>>> ax[1].grid()
>>>ax[1].set_xlabel('商品编号')
>>>ax[1].set_ylabel('商品销售量')
>>>ax[1].set_title('销售量前十位的商品',fontsize='20')
>>> plt.show()
```

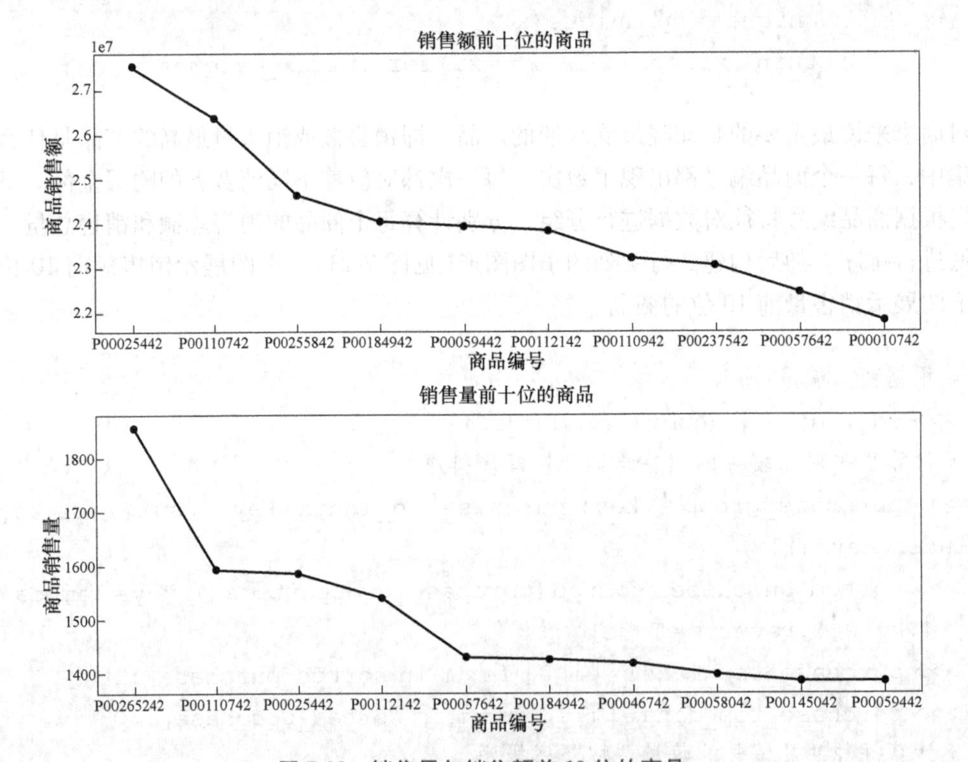

图 7-23 销售量与销售额前 10 位的商品

由图 7-23 可以发现，销售额前 10 位的商品和销售量前 10 位的商品并不完全相同，如 P00025442 商品销售额为第 1 位，约 2750 万元，但其销售量仅排在第 3 位，为 1586 件，这意味该商品有更高的单价。同理，商家也可以对销售量最差的商品进行可视化分析。下列代码分别计算销售额和销售量后 10 位的商品，并绘制出图 7-24 所示的图形。

```
#销售额后十位的商品
>>> purchase_last_label=[i[0] for i in sorted_purchase[-10:]]
```

```
>>> purchase_last_data=[i[1] for i in sorted_purchase[-10:]]
# 销售量后十位的商品
>>> purchase_count_last_label=[i[0] for i in sorted_product[-10:]]
>>> purchase_count_last_data=[i[1] for i in sorted_product[-10:]]
# 对销售额和销售量后十位的商品进行可视化分析
>>> fig,ax=plt.subplots(2,1,figsize=(16,12),dpi=300)
>>> ax[0].plot(purchase_last_label,purchase_last_data,'co-')
>>> ax[0].grid()
>>>ax[0].set_xlabel('商品编号')
>>>ax[0].set_ylabel('商品销售额')
>>>ax[0].set_title('销售额后十位的商品',fontsize='20')
>>> ax[1].plot(purchase_count_last_label,purchase_count_last_
data,'yo-')
>>> ax[1].grid()
>>>ax[1].set_xlabel('商品编号')
>>>ax[1].set_ylabel('商品销售量')
>>>ax[1].set_title('销售量后十位的商品',fontsize='20')
>>> plt.show()
```

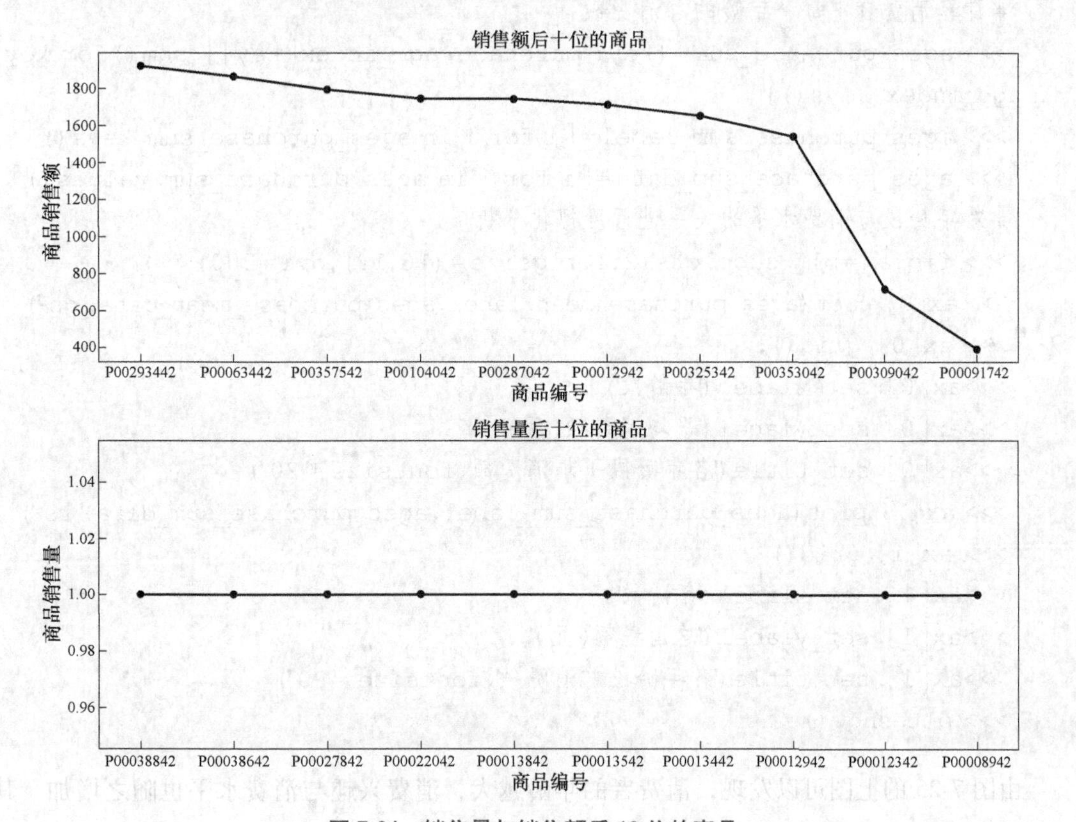

图 7-24　销售量与销售额后 10 位的商品

由图 7-24 可见，后 10 位的商品销售量都只有一件，销售额的差别便是单价的差别。

通过对产品销售数据的可视化分析，可以帮助电商商家更好地调整定价策略、产品矩阵、活动方向等，从而在降低运营成本的同时提供更多客户欢迎的产品。

7.4.3 用户数据可视化分析

用户是电商公司的核心。为更好地吸引新用户，同时防止老用户的流失，电商公司需要对用户的信息进行分析与评估，预测用户的偏好与行为，保证业务的可持续性。本小节将对用户信息与消费数据的关系开展可视化分析。

首先分析的是客户群体年龄与消费水平的关系。下列代码对年龄信息进行分组，分别计算各个年龄段的总消费额与平均消费额，构建 2 行 1 列的子图图形，上图展示各年龄段的平均消费额，下图展示各年龄段的总消费额，绘制的图形如图 7-25 所示。

```
# 根据年龄分组
>>> age_index=groupby(age)
# 计算消费者中每个年龄段消费额的平均值
>>> ages_purchase_mean={key: purchase[age_index[key]].mean() for key in age_index.keys()}
>>> ages_purchase_mean_label=[i for i in ages_purchase_mean.keys()]
>>> ages_purchase_mean_data=[i for i in ages_purchase_mean.values()]
# 计算消费者中每个年龄的总消费额
>>> ages_purchase_sum={key: purchase[age_index[key]].sum() for key in age_index.keys()}
>>> ages_purchase_sum_label=[i for i in ages_purchase_sum.keys()]
>>> ages_purchase_sum_data=[i for i in ages_purchase_sum.values()]
# 对年龄段与消费水平的关系进行可视化分析
>>> fig,ax=plt.subplots(2,1,figsize=(16,12),dpi=300)
>>> ax[0].plot(ages_purchase_mean_label,ages_purchase_mean_data,'gs-')
>>> ax[0].grid();
>>>ax[0].set_xlabel('年龄段')
>>>ax[0].set_ylabel('平均消费额(元)')
>>>ax[0].set_title('各年龄段平均消费额',fontsize='20')
>>> ax[1].plot(ages_purchase_sum_label,ages_purchase_sum_data,'rs-')
>>> ax[1].grid()
>>>ax[1].set_xlabel('年龄段')
>>>ax[1].set_ylabel('总消费额(元)')
>>>ax[1].set_title('各年龄段总消费额',fontsize='20')
>>> plt.show()
```

由图 7-25 的上图可以发现，消费者的年龄越大，消费兴趣与消费水平也随之增加，其

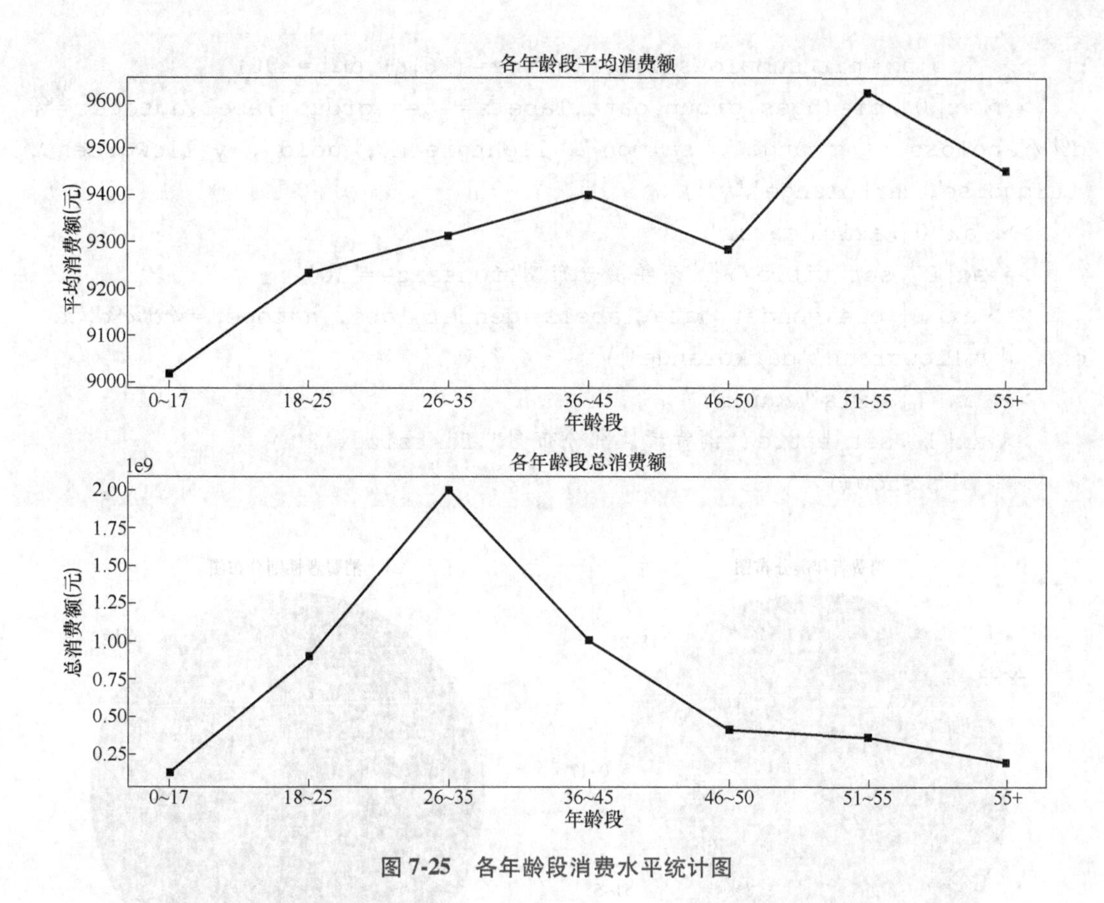

图 7-25　各年龄段消费水平统计图

中，51~55 岁消费者的消费水平最高，平均消费额超过 9600 元。然而图 7-25 的下图与上图的趋势并不相同，总消费额最高的群体在 26~35 岁区间，在这之后随着年龄的增加，总消费额呈下降趋势。这说明消费主力仍然是青年群体。

接下来分析消费者的年龄与性别的具体构成。以下代码分别计算年龄与性别中包含的类别和每个类别中对应的人数，构建 1 行 2 列的子图图形，均以饼图的形式进行可视化，绘制出图 7-26 所示的图形。

```
    # 计算消费者中每个年龄段的人数
    >>> age_group={key: age_index[key][0].shape[0] for key in age_in-
dex.keys()}
    >>> ages_group_label=[i for i in age_group.keys()]
    >>> ages_group_data=[i for i in age_group.values()]
    # 计算消费者中男性与女性的占比
    >>> gender_label, gender_data = np.unique(gender, return_counts =
True)
    >>>gender_label=np.array(['女性','男性'])
    # 对消费者的年龄与性别分布进行可视化分析
```

```
>>> fig,ax=plt.subplots(1,2,figsize=(16,8),dpi=300)
>>> ax[0].pie(ages_group_data,labels=ages_group_label,autopct='%d%%', colors=['orange','salmon','lightgreen','gold','yellowgreen','turquoise','darkorange','y'])
>>> ax[0].axis('equal')
>>>ax[0].set_title('消费者年龄分布图',fontsize='20')
>>> ax[1].pie(gender_data,labels=gender_label,autopct='%d%%',colors=['yellowgreen','darkorange'])
>>> ax[1].axis('equal')
>>>ax[1].set_title("消费者性别分布图",fontsize='20')
>>> plt.show()
```

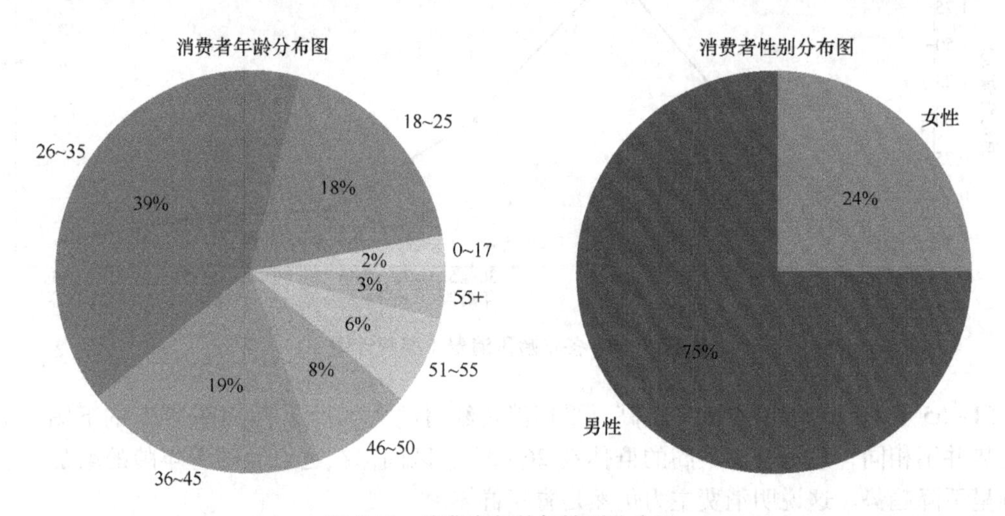

图 7-26　消费者年龄与性别分布图

通过观察图 7-26 的左图，可以印证图 7-25 得出的结论：26~35 年龄段的消费者占消费者总量的 40%，同时大于 60%的消费者的年龄段在 26~45，尽管年龄段在 51~55 的消费者购买力很强，但其人数仅占消费者总数的 7%。而图 7-26 的右图表明，该电商覆盖的用户群体大部分是男性客户，占消费者总数的 75%。

除此之外，在进行用户细分时，消费者的职业也是一项非常重要的信息。下列代码首先计算消费者职业的类型和每种职业的总人数，随后按照职业类型进行分组，计算每种职业消费者的平均消费额。构建 2 行 1 列的子图图形(见图 7-27)，上图用柱状图展示职业类型的分布情况，下图用折线图表示各职业的平均消费额(元)。

```
#计算消费者中每种职业类别的人数
>>> occupation_label,occupation_data=np.unique(occupation,return_counts=True)
#按照职业类型进行分组
```

```
>>> occupation_index=groupby(occupation)
# 计算每种职业类型的平均消费额
>>> occupation_purchase_group = {key: purchase[occupation_index
[key]].mean() for key in occupation_index.keys()}
>>> occupation_purchase_label = [i for i in occupation_purchase_
group.keys()]
>>> occupation_purchase_data = [i for i in occupation_purchase_
group.values()]
# 对职业类型和消费水平的关系进行可视化分析
>>> fig,ax=plt.subplots(2,1,figsize=(16,12),dpi=300)
>>> ax[0].bar(occupation_label,occupation_data,color='purple')
>>> ax[0].set_xticks(occupation_label)
>>> ax[0].set_xlabel('职业类型')
>>> ax[0].set_ylabel('人数')
>>> ax[0].set_title('消费者中的职业类型分布',fontsize='20')
>>> ax[1].plot(occupation_purchase_label,occupation_purchase_
data,'ro-')
>>> ax[1].grid();
>>> ax[1].set_xlabel('职业类型');
>>> ax[1].set_ylabel('平均消费额(元)');
>>> ax[1].set_title('各职业的平均消费额',fontsize='20');
>>> ax[1].set_xticks(occupation_purchase_label)
>>> plt.show()
```

由图7-27可以发现，不同职业类型在商家的消费水平有较大的区别。如职业类别为12、15、17的消费者购买力很强，但这些职业的人数并不多。职业类别为8的消费者人数是最少的(甚至没有达到10000人)，但该职业群体的平均消费额仅比拥有40000人的职业17少约300元。

通过本案例可以发现，可视化分析在电商的运营中能够显著降低人工筛选数据与特征的时间与精力，且更有效地运用数据资源，从而更精确分析出对公司有利的产品与用户信息，使公司及时了解用户现状与需求，开发并制定出更贴近用户的产品与销售策略。

思政小课堂：2016年以来，我国陆续与多个国家签署了电子商务合作备忘录并建立双边电子商务合作机制，合作伙伴遍及五大洲。至2021年，我国已与22个国家建立了“丝路电商”双边合作机制，共同开展政策沟通、规划对接、产业促进、地方合作、能力建设等多层次多领域的合作，有效提升了我国企业国际化水平，增强了统筹全球资源的能力，为“一带一路”沿线国家电商发展创造有利环境。

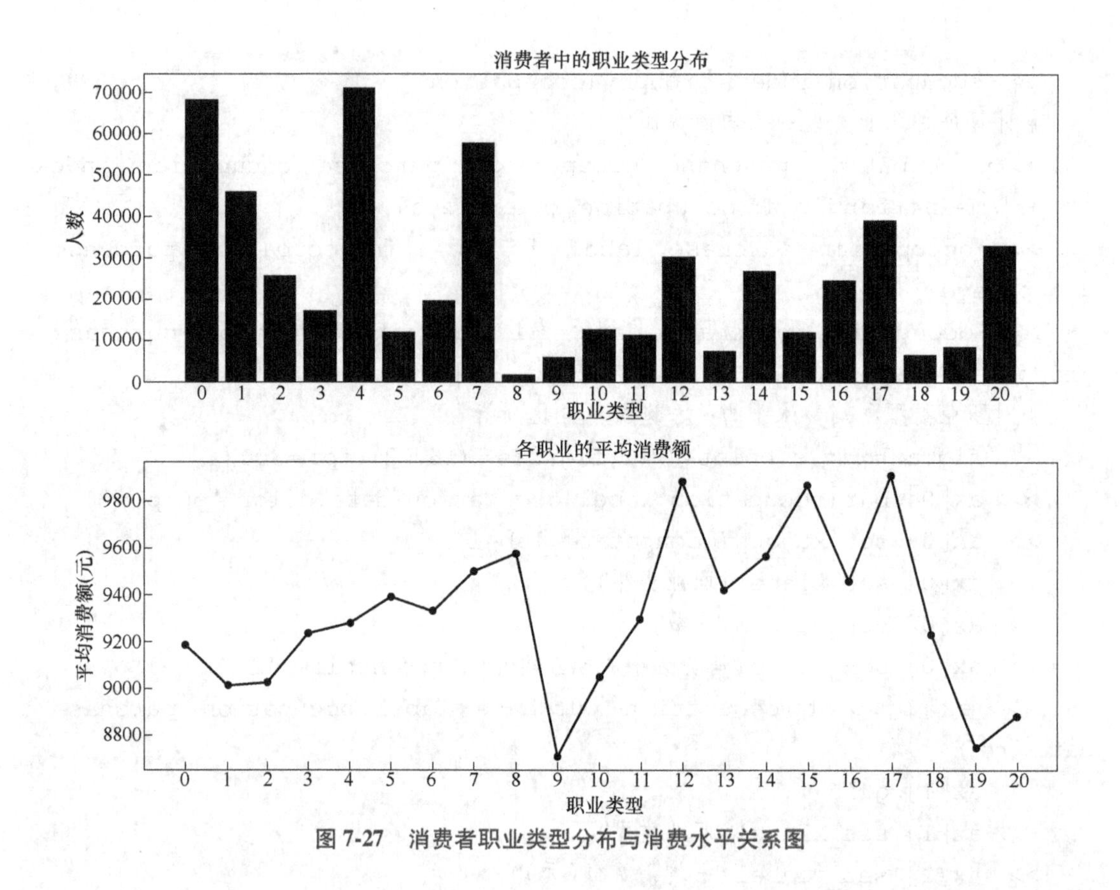

图 7-27　消费者职业类型分布与消费水平关系图

7.5　气象数据可视化分析

气象数据与民生息息相关，尤其在指导生产与生活中，气象数据起着举足轻重的作用。如人们每天都习惯查看气象软件或气象新闻，了解当地的温度、降雨情况，以便安排出行计划。随着获取气象数据的手段逐渐增加，合理地对气象数据进行探索与可视化分析能够为气象监测、气象预报与灾害预警提供有效的科学支撑。本案例将读取上海 2021 年全年的气象数据，使用可视化手段对温度、降雨、气候、风向等信息开展全面的分析。

在本案例中将用到以下的第三方库和模块，首先进行导入工作。

```
>>> import numpy as np
>>> import matplotlib.pyplot as plt
>>> from scipy.stats import norm
```

同时，本案例的可视化分析涉及中文的使用，在图形风格上，采用 seaborn-whitegrid 风格，需要进行如下设置。

```
>>>plt.style.use('seaborn-whitegrid')            # 风格设置
>>> plt.rcParams['font.family'] ='SimHei'
>>> plt.rcParams['axes.unicode_minus'] =False
```

7.5.1 提取气象数据

本案例中的气象数据保存在文件 shanghai_ weather. csv 中，依然以 Windows 系统为例，在 Jupyter Notebook 中使用魔术命令对数据集进行快速的观察。

```
>>> %%cmd
    powershell-command "& {Get-Content shanghai_weather.csv -Total-
Count 10}"
```

该命令将在 Jupter Notebook 中打印 shanghai_weather. csv 文件的前 10 行，可以得到如下输出：

```
日期,星期,最高温度,最低温度,天气状况,风向,平均温度
0,2021-01-01,星期五 ,4,-1,晴,西风 2 级,1.5
1,2021-01-02,星期六 ,7,1,晴,北风 2 级,4.0
2,2021-01-03,星期日 ,10,6,阴,东风 2 级,8.0
3,2021-01-04,星期一 ,13,7,阴,东风 2 级,10.0
4,2021-01-05,星期二 ,8,2,多云,北风 3 级,5.0
5,2021-01-06,星期三 ,5,-4,阴,北风 3 级,0.5
6,2021-01-07,星期四 ,-3,-6,多云,西北风 4 级,-4.5
7,2021-01-08,星期五 ,0,-6,晴,西风 4 级,-3.0
8,2021-01-09,星期六 ,3,-1,多云,西北风 3 级,1.0
```

该数据集记载了 2021 年全年每天上海的气象情况，包括“最高温度”“最低温度”“天气状况”“风向”与“平均温度”。下列代码使用 np. loadtext( )将每项数据导入为 NumPy 数组，导入时需跳过第 1 行表头。需注意数据的格式，如温度数据为浮点数，天气状况和风向为字符串，日期数据的格式为包含一系列日期信息操作方法的 np. datatime64。这其中，将每日的最高温度、最低温度与平均温度一并赋值给 temperature。

```
# 温度数据
>>> temperature = np.loadtxt('shanghai_weather.csv',delimiter=',',
skiprows=1,usecols=(3,4,7),encoding='utf_8_sig')
# 天气数据
>>> weather = np.loadtxt('shanghai_weather.csv',delimiter=',',
skiprows=1,usecols=(5),dtype=np.str_,encoding='utf_8_sig')
# 风象数据
>>> wind=np.loadtxt('shanghai_weather.csv',delimiter=',',skiprows=
1,usecols=(6),dtype=np.str_,encoding='utf_8_sig')
# 日期数据
>>> date=np.loadtxt('shanghai_weather.csv',delimiter=',',skiprows=
1,usecols=(1),dtype=np.datetime64,encoding='utf_8_sig')
```

在完成数据的读取后，针对温度、天气状况、风象等信息开展可视化分析。

7.5.2 温度数据可视化分析

在分析温度数据时，最直观的为全年的温度走势图。由于数据集中的温度信息的细粒度到天，这样的数据直接进行可视化分析会有较大的噪声，不利于把握全年走势。下列代码首先构建函数对每日的最高温度、最低温度与平均温度按月份取平均值，再使用折线图的方式构建出最高温度、最低温度与平均温度的走势，绘制的图形如图 7-28 所示。

```
>>> def monthly_mean(date,temperature):
        month=[i.month for i in date.astype(object)]
        month_index=[month.index(i)for i in range(2,13)]
        month_split=np.array(np.split(temperature,month_index,axis=
0),dtype='object')
        month_mean=[month_split[i].mean(axis=0)for i in range(12)]
        return np.array(list(set(month))),np.array(month_mean)
>>> mon_data,tem_data=monthly_mean(date,temperature)
>>> plt.figure(figsize=(8,4),dpi=300)
>>>plt.plot(mon_data,tem_data,label=['最高气温','最低气温','平均气温'])
>>>plt.xticks([i for i in range(1,13)],['{}月'.format(i) for i in
range(1,13)])
>>>plt.ylabel('温度($^{\circ}$C)')
>>>plt.xlabel('月份')
>>>plt.title('上海 2021 年气温走势图')
>>> plt.legend(bbox_to_anchor=(1.05,1),loc=2,borderaxespad=0.0)
>>> plt.show()
```

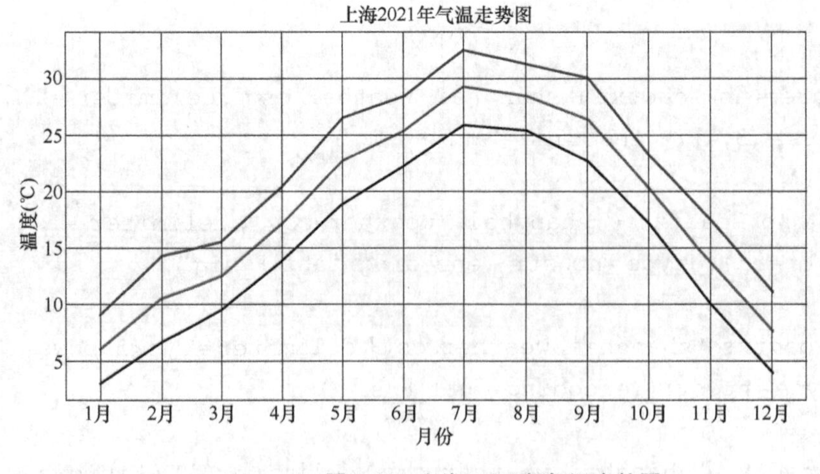

图 7-28 上海 2021 年气温走势图

图 7-28 彩图

由图7-28可见，上海2021年的气温走势较为明显，从1月至7月温度随时间推移逐渐上升，直至达到约30℃的平均气温，到8月，气温又开始逐渐回落，直至12月，最低气温达到5℃以下。

要想直观地展示每月气温与年平均气温的差值，可采用距平图进行可视化分析。距平分为正距平和负距平，正距平表示该月温度在年平均气温之上，负距平则表示该月气温在年平均气温之下。下列代码以矢量运算计算每月的平均气温与年平均气温的差值，再使用柱状图的方式绘制距平图，其中正距平以红色柱表示，负距平以蓝色柱表示。绘制的图形如图7-29所示。

```
>>> temp_dff=tem_data[:,2]-temperature[:,2].mean()
>>> set_color=lambda i:'red' if i>0 else 'blue'
>>> plt.figure(figsize=(8,4),dpi=300)
>>> plt.bar(mon_data,temp_dff,color=[set_color(i)for i in temp_dff])
>>>plt.xticks([i for i in range(1,13)],['{}月'.format(i) for i in range(1,13)])
>>>plt.ylabel('温度差($^{\circ}$C)')
>>>plt.xlabel('月份')
>>>plt.title('上海2021年平均气温距平图')
>>> plt.show()
```

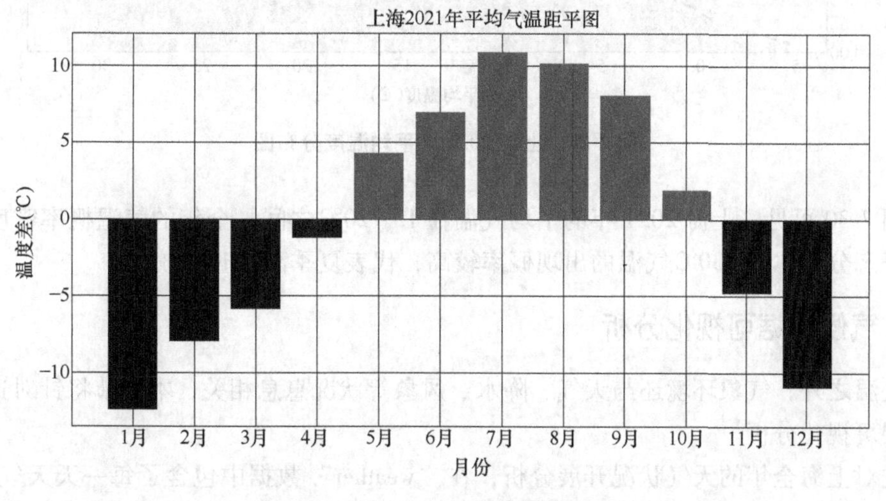

图7-29 上海2021年平均气温距平图

图7-29所展示的气温走势与图7-28相同，但距平图可以更直观地展示出月气温与年平均气温的关系。其中5月—10月，上海的气温均在年平均气温之上，而1月—4月及11月—12月，气温均在年平均气温之下。正距平与负距平各占全年的一半。

此外，还可以分析气温的分布图。下列代码使用蓝色直方图表示上海2021年的气温分布密度图，并使用scipy. stats中的norm. pdf( )方法计算平均气温的概率密度函数，使用红色虚线在同一张画布上展示，绘制的图形如图 7-30 所示。关于 SciPy 库的具体用法将在第 8 章进行详细介绍。

```
>>> plt.figure(figsize=(8,4),dpi=300)
>>> n,bins,patches=plt.hist(temperature[:,2],density=True,alpha=0.5)
>>> mu,sigma=np.mean(temperature[:,2]),np.std([temperature[:,2]])
>>> plt.plot(bins,norm.pdf(bins,mu,sigma),'r--')
>>>plt.xlabel('平均温度($^{\circ}$C)')
>>>plt.title('上海 2021 年平均温度分布图')
>>> plt.show()
```

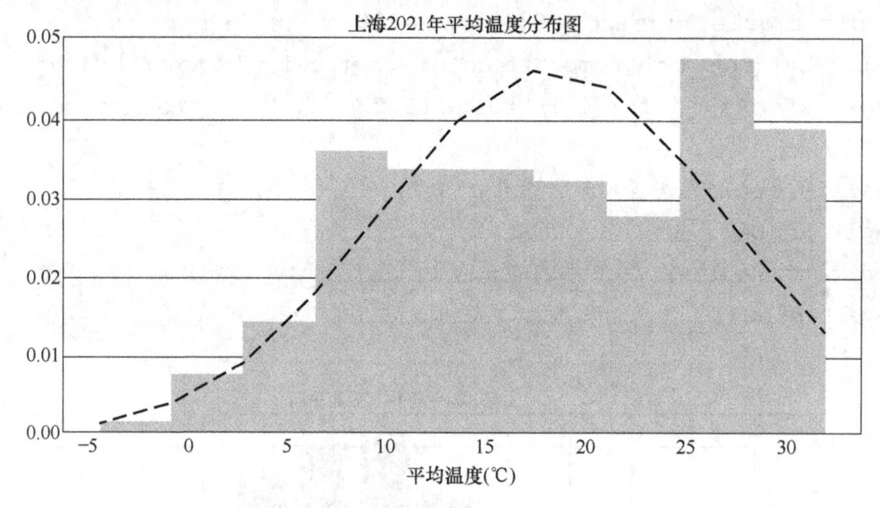

图 7-30　上海 2021 年平均温度分布图

由图 7-30 可见，上海 2021 年的平均气温在 15~20℃之间，全年的气温概率密度分布总体呈现正态分布。25~30℃气温的出现概率较高，代表夏季高温时间较长。

7.5.3　气候数据可视化分析

除气温之外，气象环境还与天气、降水、风象等状况息息相关，本小节将针对这些气象数据开展可视化分析。

首先对上海全年的天气状况开展分析，在“weather”数据中包含了每一天天气的情况，如晴、阴、小雨、大雨等。下列代码首先计算上海 2021 年包含多少种气候情况及每种情况对应的天数，再使用直方图的形式将数据进行可视化，绘制的图形如图 7-31 所示。

```
>>> weather_val,weather_count=np.unique(weather,return_counts=
True)
>>> colors=['grey','gold','darkviolet','turquoise','r','g','b','salmon',
'm','y','k','darkorange','lightgreen']
```

```
>>> plt.figure(figsize=(8,4),dpi=300)
>>> bars=plt.bar(weather_val,weather_count,color=colors)
>>> plt.bar_label(bars)
>>> plt.xticks(rotation='90')
>>>plt.xlabel('天气状况')
>>>plt.ylabel('次数')
>>>plt.title('上海 2021 年天气状况统计图')
>>> plt.show()
```

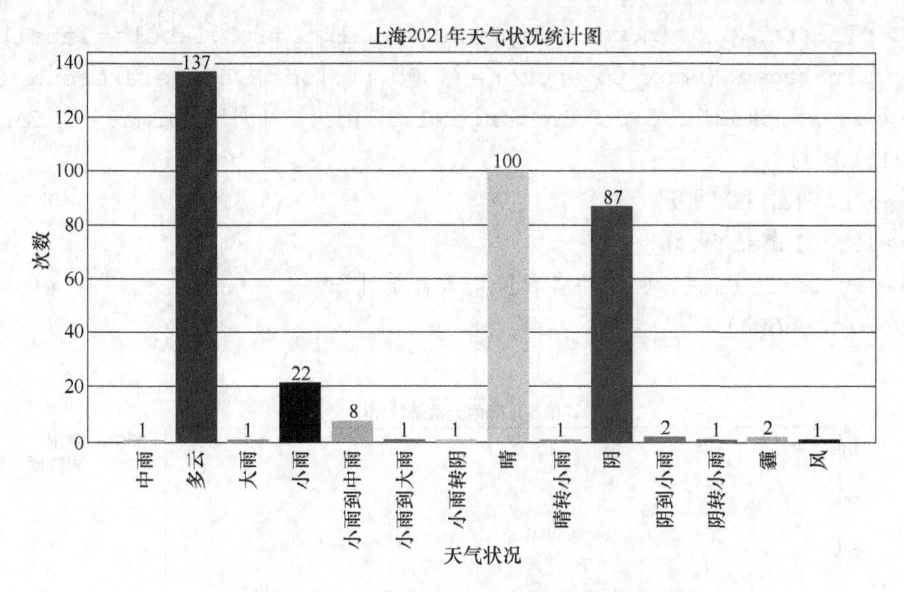

图 7-31 上海 2021 年天气状况统计图

由图 7-31 可见，上海 2021 年多云天气占到 137 天，排在第 1 位，随后是晴天，有 100 天，排在第 2 位，紧接着是 87 天的阴天。由此分析可知，上海 2021 年降雨天数较少，主要天气状况为多云、晴天和阴天。

接下来对上海 2021 年全年降雨按月份数据开展分析。这里可以运用到堆叠折线图。它在普通折线图的基础上，按数据项的类别按层次堆叠，每类数据项的起始点是上一类数据项的结束点。堆叠折线图既能展示各数据系列的走势，又能表现出整体的规模和不同数据项的占比情况。下列代码首先将降雨和未降雨的情况按月份进行统计，使用 pyplot 中的 stackplot( ) 方法绘制堆叠折线图，横轴表示月份、纵轴表示天数，降雨情况在第 1 层用蓝色表示、未降雨情况在第 2 层用橙色表示，绘制的图形如图 7-32 所示。

```
>>> def monthy_rain(date,weather):
        rain_func  =lambda x:'未降雨' if x in ['晴','多云','阴','霾','风'] else '降雨'
        weather_rain=np.array([rain_func(xi) for xi in weather])
        month=[i.month for i in date.astype(object)]
```

```
        month_index=[month.index(i)for i in range(2,13)]
        weather_monthly=np.array(np.split(weather_rain,month_index,
axis=0),dtype='object')
        rain=np.array([sum(i=='降雨')for i in weather_monthly])
        sun=np.array([sum(i=='未降雨')for i in weather_monthly])
        return np.array(list(set(month))),rain,sun
    >>> m,rain_day ,sun_day=monthy_rain(date,weather)
    >>> plt.figure(figsize=(8,4),dpi=300)
    >>>label=['降雨','未降雨']
    >>> plt.stackplot(m,rain_day,sun_day,alpha=0.5,labels=label)
    >>> plt.legend(bbox_to_anchor=(1.05,1),loc=2,borderaxespad=0.0)
    >>>plt.xticks([i for i in range(1,13)],['{}月'.format(i)for i in
range(1,13)])
    >>>plt.xlabel('月份')
    >>>plt.ylabel('天数')
    >>>plt.title('上海 2021 年各月降雨天数统计图')
    >>> plt.show()
```

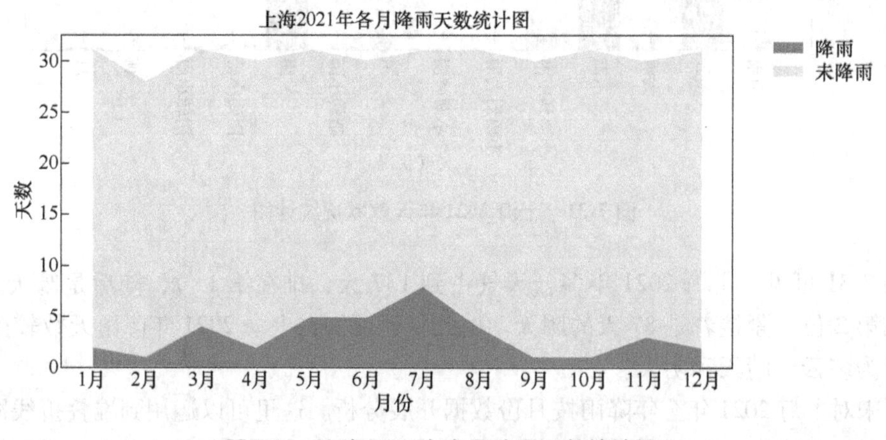

图 7-32 上海 2021 年各月降雨天数统计图

由图 7-32 可以更清晰地观察到每月降雨情况的分布，全年来看，橙色的面积要远大于蓝色的面积，即未降雨的天数要远多于降雨天数。降雨天数逐渐增加至 7 月份达到峰值，约为 7 天，随后逐渐下降，至 11 月份稍有增加。

最后对上海全年的风向进行可视化分析。由于风向包含东西南北各个方向，可以用雷达图的形式进行直观地展示。雷达图将多个维度的数据量映射到坐标轴上，这些坐标轴起始于同一个圆心点，通常结束于圆周边缘，将同一组的点使用线连接起来。下列代码首先提取全年的风向情况与对应的天数，使用极坐标图的形式构建雷达图，按照方向的数目对圆进行分割，坐标轴表示对应风向的次数，绘制的图形如图 7-33 所示。

```
>>> wind_dir=np.frompyfunc(lambda x:x[:-3],1,1)(wind)
>>> direction,value=np.unique(wind_dir,return_counts=True)
>>> direction=direction[[3,5,7,6,4,1,2,0]]
>>> value=value[[3,5,7,6,4,1,2,0]]
>>> rad_val=np.concatenate((value,[value[0]]))
>>> rad_dir=np.concatenate((direction,[direction[0]]))
>>> data_length=len(direction)
>>>angles=np.linspace(0,2*np.pi,data_length,endpoint=False)
                                        #分割圆周长
>>>angles=np.concatenate((angles,[angles[0]]))
                                        #闭合
>>> fig=plt.figure(figsize=(8,6),dpi=100)
>>> ax=plt.subplot(111,polar=True)
>>> ax.plot(angles,rad_val)
>>> ax.set_theta_zero_location('N')
>>>ax.set_thetagrids(angles*180/np.pi,rad_dir)#标签
>>>ax.fill(angles,rad_val,facecolor='b',alpha=0.25)
                                        #填充
>>>ax.set_title('上海 2021 年风向统计雷达图')
>>> plt.show()
```

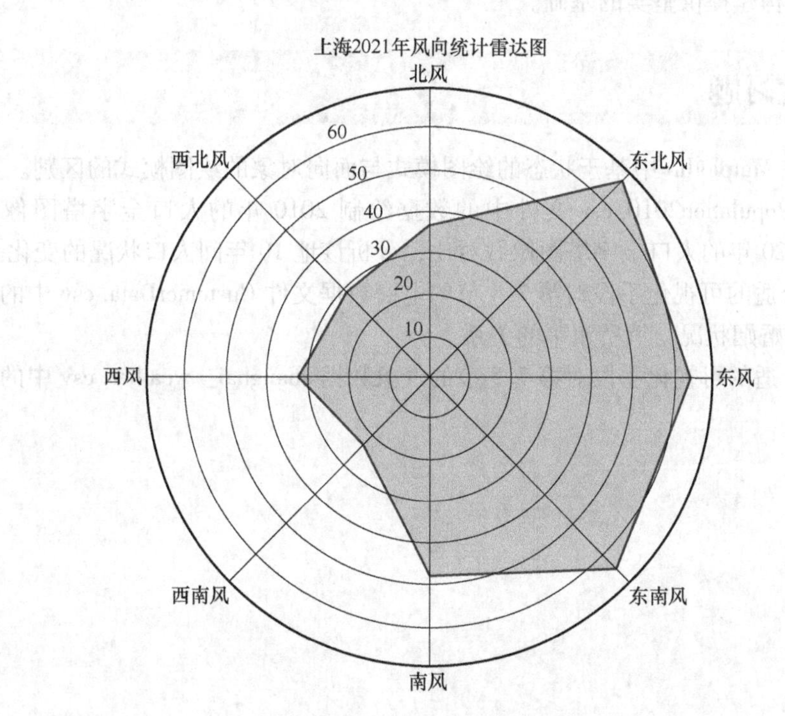

图 7-33 全年风向数据雷达图

由图 7-33 可见，上海 2021 年以东风、东北风和东南风的风向为主，全年仅 20 余天是西南风风向。南风风向的天数要多于北风风向的天数。

气象数据具有很强的时空性，表现在一个气象信息处理系统中的数据源既有同时间不同空间的数据，也有同空间不同时间的数据。可视化气象数据不仅让数据展现得更为直观，也使基于数据的沟通与表达更为简洁。在大数据时代，可视化分析工具定将更好地发挥气象数据的分析判断能力。

思政小课堂：2020 年 9 月 22 日，国家主席习近平在第七十五届联合国大会一般性辩论上向全世界宣布：中国将提高国家自主贡献力度，采取更加有力的政策和措施，二氧化碳排放力争于 2030 年前达到峰值，努力争取 2060 年前实现碳中和。我国正在以最大努力提高应对气候变化力度，推动经济社会发展全面绿色转型，建设人与自然和谐共生的现代化。

7.6 本章小结

本章介绍了基于 Matplotlib 的可视化分析。如本章中的各个案例所展示的一样，Matplotlib 是个功能强大，但同时技术性和语法都非常繁重的可视化库，因此，在开始可视化分析前需先明确绘图的要求和内容，对于需要便捷快速的可视化分析，通常采用基于状态的绘图模式；而当需要对图形进行精细的控制和调整或需要建立多个子图时，通常采取基于面向对象的绘图模式。正确利用好可视化分析工具可以显著提升对数据的洞察能力，为数据的分析和模型的构建提供坚实的基础。

7.7 课后习题

1. 请简述在 Matplotlib 中基于状态的绘图模式与面向对象的绘图模式的区别。

2. 请根据 Population2010. csv 文件中的数据绘制 2010 年的人口金字塔图像，并与第 7. 3. 3 小节中 2020 年的人口金字塔图像做对比，分析该地 10 年间人口状况的变化。

3. 请采用合适的可视化手段对第 7. 4 节的电商数据文件 CustomerData. csv 中的数据分析所在城市情况、婚姻状况与消费水平的关系。

4. 请采用合适的可视化手段对第 7. 5 节的气象数据 shanghai_ weather. csv 中的风速数据进行分析。

第8章 科学计算

学习目标

知识目标

- 了解科学计算的基本概念；
- 能够将科学与工程问题建模为科学计算问题并采取合适的手段求解；
- 理解数值方法在解决实际问题中的有效性与局限性。

思政目标

- 培养学生有机结合理论知识与实践应用的能力；
- 以数值计算的规范强调规范性与批判性、自发性与自律性；
- 鼓励学生多了解、多应用先进科学计算技术，以对细节的臻于至善激发精益求精的探索精神。

技能目标

- 能够协同运用 NumPy、SciPy 与 Matplotlib 库解决科学计算问题；
- 能够针对具体应用正确选择 SciPy 中对应的子模块，并能依据该子模块提供的函数解决问题；
- 能够基于 Python 综合评估使用的科学计算算法。

科学计算(scientific computing)指的是以数学作为基础的工具，设计合适的算法通过计算机解决复杂的科学问题或工程问题。如插值、积分、优化、信号处理等相关算法都属于科学计算的范畴。尽管在 Python 中已经有 NumPy 这样高效的数据处理库，能以简洁的代码高效地操作数组，并提供丰富的求解基本数学问题的函数，但这还远不能满足真正科学计算的需要。

SciPy 是一个基于 NumPy 构建的开源的标准科学计算库，与之相对应的有诸如 C 和 C++ 语言中的 GNU 科学计算包、MATLAB 工具箱等其他编程软件的科学计算包。由于建立在 NumPy 之上，SciPy 中基础的数据结构依然是 ndarray，这意味着 SciPy 也具有很高的运行效率。

SciPy 可以通过 conda 或者 pip 命令安装。它由种类众多的科学计算子模块组成，通常在一个项目中只会用到其中部分的功能，因此在导入时只需导入相应的子模块，而无须如 NumPy 和 Matplotlib 一样将整个库导入。

8.1 Python 科学计算简述

科学计算也被称作计算机虚拟/仿真实验，与传统的实验研究相比，其通过对具体问题的适当建模，以模拟计算等方式实现较低成本、较短周期、较大频率地对问题进行研究。科学计算在本质上是与应用、技术、工程等实践问题紧密结合，并充分依赖程序软件与计算机硬件。尽管标准的 Python 由于语言特性，执行速度并不如诸如 C 语言等编程语言，但 SciPy 和 NumPy 等科学计算库针对向量化运算提供了足够的优化，这在一定程度上解决了 Python 在运算效率上的瓶颈，再加上 Python 的开源与强大的生态系统，基于 Python 的科学计算已在一些应用领域成为事实上的解决方案。

思政小课堂：2020 年 12 月 4 日，中国科学技术大学潘建伟、陆朝阳等组成的研究团队与中科院上海微系统所、国家并行计算机工程技术研究中心合作，构建了 76 个光子的量子计算原型机“九章”，用于求解数学算法“高斯玻色取样”，处理 5000 万个样本只需 200s，而当时世界最快的超级计算机要用 6 亿年。该研究推动全球量子计算的前沿研究达到了一个新高度。

8.1.1 SciPy 功能与子模块

如本章开头所述，SciPy 库由众多针对特定任务的子模块组成，一般建议根据应用需求导入子模块，再从子模块的命名空间导入相关函数。例如，对于函数定义在线性代数 linalg 子模块中的求解特征值的 eig( ) 函数应该以如下方式导入与使用。

```
>>> from scipy import linalg
>>> eigenvalue=linalg.eig(…)                    # 括号内为使用时的具体输入值
```

SciPy 中针对科学计算各个领域或相关工具的子模块的总结见表 8-1。表中除 scipy.io 之外的所有子模块都推荐通过上述代码形式带入。scipy.io 特殊在于，io 也是 Python 标准库中模块的名称，若直接导入会造成命名空间的污染。对于 scipy.io 推荐的导入形式如下：

```
>>> import scipy.io as spio
```

表 8-1 SciPy 中的子模块

子模块名	说明
scipy.cluster	聚类
scipy.constants	物理和数学常数
scipy.fftpack	快速傅里叶变换
scipy.integrate	积分
scipy.interpolate	插值
scipy.io	数据输入/输出
scipy.linalg	线性代数
scipy.misc	其他项
scipy.ndimage	*N* 维图像处理

（续）

子模块名	说明
scipy. odr	正交距离回归
scipy. optimize	优化分析
scipy. signal	信号处理
scipy. sparse	稀疏矩阵
scipy. spatial	空间数据结构和算法
scipy. special	特殊方程
scipy. stats	概率统计分析

SciPy 所有子模块都是依赖于 NumPy 建立的，因此在 SciPy 中进行科学计算的基础也是 ndarray 的数组，这意味着 NumPy、Matplotlib 与 SciPy 等相关库中的数据使用是共通的。例如，在波传播及有势场中常用的贝塞尔方程（Bessel equation）

$$x^2\frac{d^2y}{dx^2}+x\frac{dy}{dx}+(x^2-\alpha^2)y=0 \tag{8.1}$$

该微分方程的一系列解为贝塞尔函数，下列代码使用 NumPy 和 scipy. special 模块计算贝塞尔函数，并使用 Matplotlib 对该函数进行可视化，形成图 8-1 所示的图像。

```
>>> import numpy as np
>>> import matplotlib.pyplot as plt
>>> from scipy import special
# 定义计算函数
>>> def drumhead_height(n,k,distance,angle,t):
        kth_zero=special.jn_zeros(n,k)[-1]
        return np.cos(t)*np.cos(n*angle)*special.jn(n,distance*
kth_zero)
# 定义 x,y 的取值范围
>>> theta=np.r_[0:2*np.pi:50j]
>>> radius=np.r_[0:1:50j]
>>> x=np.array([r*np.cos(theta) for r in radius])
>>> y=np.array([r*np.sin(theta) for r in radius])
# 计算 z 值
>>> z=np.array([drumhead_height(1,1,r,theta,0.5) for r in radius])
# 可视化
>>> fig=plt.figure(figsize=(6,6))
>>> ax=fig.add_axes(rect=(0,0.05,0.95,0.95),projection='3d')
>>> ax.plot_surface(x,y,z,rstride=1,cstride=1,vmin=-0.5,vmax=
0.5,cmap='rainbow')
```

```
>>> ax.set(xlabel='x',ylabel='y',zlabel='z',xticks=np.arange(-1,
1.1,0.5),yticks=np.arange(-1,1.1,0.5))
>>> plt.show()
```

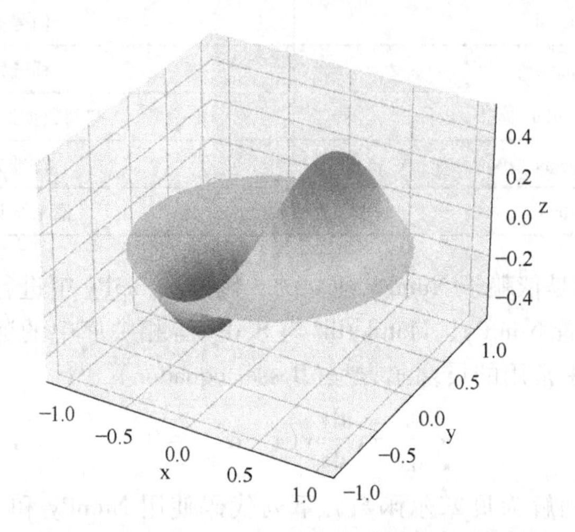

图 8-1　使用 scipy.special 子模块计算贝塞尔函数

由于 SciPy 涉及的计算领域众多，本章后续内容将重点对其中的积分、统计、插值、优化、数字图像处理等常用的子模块进行介绍。对其余子模块感兴趣的读者可参考 SciPy 官网的 API 简介。

8.1.2　数值积分与微分

微积分是研究极限、微分、积分和无穷级数等的一个数学分支，是商学、科学与工程领域的基础且核心的问题。本小节将介绍 SciPy 中基于数值方法的积分与微分的求解。

1. 数值积分

对于一个给定的正实值函数 $f(x)$，该函数在区间 $[a,b]$ 上的定积分定义为

$$\int_a^b f(x)\mathrm{d}x \tag{8.2}$$

该公式可理解为在 Oxy 平面上，由曲线 $(x,f(x))$、直线 $x=a$ 和 $x=b$ 及 x 轴围成的曲边梯形的面积。下列代码定义正弦曲线函数 $f(x)=\sin(x)$，其在区间 $[0.5,2]$ 内的定积分值等于图 8-2 中的灰曲边梯形的面积。

```
>>> import numpy as np
>>> import matplotlib.pyplot as plt
>>> f=lambda x:np.sin(x)
>>> x=np.arange(0.5,2,0.1)
>>> show_interval=np.arange(0,2*np.pi,0.1)
>>> plt.figure(figsize=(6,4))
```

```
>>> plt.plot(show_interval,f(show_interval),'k')
>>> plt.fill_between(x,f(x),alpha=0.2,color='k')
>>> plt.show()
```

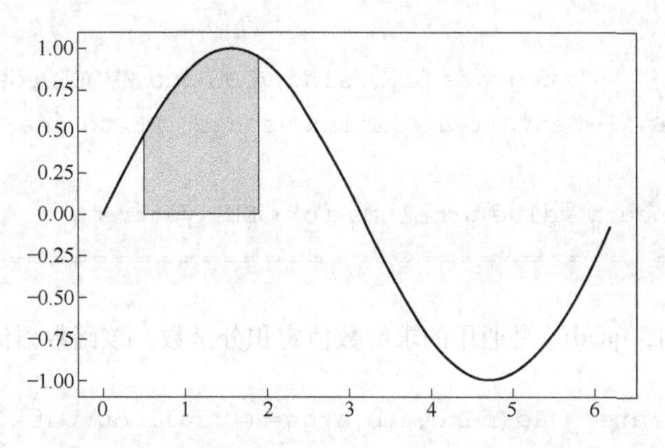

图8-2 正弦曲线函数在区间[0.5,2]内的定积分值

在实际应用中，给定函数的定积分的计算并不总是可行的。数值积分是用数值逼近的方法近似求解。借助于电子计算设备，数值积分可以快速而有效地对复杂积分问题计算求解。SciPy 中的 scipy.integrate 子模块提供了多种求解数值积分的方法。如下列代码所示，在导入该子模块后，使用 help()函数能够获得该子模块的概览。

```
>>> from scipy import integrate
>>> help(integrate)
quad                  --General purpose integration
quad_vec              --General purpose integration of vector-valued func-
tions
dblquad               --General purpose double integration
tplquad               --General purpose triple integration
nquad                 --General purpose N-D integration
fixed_quad            --Integrate func(x) using Gaussian quadrature of
order n
quadrature            --Integrate with given tolerance using Gaussian
quadrature
romberg               --Integrate func using Romberg integration
quad_explain          --Print information for use of quad
newton_cotes          --Weights and error coefficient for Newton-Cotes
integration
IntegrationWarning--Warning on issues during integration
AccuracyWarning       --Warning on issues during quadrature integration
```

```
Integrating functions,given fixed samples
=========================================================
...
odeint          --General integration of ordinary differential equa-
tions.
ode             --Integrate ODE using VODE and ZVODE routines.
complex_ode     --Convert a complex-valued ODE to real-valued and in-
tegrate.
Solving boundary value problems for ODE systems
=========================================================
```

由输出结果可知，quad( )是通用的求解数值定积分函数，该函数语法格式如下：

```
scipy.integrate.quad(func,a,b,args=(),full_output=0,**kwargs)
```

其中，func 是目标函数，如果该函数有多个参数，则会沿着第一个参数的轴进行积分；a 和 b 均为浮点数，分别为积分的上下界(可以是 numpy.inf，代表无穷)；args 为数组，为要求积分的函数中的其他参数；full_output 为整数，当其非零时返回积分信息的字典。函数默认返回包含数值积分结果与绝对误差的估计的元组。

下列代码使用 quad( )函数计算正弦曲线函数在区间[0.5,2]内的数值积分值，并将数值结果与解析结果进行比较。

```
>>> x=(0.5,3)
#数值积分
>>> res,err=integrate.quad(np.sin,x[0],x[1])
#解析解
>>> analytical_res=-np.cos(x[1])-(-np.cos(x[0]))
>>> print('正弦函数在区间[0.5,3]内的定积分:\n 数值结果:{}\n 解析解:
{}'.format(res,analytical_res))

正弦函数在区间[0.5,3]内的定积分:
数值结果:1.8675750584908184
解析解:1.8675750584908182
```

可以发现，数值积分的结果已经非常精确，能够满足大部分应用的需要，且很多问题中很难得出解析解。对于多重定积分的数值求解可以通过多次调用 quad( )函数实现。为了调用方便，scipy.integrate 中提供了 dblquad( )函数计算二重定积分，以及 tplquad( )函数计算三重定积分。例如，对于函数 $x \times y \times z$ 在区间 $x \in [2,4]$，$y \in [2,3]$，$z \in [0,1]$ 上的定积分可通过如下代码求解。

```
>>> f_tql=lambda z,y,x:x * y * z
>>> integrate.tplquad(f_tql,2,4,
                lambda x:2,lambda x:3,
                lambda x,y:0,lambda x,y:1)

(7.500000000000001,8.326672684688675e-14)
```

对于常微分方程，scipy.integrate 提供了 solve_ivp( )函数对给定初始值的常微分方程组进行求解。该函数的语法格式如下：

```
scipy.integrate.solve_ivp(fun,t_span,y0,args=None, * * kwargs)
```

其中，fun 为常微分方程函数，其格式为 fun(t,y)；t_span 为包含两个浮点数的元组，分别指代积分区间的开始处与结束处；y0 为 array_like 对象数据，为该方程的初始状态；args 为元组形式，包含传递给常微分方程函数的附加参数。除此之外，还有选择积分方法的关键字参数 method、是否计算连续解的关键字参数 dense_output 等。该函数返回包含数值积分求解各项信息的对象。

下面以求解洛伦茨方程为例讲解常微分方程的求解与可视化。决定洛伦茨振子状态的常微分方程为

$$\begin{cases}\dfrac{dx(t)}{dt}=\sigma(y(t)-x(t))\\ \dfrac{dy(t)}{dt}=\rho x(t)-y(t)-x(t)z(t)\\ \dfrac{dz(t)}{dt}=x(t)y(t)-\beta z(t)\end{cases} \tag{8.3}$$

式中，σ，ρ，$\beta>0$。

下列代码使用 solve_ivp( )函数求解洛伦茨方程并绘制洛伦茨吸引子中的两条轨迹，对 $\rho=28$时的混沌特性进行可视化，绘制的图像如图 8-3 所示。

```
# 根据洛伦茨函数计算 dx/dt、dy/dt 和 dz/dt 的值
>>> def lorenz(t,w,p,r,b):
        x,y,z=w
        return np.array([p * (y-x),x * (r-z)-y,x * y-b * z])
# 求解洛伦茨常微分方程组
>>> track1=integrate.solve_ivp(lorenz,(0,30),[0,1.01,0.0],args=
(10.0,28.0,8.0/3.0),dense_output=True)
>>> track2=integrate.solve_ivp(lorenz,(0,30),[0,1.00,0.0],args=
(10.0,28.0,8.0/3.0),dense_output=True)
# 可视化
>>> fig=plt.figure(figsize=(6,6))
```

```
>>> t=np.arange(0,30,0.001)
>>> ax=fig.add_axes(rect=(0,0.05,0.95,0.95),projection='3d')
>>> ax.plot(track1.sol(t)[0,:],track1.sol(t)[1,:],track1.sol(t)[2,:])
>>> ax.plot(track2.sol(t)[0,:],track2.sol(t)[1,:],track2.sol(t)[2,:])
>>> plt.show()
```

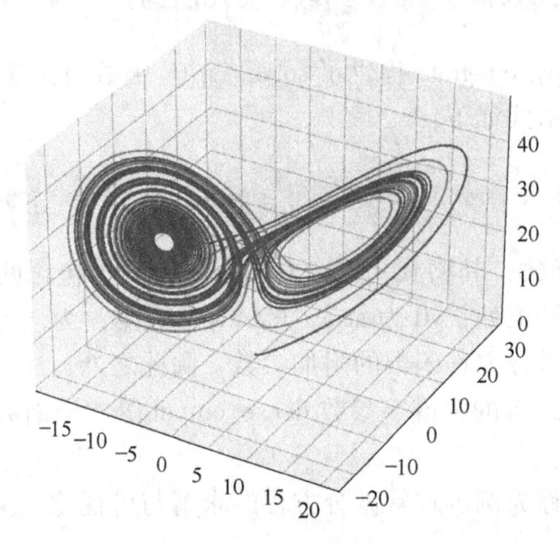

图 8-3　使用 solve_ivp( ) 函数计算洛伦茨方程

2. 数值微分

函数的微分是对函数的局部变化的一种线性描述。微分可以近似地描述为当函数自变量的取值做足够小的改变时，对应函数值的改变。例如，函数 $f(x)$ 在 $x=a$ 处的微分可通过下式计算得到

$$f'(a)=\lim_{h\to 0}\frac{f(a+h)-f(a)}{h} \tag{8.4}$$

数值微分是根据函数在一些离散点的函数值，从而推算出它在某点微分的近似值，以应对一些解析解计算困难的场景。在 scipy. misc 子模块中提供了函数 derivative( ) 用于求解目标函数的数值微分，其语法格式如下：

```
scipy.misc.derivative(func,x0,dx=1.0,n=1,args=(),order=3)
```

其中，func 为目标函数；x0 为浮点数，指计算微分的位置；dx 为浮点数，默认值为 1.0，为数值微分中心差分公式中的步长值；n 为整数，默认为 1，为微分的阶数；args 为元组，包含目标函数的其余参数；order 为整数，默认为 3，为计算数值微分时使用的点的个数，因此其必须为奇数。函数返回数值微分的值。

下列代码使用 derivative( ) 函数分别选取 3 种步长 dx 求解 x^3+x^2 在 $x=2$ 的一阶数值微分。

```
>>> from scipy.misc import derivative
>>> f=lambda x:x**3+x**2
# 数值解
```

```
>>> res_1=derivative(f,2.0,dx=1e-1)
>>> res_2=derivative(f,2.0,dx=1e-6)
>>> res_3=derivative(f,2.0,dx=1e-10)
#解析解
>>> analytical_res=3*2.0**2+2**2.0
>>> print('函数在 x=2 处的一阶微分')
>>> print('解析解为:{}'.format(analytical_res))
>>> print('步长取 1e-1 时的数值微分为:{},与解析解的误差绝对值为:{}'.format
(res_1,np.abs(res_1-analytical_res)))
>>> print('步长取 1e-6 时的数值微分为:{},与解析解的误差绝对值为:{}'.format
(res_2,np.abs(res_2-analytical_res)))
>>> print('步长取 1e-10 时的数值微分为:{},与解析解的误差绝对值为:{}'.format
(res_3,np.abs(res_3-analytical_res)))

函数在 x=2 处的一阶微分
解析解为:16.0
步长取 1e-1 时的数值微分为:16.010000000000001,与解析解的误差绝对值为:
0.010000000000008669
步长取 1e-6 时的数值微分为:16.0000000134827,与解析解的误差绝对值为:
1.3482690519595053e-09
步长取 1e-10 时的数值微分为:16.000001323845936,与解析解的误差绝对值为:
1.323845935985446e-06
```

由输出结果可见，在初期缩小步长能带来精度的显著提升，但随着步长的进一步缩小，误差反而增大，这是由于过小的步长引入的舍入误差引起的。因此，在数值微分计算时要选择合适的步长，不宜过大或过小。

如介绍函数语法时所述，在 derivative( ) 函数中可通过关键字参数 n 设置计算数值微分的阶数。下列代码对于函数 $3e^x/(x^2+x+1)$ 分别计算其一阶与二阶数值微分，并在区间 $[-3,3]$ 内可视化为图 8-4 所示的图像。

```
>>> f=lambda x:3*np.exp(x)/(x**2+x+1)
>>> x=np.linspace(-3,3,1000)
>>> plt.figure(figsize=(6,4))
>>> plt.plot(x,f(x),'r',label="f(x)")
>>> plt.plot(x,derivative(f,x,dx=1e-6),'b-.',label="f'(x)")
>>> plt.plot(x,derivative(f,x,dx=1e-6,n=2),'g--',  label="f''(x)")
>>> plt.legend()
>>> plt.grid()
>>> plt.show()
```

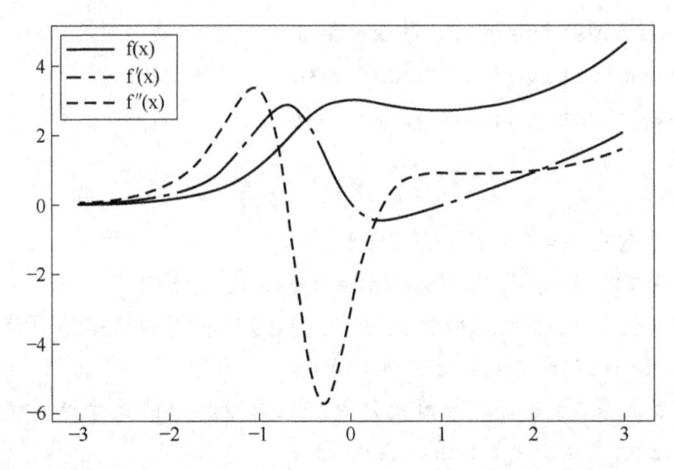

图 8-4　使用 derivative( )函数计算一阶和二阶数值微分

8.1.3　统计分析

scipy. stats 子模块包含了大量有关概率分布、频率统计、相关函数与统计检验、核密度估计、准蒙特卡洛等统计分析中的方法。值得注意的是，由于统计分析囊括的内容极其庞大，有些主题超出了 SciPy 的范围，如统计学习相关的功能由 Scikit-learn 库提供，在第 9 章中将详细讲解该库的应用。

虽然 NumPy 中也封装了诸如 mean( )、median( )等常用的统计分析方法，但每次都需要单独调用。scipy. stats 提供了 describe( )函数对数组进行综合的统计描述。下列代码使用 NumPy 创建随机数组，并对其进行统计描述。

```
>>> import numpy as np
>>> from scipy import stats
# 创建(10,)形状的数组,用[0,1)上均匀分布的随机样本填充
>>> x=np.random.rand(10)
# 统计描述
>>> stats.describe(x)
DescribeResult(nobs=10,minmax=(0.1101769265722034,0.9936646744639029),
mean = 0.5584388542220788, variance = 0.05437318060740206, skewness =
-0.0005071162498037714,kurtosis=0.2815668344294493)
```

可以发现，描述中既包含了最大/最小值、平均值、方差等基本统计指标，又包括偏度(skewness)和峰度(kurtosis)两项指标，前者描述的是概率分布的偏斜程度，而后者描述的是概率分布的陡峭程度。

scipy. stats 封装了常见的连续概率分布与离散概率分布函数，下面以最常见的正态分布为例进行介绍。scipy. stats 中的 norm 对象，提供了从正态分布中产生随机点的 rvs( )函数，生成概率密度函数的 pdf( )、累积分布函数 cdf( )等丰富的有关正态分布的方法。下列代码使用 rvs( )函数从标准正态分布中产生 1000 个随机点，可视化为直方图，并与标准正态分布

的概率密度函数曲线进行比较，如图 8-5 所示。

```
>>> import matplotlib.pyplot as plt
# 从标准正态分布中产生 1000 个点
>>> r=stats.norm.rvs(size=1000)
# 标准正态分布概率密度函数的 x 取值
>>> x=np.linspace(stats.norm.ppf(0.001),stats.norm.ppf(0.999),100)
>>> plt.figure(figsize=(6,4))
# 标准正态分布的概率密度函数
>>> plt.plot(x,stats.norm.pdf(x),'r',lw=2)
# 绘制直方图
>>> plt.hist(r,density=True,bins=15,color='b',alpha=0.3)
>>> plt.grid()
>>> plt.show()
```

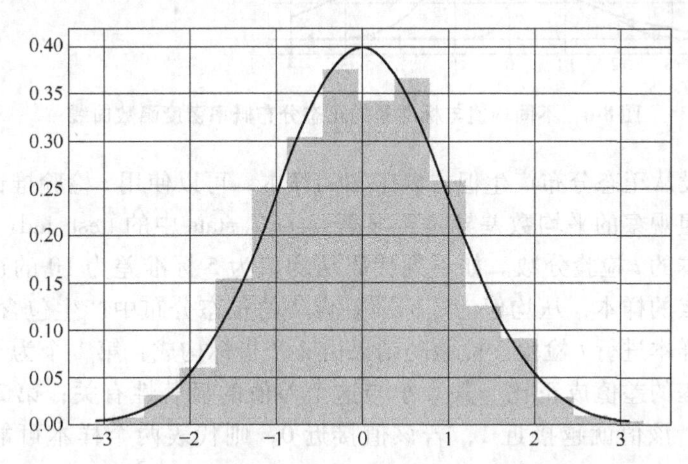

图 8-5　标准正态分布概率密度函数曲线与正态分布随机变量直方图

标准正态分布的均值为 0、标准差为 1。在 norm 对象中，可以通过 loc 和 scale 两个参数调整均值和标准差的大小。下列代码分别生成均值为 0 标准差为 1、均值为 1 标准差为 2、均值为-1 标准差为 0.5 的 3 类正态分布，并将 3 类分布可视化为图 8-6 所示的图像。

```
>>> x=np.arange(-4,4,0.001)
>>> plt.figure(figsize=(6,4))
# 标准正态分布
>>> plt.plot(x,stats.norm(loc=0,scale=1).pdf(x),label='mean=0,
standard deviation=0')
# 均值为 1,标准差为 2
>>> plt.plot(x,stats.norm(loc=1,scale=2).pdf(x),label='mean=1,
standard deviation=2')
```

```
# 均值为-1,标准差为 0.5
>>> plt.plot(x,stats.norm(loc=-1,scale=.5).pdf(x),label='mean=-1,
standard deviation=0.5')
>>> plt.legend(bbox_to_anchor=(1.05,1),loc=2,borderaxespad=0.)
>>> plt.grid()
>>> plt.show()
```

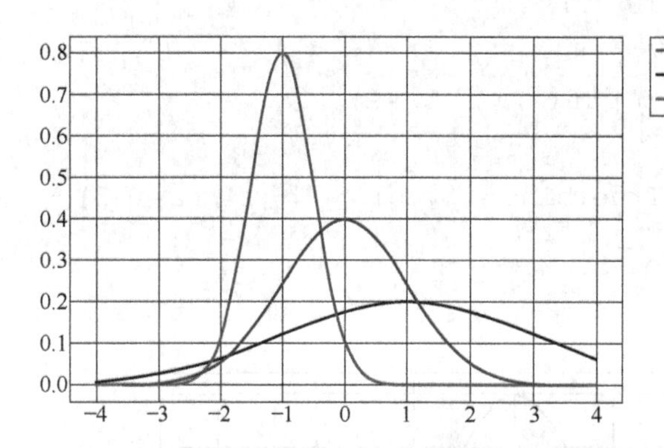

图 8-6 不同均值与标准差的正态分布概率密度函数曲线

图 8-6 彩图

对于两个假设从正态分布产生但方差未知的样本，可以使用 t 检验推论差异发生的概率，从而比较两组观察的平均数差异是否显著。scipy. stats 中的 ttest_ind( ) 函数可以计算两个独立分布样本的 t 检验分数。如下列代码从均值为 5 标准差为 10 的正态分布中产生包含 100 个数据点的样本，从均值为 3 标准差为 7 的正态分布中产生包含 10 个数据点的样本。对这两个样本进行 t 检验。检验的结果由 2 个指标构成：第 1 个为 T 统计值，其符号与两个随机过程的差值成正比，其大小与这个差值的显著性有关；第 2 个为 P 值，当两个样本越相同，该值就越接近 1，若该值接近 0，则代表两个样本可能来自于不同的过程。

```
>>> rvs1=stats.norm.rvs(loc=5,scale=10,size=100)
>>> rvs2=stats.norm.rvs(loc=3,scale=7,size=10)
>>> stats.ttest_ind(rvs1,rvs2)
Ttest_indResult(statistic=4.624345389105616,pvalue=4.251216226217959e-06)
```

思政小课堂：著名数学家许宝騄（1910—1970）开创了中国概率论、数理统计领域的教学和研究工作，尤其在参数估计理论、奈曼-皮尔逊理论、多元分析、极限理论等数学领域取得了卓越成就，是多元统计分析学科的开拓者之一，也是中国概率统计领域最主要的奠基人之一。他曾在英国伦敦大学学院留学并任教，但他心怀祖国，学有所成后就回国效力。许教授在北大举办了国内第一个概率的讲习班，为我国培养了一批概率学科教学和科研人才。

8.2 公司生产最优化规划

最优化是研究在特定条件下取极值的问题，即在指定约束条件下，决定自变量取值，使目标函数达到最优。交通运输、资源分配、经营管理、工程建设等领域中的众多理论与现实问题都可以建模成最优化问题的形式。人工智能中的机器学习与深度学习等算法也依赖最优化的求解手段。本节将首先介绍 scipy. optimize 子模块中在优化分析中的基础函数的使用，再以公司成本最优化规划案例讲解线性规划在实践中的应用。

8.2.1 scipy. optimize 子模块简介

scipy. optimize 子模块提供了在有约束与无约束的条件下极大化/极小化目标函数的求解方法。这包括一系列支持局部和全局优化算法的非线性问题求解器、线性规划求解器、约束和非线性最小二乘、求根、曲线拟合等工具。表 8-2 列出了该子模块中常用的函数。

表 8-2 scipy. optimize 子模块中常用的函数

任务名称	函数名称	描述
最优化	minimize_scalar()	单变量函数优化
	minimize()	多变量函数优化
	differential_evolution()	使用差异进化算法寻找全局最优
最小二乘	least_squares()	非线性最小二乘
	lsq_linear()	线性最小二乘
	curve_fit()	使用非线性最小二乘拟合函数
方程寻根	root_scalar()	求标量方程的根
	root()	求矢量方程的根
线性规划	linprog()	线性规划
分配问题	linear_sum_assignment()	求解线性分配问题
	quadratic_assignment()	求解二次分配问题
其他	line_search()	找到满足强 Wolfe 条件的步长
	check_grad()	检查函数梯度的正确性
	rosen()	香蕉函数

由表 8-2 可见，最优化分析是基于数值计算的方法求解目标函数的极小值或根。事实上求最大值的问题和求最小值的问题完全类似，只需在目标函数中增加负号就可实现两类问题的互相转化。

对于单变量函数优化 minimize_scalar()，其语法格式如下：

```
scipy.optimize.minimize_scalar(fun,bracket=None,bounds=None,args=(),
method='brent',tol=None,options=None)
```

其中，fun 为目标函数；bracket 为序列数据，默认为 None，指代 brent 和 golden 算法的回溯间隔；bounds 为序列数据，默认为 None，为目标函数的约束条件；args 为元组，为目标函数中额外所需的参数；method 为字符串或可调用对象，为优化的求解算法，封装好的有

brent、golden 和 bounded 算法，用户亦可自定义算法；tol 为浮点数，默认为 None，为数值方法结束时允许的误差；options 为字典数据，可定义其他参数。该函数输出 OptimizeResult 对象，其中的属性 x 为极值点，fun 为极值。

下列代码通过 minimize_scalar( ) 函数求解 $(x-2)x(x+2)^2$ 的极小值，以蓝色曲线可视化目标函数，并以绿色圆点标注数值求解的函数极小值，生成的图像如图 8-7 所示。

```
>>> import numpy as np
>>> import matplotlib.pyplot as plt
>>> from scipy import optimize
>>> f=lambda x:(x-2)*x*(x+2)**2
>>> res=optimize.minimize_scalar(f)
# 打印最优化结果
>>> print(res)
    fun:-9.914949590828147
    nfev:15
    nit:11
success:True
      x:1.2807764040333458

# 可视化目标函数与极小值点
>>> x=np.linspace(-3,3,100)
>>> plt.figure(figsize=(6,4))
>>> plt.plot(x,f(x),label=r'$(x-2)*x*(x+2)^2$')
# 用绿色圆点表示极小值点
>>> plt.plot(res.x,res.fun,'go',markersize=8,label='minimum')
>>> plt.grid()
>>> plt.show()
```

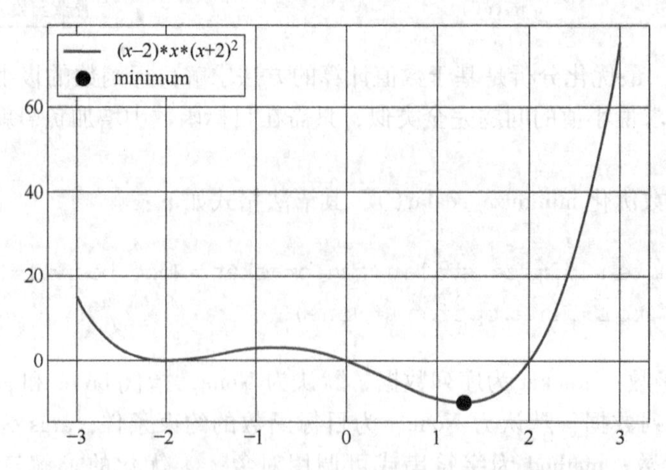

图 8-7　使用 minimize_scalar( ) 函数求解单变量函数极小值

对于有约束条件的情况，只需将关键字参数 method 设置为 bounded，并设置约束边界即可。下列代码分别计算函数在无约束条件下，在 $x\in[-3,-1]$ 区间内的极小值，并可视化为图 8-8 所示的图像，其中灰色阴影区域表示约束区间，红色(浅色)点为有约束条件 $x\in[-3,-1]$ 的极小值点，绿色(深色)点为无约束条件下的极小值点。

```
>>> f=lambda x:(x-2)*x*(x+2)**2
# 无约束条件最优化
>>> res_unconstrained=optimize.minimize_scalar(f)
# 在[-3,-1]区间内最优化
>>> res_constrained=optimize.minimize_scalar(f,bounds=(-3,-1),
method='bounded')
>>> print(res_constrained)
    fun:3.2836517984978577e-13
message:'Solution found.'
    nfev:12
status:0
success:True
        x:-2.000000202597239
# 可视化目标函数、有约束条件的极小值点与无约束条件的极小值点
>>> x=np.linspace(-3,3,100)
>>> plt.figure(figsize=(6,4))
>>> plt.plot(x,f(x),label=r'$(x-2)*x*(x+2)^2$')
>>> plt.plot(res_unconstrained.x,res_unconstrained.fun,'go',marker-
size=8,label='unconstrained minimum')
>>> plt.axvspan(-3,-1,alpha=0.2,color='k')
>>> plt.plot(res_constrained.x,res_constrained.fun,'ro',markersize=
8,label='constrained minimum')
>>> plt.grid()
>>> plt.legend()
>>> plt.show()
```

在多变量的最优化问题中，Rosenbrock 函数常用来测试最优化算法的性能。该函数的公式为

$$f(x,y)=(1-x)^2+100(y-x^2)^2 \tag{8.5}$$

由于 Rosenbrock 函数的每个等高线都大致呈抛物线形，因此也称为香蕉函数。该函数有且仅有一个全局最小点 $(x,y)=(1,1)$，在该点函数值为 0。在 scipy.optimize 中已经封装了香蕉函数的实现函数 rosen()。下列代码通过 rosen()函数可视化形成图 8-9 所示的香蕉函数三维图像及其等高线图。

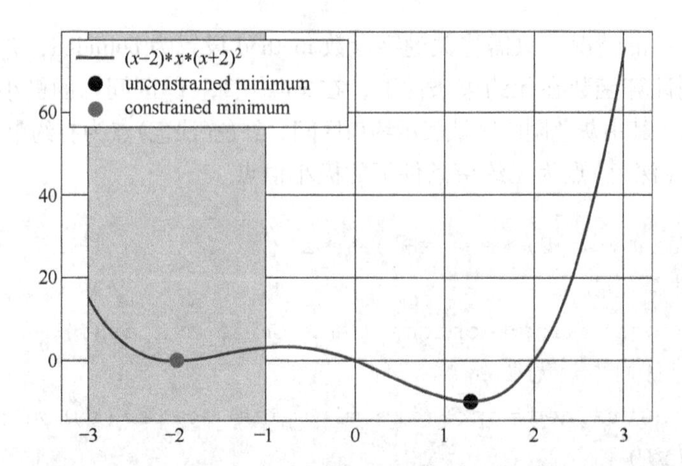

图 8-8　使用 minimize_scalar( ) 函数求解单变量函数在有约束条件和无约束条件下的极小值

```
# 定义 x,y 的取值范围
>>> xx=np.arange(-2,2,0.05)
>>> yy=np.arange(-1,3,0.05)
>>> X,Y=np.meshgrid(xx,yy)
# 计算 rosenbrock 函数
>>> Z=optimize.rosen([X,Y])
# 可视化
>>> fig=plt.figure(figsize=(6,6))
>>> ax=plt.axes(projection='3d')
>>> ax.axes.set_xlim3d(left=-1.9,right=1.9)
>>> ax.axes.set_ylim3d(bottom=-0.9,top=2.9)
>>> ax.plot_surface(X,Y,Z,rstride=1,cstride=1,cmap='rainbow')
# 增加等高线图
>>> ax.contour(X,Y,Z,20,offset=0,cmap='rainbow')
>>> plt.show()
```

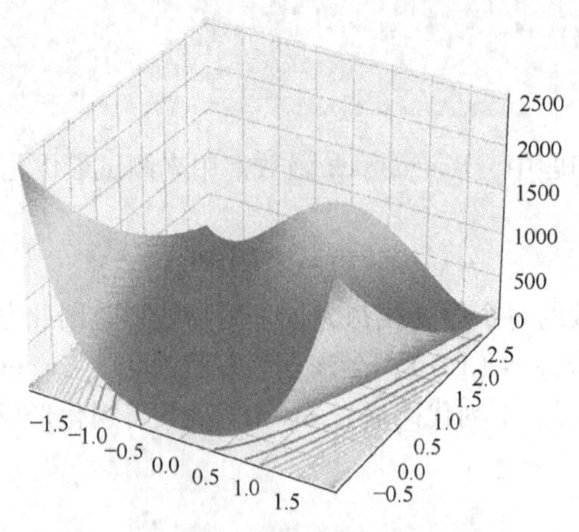

图 8-9　香蕉函数三维图像及其等高线图

在多变量函数中，需使用函数 minimize()求极值（事实上该函数也能在单变量函数中使用）。minimize()函数中采用的是数值迭代的方法从某一点出发直至满足停止条件，因此该函数不仅需要目标函数，还需要选择一个迭代的初始点。其语法格式如下：

```
scipy.optimize.minimize(fun,x0,args=(),method=None,jac=None,hess=None,hessp=None,bounds=None,constraints=(),tol=None,callback=None,options=None)
```

其中，fun 为目标函数；x0 为 ndarray 数据，为迭代的初始值；method 为需采用的求极值方法，若未给定，可从 BFGS、L-BFGS-B 及 SLSQP 中选一种算法，具体取决于问题的约束条件；jac 和 hess 为部分算法所需雅克比与黑森矩阵的计算方式；bounds 和 contraints 为针对有约束条件时需使用的参数。与 minimize_scalar()函数一样，该函数同样输出 OptimizeResult 对象。

下列代码使用 minimize()函数的 BFGS 算法以$(x,y)=(-1,2)$为初始点，计算香蕉函数的极小点与极小值，并将在等高线图上的迭代过程进行如图 8-10 所示的可视化，其中红色×代表算法求解过程中的每一个迭代点，绿色圆点代表计算出的极小值点。

```
# 选择初始点
>>> x0=np.array([-1.0,2.0])
# 保存迭代过程
>>> xk=[]
>>> def store(Xi):
        xk.append(Xi)
# 使用 BFGS 方法计算香蕉函数极值
>>> res = optimize.minimize (optimize.rosen, x0, method =' BFGS ',
callback=store)
>>> print(res)
    fun:2.0120262771722408e-11
hess_inv:array([[0.49888271,0.99753197],
                [0.99753197,1.9995676 ]])
    jac:array([-1.57847861e-07,7.16889437e-08])
message:'Optimization terminated successfully.'
    nfev:144
    nit:36
    njev:48
  status:0
success:True
        x:array([0.99999551,0.99999102])
# 可视化
```

```
>>> plt.figure(figsize=(6,4))
>>> contours=plt.contour(X,Y,Z,50,cmap='rainbow')
>>> plt.clabel(contours,inline=True,fontsize=10)
>>> plt.plot(np.array(xk).T[0],np.array(xk).T[1],'rx-',markersize=7)
>>> plt.plot(np.array(xk).T[0][-1],np.array(xk).T[1][-1],'go',
markersize=10,label='minimum')
>>> plt.legend()
>>> plt.show()
```

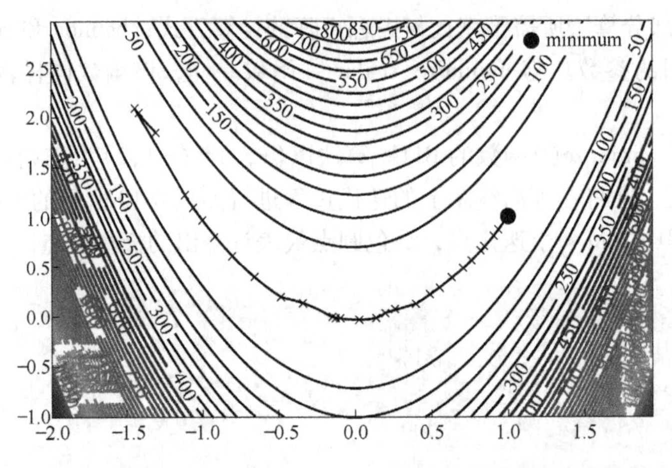

图 8-10 使用 minimize( ) 中的 BFGS 方法求香蕉函数的极小值

由输出结果和图 8-10 所示的可视化结果可见，使用 BFGS 算法计算出的极小值点的位置为 $(x,y)=(0.99999551,0.99999102)$，在误差允许的范围内可约等于函数的极小点 $(x,y)=(1,1)$。基于数值方法的迭代运算已是当前最优化实践应用中事实上的解决方案。

8.2.2 线性规划在公司生产规划中的应用

在最优化领域，有一类特殊的问题形式被称为线性规划（linear programming）。在此类问题中，目标函数与约束条件均为线性函数。由于线性条件的约束，线性规划可以使用更有效的方法求解。线性规划能够为合理地使用有限的人力、物力、财力等资源做出的最优决策提供科学依据。

以下通过公司经营中的一个实际案例讲解线性规划的应用。假设一家制造公司的经营者提供如下信息：

- 公司有机器 A 和机器 B 两台机器，能够生产产品 P 和产品 Q 两种产品；
- 生产每个产品 P 需要在机器 A 上加工 20min，在机器 B 上加工 50min；
- 生产每个产品 Q 需要在机器 A 上加工 30min，在机器 B 上加工 15min；
- 机器 A 每周的可用时长 50h，机器 B 每周的可用时长 60h；
- 每个产品 P 的利润为 27 元，每个产品 Q 的利润为 29 元。

现在需要在不超过可用资源的前提下，以总利润最大化的方式规划一周内每种产品的生产数量。对于这样的问题，可将其构建为线性规划的最优化问题。首先假设公司一周内生产 x_1 个 P 产品和 x_2 个 Q 产品，则可将问题列成如下形式：

$$
\begin{aligned}
\min\quad & -27x_1-29x_2 \\
\text{s. t.}\quad & 20x_1+30x_2\leqslant 3000 \\
& 50x_1+15x_2\leqslant 3600 \\
& x_1\geqslant 0 \\
& x_2\geqslant 0
\end{aligned} \tag{8.6}
$$

该表达式第 1 行表示最小化总利润的负数，即最大化总利润；第 2 行开始为约束条件，分别为机器 A 和机器 B 的可用时间，以及产品的生产数量必须是非负值。

对于决策变量个数为 2 的线性规划问题，采用图解法可以清晰地观察问题的形式。也就是根据约束条件绘制出边界与可行域，在此之上显示目标函数的等高线图，观察目标函数极小值的位置。下列代码首先绘制约束条件的边界，用红色实线表示机器 A 的时间限制约束，蓝色实线表示机器 B 的时间限制约束；然后使用灰色区域填充满足约束条件的可行域；最后可视化目标函数的等高线图，以黑色虚线表示，并标注每条等高线对应的目标函数值，绘制的图像如图 8-11 所示。

```
>>> import numpy as np
>>> import matplotlib.pyplot as plt
# 目标函数
>>> object_fun=lambda x:-27*x[0]-29*x[1]
# 约束条件
>>> x1=np.linspace(0,100,1000)
>>> x2_1=(3000-20*x1)/30.0
>>> x2_2=(3600-50*x1)/15.0
# 可视化
>>> fig=plt.figure(figsize=(8,5))
>>> plt.axis([0,100,0,80])
# 约束条件边界可视化
>>> plt.plot(x1,x2_1,'r',label=r'$20x_1+30x_2\leq3000$')
>>> plt.plot(x1,x2_2,'b',label=r'$50x_1-15x_2\leq3600$')
# 可行域可视化
>>> d=np.linspace(0,100,1000)
>>> X1,X2=np.meshgrid(d,d)
>>> plt.imshow((20*X1+30*X2<=3000)&(50*X1+15*X2<=3600)&(X1>
=0)&(X2>=0),extent=(X1.min(),X1.max(),X2.min(),X2.max()),origin=
"lower",cmap="Greys",alpha=0.2)
# 等高线图可视化
>>> contours=plt.contour(X1,X2,object_fun([X1,X2]),20,colors='black')
```

```
>>> plt.clabel(contours,inline=True,fontsize=10)
# 图像完善
>>> plt.legend(bbox_to_anchor=(1.05,1),loc=2,borderaxespad=0.)
>>> plt.xlabel(r'$x_1$')
>>> plt.ylabel(r'$x_2$')
>>> plt.show()
```

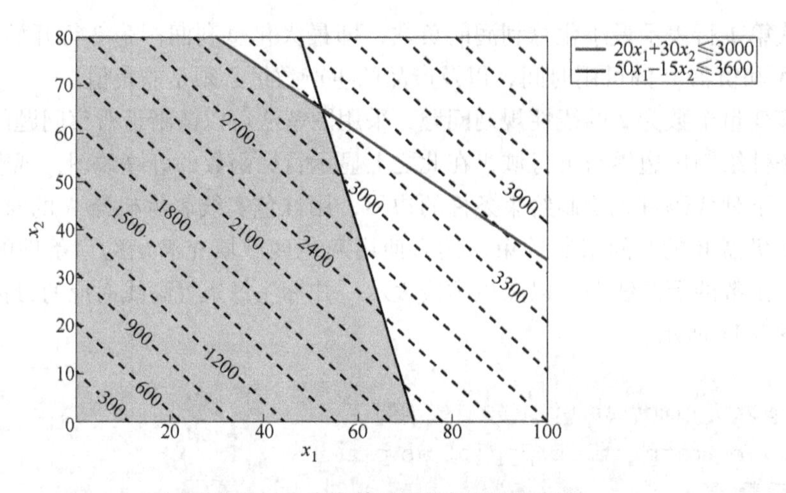

图 8-11　生产决策问题线性规划图解法

由图 8-11 可以发现，4 个约束条件恰好将该线性规划模型的可行域封闭起来，即函数的最优解一定是在该封闭区域内取得的。再观察目标函数的等高线图，目标函数的极小值应在红、蓝两条约束条件的交点处取得，此时极小值约为 3300，对应的产品 P 的生产量应为 50 余台，产品 Q 的生产量应为 60 余台。为验证图解法的结论并得到精确的结果，下面使用 linprog( ) 函数求解该线性规划问题。此函数的语法格式如下：

```
scipy.optimize.linprog(c,A_ub=None,b_ub=None,A_eq=None,b_eq=None,bounds=None,method='interior-point',callback=None,options=None,x0=None)
```

其中，c 为一维矩阵，为线性目标函数的系数；A_ub 为二维矩阵，为所有不等式约束的系数矩阵，需注意所有不等式必须首先转换为小于或等于的形式；b_ub 为一维矩阵，其元素为每个不等式约束的上限值；A_eq 为二维矩阵，为所有等式约束的系数矩阵；b_eq 为一维矩阵，其元素为每个等式约束的值；bounds 为序列，定义决策变量的最小值与最大值，默认为(0,None)，即所有决策变量均大于或等于 0；method 为字符串，为选择用于解决线性规划模型的算法的名称。该函数的输出为 OptimizeResult 对象。

在本案例中，除决策变量本身必须非负外，其他的不等式约束符号均为小于或等于，符合 linprog( ) 函数的要求。若模型中存在大于或等于不等式，则需在不等式两端添加负号。下列代码选择使用 simplex(单纯形)算法求解本案例中线性规划模型。

```
# 目标函数系数矩阵
>>> c=np.array([-27.0,-29.0])
# 约束不等式系数矩阵
>>> A_ub=np.array([[20.0,30.0],[50.0,15.0]])
# 约束不等式上限值矩阵
>>> b_ub=np.array([3000.0,3600.0]) result=linprog(c,A_ub=A_ub,b_
ub=b_ub,method='simplex')
>>> print(result)
     con:array([],dtype=float64)
     fun:-3302.5
message:'Optimization terminated successfully.'
     nit:2
   slack:array([0.,0.])
   status:0
success:True
        x:array([52.5,65.])
```

从输出结果可以发现，使用单纯形算法计算得到的目标函数的最小值为-3302.5，此时$(x_1,x_2)=(52.5,65)$，这验证了图解法的结论。此处需要注意的是，实际上产品的生成并不能以半份的形式出现，因此原问题还有一个约束为决策变量均应为整数。目前SciPy中还没有整数规划算法的实现，对整数规划有兴趣的读者可参阅PuLP优化库。通过整数规划求得的目标函数极小值为-3291，$(x_1,x_2)=(51,66)$。通过对比，使用单纯性算法的线性规划已足够帮助管理者在决策中确定最优的生产规划。

思政小课堂：在战国时期，曾经有过一次流传后世的赛马比赛，即人们所熟知的田忌赛马。在赛马比赛中，田忌以下等马赛齐威王的上等马，以中等马赛齐威王的下等马，以上等马赛齐威王的中等马，尽管田忌每一等马匹都稍逊于齐威王的，但仍取得了最终的胜利。田忌赛马的故事其实就是线性规划(整数规划)的思想在资源分配中的应用。可见，科学地对已有资源进行规划方能做出最优的决策。

8.3　气象风速插值分析

在现实科学与工程问题中，往往只能获得有限的采样点数据，导致数据量无法满足一些连续性算法的要求。插值法是通过已知的、离散的数据点，在指定区间内推断新的数据点的过程与方法，使离散的观测点不仅可以反映其所在位置的数值情况，而且还可以反映区间内的数值分布。插值的可行性建立在数据对象的相关性的假设之上，即彼此接近的数据往往具有相似的特征。与拟合法不同的是，插值法要求近似的曲线完全经过每一个数据点，拟合法则是采用了最小方差的思想得到最接近的结果。插值法有着广泛的应用，如机器学习在数据预处理环节常用插值填补缺失数据。本节将首先介绍 scipy. interpolate 子模块中插值函数的基本使用方法，再通过气象站风速分析案例讲解插值在实践中的应用。

思政小课堂：公元 604 年，隋代学者、天文学家刘焯在《皇极历》历法中首次考虑太阳视差运动的不均匀性，创立用三次差内插值法来计算日月视差运动速度，推算出五星位置和日、月食的起运时刻，为中国历法史上的重大突破。而牛顿插值法在其 1000 年之后才被提出。

8.3.1 scipy. interpolate 子模块简介

scipy. interpolate 子模块提供了几种通用的插值方法，用于处理一维、二维和更高维度的数据，见表 8-3。

表 8-3 scipy. interpolate 子模块中常用的函数

任务名称	函数/类名称	描述
一维插值	interp1d()	一维函数插值
多维插值	interp2d()	在二维网格上插值
	interpn()	规则网格上的多维插值
	griddata()	非结构化 D-D 数据上的插值
	RBFInterpolator()	*N* 维径向基插值
一维样条插值	BSpline()	单变量 B 样条插值
	UnivariateSpline()	一维平滑样条插值
二维样条插值	RectBivariateSpline()	矩形网格上的二元样条插值
	RectSphereBivariateSpline()	球体矩形网格上的二元样条插值
	BivariateSpline()	非结构化数据上的二元样条长度插值

一维插值函数 interp1d()实际上是一个类，该类返回已知数据点集的插值函数，通过调用该函数，可以得到已知数据之间的插值。该类的语法格式如下：

```
scipy.interpolate.interp1d(x,y,kind='linear',axis=-1,copy=True,
bounds_error=None,fill_value=nan,assume_sorted=False)
```

其中，x 和 y 为 array_like 对象，为需插值数据的自变量与因变量的值；kind 为字符串或指定样条插值阶数的整数，代表 interp1d()支持的方法，包括

- linear：线性插值，为默认插值方法；
- nearest、nearest-up：分别代表向下舍入最近邻插值与向上舍入最近邻插值；
- previous、next：前点差值和后点插值；
- zero、slinear、quadratic、cubic：分别指代零次、一次、二次和三次样条插值(即采用分项多段式插值)，对于更高阶数可以直接使用整数数字。

axis 为整数，指定沿其进行插值的轴；fill_value 可以是数组或 extrapolate，当其为数组时，该数组将被用于填充数据点集区间之外的点，当其为 extrapolate 时，将采用外推法计算数据点集区间之外的点，默认值为 NaN。

下列代码对函数 $y=x^2\sin(x)$ 在 $x\in[0,10]$ 区间内使用 interp1d()的多种插值方法进行插值处理，并可视化为图 8-12 所示的包含 2 行 4 列 8 个子图的图像，其中红色圆点代表已有的数据点，黑色加号符号代表插值点。

```
# 原始数据
>>> x=np.linspace(0,10,10)
>>> y=x**2*np.sin(x)
>>> x_dense=np.linspace(0,10,100)
# 设置插值方法
>>> int_kind=['linear','zero','quadratic','cubic',5,'nearest','previous',
'next']
>>>title=['线性插值','零次样条插值','二次样条插值','三次样条插值','五次样条插值',
'最近邻插值','前点插值','后点插值']
# 可视化
>>> plt.figure(figsize=(16,8))
>>> for k in range(len(int_kind)):
        interpolant=interpolate.interp1d(x,y,kind=int_kind[k])
        plt.subplot(2,4,k+1)
        plt.plot(x,y,'ro',markersize=8)
        plt.plot(x_dense,interpolant(x_dense),"k+")
        plt.title(title[k])
        plt.grid()
>>> plt.tight_layout()
>>> plt.show()
```

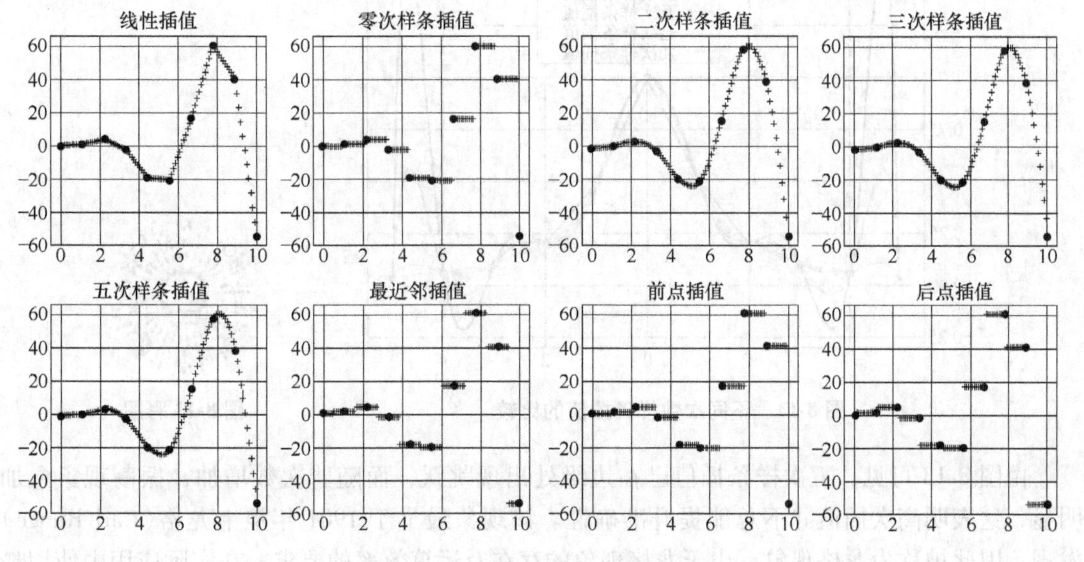

图 8-12　一维数据插值方法的对比

由图 8-12 可见，样条插值的次数越高，插值曲线就越接近原曲线。但事实上随着多项次数的增加，插值曲线间会出现震荡，并且偏离原始曲线。下列代码对函数 $y=1/(1+x^2)$ 在区间 $x\in[-5,5]$ 内分别进行线性插值，以及三次、五次、七次、九次样条插值，插值结果如图 8-13 所示的可视化在同一坐标系上。

```
#原始函数
>>> f=lambda x:1/(1+x**2)
>>> x=np.linspace(-5,5,11)
>>> y=f(x)
>>> x_dense=np.linspace(-5,5,500)
#设置插值方法
>>> int_kind=['linear','cubic',5,7,9]
>>>label=['线性插值','三次样条插值','五次样条插值','七次样条插值','九次样条插值']
#可视化
>>> plt.figure(figsize=(8,6))
>>>plt.plot(x,y,'ro',markersize=8,label=r'$1/(1+x^2)$数据点')
>>> for k in range(len(int_kind)):
        interpolant=interpolate.interp1d(x,y,kind=int_kind[k])
        plt.plot(x_dense,interpolant(x_dense),label=label[k])
>>> plt.grid()
>>> plt.legend()
>>> plt.show()
```

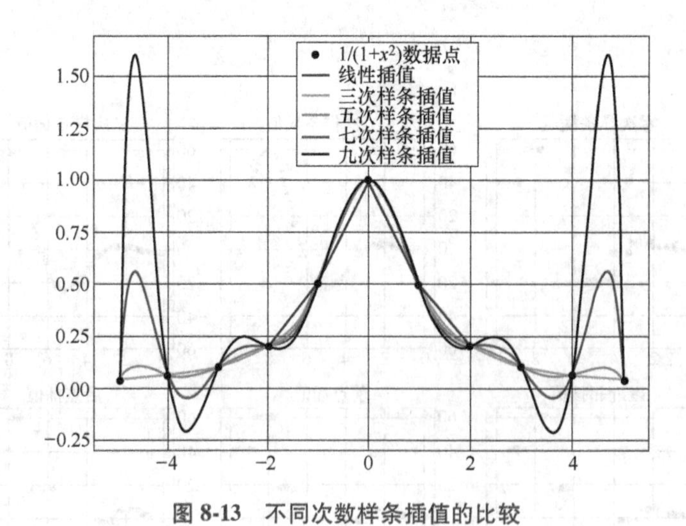

图 8-13 不同次数样条插值的比较

图 8-13 彩图

由图 8-13 可见，五次样条插值已在边缘处出现跳跃，而随着次数增加，振荡现象愈加明显，这表明高次插值并不总能提升准确性。该现象最早于 1901 年被卡龙格(Carl Runge)发现，因此被称为龙格现象。由于龙格现象的存在及运算效率的要求，在实际应用中使用最广泛的插值方法为线性插值。

假设观测点数据有多个维度，例如对于函数$f(x,y)$仅有若干不规则数据点(x_i,y_i)的值，需要使用插值还原数据分布时，可采用 griddata( )函数，其语法格式如下：

```
scipy.interpolate.griddata(points,values,xi,method='linear',fill_value=nan,rescale=False)
```

其中，points 为 ndarray，是数据点坐标；values 为 ndarray，是数据点的值；xi 为 ndarray，是需要出入数据的点；method 为字符串，是插值采用的方法，在 griddata( )中支持 linear(线性插值)、nearest(最近领插值)、cubic(三次样条插值)3 种插值方法，默认为线性插值；fill_value 为浮点数，用于填充插值凸包之外的请求点的值，默认为 nan，griddata( )不支持外插；rescale 为布尔值，若为真，在执行插值前将数据点缩放至单位长度，保持各个维度的数量级相等。函数输出由内插数值构成的 ndarray。

下列代码首先定义自定义函数，在$x,y\in[-1,1]$的区间内任意取 500 个点，使用 griddata( )函数进行插值。以可视化的手段在 2 行 2 列 4 幅子图中分别展示原函数图像(用黑色实心点显示采样点)、基于采样点的最近邻插值、线性插值与三次样条插值的图像，如图 8-14 所示。

```
#原始函数
>>> def f(x,y):
        s=np.hypot(x,y)
        phi=np.arctan2(y,x)
        tau=s+s*(1-s)/5*np.sin(6*phi)
        return 5*(1-tau)+tau
#取值范围
>>> x=np.linspace(-1,1,100)
>>> y=  np.linspace(-1,1,100)
>>> X,Y=np.meshgrid(x,y)
#随机选取 500 个数据点
>>> npts=500
>>> px,py=np.random.choice(x,npts),np.random.choice(y,npts)
#可视化
>>> fig,ax=plt.subplots(2,2,figsize=(10,8))
#第一幅子图展示原始函数,并用黑点显示取样点
>>> ax[0,0].contourf(X,Y,f(X,Y),cmap='rainbow')
>>> ax[0,0].scatter(px,py,c='k',marker='.')
>>>ax[0,0].set_title('在函数 f(X,Y)上的取样点')
#插值方法
>>> int_kind=['nearest','linear','cubic']
```

```
>>>title=['最近邻插值','线性插值','三次样条插值']
>>> for k in range(len(int_kind)):
    interpolant= interpolate.griddata ((px, py), f (px, py), (X, Y),
method=int_kind[k])
    r,c=(k+1)//2,(k+1)%2
    ax[r,c].contourf(X,Y,interpolant,cmap='rainbow')
    ax[r,c].set_title(title[k])
>>> plt.tight_layout()
>>> plt.show()
```

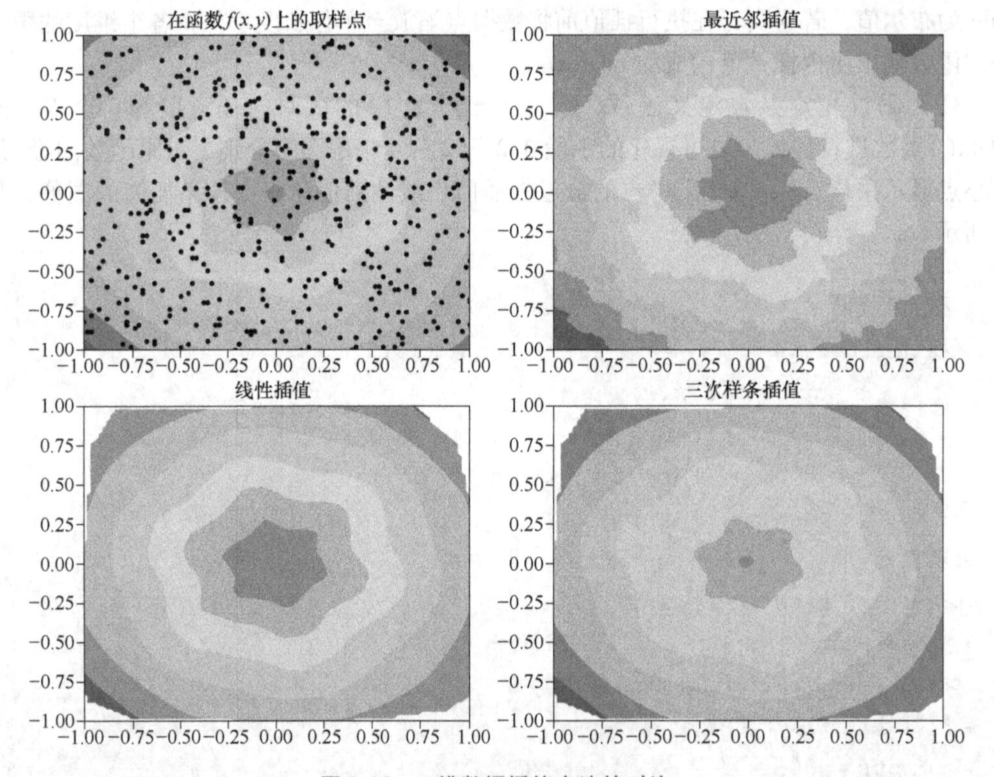

图 8-14 二维数据插值方法的对比

从图 8-14 可见，所有方法都可以在一定程度上重现确切的函数数据分布。对于这样平滑的函数来说，三次样条插值法给出了最好的结果。在线性插值与三次样条插值的四周出现空白是由采样点不足导致的。可采用 fill_value 关键字参数对空白区域进行填充。

8.3.2 气象最大风速预测

在工程项目设计时，有一项与气象相关的重要指标称为重现期，表示大于或等于某强度的自然现象(如洪水、台风、地震等)发生的平均时间间隔。例如，风速重现期意为连续出现两次大于设计所用风速值的时间间隔。因此，“30 年一遇” 的说法实质上就等于“30 年重现期”。在本案例中，将使用某地气象站测量的21年的风速数据预测该地“50年一遇”的最大风速数值。

本案例中使用的气象风速数据保存在windspeeds.npy文件中，首先使用下列代码读取文件中的数据并可视化为图8-15所示的折线图。

```
>>> import numpy as np
>>> import matplotlib.pyplot as plt
# 设置中文显示
>>> plt.rcParams['font.sans-serif']=['SimHei']
>>> plt.rcParams['axes.unicode_minus']=False
# 读取数据
>>> wspeeds=np.load('windspeeds.npy')
# 可视化
>>> plt.figure(figsize=(10,6))
>>> plt.plot(wspeeds,linewidth=.2)
>>> plt.xlim([0,wspeeds.shape[0]])
>>>plt.xlabel('观测时间点')
>>>plt.ylabel('风速[$m/s$]')
>>>plt.title('气象站风速数据')
>>> plt.show()
```

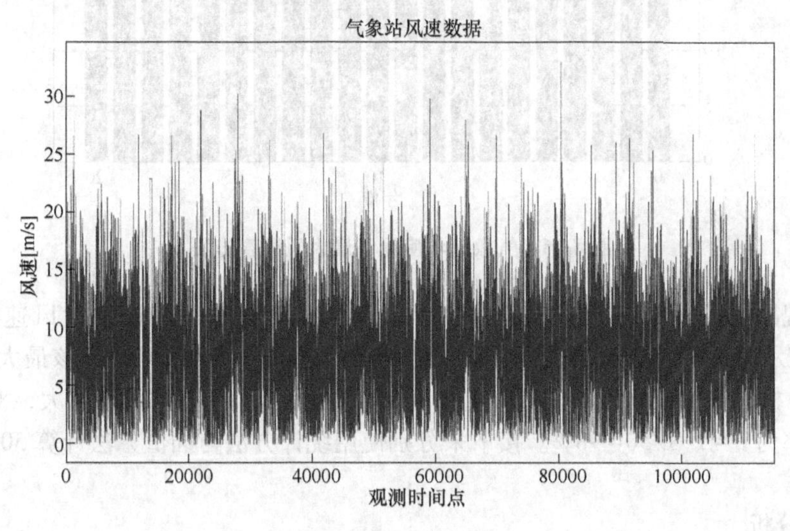

图8-15　气象站风速数据

由图8-15可见，原始数据中包含了超过十万条数据，在开展进一步分析前需先选取有效且具有显著性的数据。本案例的目的是预测每50年发生的最大风速，因此仅需从每年的气象风速数据中提取出当年的最大值。下列代码从数据集中按年份提取最大值，并绘制成图8-16所示的直方图。

```
#提取每年最大风速
>>> years=21
>>> max_speeds=np.array([arr.max() for arr in np.array_split
(wspeeds,years)])
#可视化
>>> plt.figure(figsize=(10,6))
>>> wbar=plt.bar(np.arange(years),max_speeds,alpha=0.7)
>>> plt.bar_label(wbar,padding=2)
>>> plt.grid(axis='y')
>>>plt.xlabel('年份')
>>>plt.ylabel('风速[$m/s$]')
>>>plt.title('气象站年度观测最大风速')
>>> plt.show()
```

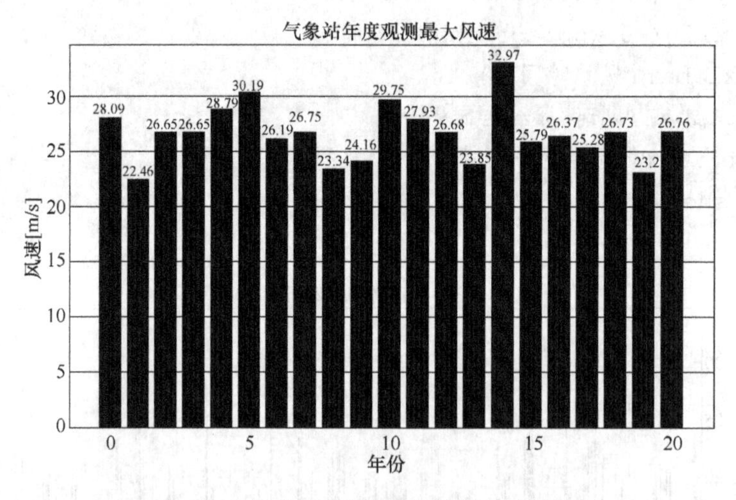

图 8-16　气象站年度观测最大风速直方图

风速重现期虽然是个时间概念，但实际上是和概率相关。假设最大风速的重现期为 T 年，并不表示每过 T 年必然会发生一次，而是表示在很长一段时间内，该最大风速的发生概率为 $1/T$，相应的保证率为 $1-1/T$。重现期越长，设计所用最大风速越大，对于 50 年重现期，保证率为 $P=1-1/50=98\%$。接下来分别使用统计方法与插值方法计算 50 年重现期的最大风速。

1. 统计分析

在统计领域，目前最常用的极值分析方法为极值Ⅰ型分布，也称耿贝尔(Gumbel)分布。它假设每次测量值为服从某种指数族分布(如正态分布)的随机变量，则测量的最高值也是一个随机变量，它的分布即为耿贝尔分布。

下列代码绘制 1 行 3 列的 3 张子图对具有不同位置参数 μ 与尺度参数 β 的耿贝尔分布的概率密度函数、累积分布函数与分位数函数进行可视化，如图 8-17 所示。

```
#Gumbel 概率密度函数
>>> def gumbel_pdf(x,u=0,b=1):
        z=(x-u)/b
        return 1/b*np.exp(-z-np.exp(-z))
#Gumbel 累积分布函数
>>> def gumbel_cdf(x,u=0,b=1):
        return np.exp(-np.exp(-(x-u)/b))
#Gumbel 分位数函数
>>> def inv_gumbel_cdf(y,u=0,b=1):
        return u-b*np.log(-np.log(y))
#可视化
>>> x=np.arange(-5,20,0.01)
>>> y=np.arange(0.01,0.99,0.01)
>>> u_list=[0.5,1.0,1.5,3.0]
>>> b_list=[2.0,2.0,3.0,4.0]
>>> label_list=[r'$\mu=0.5,\beta=2.0$',r'$\mu=1.0,\beta=2.0$',
r'$\mu=1.5,\beta=3.0$',r'$\mu=3.0,\beta=4.0$']
>>> fig,ax=plt.subplots(1,3,figsize=(12,4))
#子图1:概率密度函数PDF
>>> for i in range(len(u_list)):
        ax[0].plot(x,gumbel_pdf(x,u_list[i],b_list[i]),label=
label_list[i])
>>> ax[0].legend()
>>> ax[0].grid()
>>>ax[0].set_title('Gumbel 概率密度函数(PDF)')
#子图2:累积分布函数(CDF)
>>> for i in range(len(u_list)):
        ax[1].plot(x,gumbel_cdf(x,u_list[i],b_list[i]),label=
label_list[i])
>>> ax[1].legend()
>>> ax[1].grid()
>>>ax[1].set_title('Gumbel 累积分布函数(CDF)')
#子图3:分位数函数(PPF)
>>> for i in range(len(u_list)):
        ax[2].plot(y,inv_gumbel_cdf(y,u_list[i],b_list[i]),label=
label_list[i])
>>> ax[2].legend()
>>> ax[2].grid()
```

```
>>>ax[2].set_title('Gumbel 分位数函数(PPF)')
>>> plt.show()
```

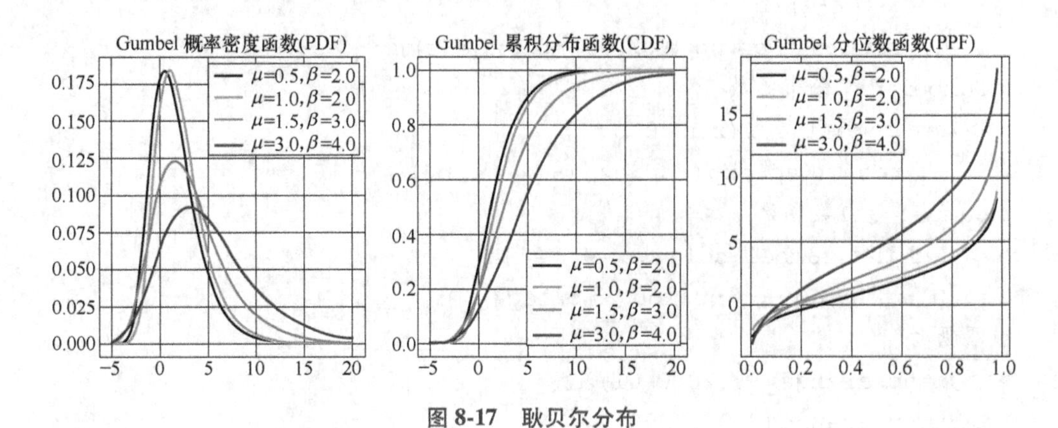

图 8-17　耿贝尔分布

在图 8-17 中，分位数函数实际上为累积分布函数的倒数，用于求已知概率分布时对应的变量值。对于 50 年重现期已知保证率 $P=98\%$，下一步需根据已有数据推断耿贝尔分布的位置参数与尺度参数，通过分位数函数即可计算出最大风速值。在 scipy. stats 中已经封装了该函数的实现 gumbel_r()。下列代码对最大风速进行预测并将结果在累积分布函数中可视化，如图 8-18 所示。

图 8-17 彩图

```
>>> from scipy import stats
# 基于数据计算位置参数与尺度参数
>>> loc1,scale1=stats.gumbel_r.fit(max_speeds)
# 计算 50 年重现期最大风速值
>>> VmaxGumbel=stats.gumbel_r.ppf(0.98,loc=loc1,scale=scale1)
# 可视化
>>> plt.figure(figsize=(8,6))
>>> y=np.linspace(0.001,0.999,100)
>>> x=stats.gumbel_r.ppf(y,loc=loc1,scale=scale1)
# 累积分布函数
>>> plt.plot(x,y,'b')
# 最大风速文字标注
>>> plt.text(34.6,0.5,'$V_{50}=%.2f \,m/s $' % VmaxGumbel)
# 辅助线
>>> plt.plot([VmaxGumbel,VmaxGumbel],[0,0.98],'k--')
>>> plt.plot([20,VmaxGumbel],[0.98,0.98],'k--')
# 最大风速点
>>> plt.plot(VmaxGumbel,0.98,'ro',markersize=8)
>>> plt.xlim([20,40])
```

```
>>> plt.ylim([0,1])
>>>plt.xlabel('风速最大值[$m/s$]')
>>>plt.ylabel('累积概率')
>>> plt.grid()
>>>plt.title('气象站风速数据 Gumbel 累积分布函数')
>>> plt.show()
```

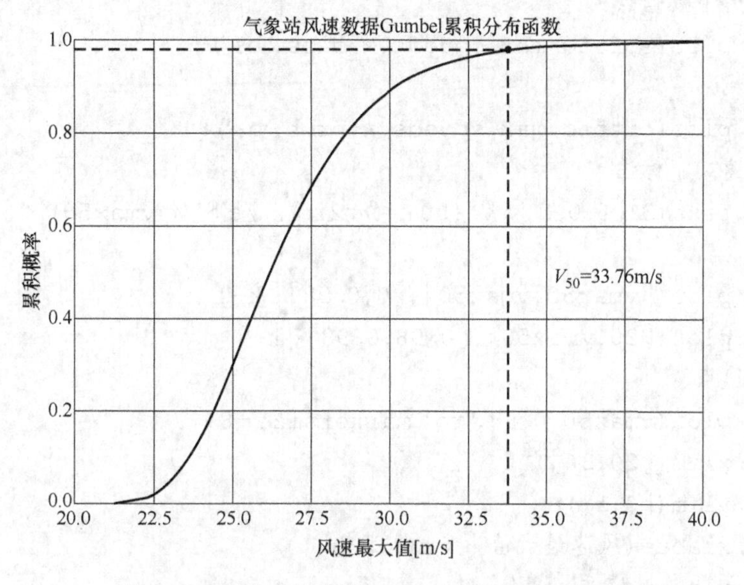

图 8-18 气象站风速数据 Gumbel 累积分布函数

由计算结果可见，基于耿贝尔分布的统计分析给出了该地“50 年一遇”的最大风速值为 33.76m/s。

2. 插值分析

累积分布函数描述了年度最大风速的概率分布。根据已有的观测点还可以使用拟合的方式计算累积概率分布。在本案例中，给定的年份 i 的累积概率 $p_i=i/(N+1)$，其中 $N=21$，即测量的年份。以此可以计算得到每个观测到的风速最大值的累积概率。随后使用 interp1d()函数的线性插值法对分位函数进行拟合。使用中注意 fill_value 关键字参数需设置为 extrapolate，即外插法，否则拟合函数无法预测区间外的数据点。最后，从 98%分位数的累积概率预估 50 年风速的最大值。下列代码实现了对基于插值分析的预测，并绘制图 8-19 所示的可视化图像。

```
>>> from scipy import interpolate
# 一维线性插值
>>> x_data=(np.arange(years)+1)/(years+1)
>>> sorted_max_speeds=np.sort(max_speeds)
>>> speed_spline=interpolate.interp1d(x_data,sorted_max_speeds,
fill_value='extrapolate')
# 根据插值函数生成曲线
```

```
>>> x_prob=np.linspace(0,1,100)
>>> fitted_max_speeds=speed_spline(x_prob)
# 使用插值函数计算 50 年重现期最大风速值
>>> vmax50=speed_spline(0.98)
# 可视化
>>> plt.figure(figsize=(8,6))
# 年度最大值数据点
>>> plt.plot(sorted_max_speeds,x_data,'bo')
# 插值曲线
>>> plt.plot(fitted_max_speeds,x_prob,'g--')
# 最大风速文字标注
>>> plt.text(31.6,0.5,'$V_{50}=%.2f \,m/s$' % vmax50)
# 辅助线
>>> plt.plot([vmax50,vmax50],[0,0.98],'k--')
>>> plt.plot([20,vmax50],[0.98,0.98],'k--')
# 最大风速点
>>> plt.plot(vmax50,0.98,'ro',markersize=8)
>>> plt.xlim([20,36])
>>> plt.ylim([0,1])
>>> plt.xlabel('风速最大值[$m/s$]')
>>> plt.ylabel('累积概率')
>>> plt.grid()
>>> plt.title('气象站风速累积分布函数插值分析')
>>> plt.show()
```

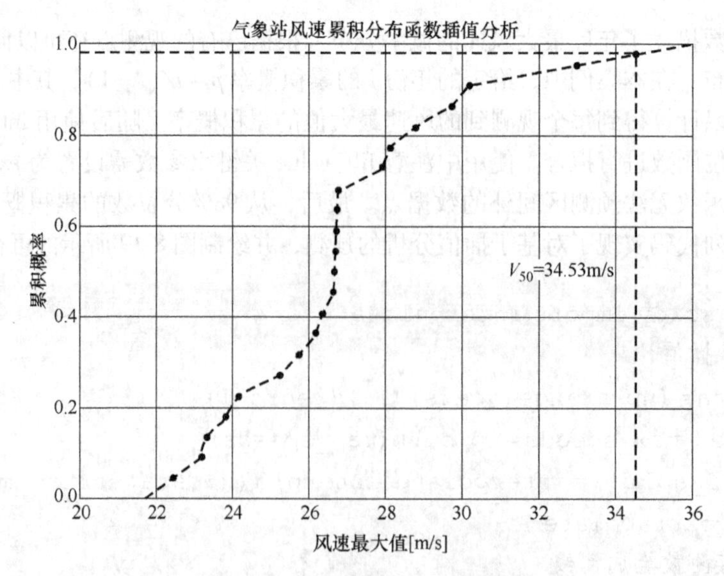

图 8-19　气象站风速累积分布函数插值分析

由图 8-19 可见，基于线性插值得到的累积分布函数与耿贝尔分布的累积分布函数有基本相同的趋势。线性插值法计算出该地“50 年一遇”的最大风速值为 34.53m/s，与基于耿贝尔分布的统计分析结果 33.76m/s 十分近似。

8.4 数字图像处理

数字图像处理是指通过计算机对图形和图像信号进行变换、压缩、滤波、特征提取等处理，从而便于人类与机器理解图像信息。本节将首先介绍数字图像的构成，随后讲解基于 scipy.ndimage 的数字图像处理基本方法。

8.4.1 数字图像的构成

数字图像通常是由二维或更高维(如医学 CT 图像)的规则数据组成，其中的基础组成单元称为像素，表示对图像光信号的最小完整取样。一个像素所能表达的不同颜色数取决于每像素多少比特(bit per pixel，BPP)。该数值可以通过取 2 的位数次幂来得到。目前普遍意义上的数字图像为 8 位图像，其每像素的比特数的取值为 $2^8=256$，通常采用 0~255 的整数来进行表示。每个像素点上的数值越高，代表光信号强度越大，该点显示也越明亮。每个像素点有各自的颜色值，最常用的为 RGB 三原色色彩模式，即通过对红(Red)、绿(Green)、蓝(Blue)三个颜色通道的变化，以及它们相互之间的叠加来确定该像素点的颜色。

下列代码首先使用 matplotlib.pyplot 中的 imread()函数读取 Panda.jpg 的 RGB 色彩模式图像为 ndarray 数组，再通过索引的方式分别展示其红、绿、蓝三个通道，如图 8-20 所示。

```
>>> import numpy as np
>>> import matplotlib.pyplot as plt
>>> plt.rcParams['font.sans-serif']=['SimHei']
>>> plt.rcParams['axes.unicode_minus']=False
# 读取 RGB 彩色图像
>>> img=plt.imread('Panda.jpg')
# 提取红色(Red)通道数据
>>> red_channel=np.array(img)
>>> red_channel[...,1:]=0
# 提取绿色(Green)通道数据
>>> green_channel=np.array(img)
>>> green_channel[...,[0,2]]=0
# 提取蓝色(Blue)通道数据
>>> blue_channel=np.array(img)
>>> blue_channel[...,:-1]=0
# 显示图像
>>> fig,ax=plt.subplots(1,4,figsize=(12,4))
```

```
# RGB 图像
>>> ax[0].imshow(img)
>>> ax[0].set_title('原始 RGB 图像')
>>> ax[0].axis('off')
# 红色通道
>>> ax[1].imshow(red_channel)
>>> ax[1].set_title('红色(Red)通道')
>>> ax[1].axis('off')
# 绿色通道
>>> ax[2].imshow(green_channel)
>>> ax[2].set_title('绿色(Green)通道')
>>> ax[2].axis('off')
# 蓝色通道
>>> ax[3].imshow(blue_channel)
>>> ax[3].set_title('蓝色(Blue)通道')
>>> ax[3].axis('off')
>>> plt.tight_layout()
>>> plt.show()
```

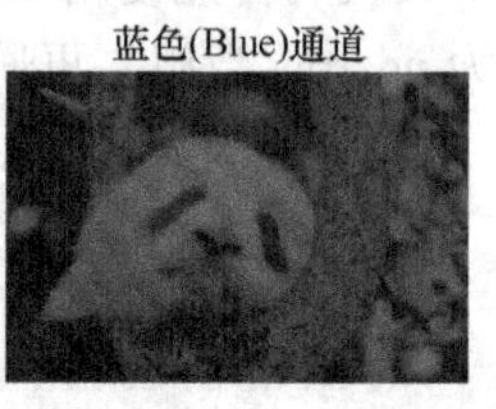

图 8-20　使用 RGB 色彩模式的数字图像的通道

由图 8-20 可见，在图像的树叶位置绿色通道中的明亮度要显著高于其他两个通道，在树干处红色与绿色通道的明亮度要高于蓝色通道。红绿蓝这三原色的叠加，就可以显示出不同的色彩。若需将彩色图像转化为灰度图像，则需要将 3 个色彩通道合并为 1 个通道。常用的公式为

图 8-20 彩图

$$\text{Gray}=0.299\times\text{red}+0.587\times\text{green}+0.114\times\text{blue} \tag{8.7}$$

式中，绿色的比重要明显大于红蓝两色，原因是人眼对绿色更为敏感。

下列代码通过该公式将熊猫的 RGB 彩色图像转换为灰度图像，如图 8-21 所示。

```
# 转换 RGB 图像为灰度图像
>>> rgb_2_grayscale=lambda r,g,b:r * 0.299+g * 0.587+b * 0.114
>>> img_gray=rgb_2_grayscale(img[...,0],img[...,1],img[...,2])
>>> img_gray/=255.
```

```
#显示图像
>>> plt.imshow(img_gray,cmap='gray')
>>> plt.axis('off')
>>> plt.show()
```

图 8-21 将 RGB 彩色图像转换为灰度图像

由之前的例子可以发现，对数字图像的操作在 Python 中实质上就是对 ndarray 数组的操作。如需要将图像中的某块区域抠除变为白色，可以用数组索引的方法选取目标区域并将三个通道都赋值为 255，则该区域便变为白色，如图 8-22 所示。代码如下：

```
>>> img_cover=np.array(img)
#将横轴与纵轴间[100,300]区间围成的正方形变为白色
>>> img_cover[100:300,100:300,:]=255
#显示图像
>>> plt.imshow(img_cover)
>>> plt.axis('off')
>>> plt.show()
```

图 8-22 抠除图像中的指定区域

下列代码对整幅图像的像素值进行统一调整，包括压缩像素值区间、对像素值求平方，以及使用数值 255（8 位图像最大的像素值）减去原始图像像素值，然后使用 1 行 3 列的子

图对结果进行可视化，如图 8-23 所示。

```
# 将图像像素值转换至[100,200]区间
>>> img_interval=((100.0/255)*img+100)/255.0
# 对图像像素值求平方
>>> img_contrast=(img/255.0)**2
# 计算图像的反相
>>> img_reverse=255-img
# 显示图像
>>> fig,ax=plt.subplots(1,3,figsize=(12,4))
# 转换像素值至区间可视化
>>> ax[0].imshow(img_interval)
>>> ax[0].set_title('转换原始图像像素值至$[100,200]$区间')
>>> ax[0].axis('off')
# 像素值平方可视化
>>> ax[1].imshow(img_contrast)
>>> ax[1].set_title('对原始图像像素值求平方')
>>> ax[1].axis('off')
# 反相可视化
>>> ax[2].imshow(img_reverse)
>>> ax[2].set_title('对原始图像进行反相')
>>> ax[2].axis('off')
>>> plt.show()
```

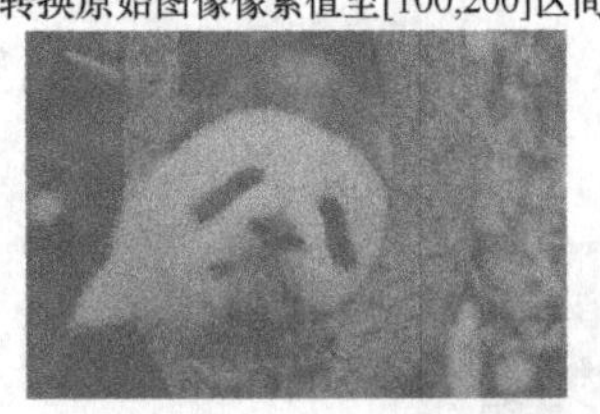

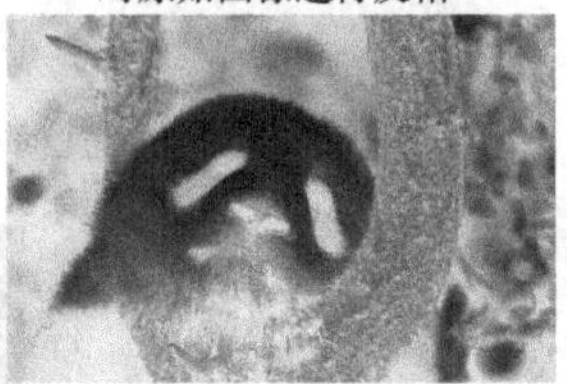

图 8-23　对图像像素值进行调整

由图 8-23 可见，将图像像素值调整至［100，200］区间会使图像的暗部与高光不明显，而对像素值计算平方会显著增加图像的对比度，使用数值 255 减去原始图像像素值则会得到原始图像的反相。

图 8-23 彩图

8.4.2　scipy.ndimage 子模块简介

8.4.1 小节简要介绍了数字图像的构成与基本操作，针对数字图像的处理技术实际上远不于此。scipy.ndimage 子模块提供了大量通用的图像处理和分析功能，这些功能旨在针对任意维度的数组进行统一操作，主要包括线性与非线性滤波、B-样条插

值、对象数学测量、形态学分析等。表8-4列出了该子模块中常用的函数。

表8-4 scipy.ndimage子模块中常用的函数

任务名称	函数名称	描述
滤波器	convolve()	卷积操作
	minimize()	互相关操作
	gaussian_filter()	高斯滤波器
	gaussian_laplace()	使用高斯二阶导的laplace滤波器
	maximum_filter()	极大值滤波器
	median_filter()	中值滤波器
	uniform filter()	均值滤波器
	minimum_filter()	极小值滤波器
	laplace()	使用近似二阶导的laplace滤波器
	prewitt()	Prewitt滤波器
	sobel()	Sobel滤波器
插值变换	affine_transform()	仿射变换
	geometric_transform()	几何变换
	map_coordinates()	将数组插值映射至给定坐标系
	rotate()	旋转数组
	shift()	平移数组
	zoom()	缩放数组
测量分析	label()	在数组中标注特征
	extrema()	标注数组的最大、最小值及位置
	find_objects()	在标准数组中查找对象
	mean()	标注数组的平均值
	median()	标注数组的中位数
形态学分析	binary_opening()	二值图像开运算
	binary_closing()	二值图像闭运算
	binary_dilation()	二值图像膨胀运算
	binary_erosion()	二值图像腐蚀运算

对数字图像的诸如旋转、缩放、移动等几何变换需要插值算法来实现。这是由于原始图像中每个像素点经过变换后的坐标并不一定是整数，部分像素就没有对应的数值，因此使用反向映射的方法并通过插值算法来填补这些空缺。

下列代码展示了图像的平移、旋转、裁剪与缩放等常见的几何变换，变换结果如图8-24所示。

```
# 平移图像:横轴方向200、纵轴方向100
>>> shifted_img=ndimage.shift(img,(100,200,0))
# 旋转图像:30度,旋转后的图像须包含整幅原始图像元素
>>> rotated_img=ndimage.rotate(img,30)
# 旋转图像:30度,通过裁剪使得旋转后的图像与原始图像尺寸相同
```

```
>>> rotate_img_noreshape=ndimage.rotate(img,30,reshape=False)
# 裁剪图像
>>> cropped_img=img[150:-150,150:-350]
# 缩放图像:放大至原尺寸的 2 倍
>>> zoomed_up_img=ndimage.zoom(img,(2,2,1))
# 缩放图像:缩小至原尺寸的 1/2
>>> zoomed_down_img=ndimage.zoom(img,(0.5,0.5,1))
>>>print("原始图像尺寸为{}".format(img.shape))
>>>print("经 2 倍放大后图像的尺寸为{}".format(zoomed_up_img.shape))
>>>print("经缩小一半后图像的尺寸为{}".format(zoomed_down_img.shape))

原始图像尺寸为(480,720,3)
经 2 倍放大后图像的尺寸为(960,1440,3)
经缩小一半后图像的尺寸为(240,360,3)

# 显示图像
>>> fig,ax=plt.subplots(2,3,figsize=(12,8))
# 平移图像可视化
>>> ax[0,0].imshow(shifted_img)
>>> ax[0,0].axis('off')
>>> ax[0,0].set_title('平移图像')
# 旋转图像可视化
>>> ax[0,1].imshow(rotated_img)
>>> ax[0,1].axis('off')
>>> ax[0,1].set_title('旋转图像')
# 旋转图像(与原图像尺寸相同)可视化
>>> ax[0,2].imshow(rotate_img_noreshape)
>>> ax[0,2].axis('off')
>>> ax[0,2].set_title('旋转图像(保持原图像尺寸)')
# 裁剪图像可视化
>>> ax[1,0].imshow(cropped_img)
>>> ax[1,0].axis('off')
>>> ax[1,0].set_title('裁剪图像')
# 放大图像可视化
>>> ax[1,1].imshow(zoomed_up_img)
>>> ax[1,1].set_title('放大图像')
# 缩小图像可视化
```

```
>>> ax[1,2].imshow(zoomed_down_img)
>>> ax[1,2].set_title('缩小图像')
>>> plt.tight_layout()
>>> plt.show()
```

图 8-24 图像的几何变换

由图 8-24 可以发现，经几何变换后图像中原本有像素值的位置变为边界之外，从而导致数值缺失。在 scipy. ndimage 中默认对这些区域使用常数 0 填充，即显示为黑色。缺失位置的填充可以通过 mode 关键字设置，其支持如下几种方法。

- constant：默认方法，使用 cval 参数定义的常量填充，在输入范围之外不执行插值；
- grid-constant：使用 cval 参数定义的常量填充，对输入范围之外的样本同样进行插值；
- reflect、grid-mirror：在最后一个像素的边缘进行反射填充；
- nearest：复制最后一个像素进行填充；
- mirror：在最后一个像素的中心进行反射填充；
- wrap：环绕相对边缘进行填充，并使初始点和最终点完全重叠；
- grid-wrap：环绕相对边缘进行填充。

下列代码以平移操作为例，展示不同填充方法的区别，结果如图 8-25 所示。

```
#默认填充方式 constant
>>> shifted_constant=ndimage.shift(img,(100,200,0))
#填充方式 reflect
>>> shifted_reflect=ndimage.shift(img,(100,200,0),mode='reflect')
#填充方式 nearest
```

```
>>> shifted_nearest=ndimage.shift(img,(100,200,0),mode='nearest')
# 填充方式 wrap
>>> shifted_wrap=ndimage.shift(img,(100,200,0),mode='wrap')
# 显示图像
>>> fig,ax=plt.subplots(2,2,figsize=(8,6))
# mode='constant'可视化
>>> ax[0,0].imshow(shifted_constant)
>>> ax[0,0].axis('off')
>>> ax[0,0].set_title("mode='constant'")
# mode='reflect'可视化
>>> ax[0,1].imshow(shifted_reflect)
>>> ax[0,1].axis('off')
>>> ax[0,1].set_title("mode='reflect'")
# mode='nearest'可视化
>>> ax[1,0].imshow(shifted_nearest)
>>> ax[1,0].axis('off')
>>> ax[1,0].set_title("mode='nearest'")
# mode='wrap'可视化
>>> ax[1,1].imshow(shifted_wrap)
>>> ax[1,1].axis('off')
>>> ax[1,1].set_title("mode='wrap'")
>>> plt.tight_layout()
>>> plt.show()
```

图 8-25　图像几何变换边界外缺失值填充方式对比

8.4.3 数字图像滤波及特征提取

图像滤波是数字图像处理中一种极其重要的技术，如当前人工智能中广泛使用的卷积神经网络便是基于滤波技术。图像滤波可以更改或增强图像，从而强调图像中的部分特征或去除图像中不需要的部分。图像滤波既可以在空间域进行，也可以将图像转换至频域进行。本小节将介绍使用滤波器对图像进行降噪处理与边缘特征提取。

1. 高斯滤波降噪

现实中的数字图像在采集、数字化转换与传输等环节中常受到成像设备与外部噪声的干扰等影响，会在数字图像中留下噪点。图像降噪技术是指减少数字图像中噪点的过程，有时也称为图像去噪。高斯滤波器是其中一项具有代表性的滤波降噪方法。

为验证高斯滤波器的有效性，首先需获得包含噪点的图像。下列代码对熊猫图像添加随机噪点，并对添加噪点后的图像局部放大显示，如图8-26所示。

```
>>> import matplotlib.patches as patches
# 为原始图像添加随机噪点
>>> noisy_img=np.array(img).astype(np.float64)
>>> noisy_img+=img.std()*1.*np.random.standard_normal(img.shape)
>>> noisy_img/=255.
# 显示含噪点的图像
>>> fig,ax=plt.subplots()
>>> ax.imshow(noisy_img)
# 局部放大显示
>>> rect = patches.Rectangle ((150, 150), 100, 100, l inewidth = 2,
edgecolor='r',facecolor='none')
>>> ax.add_patch(rect)
>>> axins=ax.inset_axes([0.4,0.4,0.47,0.47])
>>> axins.imshow(noisy_img[150:250,150:250])
>>> for axis in ['top','bottom','left','right']:
        axins.spines[axis].set_linewidth(2.5)
        axins.spines[axis].set_color('red')
>>> axins.set_xticklabels([])
>>> axins.set_yticklabels([])
>>> ax.indicate_inset(bounds=[150,150,100,100],inset_ax=axins,
edgecolor="red",alpha=1)
>>> plt.axis('off')
>>> plt.show()
```

由图8-26可见，在添加了随机噪点后，图像中出现了许多亮度和颜色与物体本身无关的随机信息，这样额外且错误的信息会显著加大计算机理解数字图像的难度。若噪点过多，

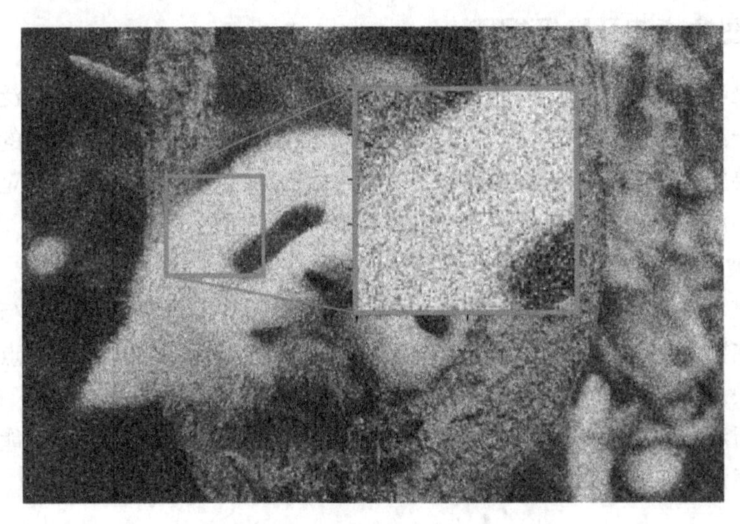

图 8-26　包含随机噪点的图像

甚至会导致人眼亦无法识别图像中的目标。

高斯滤波器是一种线性滤波器，能够有效抑制噪声，平滑图像。本质上，高斯滤波是对整幅图像进行加权平均的过程，每一个像素点的值都由其本身和领域内的像素值经过加权平均得到。在操作层面，其通过如下公式定义的卷积核（或称模板、掩膜）与图像进行卷积操作，用该核确定的邻域内像素的加权平均值替代模板中心像素点的像素值。

$$G(x,y)=\frac{1}{2\pi\sigma^2}\exp\left(-\frac{x^2+y^2}{2\sigma^2}\right) \tag{8.8}$$

式中，σ 定义了数据的离散程度，其值越大，高斯滤波器的频带就越宽，对图像的平滑效果就越好；其值越小，高斯滤波器的频带就越窄，平滑程度也越弱。

下列代码对高斯滤波器在 σ 由小至大取值时的卷积核图像的变化进行图 8-27 所示的可视化。

```
# 定义高斯滤波器函数
>>> def gaussian(v,std):
        x=v[0]
        y=v[1]
        return  np.exp(-((x**2)+(y**2))/(2*std**2))*(1.0/(2*
np.pi*std**2))
# 设置取值范围
>>> x=np.linspace(-25,25,1000)
>>> xy=np.meshgrid(x,x)
# 可视化:不同 sigma 参数下的高斯滤波器卷积核
>>> plt.figure(figsize=(12,12))
>>> for i in range(9):
```

```
        ax=plt.subplot2grid((3, 3), (int(i/3), int(i % 3)),
projection='3d')
        ax.plot_surface(xy[0], xy[1], gaussian(xy, i+1), cmap =
'rainbow')
        ax.set_title("$\sigma=$"+str(i+1))
>>> plt.tight_layout()
>>> plt.show()
```

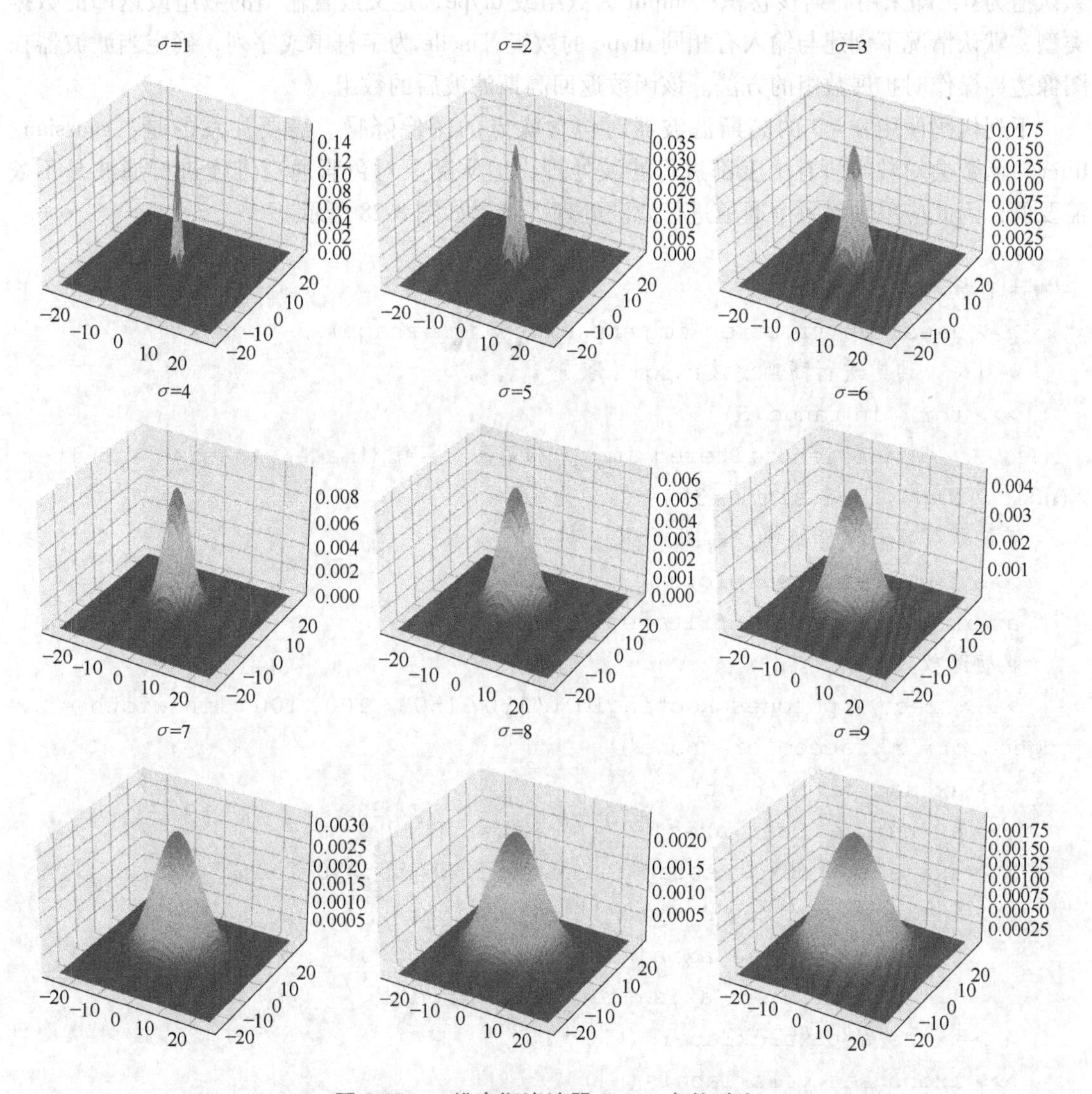

图 8-27　二维高斯滤波器 Sigma 参数对比

由图 8-27 可见，高斯滤波器卷积核的权值随着与中心像素点的距离的增加，而呈现高斯衰减的变换特性。其好处在于，离算子中心很远的像素点的作用很小，从而能在一定程度上保持图像的边缘特征。通过调节高斯滤波器宽度参数 σ，可在图像特征过分模糊（过平滑）与平滑图像中由于噪声和细纹理所引起的过多的不希望突变量（欠平滑）之间取得折中。

在 scipy. ndimage 中已封装了高斯滤波器的函数 gaussian_filter( )，其语法格式如下：

```
scipy.ndimage.gaussian_filter(input,sigma,order=0,output=None,
mode='reflect',cval=0.0,truncate=4.0)
```

其中，input 为输入数组；sigma 为标量或包含标量的序列，为高斯滤波器宽度参数 σ，当其为序列时，其中每个标量为对应轴的参数；order 为整数或整数序列，代表滤波器的阶数，默认值为 0，即采用高斯核卷积；output 为数组或 dtype，定义放置输出的数组或返回的数据类型，默认情况下创建与输入有相同 dtype 的数组；mode 为字符串或序列，确定当滤波器在图像边界操作时扩展数组的方法。该函数返回高斯滤波后的数组。

下列代码使用 $\sigma=3$ 的高斯滤波器对包含噪点的图像降噪。需要注意的是，gaussian_filter( ) 函数会对数组所有维度都进行滤波处理，但实际上对色彩通道维度进行滤波是不被需要的，因此应单独对每个通道进行滤波处理。结果如图 8-28 所示。

```
# 存放输出图像的数组
>>> gaussian_filtered_img=np.empty(img.shape)
# 对每个通道进行高斯滤波,sigma 取 3
>>> for i in range(3):
        gaussian_filtered_img[...,i] = ndimage.gaussian_filter
(noisy_img[...,i],sigma=3)
# 显示高斯滤波器处理后的图像
>>> fig,ax=plt.subplots()
ax.imshow(gaussian_filtered_img)
# 局部放大显示
>>> rect = patches.Rectangle((150,150),100,100,linewidth = 2,
edgecolor='r',facecolor='none')
>>> ax.add_patch(rect)
>>> axins=ax.inset_axes([0.4,0.4,0.47,0.47])
>>> axins.imshow(gaussian_filtered_img[150:250,150:250])
>>> for axis in ['top','bottom','left','right']:
        axins.spines[axis].set_linewidth(2.5)
        axins.spines[axis].set_color('red')
>>> axins.set_xticklabels([])
>>> axins.set_yticklabels([])
>>> ax.indicate_inset(bounds=[150,150,100,100],inset_ax=axins,
edgecolor="red",alpha=1)
>>> plt.axis('off')
>>> plt.show()
```

图 8-28 使用高斯滤波器对图像降噪处理

如图 8-28 所示的结果，高斯滤波器有效地去除了图像中的噪点，但同时图像相比原始图像也出现了一定程度的模糊。在实际应用中，应仔细设置参数 σ 以平衡图像的清晰度与滤波效果。除此之外，中值滤波器、均值滤波器等其他滤波器亦可用于图像降噪处理。

2. 边缘检测

边缘检测的目的是标识出数字图像中属性明显发生变化的位置，包括图像深度上的不连续、表面方向的不连续、物质属性变化与场景照明变化等情况。该技术可以大幅度减少数据量，剔除与目标任务不相关的信息的同时保留数字图像中重要的结构属性。边缘检测技术被广泛应用于目标识别、缺陷检测、运动跟踪等场景。

边缘检测本质上仍是一种滤波算法，与降噪滤波的区别在于滤波器的选择，滤波的规则是完全一致的。边缘检测滤波器通过寻找图像中梯度变化明显的部分来判断边缘位置。对图像的梯度计算便可以使用边缘检测卷积核来进行，常用的有 Sobel 算子和 Prewitt 算子。这两种算子都属于一阶微分算子，区别在于前者属于加权平均滤波而后者属于平均滤波。其卷积核的公式分别为

Sobel 算子：

$$\boldsymbol{S}_x=\begin{bmatrix}-1 & 0 & +1\\ -2 & 0 & +2\\ -1 & 0 & +1\end{bmatrix},\boldsymbol{S}_y=\begin{bmatrix}+1 & +2 & +1\\ 0 & 0 & 0\\ -1 & -2 & -1\end{bmatrix} \tag{8.9}$$

Prewitt 算子：

$$\boldsymbol{S}_x=\begin{bmatrix}-1 & 0 & +1\\ -1 & 0 & +1\\ -1 & 0 & +1\end{bmatrix},\boldsymbol{S}_y=\begin{bmatrix}+1 & +1 & +1\\ 0 & 0 & 0\\ -1 & -1 & -1\end{bmatrix} \tag{8.10}$$

由公式可以发现，该两种算子对图像的 x 轴与 y 轴都有对应的边缘检测卷积核。使用这两种算子时，目标图像须转化为灰度图像形式。在求得卷积后的图像后，可通过平方和公式 $G=\sqrt{G_x^2+G_y^2}$ 得到最终梯度。在实际应用中，从计算效率考虑，通常使用绝对值和公式 $G=|G_x|+|G_y|$ 进行梯度计算，梯度越大处则该位置是边缘的可能性更高。

基于 Sobel 和 Prewitt 算子的滤波操作在 scipy. ndimage 中已封装至 sobel( ) 和 prewitt( ) 函

数。其使用方法与函数 gaussian_filter( )的基本一致，唯一的区别在于 sobel( )和 prewitt( )函数中使用 axis 关键字确定执行边缘检测的轴方向。

下列代码对熊猫的灰度图像分别使用两种滤波进行 x 轴与 y 轴的边缘检测，并使用绝对值和公式计算图像的整体梯度，结果如图 8-29 所示。

```
# Sobel 算子
>>>sobelx_img=ndimage.sobel(img_gray,axis=0) # x 轴
>>>sobely_img=ndimage.sobel(img_gray,axis=1) # y 轴
>>>sobel_img=sobel=np.abs(sobelx_img)+np.abs(sobely_img)
                                                    # 整体图像
# Prewitt 算子
>>>prewittx_img=ndimage.prewitt(img_gray,axis=0) # x 轴
>>>prewitty_img=ndimage.prewitt(img_gray,axis=1) # y 轴
>>>prewitt_img=sobel=np.abs(prewittx_img)+np.abs(prewitty_img)
                                                    # 整体图像
# 显示边缘检测结果
>>> fig,ax=plt.subplots(2,3,figsize=(12,6))
# Sobel 算子:x 轴
>>> ax[0,0].imshow(sobelx_img,cmap='gray')
>>> ax[0,0].axis('off')
>>>ax[0,0].set_title("在 x 轴方向使用 Sobel 算子")
# Sobel 算子:y 轴
>>> ax[0,1].imshow(sobely_img,cmap='gray')
>>> ax[0,1].axis('off')
>>>ax[0,1].set_title("在 y 轴方向使用 Sobel 算子")
# Sobel 算子:整体图像梯度
>>> ax[0,2].imshow(sobel_img,cmap='gray')
>>> ax[0,2].axis('off')
>>>ax[0,2].set_title("基于 Sobel 算子的边缘检测")
# Prewitt 算子:x 轴
>>> ax[1,0].imshow(prewittx_img,cmap='gray')
>>> ax[1,0].axis('off')
>>>ax[1,0].set_title("在 x 轴方向使用 Prewitt 算子")
# Prewitt 算子:y 轴
>>> ax[1,1].imshow(prewitty_img,cmap='gray')
>>> ax[1,1].axis('off')
>>>ax[1,1].set_title("在 y 轴方向使用 Prewitt 算子")
# Prewitt 算子:整体图像梯度
```

```
>>> ax[1,2].imshow(prewitt_img,cmap='gray')
>>> ax[1,2].axis('off')
>>>ax[1,2].set_title("基于 Prewitt 算子的边缘检测")
>>> plt.tight_layout()
>>> plt.show()
```

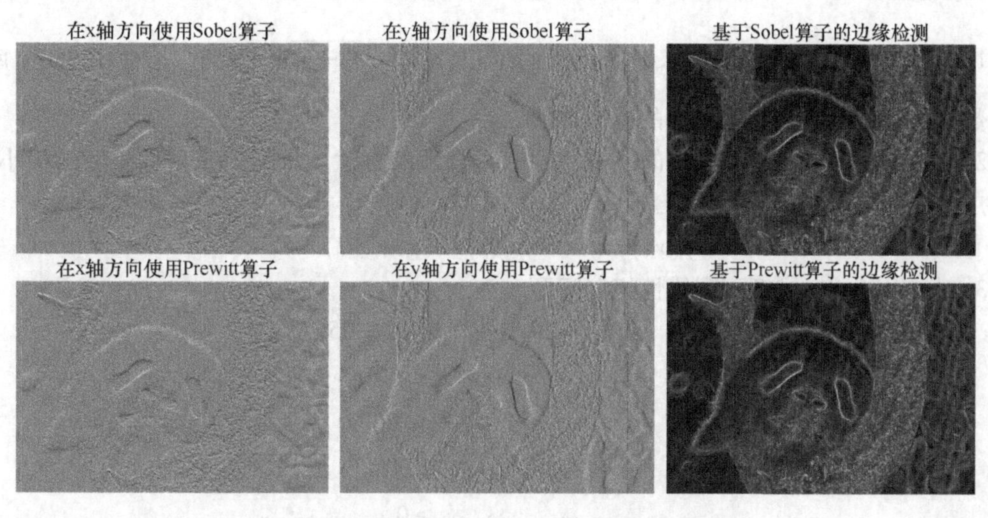

图 8-29 使用 Sobel 和 Prewitt 算子进行边缘检测

由图 8-29 可见，Sobel 和 Prewitt 算子在该图像上都能较好地提取边缘特征，如熊猫的轮廓、树干与树枝的轮廓都被正确识别。在边缘检测的一般应用中，Sobel 算子的效果要略好于 Prewitt 算子。一阶微分算子的优点在于计算简单，但可能会忽略一些较细的边缘。对于更复杂的图像，可采用多级别边缘检测算子执行检测任务。

思政小课堂：2009 年，在香港中文大学攻读博士研究生的何凯明，在当年的国际计算机视觉与模式识别会议中以“Single Image Haze Removal Using Dark Channel Prior”(数字图像去雾算法)获得当年唯一的最佳论文奖。这也是第一次完全由中国人组成的团队获得此奖项。据何凯明介绍，该论文中的算法灵感来源于人眼对 3D 游戏中带雾场景的识别，他相信人的视觉系统一定有一种有效的机制来感知有雾的图像，而且这种机制一定与现存的去雾方法不一样。他通过大量实验证明了此前的猜想，并提出了基于暗通道先验的去雾算法，取得了突出成果。

8.5 本章小结

本章介绍了专注于科学计算的 SciPy 库。该库针对不同科学计算任务设计了相应的子模块，每个子模块都包含了大量的数学算法和工程函数。每节以案例的形式先后讲解了数值微分、积分、统计分析、最优化、插值分析与数字图像处理模块。由于 SciPy 是建立在 NumPy

基础之上的，且以 ndarray 数组为基础单位，因此它可以与其他各类库及 Matplotlib 绘图库协同使用。Python 强大的生态支持与 NumPy 高效的运算速度使得 SciPy 能够和一些商业科学计算软件相媲美。由于篇幅有限，本章未涉及的其他子模块亦在对应领域有着重要实际的应用，有兴趣的读者请自行阅读 SciPy 官网的 API 简介。

8.6 课后习题

1. 圆周率的数值可以通过求解单位圆的定积分 $\int_{-1}^{1}\sqrt{1-x^2}\,dx$ 得到。请使用 SciPy 库中求解数值积分的方法得到圆周率的近似数值。

2. 请在 SciPy 中求解最优化的子模块中选择合适的方法，求解以下目标函数的极小点，初始点选择 $(x_0,y_0)=(-4,-0.5)$。

$$f(x,y)=(x^2+y-11)^2+(x+y^2-7)^2$$

3. 请使用 SciPy 求解下列线性规划问题。

$$\begin{aligned}
\min\quad & -20x_1-12x_2-40x_3-25x_4\\
\text{s.t.}\quad & x_1+x_2+x_3+x_4\leqslant 50\\
& 3x_1+2x_2+x_3\leqslant 100\\
& x_2+2x_3+3x_4\leqslant 90\\
& x_1,x_2,x_3,x_4\geqslant 0
\end{aligned}$$

4. 对于第 8. 3. 2 小节中的气象风速数据的插值分析，请使用 scipy. interpolate 中的 UnivariateSpline 类对累计分布函数进行插值分析，并与线性插值结果做对比。

5. 请使用绿色填充 Panda. jpg 图像中由 $x,y\in[100,300]$ 围成的正方形区间。

6. 请给 Panda. jpg 图像增加随机噪点，并分别使用均值滤波器和中值滤波器对其降噪，比较两种滤波器和高斯滤波器的降噪效果。

第9章

机器学习

9

学习目标

知识目标

- 了解机器学习的基本概念；
- 理解常用的机器学习算法的原理；
- 掌握机器学习模型的性能评价指标。

思政目标

- 培养学生树立正确认识人与机器学习技术关系的价值维度；
- 引导学生将专业能力、综合素养和双创精神有机统一；
- 激发学生攻坚克难的科学精神。

技能目标

- 学会使用 Python 对机器学习算法的数据进行分析、预处理与数据划分；
- 能够使用 Python 机器学习框架设计针对特定任务的机器学习算法；
- 能够使用 Python 机器学习框架评价和分析机器学习算法。

近年来，从计算机科学到物理、生物、能源、医疗等领域，人工智能实现了许多优秀的实际应用。例如，计算机视觉模型可以协助医生开展日常工作，自然语言模型在对话翻译中大放异彩，基于大数据的推荐系统能够有针对性地为用户推荐所需信息。在这其中，机器学习算法是实现相关应用的核心，是使计算机具有智能的根本途径。

在之前的章节中已经介绍了 NumPy 对高维数组数据的高效处理、Matplotlib 对数据的可视化分析、Scipy 提供的丰富科学计算资源，这些已足够作为开发基础机器学习应用的工具。本章将介绍 Python 中最普遍与流行的机器学习库 scikit-learn（简称 sklearn），该库建立在 NumPy、SciPy 及 Matplotlib 的基础之上，因此也拥有几乎等效于 C 语言的运算速度。由于该库 API 设计的易用性，通过修改几行代码即可实现各类机器学习算法并进行实验，其在学术研究与工业应用领域都很流行。

scikit-learn 可以通过 conda 或者 pip 命令进行安装。由于该库内容庞大，在进行实验和开发时通常只导入项目需要的模块，而不像 NumPy 和 Matplotlib 一样将整个库导入。

9.1 基于数据的学习

机器学习并不是一种具体的算法，而是很多算法的统称。其基于样本数据，在不需要对目标任务进行明确设计的前提下，便可以利用算法学习数据中的模式，从而做出预测或决策。因此对于机器学习算法来说，不仅需要合理的模型设计，更需要充足且高质的数据，这也是机器学习在大数据时代流行的一个根本原因。

9.1.1 机器学习简述

早在 1959 年，机器学习的先驱 Arthur Samuel 首次对机器学习进行了定义："机器学习是使计算机无须明确编程即可学习的研究领域。"除此之外，他还开发了一个机器学习的跳棋程序，其通过与用户进行跳棋游戏，在一段时间后，程序可以学习到什么是好的布局，什么是不好的布局，并且学会跳棋的基本玩法。通过长期的学习后，该程序甚至可以打败 Arthur Samuel。在那个没有高级编程语言甚至也没有显示器的年代，该机器学习系统的开发与验证是具有划时代意义的。

到了 1998 年，卡内基梅隆大学教授 Tom M. Mitchell 对机器学习做出了更严谨的定义："一个计算机程序利用经验 E 来学习任务 T，性能是 P，如果针对任务 T 的性能 P 随着经验 E 不断增长，则称为机器学习。"图 9-1 展示了该机器学习算法的定义。

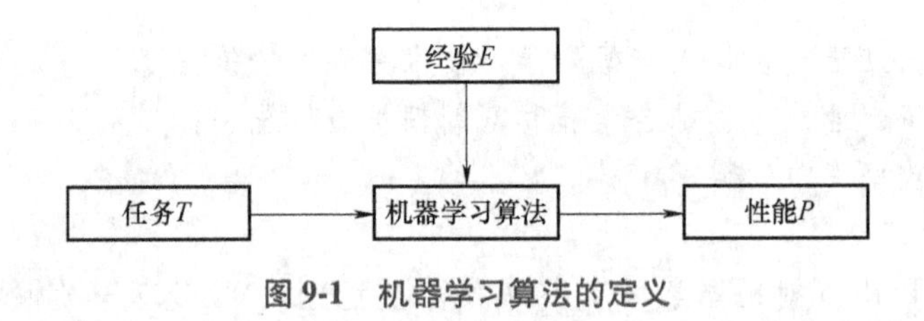

图 9-1 机器学习算法的定义

例如，对于一个传统的垃圾电子邮件过滤系统，设计者首先需要收集垃圾邮件中可能包含的文本信息、发件人姓名、邮件的格式等，对每种异常的模式编写检测算法，将检测到异常的邮件标记为垃圾邮件。但这种方法在实施时会极度困难，因为程序中会包含大量复杂的规则，难以维护。而在基于机器学习的垃圾邮件过滤系统中，可以使用垃圾邮件(如通过人工标记)和普通邮件作为训练数据(经验 E)，对垃圾邮件分类任务自动学习(任务 T)，分类的正确率(性能 P)会随着训练数据的增加不断地增长。这意味着系统会自动学习垃圾邮件中的特征，这类方法不仅更易维护，其分类准确率通常也更高。

上述案例使用机器学习算法判断邮件是否为垃圾邮件，是典型的分类任务。按任务的不同，机器学习大体可分为分类、回归、聚类、降维 4 种。分类任务和回归任务都是基于数据做出预测，区别在于分类任务是对离散值进行预测，而回归任务是对连续值进行预测。例如，预测会不会下雨是一个分类任务，预测气温是一个回归任务。聚类任务是按照某种特定的标准把相似的数据聚合在一起，与分类任务不同的是聚类任务对无标记训练样本学习数据的内在性质。降维任务是针对高维度、大规模、高复杂性数据，挖掘其中有意义的内容，去除冗余，用更加少的维度表示信息，从而更好地认识和理解数据。

按是否有标签数据，机器学习又可分为监督学习、无监督学习和强化学习。监督学习的每个训练实例都包含输入和期望输出的标签，如分类和回归任务都属于监督学习。无监督学习输入的数据并没有期望输出的标签，其利用算法探索数据中隐藏的模式，如聚类任务属于无监督学习。与监督学习和无监督学习不同，强化学习关注的是如何基于环境而行动，以取得最大化的预期利益，其不需要带标签的输入-输出对，同时也无须对非最优解进行精确地纠正。强化学习注重于对未知领域的探索和对已有知识的利用之间的平衡，如知名的 Alpha Go 围棋就是基于强化学习算法构建的。这三种机器学习类型并不是完全孤立的(见图 9-2)，在实际的设计与开发中，通常会对其中的一种或多种算法进行结合构建出适合任务特点的机器学习模型。

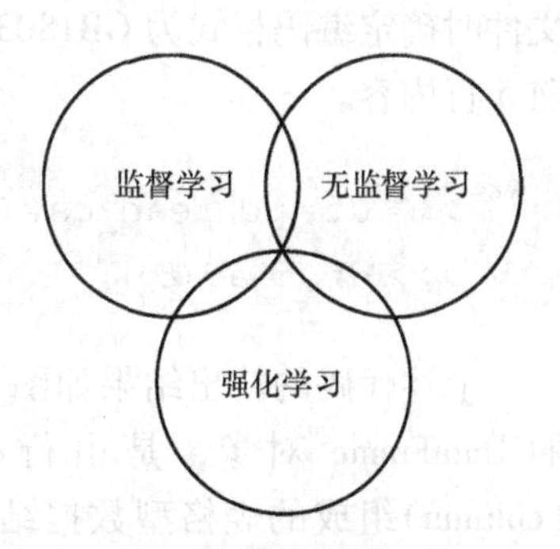

图 9-2 机器学习分类

无论是何种机器学习算法，都离不开训练数据的驱动，这些数据也就构成了算法学习的“经验”。当样本数据量过小时，机器学习算法往往会产生“过拟合”现象，即模型泛化能力欠缺，导致其无法真正应用于现实场景。在开发过程中，最耗时的往往并不是算法的构建，而是准备训练所需的数据，包括对数据的采集、预处理、标注等工作。只当拥有充足且高质的数据时，机器学习算法才能发挥出真正的性能。

9.1.2 数据准备

对于机器学习算法来说，数据是极其重要的，如果没有数据就无法进行模型的训练，而数据质量过低也会导致模型性能降低。之前的章节介绍了基于 NumPy 进行数据的导入与处理工作，在面对复杂的数据集时，由于 NumPy 矩阵对数据格式的要求，会加大数据读取工作的复杂度。事实上，在大量机器学习任务的数据准备环节中，开发者常会选用 Pandas 库对数据进行预处理。Pandas 的出现不仅简化了 Python 进行数据准备和分析的流程，更降低了其上手难度。

Pandas 库的名称来自于数据面板(panel data)与数据分析(data analysis)，其基于 NumPy 和 Matplotlib 建立，提供了大量快捷处理数据的方法。尤其是基于 NumPy 的 ndarray 数组建立了一种表格型的数据结构——Dataframe，其类似 SQL 表或 Excel 电子表格，但拥有更快的运行速度和更便捷的操作方法。Pandas 可以通过 conda 或者 pip 命令进行安装，在安装完成后，通常以如下方式进行引用。

```
>>> import pandas as pd
```

本节后面内容的代码均是在按照此语句引入 Pandas 的前提下进行编写的。当做数据准备时，首先需要将数据读取到工作空间，Pandas 一项重要的功能便是支持 Excel、CSV、SQL 等多种数据文件的读取。Pandas 常用的数据读取函数见表 9-1。

表 9-1 Pandas 常用的数据读取函数

函数名	描述
read_csv()	读取 CSV 文件并转换为 DataFrame 对象
read_excel()	读取 Excel 文件并转换为 DataFrame 对象
read_json()	读取 JSON 文件并转换为 Pandas 对象
read_html()	读取 HTML 表格并转换为 DataFrame 对象的列表
read_pickle()	读取文件中的 Pickled Pandas 对象

下列代码使用 read_csv( )函数读取 student. csv 文件。由于该文件中包含中文，须在读取文件时确定编码格式为 GB18030，以避免出现乱码现象。随后，使 head(5)函数观察数据的前 5 行内容。

```
>>> df=pd.read_csv('student.csv',encoding='GB18030')
>>> df.head(5)
```

上述代码的输出结果如图 9-3 所示，这就是 Pandas 的 DataFrame 对象，是由行标签（index）和列标签（column）组成的表格型数据结构。DataFrame 是一种异构结构，即每列的数据结构不必相同，如在该案例中，有字符串也有浮点数。

	学号	姓名	年龄	性别	评分
0	10001	小明	22.0	男	75.0
1	10002	大飞	27.0	男	86.0
2	10003	小王	22.0	男	NaN
3	10004	丁丁	24.0	女	95.0
4	10005	小张	20.0	女	79.0

图 9-3　DataFrame 对象

由图 9-3 可以发现，行标签为“2”、列标签为“评分”处的数据为 NaN，代表数据缺失。在实际中，常会由于数据收集、数据整理、数据挖掘等过程中的不完善或限制因素，造成数据缺失的问题。Pandas 提供了 isnull( )和 notnull( )两种方法对缺失值进行检测。下列代码对数据对象各列的缺失值进行统计并打印。

```
>>> print(df.isnull().sum())
学号    0
姓名    1
年龄    1
性别    0
评分    2
dtype:int64
```

观察打印结果可以发现，姓名栏中存在 1 项缺失数据，年龄栏中存在 1 项缺失数据，评分栏中存在 2 项缺失数据。不完整的数据会给机器学习模型带来极大挑战。对于缺失数据，在 Pandas 中常使用 fillna( )函数进行值替换，或使用 dropna( )函数删除数据段。下列代码分别展示替换缺失值为 0 和删除含缺失值行的方法。

```
# 将缺失值替换为 0
>>> print(df.fillna(value=0))
     学号    姓名   年龄   性别   评分
0  10001   小明  22.0   男    75.0
1  10002   大飞  27.0   男    86.0
2  10003   小王  22.0   男     0.0
3  10004   丁丁  24.0   女    95.0
4  10005   小张  20.0   女    79.0
```

```
5   10006  小丽  22.0  女  81.0
6   10007  大壮  21.0  男   0.0
7   10008  小飞  22.0  女  83.0
8   10009  小强  20.0  男  65.0
9   10010    0   21.0  女  76.0
10  10011  小华   0.0  男  83.0
#将包含缺失值的行删除
>>> print(df.dropna())
      学号    姓名   年龄  性别   评分
0  10001  小明  22.0   男   75.0
1  10002  大飞  27.0   男   86.0
3  10004  丁丁  24.0   女   95.0
4  10005  小张  20.0   女   79.0
5  10006  小丽  22.0   女   81.0
7  10008  小飞  22.0   女   83.0
8  10009  小强  20.0   男   65.0
```

在数据准备时，很多时候需要从数据集中提取出需要的数据。与 NumPy 对 ndarray 数组的支持类似，Pandas 也提供了对 DataFrame 进行高效索引的方法。Pandas 索引方法见表 9-2。

表 9-2 Pandas 索引方法

方法	描述
[]	切片索引
.loc()	基于标签的索引
.iloc()	基于整数的索引

下列代码分别通过 3 种方法选取小明、大飞、小王的姓名和成绩信息。

```
#使用切片索引
>>>print(df[['姓名','评分']][:3])
    姓名   评分
0  小明  75.0
1  大飞  86.0
2  小王   NaN
#基于标签的索引
>>>print(df.loc[:2,['姓名','评分']])
    姓名   评分
0  小明  75.0
1  大飞  86.0
2  小王   NaN
```

```
# 基于整数的索引
>>> print(df.iloc[:3,[1,4]])
   姓名   评分
0  小明   75.0
1  大飞   86.0
2  小王    NaN
```

由上述代码可以发现，当使用切片索引时，首先使用列标签获取对应的列，再对列数据执行行索引。当使用.loc()索引时，是使用行和列标签进行索引，分别用“,”进行分隔，第1个位置代表行，第2个位置代表列，其取值为前闭后闭；.iloc()只能使用整数索引，而不能使用标签索引，与.loc()类似，其第1个位置代表行，第2个位置代表列，用“,”进行分隔，但其取值是前闭后开。

与 NumPy 相比，Pandas 更适合处理包含不同数据格式的表格类数据，并提供了对数据进行去重、排序、合并、统计、采样等便捷的功能函数。但是，Pandas 的 DataFrame 对内存的消耗也要高于 NumPy 的 ndarray，在实际进行数据准备时，需根据开发和效率需求使用正确的工具。对 Pandas 其他功能感兴趣的读者可以根据 Pandas 官方网站提供的用户手册进一步学习。

9.1.3 机器学习流程

机器学习模型与算法的开发与实施通常会遵循一定的流程和步骤，下面将基于 scikit-learn 中提供的函数对其进行介绍。

1. 获得数据

机器学习中的经验 E 本质上是数据，在开发模型前，首先需要明确训练数据类型。数据需要对拟解决的问题具有显著的代表性，如对于“中文—英文”翻译模型，诸如德语、法语等数据在一般情况下是对模型没有明显帮助的。随后需要确定数据的数量，这往往取决于拟解决的问题与模型的复杂度。通常来说，越复杂的模型需要越多的数据进行训练。这之后最重要的步骤就是对所需的数据开展收集工作，如查阅公开的数据集、使用爬虫程序从互联网收集数据、使用传感器收集实测数据等。scikit-learn 在 sklearn.datasets 中提供了一系列用于机器学习的数据集，见表 9-3。除此之外，sklearn.datasets 还提供了从 openml.org 中下载数据集的接口。出于时间和成本的考虑，在收集数据时应首先考虑公开的数据集。

表 9-3 scikit-learn 中常用的内置数据集

方法	描述	任务
load_iris()	鸢尾花数据集	分类
load_digits()	数字数据集	分类
load_wine()	葡萄酒数据集	分类
load_breast_cancer()	威斯康星乳腺癌数据集	分类
load_diabetes()	糖尿病数据集	回归
load_linnerud()	林纳鲁德体能训练数据集	(多输出)回归

2. 数据预处理

在机器学习的训练数据中，通常包含着大量的特征，每个特征的性质、量纲、数量级、可用性等都可能存在一定的差异。若特征之间差异较大时，直接使用原始数据进行分析会造成特征的不平衡。如在考虑不同时期的物价指数时，若将较低价格的食品和较高价格的汽车的价格涨幅一并纳入特征，会导致汽车在综合指数中的作用被放大。因此，在训练机器学习模型前，通常需要对数据进行预处理。

对于数字数据，为了保持其数量级上的统一，最常用的预处理方式是数据标准化。其做法是对数据集中的数据首先减去平均值，再除以标准差，将数据映射至平均值为0且有相同阶数的方差。下列代码首先生成测试用数据集，使用 sklearn.preprocessing 中的 StandardScaler()创建一个转换器对象，调用 fit()方法将转换器拟合在数据上，最后使用 transform()方法产生标准化处理后的数据，并将原始数据集与标准化处理后的数据集以图 9-4 所示的 1 行 2 列的子图形式展示出来。

```
>>> import sklearn
>>> import numpy as np
>>> import matplotlib.pyplot as plt
#设置中文显示
>>> pltrcParams['font.sans-serif']=['SimHei']
>>> plt.rcParams['axes.unicode_minus']=False
#生成正态分布的测试数据
>>> x=np.random.normal(-10,10,1000)
>>> y=np.random.normal(-5,2,1000)
>>> data=np.stack([x,y],axis=-1)
#对数据进行标准化处理
>>> scaler=sklearn.preprocessing.StandardScaler()
>>> scaler.fit(data)
>>> trans_data=scaler.transform(data)
#可视化对比
>>> fig,ax=plt.subplots(1,2,figsize=(9,4),dpi=300)
>>> ax[0].scatter(data[:,0],data[:,1])
>>> ax[0].grid()
>>> ax[0].axis([-40,40,-40,40])
>>>ax[0].set(xlabel='x 轴',ylabel='y 轴',title='原始数据')
>>> ax[1].scatter(trans_data[:,0],trans_data[:,1],color='red')
>>> ax[1].axis([-40,40,-40,40])
>>> ax[1].grid()
>>>ax[1].set(xlabel='x 轴',ylabel='y 轴',title='标准化处理后的数据')
>>> plt.show()
```

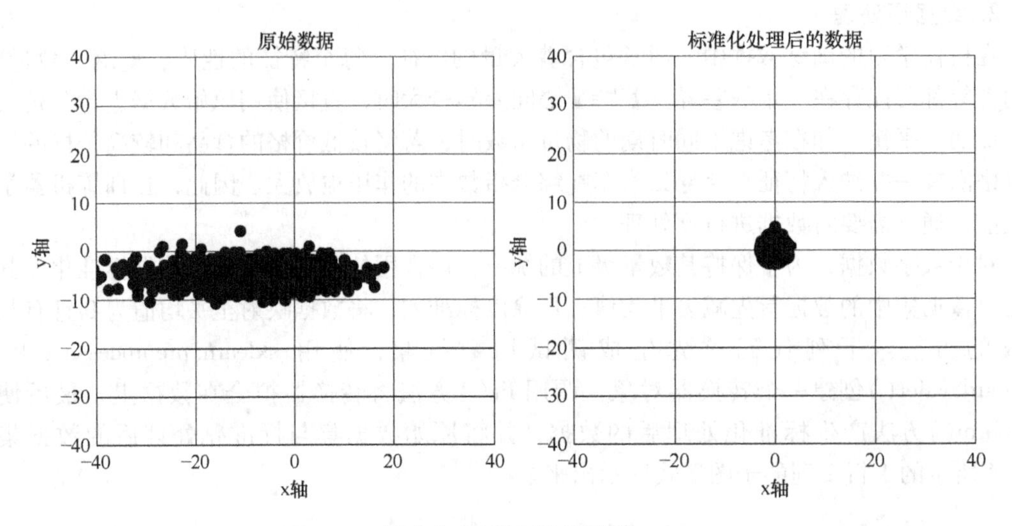

图 9-4　数据标准化处理

可以发现，通过标准化预处理，数据的两个特征处于同一个数量级别之上了。

除此之外，sklearn. preprocessing 还提供了预处理类别特征(通常是文本数据)的独热编码器 OneHotEncoder()，以及对连续特征进行离散化处理的二值化器 Binarizer()等常用的数据预处理工具。

机器学习算法最终的目的是将训练好的模型部署至真实环境中，并希望模型能够在未知的数据上得到较好的预测效果。因此，模型在训练数据集上的表现并不能完全代表模型的泛化能力。为此，在训练机器学习模型时需要将数据分割为训练集(train)和测试集(test)两个部分。在模型训练时只使用训练集数据，然后用测试集数据上的误差作为模型应对真实场景中的泛化误差。划分数据集必须在开始构建模型之前完成，防止数据窥探偏误。通常来说，应该将数据集的大部分(80%以上)划拨为训练集，以保证模型能够从足够的样本中学习到数据的模式。

当涉及根据预测结果调整模型参数时（通常称为模型的超参数），为了保证无偏估计不可以直接在测试集数据上进行模型调整。为此，可以将训练集数据进一步划分为训练集与验证集(validation)，通过验证集评估模型，再通过测试集观察模型的泛化能力。数据集划分的示意图如图 9-5 所示。

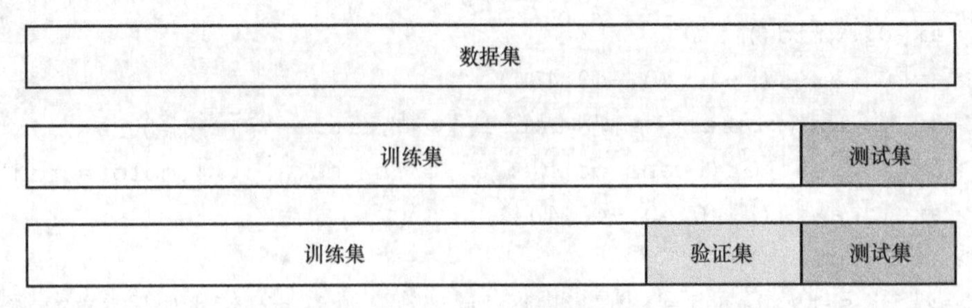

图 9-5　数据集划分

sklearn. model_selection 提供 train_test_split()函数将数据随机分为训练集和测试集，其

语法格式如下：

```
sklearn.model_selection.train_test_split(*arrays,test_size=None,train_size=None,**options)
```

其中，*arrays为要分割的数据集，其可以是NumPy数组、SciPy稀疏矩阵或DataFrame对象。“train_size=”和“test_size=”关键字参数可以设置训练集和测试集的数量。该函数返回包含切分后的测试集与训练集。若还需要进行验证集的划分，则需要在划分后的训练集上再次调用train_test_split()函数。

下列代码使用该函数将使用NumPy生成的模拟数据集划分为80%的训练集和20%的测试集。

```
>>> from sklearn.model_selection import train_test_split
>>> import numpy as np
>>> X,y=np.arange(10).reshape((5,2)),range(5)
>>> X_train,X_test,y_train,y_test=train_test_split(X,y,test_size=0.2)
```

3. 模型建立与训练

在完成数据预处理后，需要选择合适的算法开展训练。表9-4列出了scikit-learn库针对分类、回归、聚类、降维等机器学习任务提供的常用算法。在实际应用中，需要考虑算法的应用场景和可用的数据形式选择任务类型。若数据带有标签，则根据输出的数据是否连续选择回归或分类算法；若数据没有标签，如需将数据划分为离散的组，则使用聚类算法；若仅需要对数据的维度进行约简，则使用降维算法。

确定好任务类型后，再选择合适的算法。当数据的特征数较少时，简单的模型就可以保证足够的学习和泛化能力。当特征数较大时，往往应选择诸如集成学习的较复杂的模型。随着数据量的增大，对模型复杂度要求也会增加，应能够充分学习大量数据提供的信息。

表9-4 scikit-learn中常用的机器学习算法

任务类型	算法名称	scikit-learn中类的名称
回归	线性回归	linear_model. LinearRegression()
	岭回归	linear_model. Ridge()
	LASSO回归	linear_model. Lasso()
	贝叶斯岭回归	linear_model. BayesianRidge()
	核函数岭回归	kernel_ridge. KernelRidge()
	线性支持向量回归	svm. LinearSVR()
	决策树回归	tree. DecisionTreeRegressor()
	随机森林回归	ensemble. RandomForestRegressor()
	梯度提升回归	ensemble. GradientBoostingRegressor()

（续）

任务类型	算法名称	scikit-learn 中类的名称
分类	逻辑回归	linear_model. LogisticRegression( )
	岭回归分类	linear_model. RidgeClassifier( )
	线性感知器分类	linear_model. Perceptron( )
	线性支持向量分类	svm. LinearSVC( )
	决策树分类	tree. DecisionTreeClassifier( )
	随机森林分类	ensemble. RandomForestClassifier( )
	梯度提升分类	ensemble. GradientBoostingClassifier( )
聚类	K-means 聚类	cluster. KMeans( )
	DBSCAN 聚类	cluster. DBSCAN( )
	均值偏移聚类	cluster. MeanShift( )
	谱聚类	cluster. SpectralClustering( )
降维	主成分分析降维	decomposition. PCA( )
	截断 SVD 降维	decomposition. TruncatedSVD( )
	非负矩阵分解	decomposition. NMF( )

在确定模型使用的机器学习算法后，即可利用训练数据对模型进行训练。由于 scikit-learn 在设计时统一了 API，因此模型的训练与数据预处理一样，只需在选择的对象上使用 fit( )方法即可展开训练。

下列代码首先使用 NumPy 生成模拟数据作为数据集，划分其 80%为训练集；然后构建线性回归算法模型，利用训练数据训练该模型，并将训练好的模型赋给 reg 变量。

```
>>> from sklearn.linear_model import LinearRegression
>>> X,y=np.arange(10).reshape((5,2)),range(5)
>>> X_train,X_test,y_train,y_test=train_test_split(X,y,train_size=0.8)
>>> reg=LinearRegression().fit(X_train,y_train)
```

4. 模型预测和评估

获得训练好的模型后，即可调用 predict( )方法对数据进行输出预测。然而仅观察预测输出并不能直观地反映模型的性能。sklearn. metrics 针对不同机器学习任务的实现提供了各类评价指标函数，科学地评估模型性能，见表 9-5。

表 9-5　scikit-learn 中常用的机器学习评价指标

任务类型	指标名称	方法名称	描述
分类	准确率	accuracy_score( )	正确分类样本的比例
	召回率	recall_score( )	正样本中预测正确的百分比
	F1 分数	f1_score( )	准确率和召回率的调和平均值
	AUC	roc_auc_score( )	ROC 曲线下方的面积

（续）

任务类型	指标名称	方法名称	描述
回归	平均绝对误差	mean_absolute_error()	绝对误差
	均方误差	mean_squared_error()	二次误差
	R2 分数	r2_score()	决定系数
	最大误差	max_error()	误差的最大值
聚类	兰德指数	rand_score()	聚类的相似性度量
	调整兰德指数	adjusted_rand_score()	改进的兰德指数
	完整性	completeness_score()	类的所有成员都在同一个集群
	同质性	homogeneity_score()	每个集群只包含单个类的成员

通常来说，对模型的评价是在验证集上进行的。若模型在训练集上表现很好，但在验证集上表现较差，则很可能发生了“过拟合”现象，即模型学习能力过强，以至于将训练数据中单个样本的噪声、不均匀分布等都进行了学习，从而导致模型的泛化能力下降，以至于其在未知数据上的表现下降。若判断出现了“过拟合”现象，可以考虑通过减少数据的特征数量、给模型增加正则化等手段调节模型。若模型无论在测试集还是验证集上都有较大的误差，则很可能发生了“欠拟合”现象，即模型过于简单，无法充分学习数据的模式。若判断出现了“欠拟合”现象，可以增加模型的复杂度或添加新的域特有特征和更多特征笛卡儿积，并更改特征处理所用的类型。

下列代码首先使用 NumPy 生成模拟数据作为数据集，划分其 80%作为训练集；然后构建线性回归算法模型，调用 fit()方法使用训练数据训练该模型，再调用 predict()方法在测试集上预测数据；最后使用 r2_score()计算预测数据和实际数据的 R-squared 分数。

```
>>> from sklearn.metrics import r2_score
>>> X,y=np.arange(30).reshape((15,2)),range(15)
>>> y+=np.random.randn(15)
>>> X_train,X_test,y_train,y_test=train_test_split(X,y,test_size=
0.20)
>>> reg=LinearRegression().fit(X_train,y_train)
>>> y_predict=reg.predict(X_test)
>>>print('在测试集上的 R-squared 分数为{:.5f}'.format(r2_score(y_pre-
dict,y_test)))
在测试集上的 R-squared 分数为 0.89802
```

由结果可知，在测试集上模型的 R-squared 分数为 0.89802，较为接近 1，表示预测情况和真实情况的吻合度较高。

9.2 手写数字识别

手写数字识别是机器学习领域中的一个经典应用，其地位在某种程度上可以相当于学习入门编程语言时使用的“Hello World”。其目的是计算机能正确从纸质文档、照片或其他接收来源中接收、理解并识别可读的手写数字的能力。若计算机能达到较高的识别正确率，便可应用于信件的邮政编码自动识别等领域之中。然而，利用传统的图像处理手段在该问题上并不能达到较满意的结果，虽然只是针对 0~9 之间的 10 个数字的识别，但手写字体的多样性、数字之间的混淆性(如 4 和 9)等因素都造成了识别的困难。本节将建立数据驱动的机器学习算法识别手写数字的模式特征，从而达到正确的分类结果。

本案例中将使用到如下的库与模块，首先将其进行导入。

```
>>> import numpy as np
>>> import matplotlib.pyplot as plt
>>> from sklearn import datasets,metrics
>>> from sklearn.model_selection import train_test_split
>>> from sklearn.datasets import fetch_openml
>>> from sklearn.utils import check_random_state
>>> from sklearn.preprocessing import StandardScaler
>>> from sklearn.linear_model import LogisticRegression
```

同时，本案例的可视化分析涉及中文的使用，需要进行如下设置：

```
>>>plt.rcParams['font.sans-serif']=['SimHei']
>>>plt.rcParams['axes.unicode_minus']=False
```

9.2.1 MNIST 数据集分析与预处理

在 1988 年，著名的 MNIST 数据集(Mixed National Institute of Standards and Technology Database)问世。该数据集由来自高中学生与人口普查局雇员的手写数字构成，包括训练与测试在内一共有 70000 张图像。每张图像都是单通道的灰度图像。该数据集数据量适中，数据质量较高，直至今日仍被广泛用于验证机器学习算法的有效性。

MNIST 数据集可以在网站中获取，作为经典的数据集，sklearn.datasets 中也封装了自动下载该数据集的方法。下列代码使用 fetch_openml()方法从机器学习数据和实验的公共存储库 OpenML 中下载 MNIST 数据集，然后将图像与标签数据赋值给对应的变量 X 和 y，并打印出数据集的基本情况。

```
>>> X,y=fetch_openml("mnist_784",version=1,return_X_y=True,as_
frame=False)
>>>print("数据集共包含{}个样本\n 每个输入数据的形状为{},每个标签的形状为
{}".format(X.shape[0],X.shape[1],1))

数据集共包含 70000 个样本
每个输入数据的形状为 784,每个标签的形状为 1
```

MNIST数据集中每个样本的标签为该图片中数字的值，对于包含70000个样本的数据集，可以采用直方图的方式可视化样本类别的分布情况。下列代码首先计算样本中出现的数字种类及其对应的数据量，以数字为横轴、数据量为纵轴，绘制出图9-6所示的垂直直方图。

```
>>> digits,counts=np.unique(y,return_counts=True)
                                                #数字类型及其数据量
>>> plt.figure(figsize=(12,8))
>>> b=plt.bar(digits,counts,alpha=0.5)
>>> plt.bar_label(b,padding=5)                  #为每个柱状图添加标签
>>>plt.xlabel('数字')
>>>plt.ylabel('数据量')
>>> plt.grid(axis='y')
>>>plt.title('MNIST数据集各个数字的数据量')
>>> plt.show()
```

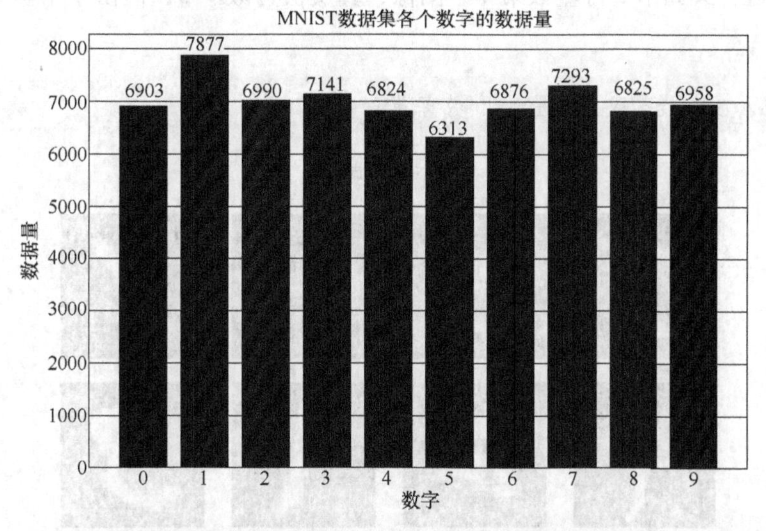

图9-6 MNIST数据集中各个数字的数据量垂直直方图

由图9-6可见，MNIST数据集中每个样本的数据量总体分布平均，数据量最高的数字1有7877个样本，数据量最少的数字5有6313个样本。样本类别数据量均匀分布的数据集可以有效提升模型的学习能力。

除此之外，对数据集样本的可视化观测也有助于模型的设计。下列代码定义了绘制样本图像的函数。其从输入的图像和标签中提取前16个样本，构建包含4行4列16幅子图的图像。由于数据集中图像的形状为(784,)，在可视化时需要先将数组转化为(28，28)的二维数组，随后在每个子图上以灰度形式显示。各个子图的标题对应该图像的标签值。

```
>>> def plot_digits(data,label,title):
        plt.figure(figsize=(12,12))
```

```
        for i in range(16):
            plt.subplot(4,4,i+1)
            plt.imshow(data[i].reshape(28,28),cmap='gray',inter-
polation='none')
            plt.title("数字:{}".format(label[i]))
            plt.xticks([])
            plt.yticks([])
        plt.suptitle(title)
        plt.tight_layout()
        plt.show()
```

使用如下代码调用样本可视化的函数即可得到图 9-7 所示的对 MNIST 数据集可视化的图像。由图可见，每幅图像的数字都位于图像的正中间，且各个数字的手写风格均有不同。个别手写字体凭借人眼也较难辨认，如图中第 3 行左数第 3 个图像，真实值为数值 3，但与数字 9 也较为接近；又如第 3 行左数第 4 个图像，真实值为数字 5，但由于书写方式很容易与数字 6 混淆。

```
>>> plot_digits(X,y,'MNIST 数据集')
```

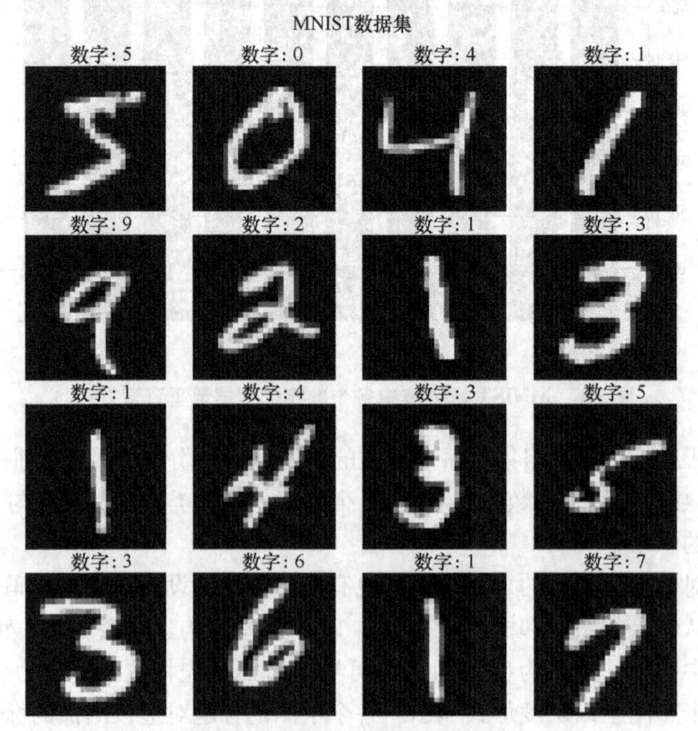

图 9-7 MNIST 数据集样本图像

计算机中的图像数据本质上是由像素点上的数值代表颜色值(灰度值)构成的。在 MNIST 数据集中，颜色值为[0, 255]之间的整数。如第 9.1.3 小节中介绍的，为加快训练并保证模型的学习效果，可在预处理环节对数据集进行标准化处理。下列代码使用 scikit-learn 中的 StandardScaler( )对数据集进行标准化。经标准化处理后，数据集中图像数据的均值由 33.39 变为 0.00，图像数据的标准差由 78.65 变为 0.96，接近 1，符合正态分布。

```
>>> def scaler_input(data):
        scaler=StandardScaler()
        data=scaler.fit_transform(data)
        return data
>>> X_scaler=scaler_input(X)
>>>print('原始输入数据的均值为 {:.2f},标准差为 {:.2f}\n 经过标准化处理后数据的均值为 {:.2f},标准差为 {:.2f}'.format(X.mean(),X.std(),X_scaler.mean(),X_scaler.std()))

原始输入数据的均值为 33.39,标准差为 78.65
经过标准化处理后数据的均值为 0.00,标准差为 0.96
```

通过如下代码调用之前定义的样本可视化的函数对标准化处理后的数据集进行可视化展示。如图 9-8 所示，经标准化处理后，对人眼而言数字图像的特征形状仍然保留，仅是图像的灰度与曝光度发生了变化；但对机器学习模型来说，经标准化处理后的数据由于其中心化的数据分布更容易取得训练之后的泛化效果。

```
>>> plot_digits(X_scaler,y,'MNIST 数据集(标准化处理后)')
```

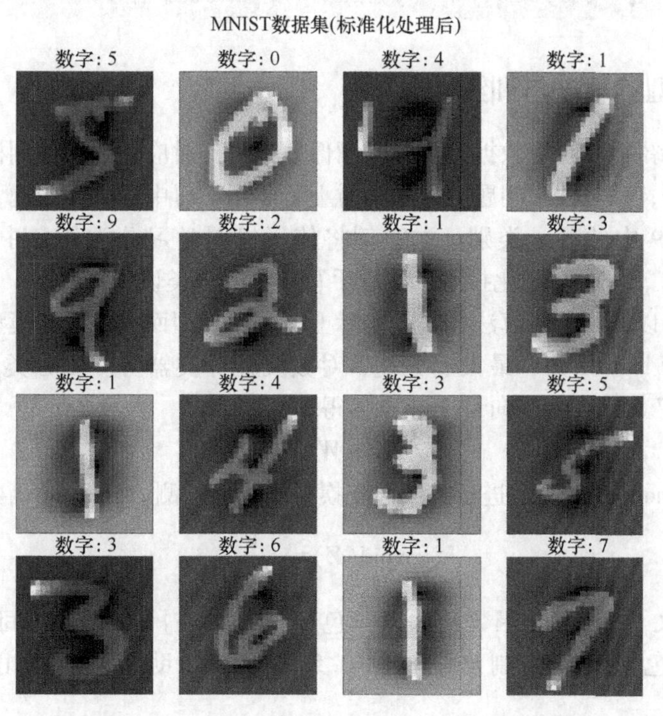

图 9-8 MNIST 数据集样本标准化处理后的图像

在完成预处理后，数据准备的最后一步便是对数据集进行训练集与验证集的划分。训练集数据用来对模型进行训练，验证集数据用来评估模型的性能。下列代码定义了划分数据集的函数。首先对样本数据中的顺序进行打乱洗牌，以提升模型的泛化学习能力；随后使用 sklearn. model_selection 中的 train_test_split( )方法按照给定的训练集划分比例对数据集进行划分；然后调用此函数，将标准化处理后的数据集按 9∶1 的比例划分训练集与验证集。

```
>>> def train_validation_split(X,y,train_size):
        random_state=check_random_state(0)
        permutation=random_state.permutation(X.shape[0])
        X=X[permutation]
        y=y[permutation]
        X=X.reshape((X.shape[0],-1))
        X_train,X_val,y_train,y_val=train_test_split(
            X,y,train_size=train_size)
        return X_train,X_val,y_train,y_val
>>> X_train,X_val,y_train,y_val=train_validation_split(X_scaler,
y,0.9)
>>>print('划分后,训练集中有{}个样本,验证集中有{}个样本。'.format(X_
train.shape[0],X_val.shape[0]))

划分后,训练集中有 63000 个样本,验证集中有 7000 个样本。
```

9.2.2 分类模型的建立与训练

9.2.1 小节介绍了 MNIST 数据集包含了图像数据与其对应的数字类别标签。由于数字类别是一种离散数据，手写数字问题的识别本质上是监督学习中的分类问题，即输入图片，判断其属于数字 0~9 中的哪一类别。本案例将使用机器学习分类任务中的逻辑回归算法(logistic regression)，配合正则化技术，实现手写数字的分类识别。

逻辑回归尽管以回归命名算法，但其实际上是分类模型而不是线性模型，在一些文献资料中，它也被称为 logit 回归、最大熵分类、对数线性分类器等。二分类的逻辑回归算法，首先将权重矩阵 $\boldsymbol{W}$ 与输入特征向量 $\boldsymbol{X}$ 相乘，得到

$$\boldsymbol{Z}=\boldsymbol{W}^{\mathrm{T}}\boldsymbol{X} \tag{9.1}$$

再将其输入至 Sigmoid 映射函数进行非线性变换得到输出预测。Sigmoid 函数的公式如下

$$\mathrm{Sigmoid}(\boldsymbol{Z})=\frac{1}{1+\mathrm{e}^{-Z}} \tag{9.2}$$

下列代码定义了 Sigmoid 函数，并以蓝色可视化其在[-5, 5]之间的函数图像，为便于分析，以红色点画线绘制出纵轴为 0.5 的水平辅助线，绘制出的图像如图 9-9 所示。

```
#定义 Sigmoid 函数
>>> sigmoid=lambda x:1. / (1. +np. exp(-x))
>>> x=np. linspace(-5,5,100)
>>> plt. figure(figsize=(10,6))
#绘制 Sigmoid 函数
>>> plt. plot(x,sigmoid(x))
#以红色点画线绘制水平辅助线
>>> plt. plot(x,0.5 * np. ones_like(x),'r-.')
>>> plt. xlim([-5,5])
>>>plt. title('Sigmoid 函数')
>>> plt. grid()
>>> plt. show()
```

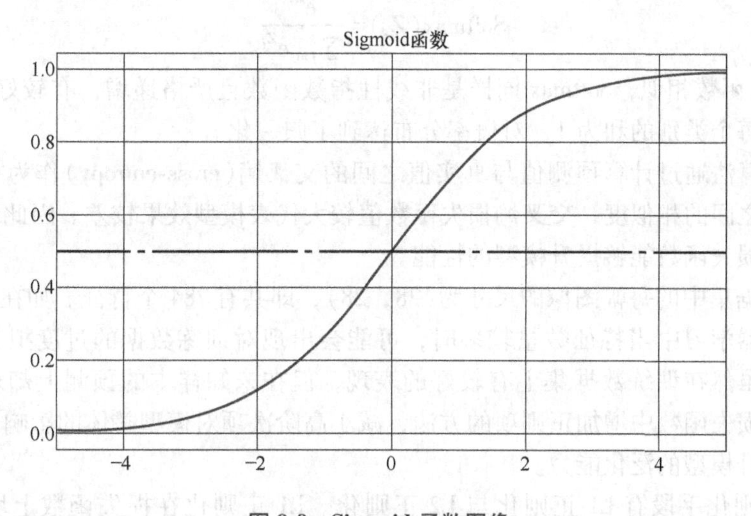

图 9-9 Sigmoid 函数图像

由图 9-9 可见，Sigmoid 函数曲线在实数范围内均有取值，且导数恒为非负。函数的曲线形状呈现 S 形，函数输出值的区间为[0，1]，且当输入值小于 0 时，函数的输出值范围在[0，0.5)，当输入值大于 0 时，函数的输出值范围在(0.5，1]。以 0.5 作为决策边界，在二分类问题中该函数可以很好地反映预测类别的概率。

当分类问题由二分类推广至多分类领域时，有一种直观地解决方案称之为 one-versus-rest。其本质思想是将一个多分类问题转化为多个二分类问题，即选择其中一项为正类，其余所有类别为负类。如在手写数字识别中，建立 10 个数字分类器，每个分类器将对应的数字字符定义为正类，其他字符定义为负类，见表 9-6。在预测时，将利用这 10 个二分类器进行分类，得到的数据属于当前类的概率，选择其中最大的一个类别作为最终结果。但该方法在训练样本分布不均且类别较多的情况下，容易出现正类的数量远不及负类的数量，从而造成分类器的偏向性。

表 9-6　one-versus-rest 中手写数字识别的二分类器

方法	正类	负类
二分类器 0	0	1~9
二分类器 1	1	0，2~9
二分类器 2	2	0~1，3~9
…		
二分类器 9	9	0~8

除此之外，还可以将二分类逻辑回归通过映射函数的方式直接变更为多分类逻辑回归。将 Sigmoid 映射函数更换为 Softmax 函数，该函数将特征的加权求和结果映射至多个 0~1 之间的数值，从而得到概率分布。对于拥有 k 个类别的多分类模型，每个类别 i 的 Softmax 值为

$$\text{Softmax}(\mathbf{Z}_i)=\frac{\mathrm{e}^{\mathbf{Z}_i}}{\sum_{j=0}^{k}\mathrm{e}^{\mathbf{Z}_j}} \tag{9.3}$$

与 Sigmoid 函数相似，Softmax 同样是非线性指数函数且严格递增，有较好的求导性质，且该函数计算每个类别的和为 1，对概率分布达到了归一化。

逻辑回归算法通过计算预测值与真实值之间的交叉熵(cross-entropy)作为损失函数，其衡量概率分布之间的相似度，交叉熵损失函数值较大代表模型效果较差。因此使用数据持续最小化交叉熵损失函数能够提升模型的性能。

MNIST 数据集中的每幅图像的尺寸为(28，28)，即共有 784 个特征。如在 9.1.3 小节中介绍的，在机器学习中当特征数量较多时，可能会出现对训练数据的过度拟合，导致高方差，从而模型虽然在训练数据集上有较好的表现，但在未知样本的预测上却表现较差。为此，可采取在损失函数中增加正则项的方法，减小高阶次项对模型整体的影响，降低模型的复杂度，以提升模型的泛化能力。

常用的正则化手段有 L1 正则化与 L2 正则化。L1 正则化在损失函数上增加正则系数乘以所有权重绝对值之和。当权重更新时，若权重值过大，则无法有效降低损失函数的值，可以避免某些维度上权重过大而过分依赖对应维度的线性。由于 L1 正则化采取了绝对值的方式，能进一步加强权重的稀疏性。与之相比，L2 正则化是在损失函数上加上正则系数乘以所有权重的平方和，其同样可以防止权重过大，从而降低网络的复杂度。但是由于在权重较小时其平方进一步减小，因此 L2 无法像采用绝对值和的 L1 正则化一样加强权重的稀疏性。在一些机器学习算法的设计中，有时也会采用 L1 正则化与 L2 正则化相结合的手段。

在 sklearn.linear_model 的 LogisticRegression( ) 中已经完整地封装了逻辑回归的算法，可直接通过关键字参数定义多分类方法、正则化手段、优化器等模型设置。本案例将训练 2 个多分类逻辑回归模型，分别采用 L1 和 L2 正则化手段，设定相同的正则化系数。选择 SAGA 算法作为求解器，该算法是 SAG(stochastic average gradient)算法的加速版本。当样本数量远大于特征数量时，该求解器的速度很快，并且能够优化如 L1 正则项这样非光滑目标函数。上述这些在模型开始训练学习前设置的相关参数也被称作“超参数”，其不是通过训练学习

得到的而是通过人工或网格搜索等技术得到的。在机器学习实战中常提及的“调参”实质上就是对超参数的调整。

下列代码构建并训练带有 L1 正则项的多分类逻辑回归模型 clf_L1。其中，关键字参数 C 代表正则项的系数，其与正则惩罚强度成反比关系，即 C 值越小，正则惩罚强度越大。

```
# 构建带有 L1 正则化的逻辑回归模型
>>> clf_L1=LogisticRegression(C=0.0001,
                              penalty="l1",
                              multi_class="multinomial",
                              solver="saga")
# 训练带有 L1 正则化的逻辑回归模型
>>> clf_L1.fit(X_train,y_train)
```

下列代码构建并训练带有 L2 正则项的多分类逻辑回归模型 clf_L2。

```
# 构建带有 L2 正则化的逻辑回归模型
>>> clf_L2=LogisticRegression(C=0.0001,
                              penalty="l2",
                              multi_class="multinomial",
                              solver="saga")
# 训练带有 L2 正则化的逻辑回归模型
>>> clf_L2.fit(X_train,y_train)
```

9.2.3 手写数字识别模型的结果分析

在完成模型训练后，可以通过测试数据对模型的预测结果开展分析。本案例重点关注模型的稀疏性与其在验证集上分类的正确性。下列代码接收训练好的模型为输入，统计模型中权重为 0 的权重个数，通过百分比计算其稀疏性，使用 score( ) 方法计算验证集上模型预测与实际标签的平均准确度并进行打印。

```
>>> def score_print(model,penalty_name):
        sparsity=np.mean(model.coef_==0)*100
        score=model.score(X_val,y_val)
        print("带%s 惩罚项逻辑回归的稀疏性:%.2f%%" % (penalty_name,
sparsity))
        print("带%s 惩罚项逻辑回归的验证集分数:%.4f" % (penalty_name,
score))
```

分别对带有 L1 正则项的多分类逻辑回归模型和带有 L2 正则项的多分类逻辑回归模型调用上述函数。

```
>>> score_print(clf_L1,'L1')

带 L1 惩罚项逻辑回归的稀疏性:85.83%
带 L1 惩罚项逻辑回归的验证集分数:0.9087

>>> score_print(clf_L2,'L2')

带 L2 惩罚项逻辑回归的稀疏性:8.29%
带 L2 惩罚项逻辑回归的验证集分数:0.9204
```

可以观察到，L1 正则化能显著提升模型的稀疏性，在 clf_L1 模型中有 85.83%的权重参数的数值都为 0，远高于 clf_L2 模型。该结果印证了 L1 正则化对稀疏性的影响。但同时，其在验证集上的平均准确度却略低于 clf_L2 模型。因此，在模型设计时，需要综合考虑稀疏性带来的泛化能力和模型的实际表现能力。

通过可视化分类向量的权重可以进一步探究模型的稀疏性。由于该问题有 10 个类别，因此权重对应为(10,784)，每一项代表一个对应的分类。下列代码定义了绘制各个类别权重的函数。首先使用 coef( )方法获得模型的权重，然后构建包含 2 行 5 列 10 张子图的画布，并对每个类别绘制其对应的权重图像。

```
>>> def plot_classification_vector(model,title):
        coef=model.coef_.copy()
        plt.figure(figsize=(12,4))
        scale=np.abs(coef).max()
        for i in range(10):
            sub_plot=plt.subplot(2,5,i+1)
            sub_plot.imshow(coef[i].reshape(28,28),
                            interpolation="nearest",
                            cmap=plt.cm.RdGy,
                            vmin=-scale,vmax=scale)
            sub_plot.set_xticks([])
            sub_plot.set_yticks([])
            sub_plot.set_xlabel("数字 %i" % i)
        plt.suptitle(title)
        plt.show()e)
```

下列代码调用 plot_classification_vector( )函数对带有 L1 正则项的多分类逻辑回归模型绘制出图 9-10 所示的可视化权重图像。

```
>>> plot_classification_vector(clf_L1,'L1 逻辑回归的分类向量')
```

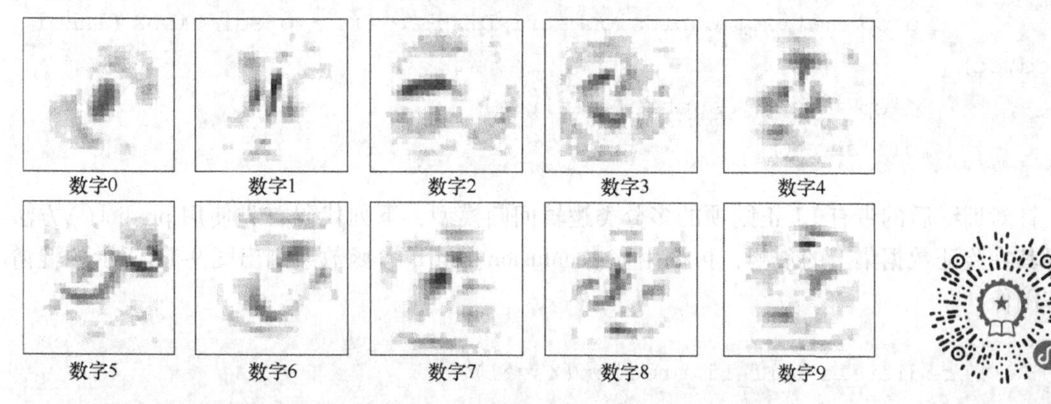

图 9-10　带有 L1 正则项的多分类逻辑回归模型的权重分类向量

图 9-10 彩图

下列代码调用 plot_classification_vector( )函数对带有 L2 正则项的多分类逻辑回归模型绘制出图 9-11 所示的可视化权重图像。

```
>>> plot_classification_vector(clf_L2,'L2 逻辑回归的分类向量')
```

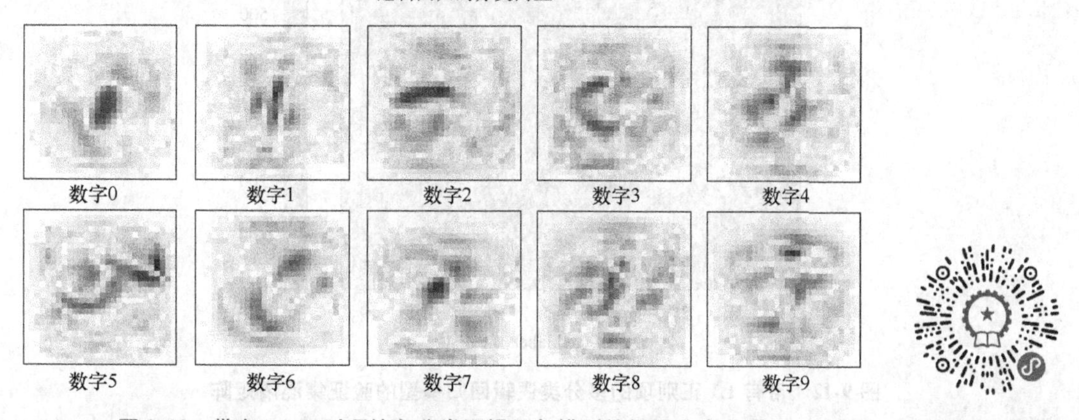

图 9-11　带有 L2 正则项的多分类逻辑回归模型的权重分类向量

图 9-11 彩图

对比图 9-10 与图 9-11 可见，带有 L1 正则项的多分类逻辑回归模型中权重的稀疏性明显更强，其更专注于与图像特征密切相关的位置，但这也导致其失去了捕捉其他位置信息的能力，使得其在验证集上的平均准确率低于带有 L2 正则项的多分类逻辑回归模型。

在监督学习中，可以通过混淆矩阵（也称误差矩阵）的方式可视化评价分类的精度。其纵轴为真实值的类别，横轴为预测值的类别，可以直观地展示多个类别是否有混淆（即其中一个类别被预测为其他类别），从而明确了解分类模型的表现。在矩阵中，对角线上的位置表示正确分类的类别数量，对角线以外的位置为模型对该样本预测错误。在 sklearn. metrics 中封装了根据预测数据与真实标签显示混淆矩阵的方法，下列函数对其进行了封装。

```
>>> def plot_confusion_matrix(predict,label,title):
        disp=metrics.ConfusionMatrixDisplay.from_predictions(label,
predict)
        disp.figure_.suptitle(title)
        plt.show()
```

针对训练后的带有 L1 正则项的多分类逻辑回归模型，下列代码首先使用 predict( ) 方法获得其在验证数据集上的预测，再调用 lot_confusion_matrix( ) 函数绘制出图 9-12 所示的混淆矩阵图像。

```
>>> predict_l1=clf_L1.predict(X_val)
>>> plot_confusion_matrix(predict_l1,y_val,'L1 逻辑回归混淆矩阵')
```

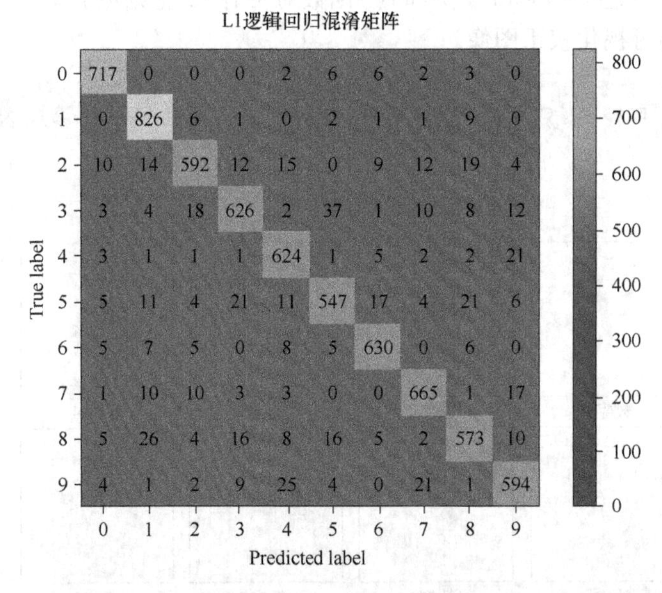

图 9-12　带有 L1 正则项的多分类逻辑回归模型的验证集混淆矩阵

针对训练后的带有 L2 正则项的多分类逻辑回归模型，通过如下代码首先使用 predict( ) 方法获得其在验证数据集上的预测，再调用 lot_confusion_matrix( ) 函数绘制出图 9-13 所示的混淆矩阵图像。

```
>>> predict_l2=clf_L2.predict(X_val)
>>> plot_confusion_matrix(predict_l2,y_val,'L2 逻辑回归混淆矩阵')
```

由图 9-12 与图 9-13 可以定量地比较带有 L1 和 L2 正则项的逻辑回归模型在验证集上分类的表现。

除此之外，还可以通过定性地可视化分析来直观地感受模型在哪些样本上出现了错误分类。下列代码定义了可视化模型在数据集上错误分类样本图像的函数。首先利用 NumPy 的

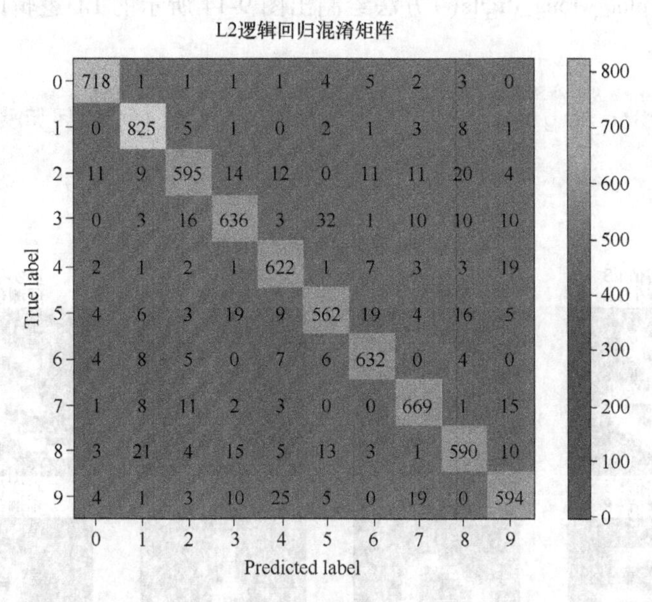

图 9-13　带有 L2 正则项的多分类逻辑回归模型的验证集混淆矩阵

高级索引计算模型在验证集上的预测值与标签值不相等样本的索引；再绘制包含 4 行 4 列 16 个子图的画布，可视化验证集中分类错误的前 16 个样本，并以每个样本的真实值与预测值为对应子图的标题。

```
>>> def plot_wrong_digits(clf,data,label,title):
        # 计算预测错误样本的索引
        index=np.arange(0,label.shape[0])
        target=clf.predict(data)
        wrong_index=index[target! =label]
        # 可视化图像
        plt.figure(figsize=(12,12))
        for i in range(16):
            plt.subplot(4,4,i+1)
            plt.imshow(data[wrong_index[i]].reshape(28,28),cmap=
'gray',interpolation='none')
            plt.title("真实值:{}\n 预测值:{}".format(label[wrong_
index[i]],target[wrong_index[i]]))
            plt.xticks([])
            plt.yticks([])
        plt.suptitle(title)
        plt.tight_layout()
        plt.show()
```

下列代码调用 plot_wrong_digits( )方法绘制出图 9-14 所示的 L1 逻辑回归模型在验证集中分类错误的样本。

```
>>>plot_wrong_digits(clf_L1,X_val,y_val,'L1 逻辑回归验证集中预测错误的样本')
```

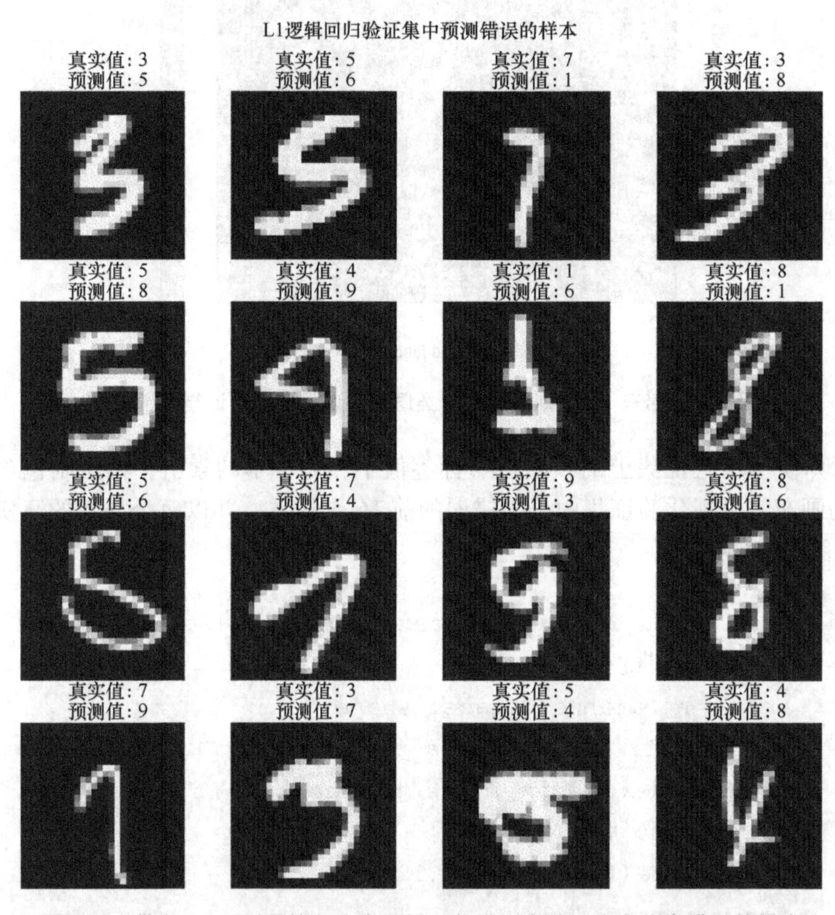

图 9-14　带有 L1 正则项的多分类逻辑回归模型在验证集中分类错误的样本

下列代码调用 plot_wrong_digits( )方法绘制出图 9-15 所示的 L2 逻辑回归模型在验证集中分类错误的样本。

```
>>>plot_wrong_digits(clf_L2,X_val,y_val,'L2 逻辑回归验证集中预测错误的样本')
```

由于可视化均选择了模型在验证集上前 16 份错误预测的样本，由图 9-14 与图 9-15 可见，带有 L1 和 L2 正则项的模型在一些相同的样本上均预测错误。实际上，在仔细观察图像的情况下，一些手写数字即便是人眼也很难正确区分，如 1 和 7、4 和 9 等。总体来说，使用一个相对简单的逻辑回归模型已经可以通过从数据中自动学习特征在 MNIST 数据集上取得较好的识别正确率。

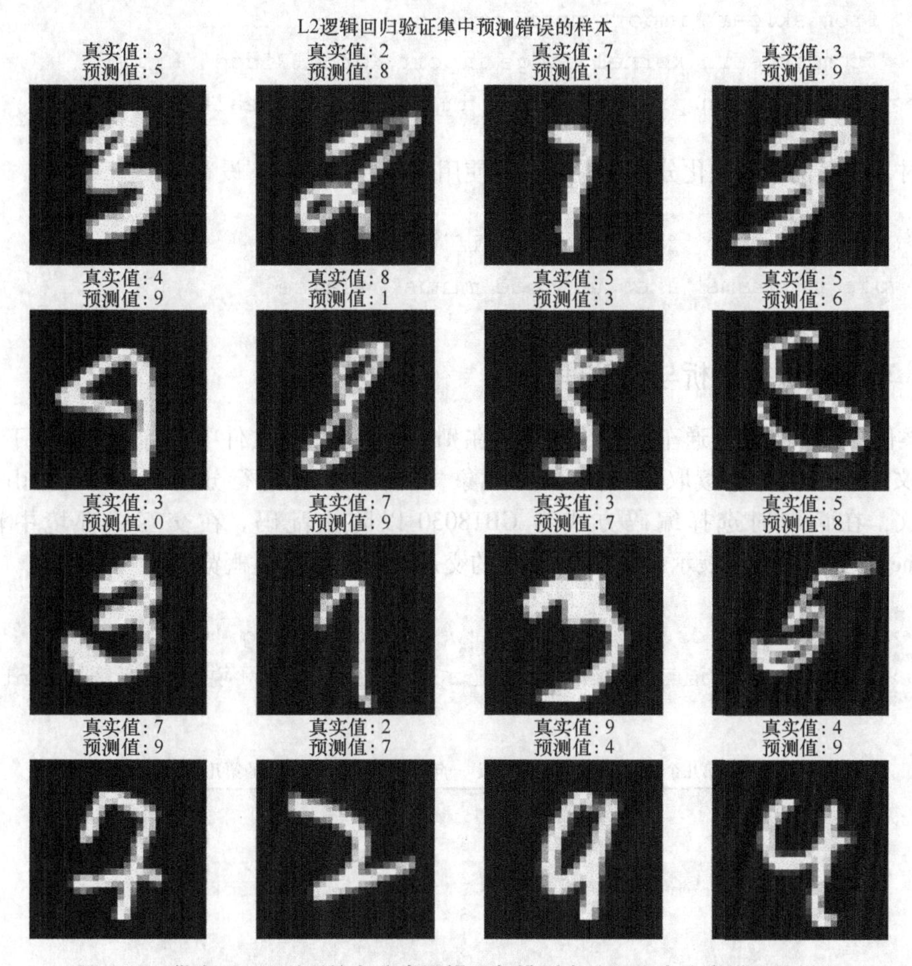

图 9-15　带有 L2 正则项的多分类逻辑回归模型在验证集中分类错误的样本

9.3　交通车流量预测

城市化的推进显著提高了城市居民出行的机动化率，但交通拥堵、交通安全、环境污染、能源消耗等现象与问题也日益突出。准确可靠的交通流量预测可以为政府的工作与车主的出行规划提供极大的帮助，并有效预防一系列交通问题。交通流量实际上是一种具有周期性的、时空性的数据。在拥有足够数据样本时，可以通过机器学习的方法对交通流量的数据模式进行分析与识别，从而达到预测该路段未来车流量的目的。本案例将基于某路段的交通车流量数据集，建立能够预测车流量的机器学习回归模型。

本案例将使用到如下的库与模块，首先将其进行导入：

```
>>> import numpy as np
>>> import pandas as pd
>>> import matplotlib.pyplot as plt
```

```
>>> from sklearn import metrics
>>> from sklearn.kernel_ridge import KernelRidge
>>> from sklearn.preprocessing import MinMaxScale
```

同时，本案例的可视化分析涉及中文的使用，需要进行如下设置：

```
>>>plt.rcParams['font.sans-serif']=['SimHei']
>>>plt.rcParams['axes.unicode_minus']=False
```

9.3.1 车流量数据分析与预处理

本案例中使用到的交通车流量数据保存在 Traffic_flow.csv 文件中，首先使用如下代码将该.csv 文件通过 Pandas 读取为 DataFrame 对象，以便对数据进行分析与预处理。由于文件中有中文，在读取时选择编码方式为 GB18030 以防止乱码。在交互式环境中输入该 DataFrame 的变量名，可展示出图 9-16 所示的交通车流量数据集概览。

```
>>> df=pd.read_csv('Traffic_flow.csv',encoding='GB18030')
>>>df          #此语句为交互环境的显示方法,在非交互环境中,需输入 print(df)
```

	一天中的第几个小时	一周中的第几天	一年中的第几天	一年中的第几周	车流量
0	0	3	1	1	31
1	1	3	1	1	20
2	2	3	1	1	21
3	3	3	1	1	7
4	4	3	1	1	7
...	...	...	...	...	...
20841	19	4	365	53	127
20842	20	4	365	53	84
20843	21	4	365	53	71
20844	22	4	365	53	44
20845	23	4	365	53	32

20846行×5列

图 9-16　交通车流量数据集概览

由图 9-16 可以大致了解数据集中的信息，该数据集一共由 5 个特征组成，分别是：

- 一天中的第几个小时：由[0, 23]之间的整数构成，指代该条车流量信息属于哪一小时；
- 一周中的第几天：由[0, 6]之间的整数构成，其中数字 0 表示星期天，指代该条车流量信息属于星期几；
- 一年中的第几天：由[0, 365]之间的整数构成，指代该条车流量信息属于哪一天；
- 一年中的第几周：由[0.53]之间的整数构成，指代该条车流量信息属于哪一周；

- 车流量：该小时内路段上经过车辆的数量。

该数据集总共由 20846 条车流量数据组成，使用 DataFrame 的 describe( ) 方法可以生成图 9-17 所示的数据集描述性统计数据，包括每项特征的集中趋势、离散度、平均值、最小值与最大值等，在统计时缺失值(NaN)将不纳入统计。

```
>>> df.describe()
```

	一天中的第几个小时	一周中的第几天	一年中的第几天	一年中的第几周	车流量
count	20846.000000	20846.000000	20846.000000	20846.000000	20846.000000
mean	11.425645	2.997074	201.771611	29.270172	129.507388
std	6.927976	2.005184	105.648160	15.116093	100.511180
min	0.000000	0.000000	1.000000	1.000000	3.000000
25%	5.000000	1.000000	111.000000	16.000000	50.000000
50%	11.000000	3.000000	219.000000	32.000000	87.000000
75%	17.000000	5.000000	292.000000	42.000000	212.000000
max	23.000000	6.000000	365.000000	53.000000	500.000000

图 9-17　交通车流量数据集描述性统计

由图 9-17 的统计信息可见，数据集中 5 项特征的计数都为 20846，即数据集中不存在缺失值。其中的百分数代表每项特征从低到高排序后的分位数。同时可以观察到，数据集中的一小时内车流数量最小值为 3 辆、最大值为 500 辆、中位数为 87 辆、平均值为 129. 5 辆、标准差为 100. 5。

仅观察数字仍无法直观地了解数据集中数据的分布情况。下列代码提取车流量特征，将其按照在数据集中的顺序，绘制数据集中所有小时车流量的数据，如图 9-18 所示。

```
>>> data=np.array(df)
>>> fig=plt.figure(figsize=(16,6))
>>> plt.plot(data[:,4],linewidth=.3)
>>> plt.xlim([0,data.shape[0]])
>>>plt.xlabel('小时 ID')
>>>plt.ylabel('车流量')
>>>plt.title('交通车流量数据')
>>> plt.show()
```

图 9-18 虽能完整地反映交通车流量数据的分布，但超过 2 万条的数据不经过合适的统计手段直接展示显得过于杂乱从而无法分析。下列代码使用 DataFrame 的 groupby( ) 方法首先统计出整个数据集中按星期和小时计算的平均车流量，再使用可视化方法绘制出图 9-19 所示的图像。

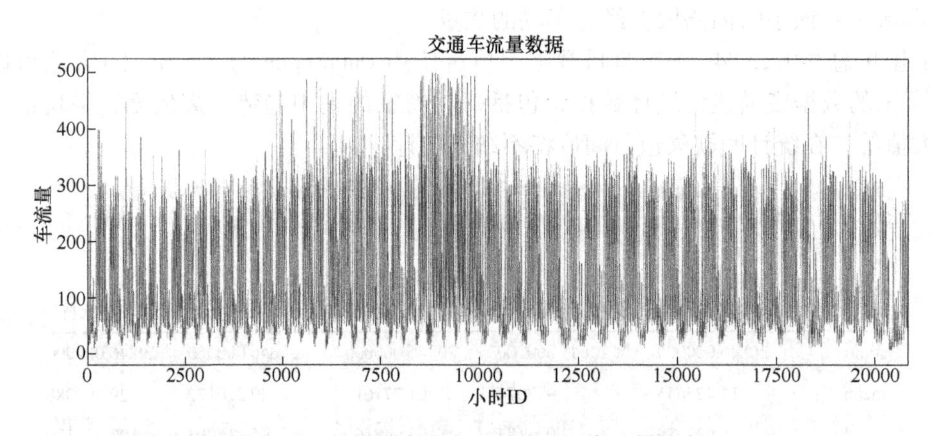

图 9-18　数据集中所有小时的交通车流量信息

```
>>>average_week_flow=df.groupby(["一周中的第几天","一天中的第几个小时"]).mean()['车流量']
>>> fig,ax=plt.subplots(figsize=(12,4))
>>> average_week_flow.plot(ax=ax)
>>> ax.grid()
>>> ax.set(
        title='全年周内每小时平均车流量',
        xticks=[i*24 for i in range(7)],
        xticklabels=["星期日","星期一","星期二","星期三","星期四","星期五","星期六"],
        xlabel="星期",
        ylabel="平均车流量")
>>> plt.show()
```

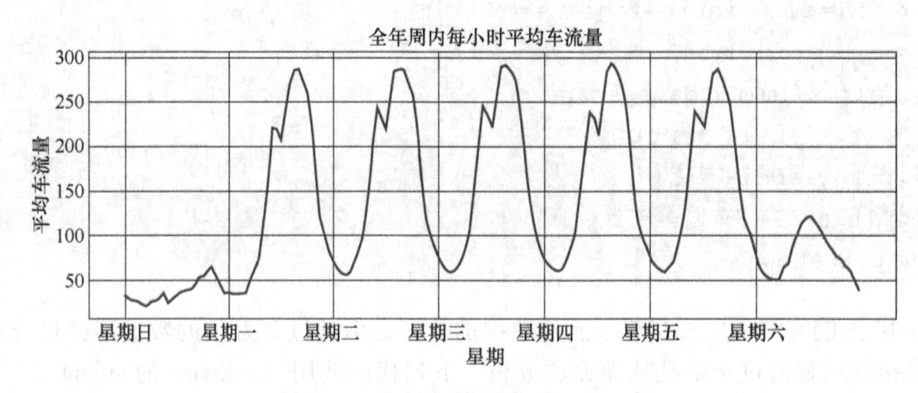

图 9-19　全年周内每小时平均车流量

图 9-19 直观地展示出了该路段交通流量的周期性。周一至周五每日的趋势大致相同，从 0 点开始随着时间的增加车流量逐渐上升，且呈现 2 个波峰；周六和周日的交通流量趋势

与工作日显著不同，且总体车流量明显低于工作日。由此可以推断，此路段为连接城市工作区块与居住区块的一段道路。

在数据集的描述性统计中已得知该路段最大的车流量为一小时500辆。下列代码通过将当前车流量数据转化为其与最大车流量的比值，绘制出图9-20所示的直方图展示道路拥堵情况。

```
>>> fig,ax=plt.subplots(figsize=(12,4))
>>>fraction=df["车流量"]/df["车流量"].max()
>>> fraction.hist(bins=50,ax=ax,alpha=0.5)
>>> ax.set(
        title='每小时车流量与最大车流量比例直方图',
        xlabel="车流量与最大车流量的比例",
        ylabel="小时数")
>>> plt.show()
```

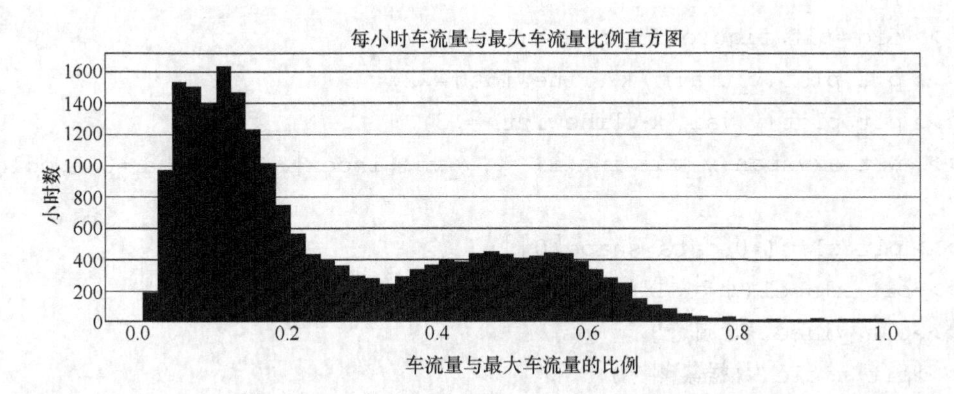

图9-20 每小时车流量与最大车流量比例直方图

由图9-20可知，路段中大部分时间每小时车流量仅占最大车流量的0.2以下，即100辆以下；与最大车流量比例超过0.6的小时数在总体统计时间内占比较少。

在完成数据集的基础分析后，通过下列代码构建用于机器学习模型的训练集与验证集。其中输入数据为数据集中除去车流量的剩余4个特征，由于4个特征的数据尺度不一，首先使用sklearn.preprocessing中的MinMaxScaler()将其统一缩放至[0，1]区间内，输出的预测数据采用当前小时车流量与数据集中最大车流量的比值，其取值亦属于[0，1]区间。在划分时需要注意该数据集是一种时间序列，即交通流量与时间先后存在关系，因此本案例不能像第9.2.1小节中对数据集进行打乱重组，不然会出现“利用未来的信息预测过去的数据”的情况。这里设置训练集与验证集的比例为9：1。

```
>>>X=df.drop('车流量',axis='columns')
>>> y=fraction
# 将特征数值缩放至[0,1]区间
```

```
>>> scaler=MinMaxScaler()
>>> X_scaler=scaler.fit_transform(X)
#划分数据集函数
>>> def train_validation_split(X,y,train_size):
        data_size=len(y)
        idx=int(data_size*train_size)
        X_train,X_val=X[:idx,],X[idx:,]
        y_train,y_val=y[:idx],y[idx:]
        return X_train,X_val,y_train,y_val
#划分数据集
>>> X_train,X_val,y_train,y_val=train_validation_split(X_scaler,
y,0.9)
```

通过下列代码可对划分后的数据集进行可视化，如图 9-21 所示。

```
>>> fig=plt.figure(figsize=(16,6))
>>> plt.plot(y_train,'k-',linewidth=.2)
>>> plt.plot(y_val,'k-',linewidth=.3)
>>> plt.axvspan(y_val.index[0],y_val.index[-1],alpha=0.2,color=
'red')
>>> plt.xlim([0,data.shape[0]])
>>>plt.xlabel('小时 ID')
>>>plt.ylabel('车流量')
>>>plt.title('数据集划分')
>>> plt.show()
```

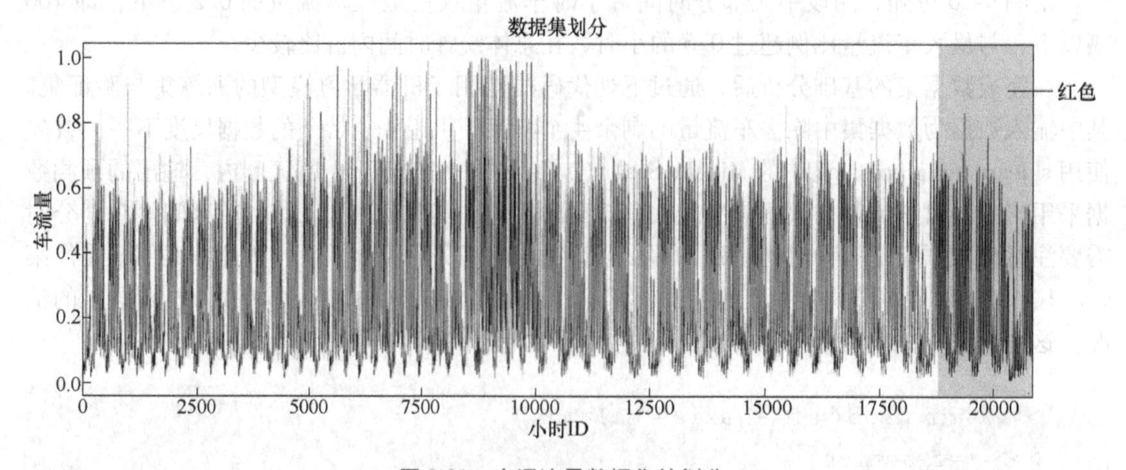

图 9-21　交通流量数据集的划分

由图 9-21 可见，白色背景区域的为训练集数据，位于数据集尾部红色背景区域的为验证集数据，数据集已正确划分。

9.3.2 回归模型的建立与训练

本案例中交通车流量预测模型的任务是根据输入的具体时间段(几月几号星期几第几个小时)，预测此时间段内道路中车流量的情况。不同于第 9.2 节的分类任务，该模型的输出是连续的数值。本小节将在使用机器学习回归任务中的岭回归算法(ridge regression)的基础上，进一步探究核函数对预测结果的影响，实现交通车流量的预测。

岭回归算法本质上是在标准的最小二乘线性回归的损失函数上增加 L2 正则项，其损失函数公式为

$$\min_{W}\|\boldsymbol{y}_{\text{True}}-\boldsymbol{W}^{\mathrm{T}}\boldsymbol{X}\|_2^2+\lambda\|\boldsymbol{W}\|_2^2 \tag{9.4}$$

式中，$\boldsymbol{y}_{\text{True}}$为真实值；$\boldsymbol{W}$ 为模型的权重参数；$\boldsymbol{X}$ 为输入数据；λ 为正则项系数。该公式表示模型通过最小化真实值与输入特征和模型权重相乘得到的预测值之间的欧几里得距离及正则惩罚项来提高模型的拟合能力。L2 正则项在保证最佳拟合误差的同时，使得模型权重参数的数值尽可能小，从而提升模型的泛化能力。

由式(9.4)可知，岭回归模型本质上是一种线性模型，由于本案例中特征数量较少，单纯使用线性关系可能无法较好地拟合复杂且非线性的交通车流量数据。由于某些数据在高维空间中会呈现线性关系，在机器学习中一种常见方法为将输入特征通过某种非线性变化映射到高维的特征空间，这种方法便是“核函数”方法。

例如，对于有 2 个输入特征的线性回归模型，其输出与输入的关系为

$$y_{\text{predict}}=w_0+w_1x_1+w_2x_2 \tag{9.5}$$

该模型若用来拟合类似于抛物线的曲面数据将无法取得较好效果，若采用二阶多项式核对输入特征进行映射，则得到

$$y_{\text{predict}}=w_0+w_1x_1+w_2x_2+w_3x_1x_2+w_4{x_1}^2+w_5{x_2}^2 \tag{9.6}$$

可以观察到，由于权重 w 是线性的，该模型仍然是一个线性模型，但映射后特征从$[1,x_1,x_2]$ 映射至了$[1,x_1,x_2,x_1x_2,x_1^2,x_2^2]$。通过在高维空间中进行线性拟合，该模型具有了更大范围的数据拟合灵活性。表 9-7 列出了 scikit-learn 内封装的常用核函数。核函数的类型及其内部参数亦属于机器学习模型中的“超参数”。

表 9-7 scikit-learn 内封装的常用核函数

核名称	表达式	描述
linear()	$k(\boldsymbol{x},\boldsymbol{y})=\boldsymbol{x}^{\mathrm{T}}\boldsymbol{y}$	线性核函数，等同于多项式核函数阶数取 1
poly()	$k(\boldsymbol{x},\boldsymbol{y})=(\boldsymbol{x}^{\mathrm{T}}\boldsymbol{y}+\boldsymbol{c})^d$	多项式核函数，超参数 d 为多项式的阶数
rbf()	$k(\boldsymbol{x},\boldsymbol{y})=\exp\left(\frac{\|\boldsymbol{x}-\boldsymbol{y}\|^2}{2\delta^2}\right)$	径向基核函数(高斯核函数)，超参数 δ 控制径向作用范围
laplacian()	$k(\boldsymbol{x},\boldsymbol{y})=\exp\left(\frac{\|\boldsymbol{x}-\boldsymbol{y}\|}{\delta}\right)$	拉普拉斯核函数，为径向基核函数的变种。计算输入向量间的曼哈顿距离，超参数 δ 控制径向作用范围

在 sklearn. kernel_ridge 中提供了 KernelRidge 类用作构建包含核函数的岭回归模型，其

语法格式如下：

```
sklearn.kernel_ridge.KernelRidge(alpha=1,*,kernel='linear',gamma=None,degree=3,coef0=1,kernel_params=None)
```

其中，关键字参数 alpha 为正则项系数，该系数越大则正则惩罚的强度越大（与逻辑回归中的 C 相反）；*代表该符号后的参数在调用时必须使用 key=value 的形式传递；kernel 为映射采用的核函数，默认为线性核；gamma 为径向基核等函数中的超参数，在没有该超参数的核函数中该参数将被省略；degree 为多项式核函数的阶数，默认为 3 阶，在其他核函数中将被省略；coef 为多项式核函数中的偏置系数，在使用其他核函数时该参数将被省略；kernel_params 中可传递某些核函数中特定的参数。

本案例将比较线性核函数、三阶多项式核函数、五阶多项式核函数、径向基核函数与拉普拉斯核函数岭回归模型在交通车流量预测上的表现效果。下列代码首先定义了构建与训练模型的函数。函数内将创建一个用于保存训练完毕模型的字典，再使用训练集数据训练 5 种核函数对应的岭回归模型并存入字典中，然后通过调用函数将该字典赋值给 models 变量。

```
>>> def build_train_model():
        #保存模型的字典
        models={}
        for kernel in ('linear','poly-3','poly-5','rbf','laplacian'):
            #多项式核函数需根据名称中的阶数创建模型
            if'poly'in kernel:
                clf=KernelRidge(kernel='poly',
                                gamma=2,
                                degree=int(kernel[-1]))
            #其他核函数创建模型
            else:
                clf=KernelRidge(kernel=kernel,
                                gamma=2)
            #使用训练集数据训练模型
            clf.fit(X_train,y_train)
            #将训练完毕的模型添加至字典中
            models[kernel]=clf
        return models
#调用构建并生成模型的函数
>>> models=build_train_model()
>>> print(models)
{'linear':KernelRidge(gamma=2),
'poly-3':KernelRidge(gamma=2,kernel='poly'),
```

```
'poly-5':KernelRidge(degree=5,gamma=2,kernel='poly'),
'rbf':KernelRidge(gamma=2,kernel='rbf'),
'laplacian':KernelRidge(gamma=2,kernel='laplacian')}
```

9.3.3 回归模型的预测分析

在9.3.2小节一共创建并基于交通车流量的训练集数据训练了5种使用不同核函数的岭回归模型。在scikit-learn中，在训练好的模型上使用predict( )方法可使模型根据输入数据做出预测。下列代码将验证集的数据作为输入，在每个模型上进行预测，并将预测结果存储于字典中，且赋值给result变量。

```
>>> def maek_predict(models,data):
        result={}
        for name,model in models.items():
            result[name]=model.predict(data)
        return result
#调用定义的函数预测模型在验证集上的车流量(与最大车流量的比值)
>>> result=maek_predict(models,X_val)
>>> print(result)
{'linear': array([0.18524845, 0.19716828, 0.20908811, …, 0.4514431,
0.46336293,0.47528275]),
'poly-3': array([0.08701442, 0.1137189, 0.1462421, …, 0.32175255,
0.23544349,0.12949224]),
'poly-5': array([0.08485934, 0.09647624, 0.12591843, …, 0.4118781,
0.359178,0.30602133]),
'rbf': array([0.0819029, 0.09476369, 0.12099408, …, 0.33193726,
0.27503546,0.21360745]),
'laplacian':array([0.11717616,0.11492388,0.12071438,…,0.05438403,
0.03031455,0.01775509])}
```

可以看到，预测的输出结果为np数组，元素为0~1的浮点数，代表当前时段车流量与最大车流量的比值。

接下来基于预测数据开展定量分析，分析时将采取表9-5中用于回归任务的4项指标，即平均绝对误差、均方误差、最大误差与R2分数。平均绝对误差是每一项预测值与真实值差值的绝对值的平均值，该指标数值越小代表模型的拟合效果越好；均方误差是每一项预测值与真实值差值的平方的平均值，同理该指标数值越小代表模型的拟合效果越好；最大误差即预测值中与真实值差距最大的一项；R2分数又称为决定系数，用于度量因变量的变异中可由自变量解释部分所占的比例，以此来判断回归模型的解释力，该值越高说明模型的拟合效果越好。下列代码对每种模型的预测计算4项指标的值，存入字典中并赋值给models_ score 变量。

```
>>> def models_score(label,predicts):
        models_score={}
        def calculate_score(label,predicted):
            score={}
            score['r2']=  metrics.r2_score(label,predicted)
            score['mae']=metrics.mean_absolute_error(label,predicted)
            score['mse']=metrics.mean_squared_error(label,predicted)
            score['max']=metrics.max_error(label,predicted)
            return score
        for name,predict in predicts.items():
            models_score[name]=calculate_score(label,predict)
        return models_score
#调用定义的函数计算模型的指标参数
>>> models_score=models_score(y_val,result)
#打印参数数据
>>> print(models_score)

{'linear':{'r2':-19.436096247431077,
'mae':0.3346218294413336,
'mse':0.6618504152595966,
'max':3.57772707239244},
'poly-3':{'r2':-56.60262397328022,
'mae':0.3885366260368387,
'mse':1.8655383168666728,
'max':8.888473221178035},
'poly-5':{'r2':-40.6707308598833,
'mae':0.3219626363306684 6,
'mse':1.3495625676186356,
'max':7.959323333043722},
'rbf':{'r2':0.38350252495691983,
'mae':0.09019113777631395,
'mse':0.01996609846242267,
'max':0.7053440761732674},
'laplacian':{'r2':0.49158932589217763,
'mae':0.08529234896469771,
'mse':0.01646556229265031,
'max':0.5391318333405098}}
```

虽然通过打印models_ score可以得到各个模型的指标参数，但对数字的观察并不直观。下列代码通过可视化的手段展示各个模型的参数指标。在定义的2行2列包含4个子图的画布上，每个子图通过垂直直方图的方式绘制了5个模型的一项指标对比，如图9-22所示。

```
>>> colors=['grey','gold','darkviolet','turquoise','salmon']
>>> x_label=['线性','三阶多项式','五阶多项式','径向基','拉普拉斯']
# 构建画布
>>> fig,ax=plt.subplots(2,2,figsize=(12,12))
# 构建平均绝对误差 MAE
>>> bar_mae=ax[0,0].bar(models_score.keys(),[i['mae'] for i in mod-
els_score.values()],color=colors,alpha=0.7)
>>> ax[0,0].bar_label(bar_mae,padding=2,fmt="%.3f")
>>> ax[0,0].set(title='验证集平均绝对误差',
                xticklabels=x_label)
>>> ax[0,0].grid(axis='y',linestyle='-.',linewidth=0.5)
# 均方误差 MSE
>>> bar_mse=ax[0,1].bar(models_score.keys(),[i['mse'] for i in mod-
els_score.values()],color=colors,alpha=0.7)
>>> ax[0,1].bar_label(bar_mse,padding=2,fmt="%.3f")
>>> ax[0,1].set(title='验证集均方误差',
                xticklabels=x_label)
>>> ax[0,1].grid(axis='y',linestyle='-.',linewidth=0.5)
# 最大误差 Max_error
>>> bar_max=ax[1,0].bar(models_score.keys(),[i['max'] for i in mod-
els_score.values()],color=colors,alpha=0.7)
>>> ax[1,0].bar_label(bar_max,padding=2,fmt="%.3f")
>>> ax[1,0].set(title='验证集最大误差',
                xticklabels=x_label)
>>> ax[1,0].grid(axis='y',linestyle='-.',linewidth=0.5)
# R2 分数
>>> bar_r2=ax[1,1].bar(models_score.keys(),[i['r2'] for i in models_
score.values()],color=colors,alpha=0.7)
>>> ax[1,1].bar_label(bar_r2,padding=2,fmt="%.3f")
>>> ax[1,1].set(title='验证集 R2 分数',
...             xticklabels=x_label)
>>> ax[1,1].grid(axis='y',linestyle='-.',linewidth=0.5)
>>> plt.suptitle('核函数岭回归模型')
>>> plt.tight_layout()
>>> plt.show()
```

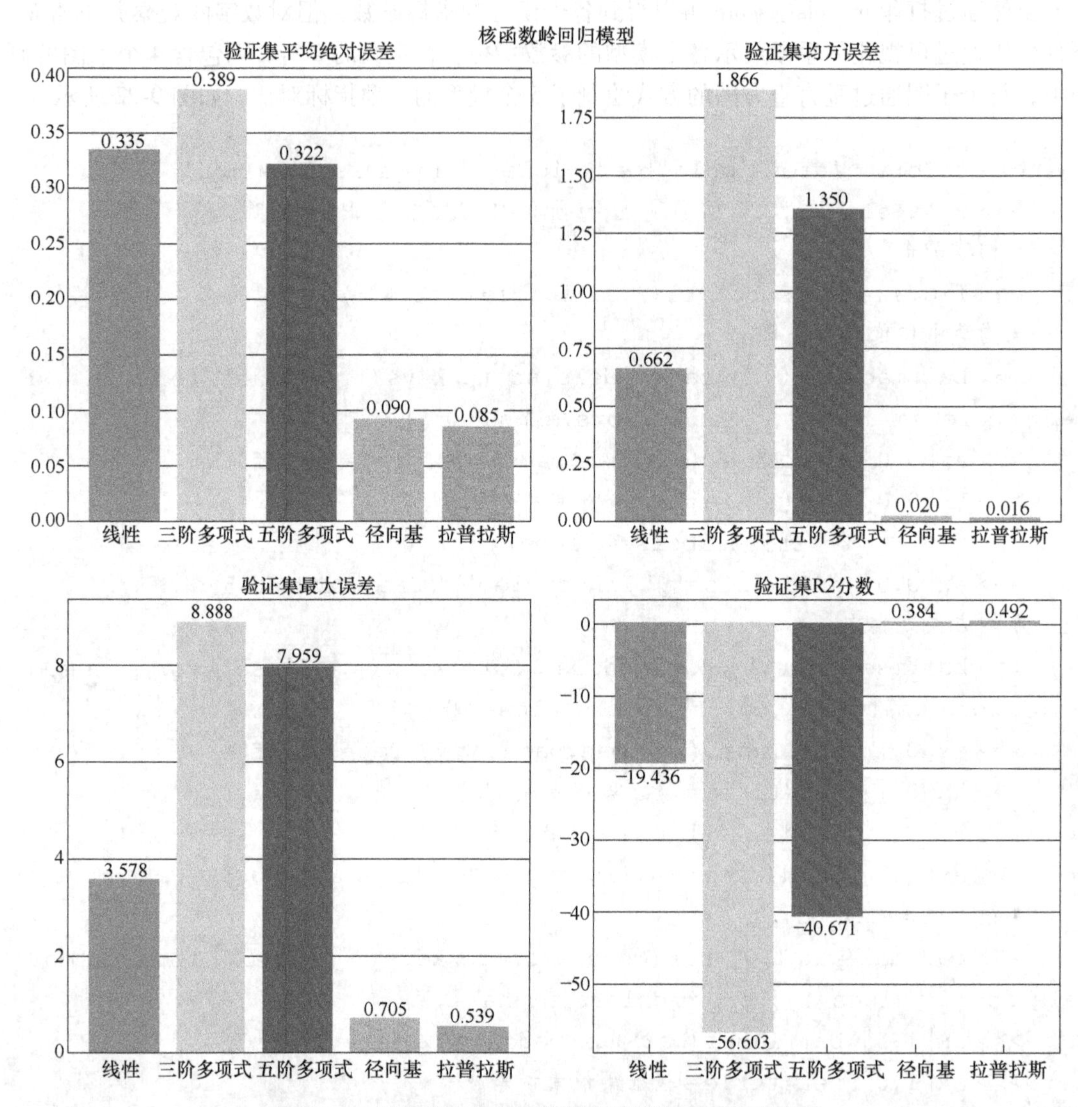

图 9-22　5 种核函数岭回归模型在验证集上的指标表现

由图 9-22 可见，径向基核函数和拉普拉斯核函数在各项指标上的表现明显好于线性核函数与多项式核函数。出乎意料的是线性核函数甚至比多项式核函数在定量指标上表现得更好。但线性核函数、三阶多项式核函数与五阶多项式核函数在验证集上的决定系数都为负数，这意味着预测误差甚至大于直接取验证集的平均值的预测误差，这表明这三种方法是不可取的。

为探究多项式核函数在验证集上效果不佳的情况，可将验证集上的车流量预测数据进行可视化分析。下列代码定义了绘制可视化图像的函数，在同一画布上分别绘制真实值、线性核函数、三阶多项式核函数、五阶多项式核函数、径向基核函数与拉普拉斯核函数岭回归模型在选取的验证集区间上的预测。

```
>>> def plot_prediction(result,label,start,end,title):
```

```
        fig=plt.figure(figsize=(16,6))
        time=np.arange(start,end)
        plt.plot(time,label[start:end],'x-',alpha=0.2,color='black',
label='真实值')
        plt.plot(time,result['linear'][start:end],'x-',label='线性核')
        plt.plot(time,result['poly-3'][start:end],'x-',label='三阶多项
式核')
        plt.plot(time,result['poly-5'][start:end],'x-',label='五阶多项
式核')
        plt.plot(time,result['rbf'][start:end],'x-',label='径向基核')
        plt.plot(time,result['laplacian'][start:end],'x-',label='拉普
拉斯核')
        plt.title(title)
        plt.grid()
        plt.legend()
```

下列代码选取验证集头部200个小时时间段的数据，绘制出图9-23所示的对比图像。

```
  >>>plot_prediction(result,y_val,300,500,'核函数岭回归交通车流量预测验
证集前段数据预测结果')
```

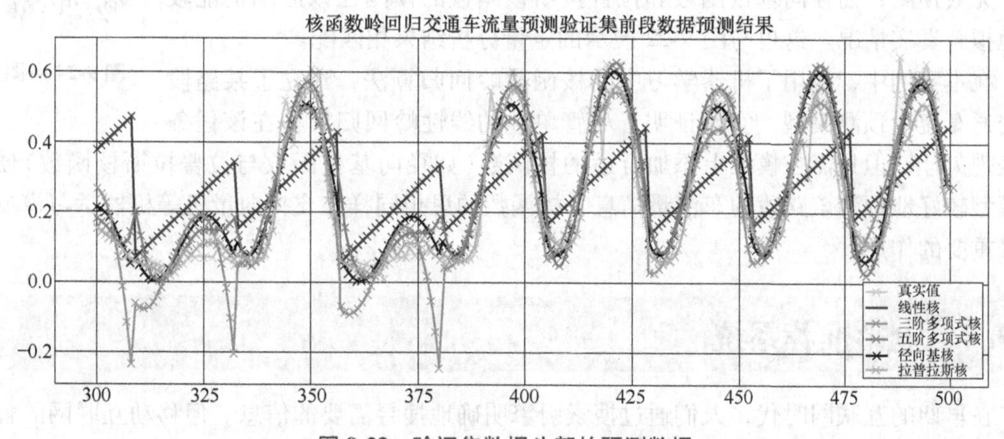

图 9-23 验证集数据头部的预测数据

可以看出，线性核函数由于其限制，无法准确拟合真实数据的走势；三阶多项式核函数在该区间段的前半部分无法较好拟合，但在后半部分已能正确反映车流量数据的走势；五阶多项式核函数、径向基核函数与拉普拉斯核函数在该区间内均能较好地拟合真实数据的情况。

图 9-23 彩图

从图9-23中得到的定性观察可知，多项式核函数的拟合效果似乎并没有定量指标反映的这样差。下列代码采取验证集尾部200个小时的数据进

一步观察各个模型预测数据与真实数据的拟合情况，如图 9-24 所示。

```
>>>plot_prediction(result,y_val,-200,-1,'核函数岭回归交通车流量预测验证集尾段数据预测结果')
```

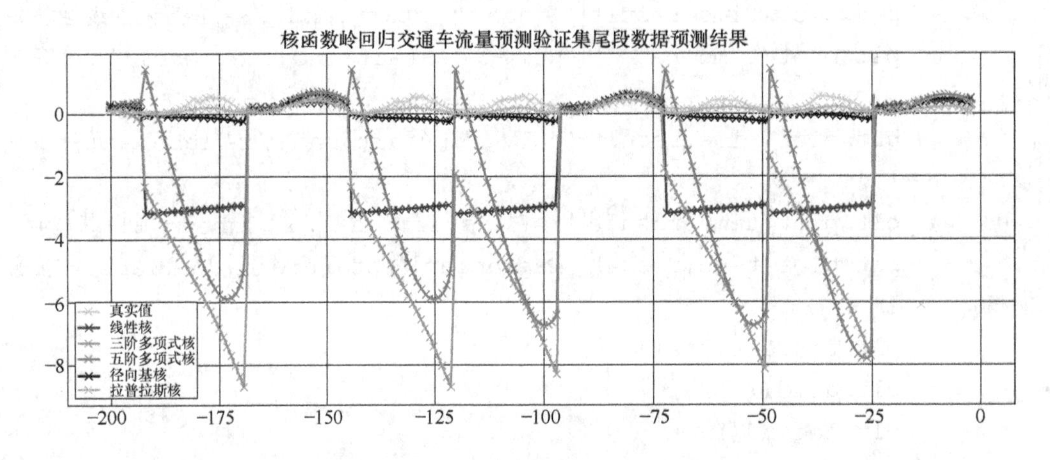

图 9-24　验证集数据尾部的预测数据

由图 9-24 可以明显观察到，线性核函数、三阶多项式核函数及五阶多项式核函数在该区间与真实值出现了极大的偏差，甚至达到了负数。由于特定时间段路段上的车流量必然是大于或等于 0 的一个数字，这样的预测属于无效预测；而径向基核函数和拉普拉斯核函数的预测在该区间仍能较好地拟合真实情况。这也与图 9-22 展示的定量分析结果相匹配。

图 9-24 彩图

在本案例中，使用了机器学习中的核函数岭回归算法，建立了某路段的交通车流量预测模型。实验证明，尽管单纯的线性岭回归模型在该任务上表现欠佳，但只需在模型上添加合适的核函数(如径向基核函数与拉普拉斯核函数)便能使模型较好地预测该路段的车流量信息。核函数的思想同样在支持向量机等机器学习模型中有着重要的作用。

9.4　电影推荐系统

在早期的互联网时代，人们通过搜索引擎明确地搜寻需要的信息。但移动互联网的普及及大数据的发展带来的海量数据造成了信息过载的问题，信息的搜索变得愈加困难。推荐系统能够根据使用者的特征智能地在海量数据中预测并推荐用户感兴趣的信息，已广泛运用于诸如购物平台、新闻平台、观影平台等互联网平台中。例如，在某网站中输入电影《阿凡达》，其内部的推荐系统便会推荐《碟中谍 2》《盗梦空间》等用户可能感兴趣的相关电影。本节将基于包含电影名称及相关特征的数据集，建立电影推荐系统，在用户输入某一影片名称后为其推荐相关电影。

本节的案例中将使用到如下的库与模块，首先将其导入。

```
>>> import pandas as pd
>>> import numpy as np
>>> import matplotlib.pyplot as plt
>>> from sklearn.feature_extraction.text import CountVectorizer
>>> from sklearn.metrics.pairwise import cosine_similarity
```

同时，本案例的可视化分析涉及中文的使用，需要进行如下设置。

```
>>> plt.rcParams['font.sans-serif']=['SimHei']
>>> plt.rcParams['axes.unicode_minus']=False
```

9.4.1　电影数据集分析与预处理

本案例中使用到的电影数据集保存在 movie_dataset.csv 文件中。下列代码将该 .csv 文件通过 Pandas 读取为 DataFrame 对象，并输出数据集中的样本与特征数量。

```
>>> df=pd.read_csv('movie_dataset.csv')
>>>print("该数据集中共有{}部电影,每部电影数据有{}个特征".format
(df.shape[0],df.shape[1]))

该数据集中共有4803部电影,每部电影数据有24个特征
```

该数据集每个样本有24个特征，即数据集有24列。由于特征过多，若使用该数据集直接生成数据概览图将无法直观地可视化数据集情况。下列代码使用 DataFrame 的 info( )方法查看数据集每项特征的名称、数据类型及缺失值情况，从而掌握对数据集的基本认识。

```
>>> print(df.info())
RangeIndex:4803 entries,0 to 4802
Data columns (total 24 columns):
#  Column               Non-Null Count    Dtype
---  ------               --------------    -----
0  index                4803 non-null     int64
1  budget               4803 non-null     int64
2  genres               4775 non-null     object
3  homepage             1712 non-null     object
4  id                   4803 non-null     int64
5  keywords             4391 non-null     object
6  original_language    4803 non-null     object
7  original_title       4803 non-null     object
8  overview             4800 non-null     object
```

```
9  popularity              4803 non-null    float64
10  production_companies   4803 non-null    object
11  production_countries   4803 non-null    object
12  release_date           4802 non-null    object
13  revenue                4803 non-null    int64
14  runtime                4801 non-null    float64
15  spoken_languages       4803 non-null    object
16  status                 4803 non-null    object
17  tagline                3959 non-null    object
18  title                  4803 non-null    object
19  vote_average           4803 non-null    float64
20  vote_count             4803 non-null    int64
21  cast                   4760 non-null    object
22  crew                   4803 non-null    object
23  director               4773 non-null    object
dtypes:float64(3),int64(5),object(16)
memory usage:900.7+KB
```

输出结果显示，每部电影的 24 个特征分别为排序索引、影片预算、影片类型、影片官方网站、影片代码、影片关键字、影片原始语言、影片原始名称、影片概述、影片人气、制作商、制作国家、发行时间、收入、时长、提供语言、状态、标语、名称、平均评分、评分投票数、主演、摄制组与导演。这些特征能够较为完整地描述一部影片的基本情况。同时可以观察到，部分特征中包含大量缺失值(如 4803 部影片中只有 1712 部影片有官方网站)。下列代码定义了查找并填充数据集中缺失值的函数，其接收 DataFrame 对象和用作填充空缺值的数据为输入，返回填补完毕不包含缺失值的 DataFrame。在本案例中使用空白字符串(即'')填充数据集中的缺失值。

```
>>> def check_nan_fill(dataframe,fill):
        # 统计包含缺失值的行数(每一行为一个样本)
        row_nan=dataframe[dataframe.isnull().any(axis=1)].shape[0]
        # 统计缺失值总数
        nan_sum=dataframe.isnull().sum().sum()
        # 使用输入的填补字符填补缺失值
        df_fill=dataframe.fillna(fill)
        print('原始数据集中有{}个样本中存在缺失值'.format(row_nan))
        if fill=='':
            fill='空白'
        print('使用{}字符填充了共{}个缺失数据,填补后数据集无缺失值'
.format(fill,nan_sum))
        return df_fill
```

下列代码调用定义的 check_nan_fill( ) 函数，并将填补后的 DataFrame 重新赋值给 df 变量。该函数共对数据集中的 4454 个缺失值进行了填补。

```
>>> df=check_nan_fill(df,'')

原始数据集中有 3371 个样本中存在缺失值
使用空白字符填充了共 4454 个缺失数据,填补后数据集无缺失值
```

在完成基础的数据预处理后，接下来使用可视化手段对数据集部分特征进行分析。下列代码在数据集中筛选出评分投票数大于 1000 票的电影(投票数过少的电影评分无法保证客观性)，按评分从高到低排序，若评分相同则按投票数从高到低进行排序。选取评分最高的 10 部，绘制出图 9-25 所示的横向直方图。

```
>>> vote10 = df[df['vote_count'] >1000].sort_values(by=['vote_average','vote_count'],ascending=False,inplace=False).iloc[:10]
>>> plt.figure(figsize=(8,5))
>>> vote=plt.barh(vote10['original_title'],vote10['vote_average'],alpha=0.5)
>>> plt.bar_label(vote,padding=3)
>>> plt.gca().invert_yaxis()
>>> plt.grid(axis='x')
>>> plt.title('评分投票数超过 1000 票的 10 项最高评分电影')
>>> plt.show()
```

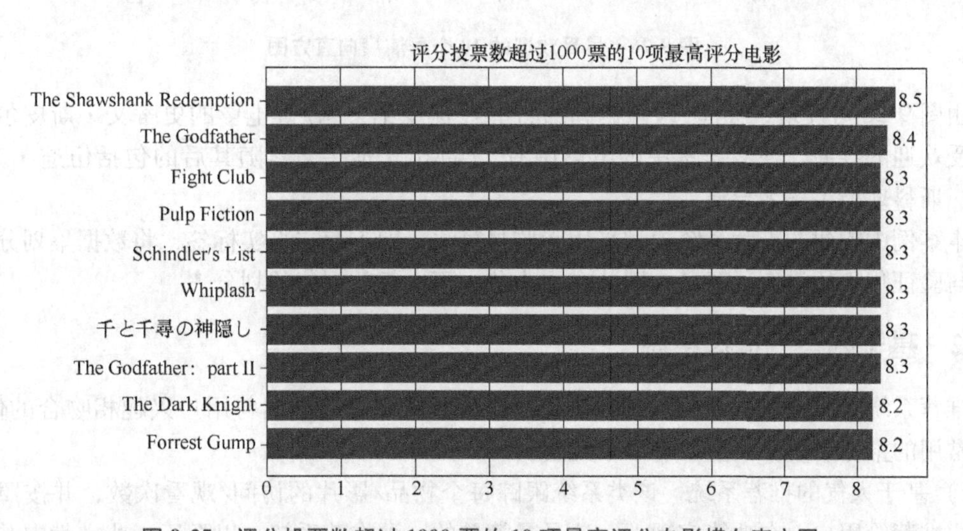

图 9-25 评分投票数超过 1000 票的 10 项最高评分电影横向直方图

由图 9-25 可见，最受欢迎的电影包括《肖申克的救赎》《千与千寻》《阿甘正传》等耳熟能详的电影。接下来可视化分析数据集中拍片最多的导演，这代表了导演受市场与片方的喜爱

程度，如图 9-26 所示。

```
>>> direcor10=df['director'][df['director']! =''].value_counts()[0:10]
>>> plt.figure(figsize=(8,5))
>>> director=plt.barh(direcor10.index,direcor10.values,alpha=0.5)
>>> plt.bar_label(director,padding=5)
>>> plt.gca().invert_yaxis()
>>> plt.grid(axis='x')
>>> plt.title('最受欢迎的 10 个导演')
>>> plt.show()
```

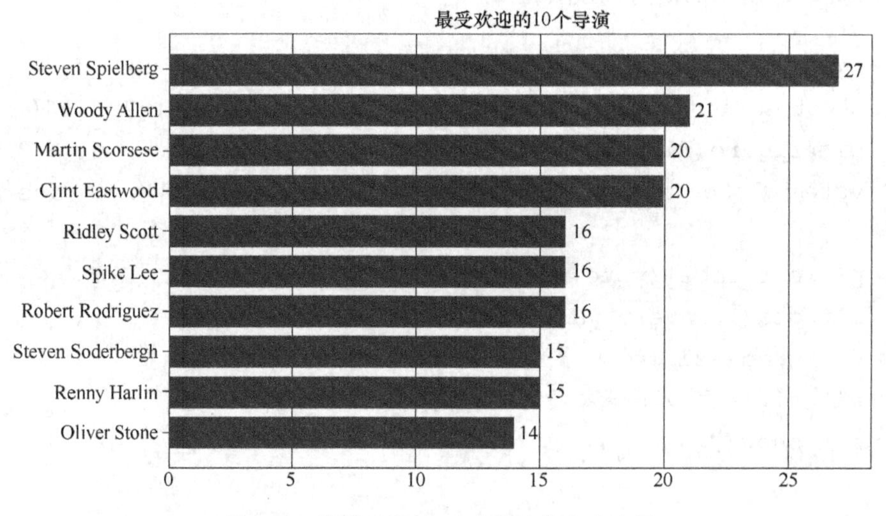

图 9-26　最受欢迎的 10 个导演横向直方图

由图 9-26 可发现，导演过《辛德勒的名单》《侏罗纪公园》等电影的史蒂文 · 斯皮尔伯格是最受欢迎的导演，在数据集中的电影中有 27 部出于他手，紧随其后的包括伍迪 · 艾伦、马丁 · 斯科塞斯等著名导演。

本案例中构建的推荐系统模型采用无监督算法，即不存在真实标签，将数据集划分为训练集与验证集也便没有了意义，因此在本小节中不进行数据集的划分。

9.4.2　基于内容的推荐系统

推荐系统本质上是一种信息过滤系统，即从数据库中筛选出与用户兴趣相吻合的信息。目前常用的推荐系统算法主要有以下几类：

1）基于人气的推荐系统。该类系统跟踪每个物品/影片的访问/观看次数，并按照降序的方式推荐给用户。在功能实现上，这是最简单的一种推荐系统，以至于一些文献中并不把其单独列为一类推荐系统。但实际上，这种思想简单且高效，在诸如点评软件等应用中得到了广泛的应用。

2）基于内容的推荐系统。该类系统基于输入内容的特征或固有属性进行推荐。如电影推荐系统，其分析输入电影的类型、演员、情节、导演等属性，在数据库中找出有相似内容的其他电影，根据相似度对这些电影排名，并向用户推荐最相关的电影。因此，其仅根据项目的内容信息，而不需要依据用户对项目的评价意见便可做出推荐。

3）协同过滤推荐系统。该类算法首先为用户找到具有相似兴趣的其他用户，然后将他们感兴趣的内容推荐给此用户。例如，通过算法判断用户 A 和用户 B 为相似用户后，如果用户 A 看过用户 B 还未看过的电影，那么该电影便会推荐给用户 B，反之亦然。它是根据相似用户偏好之间的协作进行过滤的。

4）混合推荐系统。顾名思义，混合推荐系统是利用多种推荐算法的特征处理手段或多种推荐算法相配合进行推荐，从而避免单个推荐算法存在的问题，以期望得到更好的推荐效果。具体的混合方式是由相应的应用场景决定的。

本小节将实现并验证基于内容的电影推荐系统。如前所述，该类系统最重要的是要找出与输入信息具有相似特征与属性的信息。在判别相似度之前，首先需要选取合适的特征并将其转化为计算机可以理解的形式。

在电影数据集中，影片类别、关键词、演员、导演这 4 项特征基本能决定影片的内容形式。下列代码选取这 4 项特征进行集合，并在数据集中增加一列用于存放组合特征的列。

```
>>> def combine_features(row):
        return row['keywords']+" "+row['cast']+" "+row['genres']+" "+
row['director']
>>> df["combined_features"]=df.apply(combine_features,axis=1)
```

在用户输入影片名时，便可采用 combined_ features 组合特征内的数据进行相似度判断。由于文本数据和符号序列不能直接输入到算法本身，还需要将文字信息转化为计算机可理解的形式。事实上，将文字数字化(也称为向量化)有许多形式，在本案例中采取“词袋”方法，该方法在 sklearn.feature_extraction.text 中 CountVectorizer()进行了封装。它创建包含文本数据集中所有词的列表，将文本转化为代表词频的特征向量，而不考虑语法、词的顺序等信息。以下代码简单展示了该方法的原理。

```
>>> demo_text=['this is apple',
               'this is orange']
>>> vectorizer=CountVectorizer()
>>> X=vectorizer.fit_transform(demo_text)
#词列表中包含的词
>>> vectorizer.get_feature_names_out()
array(['apple','is','orange','this'],dtype=object)
#原文字数据变为了特征向量,1 的位置与词列表中的词汇相对应,忽略词的顺序
>>> X.toarray()
array([[1,1,0,1],
       [0,1,1,1]],dtype=int64)
```

接下来使用词袋法对组合特征中的文字信息进行处理，代码如下：

```
>>> cv=CountVectorizer()
>>> count_matrix=cv.fit_transform(df["combined_features"])
>>> print('组合特征中共有{}种词'.format(cv.get_feature_names_out().
shape[0]))

组合特征中共有 14845 种词
```

对于信息相似度的度量有很多种，如在回归分析时常使用的欧几里得距离，其通过计算输入向量间的均方差作为距离的度量。对于输入的数据 $\boldsymbol{X}$ 和 $\boldsymbol{Y}$，它们间的欧几里得距离定义为

$$d(\boldsymbol{X},\boldsymbol{Y}) = \sqrt{\sum_{i=1}^{n}(x_i - y_i)^2} \tag{9.7}$$

欧几里得距离常用于连续值间的距离计算。在文本相似度度量中，一种更常用的方法是余弦相似度，它通过计算两个向量的夹角余弦值来评估它们的相似度。0°角的余弦值是 1，而其他任何角度的余弦值都不大于 1。其最小值是-1。公式为

$$K(\boldsymbol{X},\boldsymbol{Y}) = \frac{\langle \boldsymbol{X},\boldsymbol{Y} \rangle}{\|\boldsymbol{X}\|\|\boldsymbol{Y}\|} \tag{9.8}$$

式中，分子表示 $\boldsymbol{X}$ 和 $\boldsymbol{Y}$ 之间的内积，分母表示 $\boldsymbol{X}$ 的范数和 $\boldsymbol{Y}$ 的范数相乘。

欧几里得距离算法已封装在numpy. linalg. norm( )中，余弦相似度算法则由 sklearn. metrics. pairwise 中的 cosine_similarity( )提供。下列代码定义了基于内容的电影推荐系统构建的函数。首先根据用户输入的电影名称，在组合特征上使用欧几里得距离或余弦相似度计算该电影与数据集中其他电影的相似程度，并按照降序排序推荐最相关的电影。

```
>>> def recommendation_engine_content(user_movie,df,count_matrix,
sim='余弦相似度',related_movies=5):
        #辅助函数,根据索引得到电影名称
        def get_movie_from_index(index):
            return df[df.index==index]["original_title"].values[0]
        #辅助函数,根据电影名称得到索引
        def get_index_from_movie(movie):
            return df[df['original_title']==movie]["index"].values[0]
        #根据用户的输入电影名称,找出其在数据集中的索引
        movie_index=get_index_from_movie(user_movie)
        #目前该系统支持使用余弦相似度或欧几里得距离进行相似度度量
        if sim=='余弦相似度':
            cosine_sim=cosine_similarity(count_matrix)
            similar_movies=list(enumerate(cosine_sim[movie_index]))
```

```
        elif sim=='欧几里得距离' or '欧氏距离':
            w=count_matrix.toarray()
            similar_movies=list(enumerate(np.linalg.norm((w[movie_index][np.newaxis,:]-w),axis=1)))
        else:
            raise
        #距离数值越小,代表越相关。索引时需注意要从第二位开始,因为最相关的影片是自身
        sorted_similar_movies=sorted(similar_movies,key=lambda x:x[1],reverse=True)[1:related_movies+1]
        #打印结果
        print("与{}最相关的{}部电影是:".format(user_movie,related_movies))
        for position,movie_index in enumerate(sorted_similar_movies):
            print("{}.{}".format(position+1,get_movie_from_index(movie_index[0])))
```

接下来分别验证以欧几里得距离与以余弦相似度为度量的基于内容的推荐算法。下列代码根据用户输入的*Avatar*(《阿凡达》)电影名称，分别使用两种相似度度量方法为其推荐最相似的5部电影。

```
#以欧几里得距离为度量的基于内容的推荐算法
>>> recommendation_engine_content('Avatar',df,count_matrix,'欧几里得距离')

与 Avatar 最相关的 5 部电影是:
1. Ramona and Beezus
2. In the Land of Blood and Honey
3. Tiny Furniture
4. Brothers
5. Sweet Sweetback's Baadasssss Song

#以余弦相似度为度量的基于内容的推荐算法
>>> recommendation_engine_content('Avatar',df,count_matrix,'余弦相似度')

与 Avatar 最相关的 5 部电影是:
1. Guardians of the Galaxy
```

```
2. Aliens
3. Star Wars:Clone Wars (Volume 1)
4. Star Trek Into Darkness
5. Star Trek Beyond
```

由输出结果可见，余弦相似度在文本数据的相似度度量上的表现要远好于欧几里得距离。感兴趣的读者可使用此系统试验其他电影的推荐结果。

9.4.3 混合推荐系统

9.4.2 小节建立了基于内容的推荐系统，该系统在使用余弦相似度作为相似度度量时有较好的结果，但该系统在向用户推荐相关电影时，没有将电影的评分或人气等因素纳入考虑。本小节将实现混合推荐系统，它在基于内容的推荐系统中结合用户对电影的评分，以提升推荐的质量。

用户对影片的评分保存在 vote_average 特征中，下列代码输出评分栏中所有的数值。

```
>>> print(df["vote_average"].unique())
array([ 7.2,  6.9,  6.3,  7.6,  6.1,  5.9,  7.4,  7.3,  5.7,  5.4,  7.,
6.5,  6.4,  6.2,  7.1,  5.8,  6.6,  7.5,  5.5,  6.7,  6.8,  6.,
5.1,  7.8,  5.6,  5.2,  8.2,  7.7,  5.3,  8.,  4.8,  4.9,  7.9,
8.1,  4.7,  5.,  4.2,  4.4,  4.1,  3.7,  3.6,  3.,  3.9,  4.3,
4.5,  3.4,  4.6,  8.3,  3.5,  4.,  2.3,  3.2,  0.,  3.8,  2.9,
8.5,  1.9,  3.1,  3.3,  2.2,  0.5,  9.3,  8.4,  2.7,10.,  1.,
2.,  2.8,  9.5,  2.6,  2.4])
```

从输出结果可见，数据集中所有评分均为 0~10 分最多包含 1 位小数的数字，评分越高代表观众对电影越喜爱。

由于在 9.4.2 小节已经验证在本案例中余弦相似度度量的效果要好于欧几里得距离，因此在构建混合推荐系统时采用余弦相似度度量。在此基础上，将通过相似度排序提取出的 n 个最相关电影，重新按照用户的评分降序排序。

```
>>> def recommendation_engine_hybrid(user_movie,df,count_matrix,
related_movies=5):
        #辅助函数,根据索引得到电影的评分
        def get_vote_from_index(index):
            return df[df.index==index]["vote_average"].values[0]
        #辅助函数,根据索引得到电影名称
        def get_movie_from_index(index):
            return df[df.index==index]["original_title"].values[0]
        #辅助函数,根据电影名称得到索引
        def get_index_from_movie(movie):
```

```
        return df[df['original_title']==movie]["index"].values[0]
    #根据用户输入的电影名称,找出其在数据集中的索引
    movie_index=get_index_from_movie(user_movie)
    #使用余弦相似度作为相似度度量
    cosine_sim=cosine_similarity(count_matrix)
    similar_movies=list(enumerate(cosine_sim[movie_index]))
    #距离数值越小代表越相关。索引时注意要从第2位开始,因为最相关的影
片是自身
    sorted_similar_movies=sorted(similar_movies,key=lambda x:
x[1],reverse=True)[1:related_movies+1]
    #混合系统,将得到的相似结果再按照评分高低排序
    sort_by_average_vote=sorted(sorted_similar_movies,key=
lambda x:df["vote_average"][x[0]],reverse=True)
    #输出结果
    print("与{}最相关的{}部电影是:".format(user_movie,related_
movies))
    for position,movie_index in enumerate(sort_by_average_
vote):
        print("{}.{}(评分{}分)".format(position+1,get_movie_
from_index(movie_index[0]),get_vote_from_index(movie_index[0])))
```

分别以*Avatar*(《阿凡达》)与"千と千尋の神隠し"(《千与千寻》)两部影片作为用户输入影片查看混合推荐系统的推荐结果。

```
>>> recommendation_engine_hybrid('Avatar',df,count_matrix)

与 Avatar 最相关的 5 部电影是:
1. Star Wars:Clone Wars (Volume 1)(评分 8.0 分)
2. Guardians of the Galaxy(评分 7.9 分)
3. Aliens(评分 7.7 分)
4. Star Trek Into Darkness(评分 7.4 分)
5. Star Trek Beyond(评分 6.6 分)

>>>recommendation_engine_hybrid('千と千尋の神隠し',df,count_matrix)

与 千と千尋の神隠し 最相关的 5 部电影是:
1. ハウルの動く城(评分 8.2 分)
2. Ice Age(评分 7.1 分)
```

```
3. Shrek 2(评分 6.7 分)
4. Arthur et les Minimoys(评分 6.0 分)
5. Spy Kids(评分 5.5 分)
```

可以发现，混合推荐系统不仅充分利用了基于内容推荐系统的优点，也纳入了观众的评价因素，将优先推荐既与用户输入电影相关，又广受喜爱的影片。

9.5 本章小结

本章首先介绍了机器学习的定义、任务、流程等基础知识。随后简要讲解了 Pandas 库在机器学习任务中的数据分析与预处理环节的使用。然后通过手写数字识别(监督学习中的分类任务)、交通车流量预测(监督学习中的回归任务)与电影推荐系统(无监督学习)3 个案例介绍了 Python 中基于 scikit-learn 库的机器学习应用。实际上，由于第三方库的完善，在 Python 中构建机器学习算法仅需选择合适的模型与超参数，有时甚至按默认的超参数即可在指定的任务中取得较好的表现。而真正花费时间的过程在于数据的收集、预处理、分析与特征提取等环节，这需要充分结合前几章包括数据处理、可视化分析等知识与内容。

9.6 课后习题

1. 请简述利用机器学习解决实际应用问题的流程。

2. 在 9.2 节的手写数字识别案例中，请实验正则项系数对模型性能的影响。

3. 在 9.3 节的交通车流量预测案例中，还可使用其他回归算法进行预测。请设计基于支持向量机回归(sklearn.svm.SVR)的模型并测试核函数在支持向量机中对结果的影响。

4. 在 9.4 节的电影推荐系统中还有哪些特征可用于混合推荐系统？请根据设计基于这些特征的混合推荐系统并观察性能。

第10章

深度学习

10

学习目标

知识目标

- 了解人工神经网络的特点与基本概念；
- 掌握使用编程语言构建深度学习系统的流程；
- 理解各类神经网络组成结构的作用。

思政目标

- 培养学生的科学思维；
- 引导学生精益求精追求卓越的工匠精神；
- 激发学生克服困难战胜自我的勇气和决心。

技能目标

- 学会使用 Python 对文字、图像等数据进行预处理；
- 能够使用 Python 深度学习框架构建解决特定问题的神经网络；
- 能够使用 Python 深度学习框架训练与应用深度学习模型。

2012 年，基于卷积神经网络的 AlexNet 在 ImageNet 大规模视觉识别挑战赛中以错误率低于第 2 名 10.8%的压倒性成绩夺得了第 1 名，该模型的作者在论文中提出了“模型的深度对于提高性能至关重要”的论述。自此，深度学习逐渐成为人工智能研究与应用中一个关键的领域，并已成为当下计算机视觉、自然语言处理、机器翻译等应用实际上的解决方案。

深度学习是机器学习的一个子集，其指代基于深层次的人工神经网络的算法。人工神经网络通常由输入层、输出层和多个隐藏层构成，随着隐藏层数的增加，模型参数对特征的学习能力具有深度性。近年来，深度学习的发展不仅基于硬件技术的更新迭代，更依赖于相关的框架与软件的完善。目前，主流的 Python 深度学习开发框架有百度提出的 PaddlePaddle、谷歌提出的 TensorFlow、脸书提出的 Pytorch，亚马逊提出的 MXNet 等，这些框架显著提升了深度学习的开发效率。

思政小课堂： 飞桨(PaddlePaddle)开源框架 1.0 版本在 2018 年 10 月发布，该框架以百度多年的深度学习技术研究和业务应用为基础，集深度学习核心训练和推理框架、基础模型库、端到端开发套件、丰富的工具组件于一体，是我国首个自主研发、功能完备、开源开放的产业级深度学习平台。

10.1 人工神经网络

人工智能的发展伴随着机器学习的进步。然而，许多传统机器学习算法的性能受到其模型参数的制约，数据量的增加无法保证模型可学习到的知识量的增加。相对地，人工神经网络可以通过增加网络层数，创建多个级别的抽象对数据进行特征提取。在很多复杂任务中，基于人工神经网络的深度学习系统的表现要远好于传统机器学习系统。

10.1.1 深度学习简述

在传统机器学习算法中，通常需要根据应用场景和输入数据的特点，人为地设计特征本身，这类特征往往都有具体的现实意义。但是，这种方法不仅需要精心的设计，特征点对数据往往也有较大的依赖性。与之相比，深度学习是一种端到端的算法，即在输入端到输出端之间仅有人工神经网络模型，通过神经网络强大的学习能力在大数据中直接学习数据的样本和模式。传统机器学习与深度学习算法流程对比如图 10-1 所示。

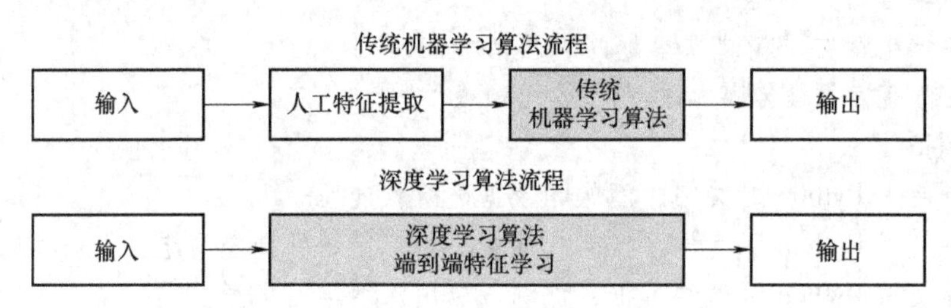

图 10-1 传统机器学习与深度学习算法流程对比

人工神经网络的基础组成部分是感知机。感知机由科学家 Frank Rosenblatt 在 1956 年提出，是一种二分类的线性机器学习模型。感知机的基本结构如图 10-2 所示，感知机将输入数据与权重相乘，划分为正负两类的分离超平面，使用梯度下降法对误差损失函数进行极小化，从而实现数据模式的学习与识别。

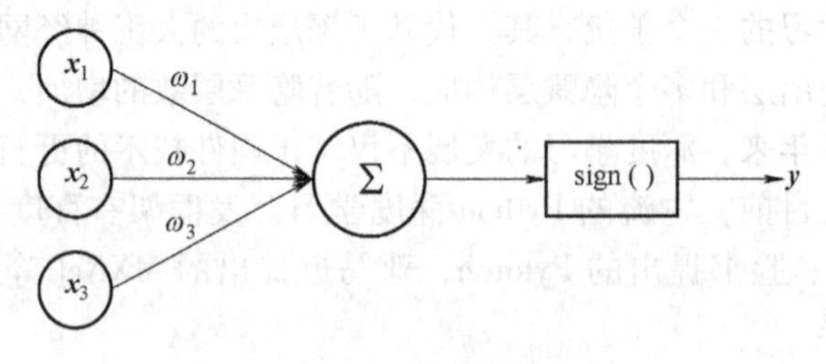

图 10-2 感知机的基本结构

由于感知机模型假设了数据是线性可分的，在面对线性不可分的数据时，感知机永远都无法对样本进行完全正确的分类。接下来通过一个简单的案例对该现象进行可视化论证。下列代码首先基于前一章所介绍的 scikit-learn 机器学习库生成图 10-3 所示的线性不可分数据，再利用该库构造感知机模型，并对分类结果进行可视化，可视化结果如图 10-4 所示。

```
>>> import numpy as np
>>> import matplotlib.pyplot as plt
>>> from sklearn.linear_model import Perceptron
>>> from sklearn.datasets import make_moons
>>> plt.rcParams['font.sans-serif']=['SimHei']
>>> plt.rcParams['axes.unicode_minus']=False
>>> np.random.seed(0)
>>> X,y=make_moons(200,noise=0.20)
>>> plt.scatter(X[:,0],X[:,1],s=40,c=y,cmap=plt.cm.bwr)
>>> plt.show()
```

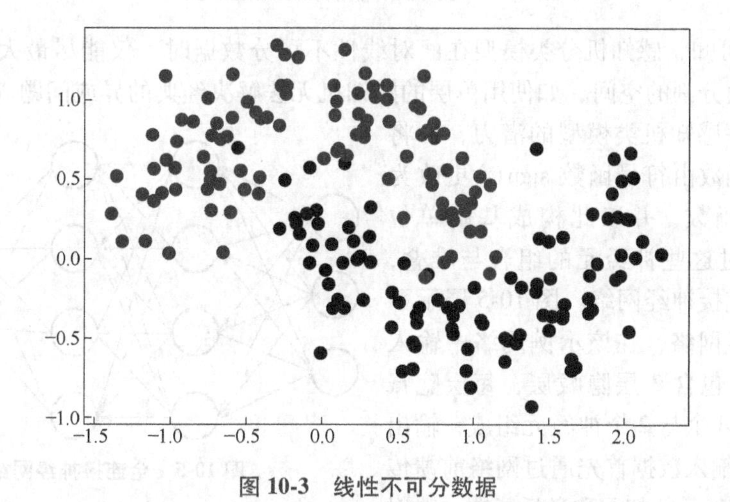

图 10-3 线性不可分数据

```
>>> clf=Perceptron(tol=1e-3,random_state=0)          #感知机模型的建立
>>> clf.fit(X,y)                                      #感知机模型的训练
>>> x_min,x_max=X[:,0].min()-.5,X[:,0].max()+.5
>>> y_min,y_max=X[:,1].min()-.5,X[:,1].max()+.5
>>> h=0.01
>>> xx,yy=np.meshgrid(np.arange(x_min,x_max,h),np.arange(y_min,
y_max,h))
>>> Z = clf.predict (np.c_[xx.ravel (), yy.ravel ()]) .reshape
(xx.shape)
>>> plt.contourf(xx,yy,Z,cmap=plt.cm.bwr,alpha=0.3)
>>> plt.scatter(X[:,0],X[:,1],c=y,cmap=plt.cm.bwr)
>>> plt.title("感知机分类")
>>> plt.show()
```

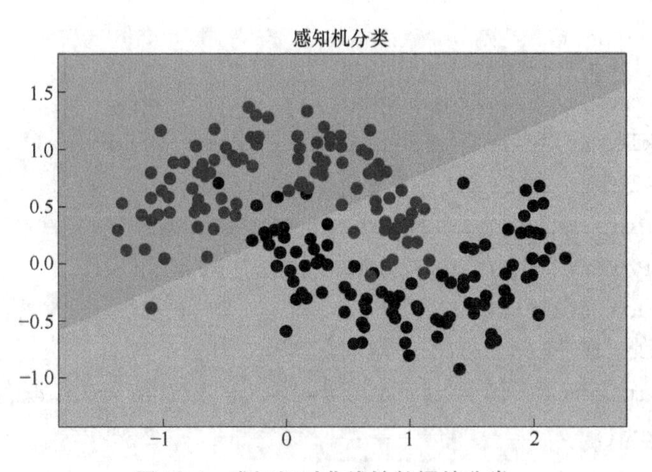

图 10-4　感知机对非线性数据的分类

由图 10-4 可知，感知机分类模型在面对线性不可分数据时，仅能尽最大可能将样本划分至线性超平面分割的空间。如使用单层的感知机无法解决经典的异或问题（XOR）。

为充分发挥感知机类模型的潜力，可将感知机的激活函数由符号函数 sign( ) 更改为非线性的激活函数，并以此构成基础单位“神经元”。通过这些神经元的组合与堆叠，便能构建起全连接神经网络。图 10-5 展示了一个全连接神经网络，在该示例网络中输入向量维度为 3，包含 3 层隐藏层，每层隐藏层分别由 4 个、4 个与 2 个神经元组成，输出向量维度为 1。输入数据首先通过网络前馈传播，经过每个神经元的权重和激活函数，映射至输出空间。神经元的连接权重便是神经网络需要从数据中学习的参数。这些参数通过对比预测值与真实值计算损失函数的值，由反向传播算法计算梯度，对模型参数进行更新。

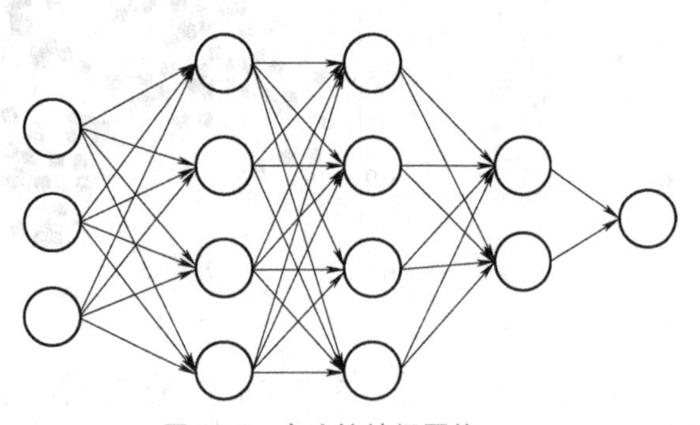

图 10-5　全连接神经网络

由此可见，全连接神经网络模型的参数量受到隐藏层层数与每层神经元数量的影响。下列代码使用 scikit-learn 分析全连接神经网络神经元和层数对网络性能的影响。代码使用 sklearn. neural_network 中的 MLPClassifier( ) 函数分别建立包含“1 层隐藏层，3 个神经元”“3 层隐藏层，每层 3 个神经元”“3 层隐藏层，每层 10 个神经元”，以及“6 层隐藏层，每层 10 个神经元”4 种全连接神经网络。该网络使用 L-BFGS 方法进行参数学习，每层的神经元采用 Tanh 激活函数。最后利用可视化手段观察其在之前创建的数据集上的分类表现，如图 10-6 所示。

```
    >>> from sklearn.neural_network import MLPClassifier
    >>> nn1 =MLPClassifier(activation='tanh',solver='lbfgs',alpha=1e-5,
hidden_layer_sizes=(3,),random_state=1)
    >>> nn1.fit(X,y)
    >>> nn2 =MLPClassifier(activation='tanh',solver='lbfgs',alpha=1e-5,
hidden_layer_sizes=(3,3,3,),random_state=1)
```

```
>>> nn2.fit(X,y)
>>> nn3=MLPClassifier(activation='tanh',solver='lbfgs',alpha=1e-5,
hidden_layer_sizes=(10,10,10,),random_state=1)
>>> nn3.fit(X,y)
>>> nn4=MLPClassifier(activation='tanh',solver='lbfgs',alpha=1e-5,
hidden_layer_sizes=(10,10,10,10,10,10,),random_state=1)
>>> nn4.fit(X,y)
>>> fig,ax=plt.subplots(2,2,figsize=(12,6))
>>> ax[0,0].scatter(X[:,0],X[:,1],c=y,cmap=plt.cm.bwr)
>>> ax[0,0].contourf(xx,yy,nn1.predict(np.c_[xx.ravel(),yy.ravel
()]).reshape(xx.shape),cmap=plt.cm.bwr,alpha=0.3)
>>> ax[0,0].set_title("全连接神经网络(1层隐藏层,3个神经元)")
>>> ax[0,1].scatter(X[:,0],X[:,1],c=y,cmap=plt.cm.bwr)
>>> ax[0,1].contourf(xx,yy,nn2.predict(np.c_[xx.ravel(),yy.ravel
()]).reshape(xx.shape),cmap=plt.cm.bwr,alpha=0.3)
>>> ax[0,1].set_title("全连接神经网络(3层隐藏层,每层3个神经元)")
>>> ax[1,0].scatter(X[:,0],X[:,1],c=y,cmap=plt.cm.bwr)
>>> ax[1,0].contourf(xx,yy,nn3.predict(np.c_[xx.ravel(),yy.ravel
()]).reshape(xx.shape),cmap=plt.cm.bwr,alpha=0.3)
>>> ax[1,0].set_title("全连接神经网络(3层隐藏层,每层10个神经元)")
>>> ax[1,1].scatter(X[:,0],X[:,1],c=y,cmap=plt.cm.bwr)
>>> ax[1,1].contourf(xx,yy,nn4.predict(np.c_[xx.ravel(),yy.ravel
()]).reshape(xx.shape),cmap=plt.cm.bwr,alpha=0.3)
>>> ax[1,1].set_title("全连接神经网络(6层隐藏层,每层10个神经元)")
>>> plt.show()
```

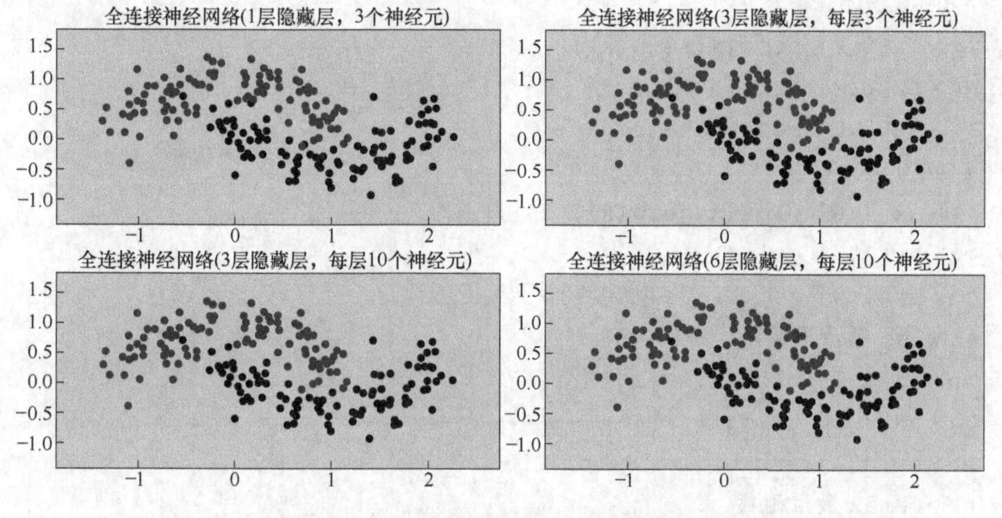

图 10-6 全连接神经网络对非线性数据的分类

由图 10-6 可以发现，对于简单的问题，含有较少神经元的全连接神经网络已可以达到足够的学习能力。过于复杂的网络不仅对性能提升不明显，还可能导致过拟合现象的发生。因此在实际问题中需要具体分析应用场景，对神经网络的复杂度进行恰当的设计。

除此之外，非线性激活函数在深度神经网络中起着举足轻重的作用。若每一层的神经元没有经过非线性激活函数的处理，神经网络增加层数的意义并不大。通常来说，激活函数需要连续可导(允许少数点上不可导)，并且要尽量简单，以保证神经网络计算的效率和训练的稳定性。下列代码通过 NumPy 实现目前深度学习中几种常用的激活函数类型，并绘制出图 10-7 所示的图形。

```
>>> sigmoid=lambda x:1/(1+np.exp(-x))
>>> tanh=lambda x:(np.exp(x)-np.exp(-x))/(np.exp(x)+np.exp(-x))
>>> relu=lambda x:np.maximum(0,x)
>>> gelu=lambda x:x/(1+np.exp(-1.702*x))
>>> swish=lambda x:x/(1+np.exp(-x))
>>> softmax=lambda x:np.exp(x)/np.sum(np.exp(x))
# 可视化激活函数
>>> x=np.arange(-5,5,0.1)
>>> fig,ax=plt.subplots(2,3,figsize=(12,8))
# Sigmoid 激活函数
>>> ax[0,0].plot(x,sigmoid(x))
>>> ax[0,0].grid()
>>> ax[0,0].set_title('Sigmoid')
# Tanh 激活函数
>>> ax[0,1].plot(x,tanh(x))
>>> ax[0,1].grid()
>>> ax[0,1].set_title('Tanh')
# ReLU 激活函数
>>> ax[0,2].plot(x,relu(x))
>>> ax[0,2].grid()
>>> ax[0,2].set_title('ReLU')
# GeLU 激活函数
>>> ax[1,0].plot(x,gelu(x))
>>> ax[1,0].grid()
>>> ax[1,0].set_title('GeLU')
# Swish 激活函数
>>> ax[1,1].plot(x,swish(x))
>>> ax[1,1].grid()
>>> ax[1,1].set_title('Swish')
# Softmax 激活函数
```

```
>>> ax[1,2].plot(x,softmax(x))
>>> ax[1,2].grid()
>>> ax[1,2].set_title('Softmax')
>>> plt.show()
```

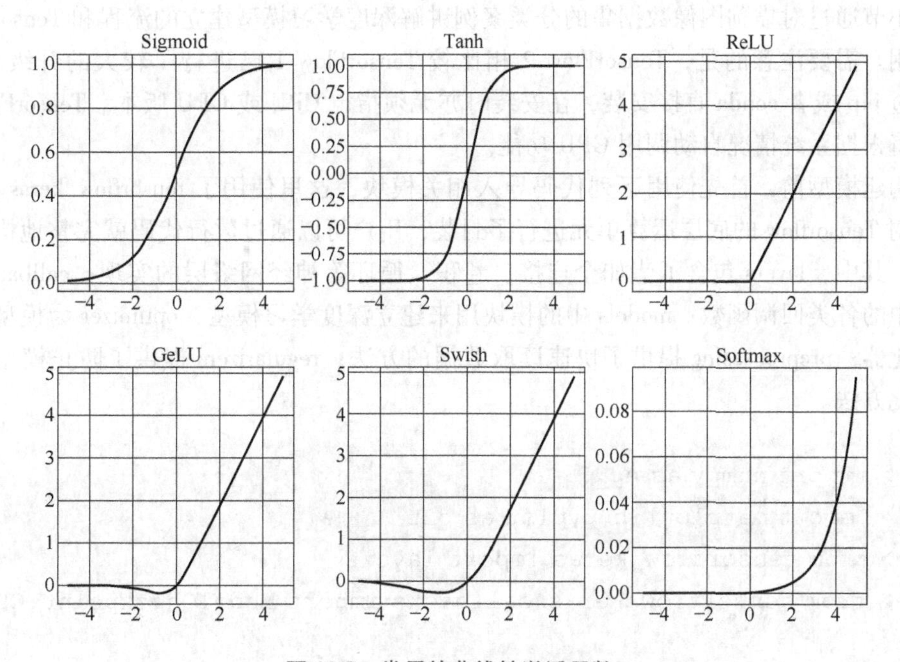

图 10-7 常用的非线性激活函数

由神经元组合成的全连接神经网络是最基础的网络形式。在此基础上，神经网络也针对特定问题领域演化出了多种有效的结构形式。例如，广泛应用于图像数据处理中的卷积神经网络(convolutional neural network，CNN)、擅长处理序列数据的循环神经网络(recurrent neural network，RNN)，以及在大规模机器学习问题上运用的自注意力编码器(transformer & self-attention)等结构。

10.1.2 Python 深度学习框架

上述基础全连接神经网络是使用 scikit-learn 搭建的，该框架作为一种通用的机器学习框架，实际上并不适合运用在复杂的深度学习项目中。其中一个重要的原因是该框架不支持针对图形处理器(graphics processing unit，GPU)的运算。

在计算机中，中央处理器(central processing unit，CPU)是核心处理单元，拥有强大的通用性来处理各种不同的数据类型，其擅长于处理复杂的分支运算。与之相比，GPU 则是由许多更小、更专业的内核组成。强大的并行运算能力、独立的大吞吐量计算通道、较少的控制单元使 GPU 不会受到计算以外的更多任务的干扰。深度学习由于其复杂的网络结构，往往需要对成百上亿个参数执行诸如矩阵乘法等运算，GPU 强大的并行计算能力与独立的存储空间能显著提升深度学习算法的训练与推理效率。诸如 TensorFlow、Pytorch、PaddlePaddle、MXNet

等 Python 中主流的深度学习框架目前均已支持使用 GPU 执行运算。本章将详细介绍基于 Tensorflow 的深度学习模型搭建方法，该框架由于其易用性、强大的计算集群，以及在终端部署的便利性已成为目前最流行的深度学习框架。事实上，各类深度学习框架都有其独特的特点与适合的使用情景，在掌握其中一种框架后，用户可以通过官方文档快速上手其他框架。

本小节通过对猫狗图像数据集的分类案例讲解深度学习模型建立的流程和 TensorFlow 框架的使用。需要注意的是，TensorFlow 2 相比较 TensorFlow 1 已进行了较大的升级与改进，它可通过 pip 或者 conda 直接安装，在安装时亦无须指定 CPU 或 GPU 版本。TensorFlow 2 在使用时将根据系统情况自动调用 GPU 功能。

在构建模型前，首先使用下列代码导入相关模块，这里使用了 tensorflow. keras 的 API。该 API 对 Tensorflow 的底层运算单元进行了封装，用户可以通过数行代码就完整地构建出工作模型。其中，layers 包含了诸如全连接、卷积、循环等神经网络层的实现；callbacks 提供了训练中的各类回调函数；models 中的模块用来建立深度学习模型；optimizer 为模型训练使用的优化器；preprocessing 提供了快速读取数据的方法；regularizers 提供了防止模型过拟合的正则化方法。

```
>>> import numpy as np
>>> import matplotlib.pyplot as plt
>>> from tensorflow.keras import layers
>>> from tensorflow.keras.callbacks import ModelCheckpoint,CSVLog-
ger
>>> from tensorflow.keras.models import Model
>>> from tensorflow.keras.optimizers import Adam
>>> from tensorflow.keras.preprocessing import image_dataset_from_
directory
>>> from tensorflow.keras.regularizers import l2
```

本案例使用的数据集存储在 PetImages 文件夹中，其中有以 Cat 和 Dog 命名的两个子文件夹，两个文件夹中分别包含 1000 张猫的图像和 1000 张狗的图像。下列代码定义了导入图像的函数，其接收数据文件夹路径、批量大小(即每一次训练使用的样本数目)和图像尺寸作为输入参数，输出为以 8∶2 比例随机划分的训练集与验证集数据。

```
>>> def create_dataset(data_path,batch_size,image_size):
        train_dataset=image_dataset_from_directory(data_path,
                                                   validation_split=0.2,
                                                   subset="training",
                                                   seed=42,
                                                   image_size=image_size,
                                                   batch_size=batch_size)
```

```
        val_dataset=image_dataset_from_directory(data_path,
                                                  validation_split=0.2,
                                                  subset="validation",
                                                  seed=42,
                                                  image_size=image_size,
                                                  batch_size=batch_size)
        return train_dataset,val_dataset
```

为了更好地观察数据集中包含的内容，下列代码选取训练集中的8份数据，将其展示为图10-8所示的包含2行4列的子图图像中。数据集中的标签“1”代表图像类别为狗，标签“0”代表图像类别为猫。

```
>>> train_dataset,val_dataset=create_dataset('PetImages',32,(256,
256))
>>> plt.figure(figsize=(12,6))
>>> for images,labels in train_dataset.take(1):
        for i in range(8):
            ax=plt.subplot(2,4,i+1)
            plt.imshow(images[i].numpy().astype("uint8"))
            plt.title('Dog'if int(labels[i])==1 else'Cat')
            plt.axis("off")
>>> plt.show()
```

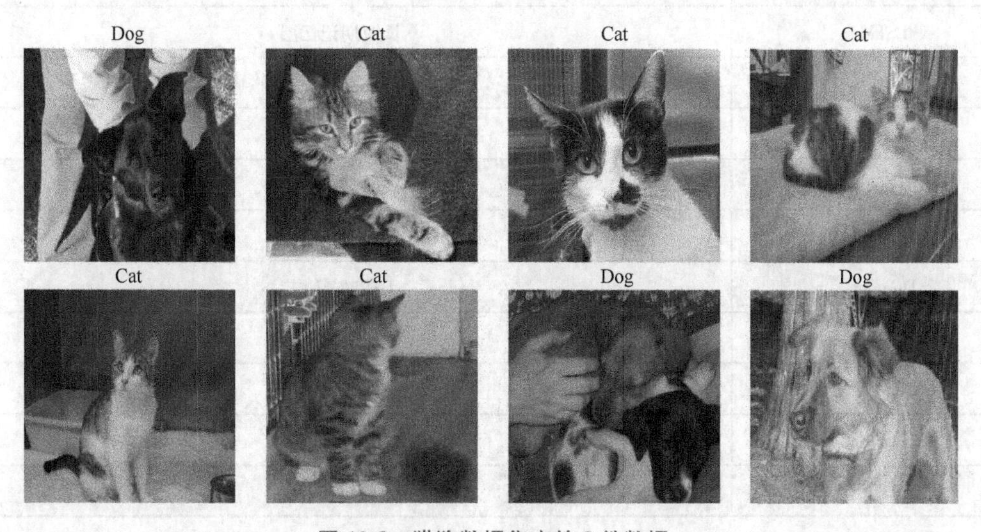

图10-8　猫狗数据集中的8份数据

由图10-8可见，数据集中的图像在猫狗的种类、花纹、颜色及图像背景方面都有较大的区别。传统的分类算法需要进行极其复杂的特征设计才能保证模型的正常预测；而通过建立深度学习模型，能够以端到端的学习方式实现对图像特征的自动提取和抽象。前面已经提及，卷积神经网络常用于图像数据的处理，故本案例将构建一种基础的卷积神经网络模型对猫狗图像进行分类。

事实上，tensorflow. keras 提供了函数式的 API 以便灵活地创建模型，通过定义每一层的输入构建各个层级之间的联系，便可以构建起各类神经网络。该种函数式构建方法在于定义逐层连接的方式并定义诸如多输入、多输出、共享层在内的模型关系。由此可见，模型最基础也是最核心的组成单元就是功能各异的神经网络层，表 10-1 列出了 tensorflow. keras. layers 中常用的神经网络层。

表 10-1　tensorflow. keras. layers 中常用的神经网络层

神经网络层类	描述
Input	输入层
Dense	全连接层
Activation	激活函数层
Embedding	嵌入层
Masking	掩码层
Lambda	自定义层（将任意表达式包装为 Layer 对象）
Conv2D	二维卷积层
Conv2DTranspose	转置二维卷积层
MaxPooling2D	二维极大值池化层
AveragePooling2D	二维平均值池化层
LSTM	长短期记忆层
GRU	门控循环层
BatchNormalization	批量标准化层
LayerNormalization	层标准化层
Attention	点积注意力层
Dropout	随机失活层
Reshape	形状重塑层
Flatten	展平层
Concatenate	连接层
Add	相加层

下列代码根据函数式 API 构建的方法，构建由不同神经网络层组成的卷积块函数。该函数以输入数据与卷积层卷积核数量为输入参数，输入数据首先经过尺寸为 3×3、步长为 1 的卷积核构成的卷积层，再经批量标准池化层、以 ReLU 为激活函数的激活函数层，以及极

大值池化层，最后以极大值池化层的输出为函数的输出数据。由于池化层的存在，当输入数据经过此卷积块后，其空间尺寸将会缩小为原尺寸的 1/4。

```
>>> def Conv_Block(x,num_filters):
        x=layers.Conv2D(filters=num_filters,
                        kernel_size=3,
                        strides=1,
                        padding='same')(x)
        x=layers.BatchNormalization()(x)
        x=layers.Activation('relu')(x)
        x=layers.MaxPooling2D((2,2))(x)
        return x
```

借助所创建的卷积块函数，便可以建立基础的卷积神经网络。在输入层，接收输入尺寸的数据。由于图像数据每个像素点上为 0~255 的整数，首先要对其进行归一化处理，映射至 0~1 的范围内。随后数据经过 4 个卷积块，随着空间尺寸的逐步缩小，卷积核的个数逐步增加，以保证学习能力。之后，将特征图数据经过展平层，随后经由全连接层，以 Sigmoid 函数为激活函数对结果进行输出。在模型定义时，由于已明确了从输入到输出一层层的层级关系，便可使用 Model( ) 方法确定输入和输出，框架便会自动根据输入与输出之间的层级搭建神经网络。

```
>>> def create_CNN(inputs_hape):
          inputs=layers.Input(inputs_hape)
           x=layers.experimental.preprocessing.Rescaling(1.0/255)
(inputs)
          x=Conv_Block(x,16)
          x=Conv_Block(x,32)
          x=Conv_Block(x,64)
          x=Conv_Block(x,128)
          x=layers.Flatten()(x)
          output=layers.Dense(1,activation='sigmoid')(x)
          return Model(inputs,output)
```

接下来根据输入图像的尺寸，建立卷积神经网络，并对构建的模型使用 .summary( ) 方法观察神经网络的结构。

```
>>> model=create_CNN((256,256,3))
>>> model.summary()
Model:"model"
```

```
________________________________________________________________
Layer (type)                 Output Shape              Param #
================================================================
input_1 (InputLayer)          [(None,256,256,3)]        0
rescaling (Rescaling)         (None,256,256,3)          0
conv2d (Conv2D)              (None,256,256,16)         448
batch_normalization (BatchN  (None,256,256,16)         64
ormalization)
activation (Activation)       (None,256,256,16)         0
max_pooling2d (MaxPooling2D)  (None,128,128,16)         0
conv2d_1 (Conv2D)             (None,128,128,32)         4640
batch_normalization_1 (Batc  (None,128,128,32)         128
hNormalization)
activation_1 (Activation)     (None,128,128,32)         0
max_pooling2d_1 (MaxPooling  (None,64,64,32)           0
2D)
conv2d_2 (Conv2D)             (None,64,64,64)           18496
batch_normalization_2 (Batc  (None,64,64,64)           256
hNormalization)
activation_2 (Activation)     (None,64,64,64)           0
max_pooling2d_2 (MaxPooling  (None,32,32,64)           0
2D)
conv2d_3 (Conv2D)             (None,32,32,128)          73856
batch_normalization_3 (Batc  (None,32,32,128)          512
hNormalization)
activation_3 (Activation)     (None,32,32,128)          0
max_pooling2d_3 (MaxPooling  (None,16,16,128)          0
2D)
flatten (Flatten)             (None,32768)              0
dense (Dense)                (None,1)                  32769
================================================================
Total params:131,169
Trainable params:130,689
Non-trainable params:480
________________________________________________________________
```

由上述代码的输出可以发现，在构建完网络模型后使用模型总结 . summary( ) 能够直观地展示神经网络的构成与其参数，并对所构建的模型进行验证。观察不同网络层的参数量可知，卷积层由于权值共享的特点，并不需要过多的参数，而最后一层将特征映射至结果的全连接层，却占据了约整个网络 1/4 的参数量。因此，在模型构建的过程中需要仔细考虑模型的性能与运算瓶颈。

在 tensorflow. keras 的 utils 模块中还封装了快速可视化神经网络模型的 API。以下代码对构建的模型的前 7 层进行了绘制，并在每一层上标注了该层的形状，以 dpi = 300 的分辨率进行保存。绘制的图形如图 10-9 所示。该方法在对网络结构进行可视化分析时非常有效。

```
>>> tf. keras. utils. plot_model (model, to_file = 'Dog_Cat_CNN. png',
show_shapes = True, layer_range = ['input_1', 'conv2d_1'], dpi = 300)
```

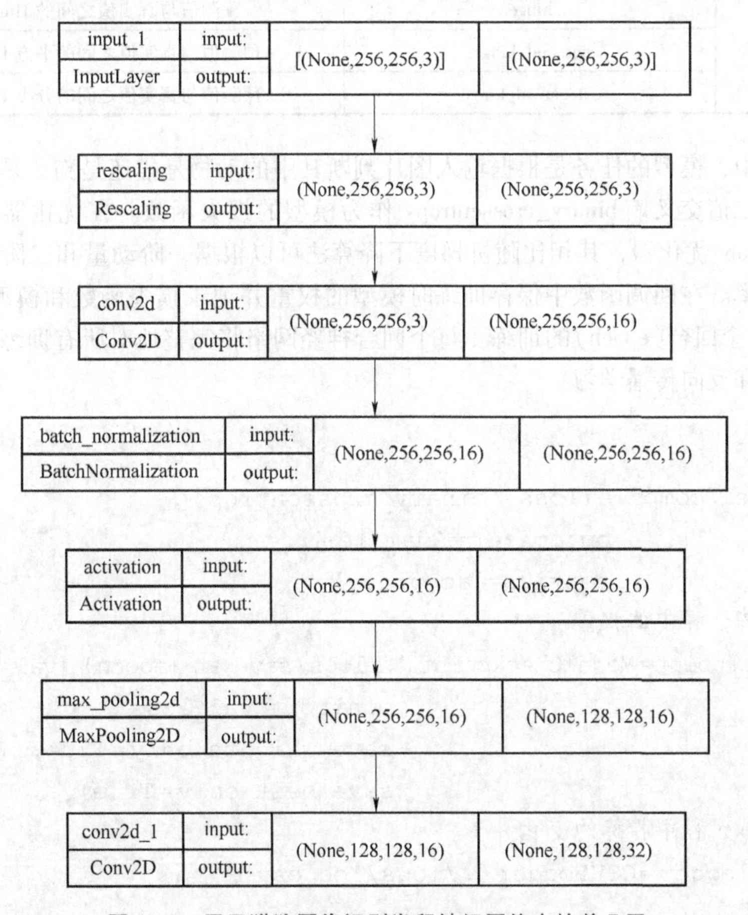

图 10-9 用于猫狗图像识别卷积神经网络中的前 7 层

在构建好模型后，只需再设置模型的损失函数和优化器，以及模型训练时的回调函数，便可让模型在数据集上展开训练。由于深度学习也属于机器学习的范畴，深度学习中的损失函数的目的同机器学习一样是计算模型在训练期间应最小化的目标。表 10-2 列出了 tensorflow. keras. losses 中常用的损失函数。优化器指的是优化损失函数采用的方法，由于深度学习模型参数空间庞大，使用诸如牛顿法等二阶算法在空间和效率上都是不可行的，因此深度学习的优化器采用的为随机梯度下降法及其各种改进。

表 10-2 tensorflow. keras. losses 中常用的损失函数

损失函数类型	损失函数名称	描述
概况损失	binary_crossentropy	二分类问题的交叉熵损失
	categorical_crossentropy	多分类问题的交叉熵损失
	kl_divergence	预测值与真实值之间的 Kullback-Leibler 散度
回归损失	mean_squared_error	预测值与真实值的误差平方的平均值
	mean_absolute_error	预测值与真实值的误差绝对值的平均值
	cosine_similarity	预测值与真实值的余弦相似度
	log_cosh	预测误差的双曲余弦的对数
最大间距分类损失	hinge	预测值与真实值之间的 Hinge 损失
	squared_hinge	预测值与真实值之间的平方 Hinge 损失
	categorical_hinge	预测值与真实值之间的分类 Hinge 损失

在本案例中，模型的任务是根据输入图片判断其中的动物是猫还是狗，是典型的二分类问题，故采取二值交叉熵 binary_crossentropy 作为模型的损失函数。在优化器方面，使用自适应矩估计 Adam 优化器，其相比随机梯度下降算法可以根据一阶动量和二阶动量的信息自适应调整学习率。在回调函数中保存训练时模型的权重并记录损失函数和模型精度的变化，对模型进行 60 个回合(epoch)的训练。每个回合神经网络将完整地对所有训练数据进行一次前馈传播预测和反向传播学习。

```
#模型编译
>>> model.compile(loss='binary_crossentropy',
              optimizer=Adam(1e-4),
              metrics='accuracy')
#保存训练过程中的权重
>>> checkpoint=ModelCheckpoint('./logs/save_at_{epoch}_{val_loss}.h5',
                          monitor='val_loss',
                          save_weights_only=True,
                          save_best_only=True)
#保存训练过程中指标的变化
>>> csvlogger=CSVLogger('./logs/log.csv')
#训练模型
>>> model.fit(train_dataset,
          epochs=60,
          callbacks=[checkpoint,csvlogger],
          validation_data=val_dataset)
```

在训练的每个回合结束时，回调函数 checkpoint 会判断神经网络在验证集上的预测精度，若其有所提升，便会将该回合神经网络中神经元的权重参数以 .h5 的形式存储在指定文件路径中。回调函数 csvlogger 则会将每个回合的训练集准确率、验证集准确率、训练集损失函数值、验证集损失函数值记录在指定的 . csv 文件中。下列代码对 CSV 记录器中的数据进行读取，并进行如图 10-10 所示的可视化分析，其中横轴为回合数，纵轴为准确率，蓝色的实线表示模型在训练集上的表现，红色的点画线表示模型在验证集上的表现。

```
>>> plt.rcParams['font.sans-serif']=['SimHei']
>>> plt.rcParams['axes.unicode_minus']=False
#读取记录文件
>>> x=np.loadtxt('./logs/log.csv',delimiter=",",skiprows=1)
#可视化准确率
>>> plt.figure(figsize=(8,4))
>>> plt.plot(x[:,0],x[:,1],'b-',label='训练集准确率')
>>> plt.plot(x[:,0],x[:,3],'r-.',label='验证集准确率')
>>> plt.grid()
>>> plt.title('每回合训练集与验证集的准确率')
>>> plt.legend()
>>> plt.show()
```

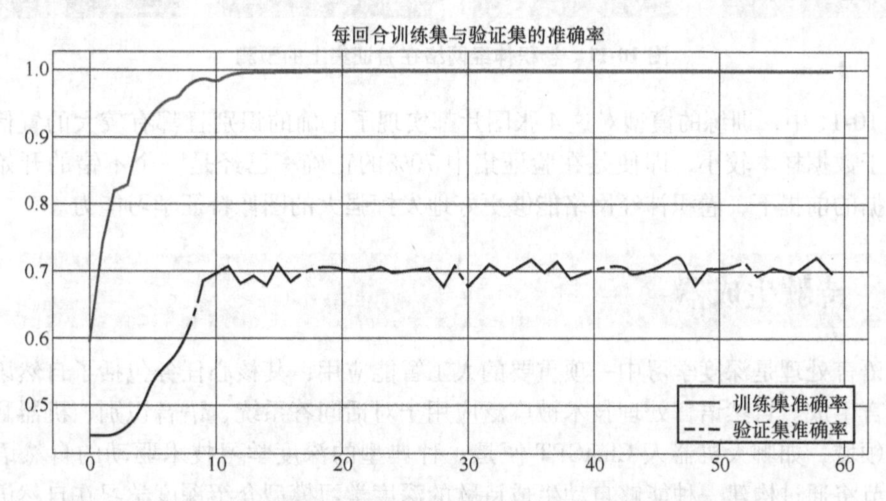

图 10-10　猫狗识别神经网络每回合训练集与验证集的准确率

由图 10-10 可见，随着回合数的增加，模型在训练集上的准确率逐渐接近于 1，而在验证集上的准确率却无法进一步提升。这类现象便是“过拟合”，即训练样本数据不足以反映所有数据的真实分布。在本案例中，尽管已经采取了 L2 正则化来防止过拟合，但训练数据样本过小的问题却没有得到根本性的解决。所以，可采取加大训练数据样本的方法来避免产生过拟合现象。

获得训练完成的模型后，便可以使用 . predict( ) 方法对该模型进行预测。下列代码从验证集中提取了 4 张图片，绘制出图 10-11 所示的 1 行 4 列的子图，每个子图的标题设置为模型预测该图片为狗和猫的概率。

```
>>> plt.figure(figsize=(12,6))
>>> for images,_ in val_dataset.take(1):
        for i in range(4):
            ax=plt.subplot(1,4,i+1)
            plt.imshow(images[i].numpy().astype("uint8"))
            score=model.predict(tf.expand_dims(images[i],0))[0]
            plt.title('为狗的概率:%.2f%%\n 为猫的概率:%.2f%%'% (100 *
score,100 * (1-score)))
            plt.axis("off")
>>> plt.show()
```

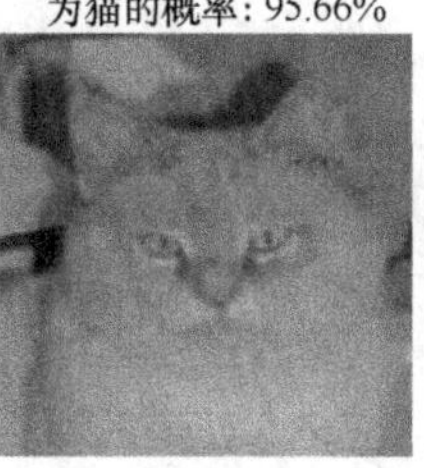

图 10-11　卷积神经网络在验证集上的预测

在图 10-11 中，训练的模型对这 4 张图片都实现了正确的识别且都有较大的置信度。事实上，由于数据样本较小，即使是在验证集中 70%的正确率已经是一个不错的开始。在拥有海量数据的前提下，卷积神经网络能够更好地发挥强大的图像特征学习能力。

10.2　诗歌生成器

自然语言处理是深度学习中一项重要的人工智能应用，其核心任务包括了自然语言理解与自然语言生成。自然语言处理技术被广泛应用于对话问答系统、语音识别、机器翻译、情感分析等领域，如聊天机器人 ChatGPT 便是一种典型的深度学习技术驱动的自然语言处理工具。本节将通过构建一种能够自动生成诗歌的深度学习模型介绍深度学习在自然语言生成中的应用。

本案例将运用到以下的第三方库和模块，首先进行导入工作。

```
>>> import numpy as np
>>> import matplotlib.pyplot as plt
>>> import tensorflow as tf
>>> from tensorflow.keras.callbacks import ModelCheckpoint,Tensor-
Board,CSVLogger
>>> from tensorflow.keras.layers import Input,LSTM,Dense,Dropout
```

```
>>> from tensorflow.keras.models import Model
>>> from tensorflow.keras.optimizers import Adam
```

同时，本案例的可视化分析涉及中文的使用，需要进行如下设置：

```
>>> plt.rcParams['font.family']='SimHei'
>>> plt.rcParams['axes.unicode_minus']=False
```

10.2.1 诗歌数据准备与预处理

本案例中使用到的数据保存在poem.txt文件中，文件的编码格式为UTF-8，在文件中每首诗为一行，使用以下代码对文件数据集进行查看。

```
>>> poems=[poem for poem in open('poem.txt',encoding='utf-8')]
>>> print("数据集包含{}首诗,前五首诗为:\n 1.{} 2.{} 3.{} 4.{} 5.{}".
    format(len(poems),poems[0],poems[1],poems[2],poems[3],poems[4]))

数据集包含43030首诗,前五首诗为:
1.首春:寒随穷律变,春逐鸟声开。初风飘带柳,晚雪间花梅。碧林青旧竹,绿沼翠新苔。芝田初雁去,绮树巧莺来。
2.初晴落景:晚霞聊自怡,初晴弥可喜。日晃百花色,风动千林翠。池鱼跃不同,园鸟声还异。寄言博通者,知予物外志。
3.初夏:一朝春夏改,隔夜鸟花迁。阴阳深浅叶,晓夕重轻烟。哢莺犹响殿,横丝正网天。珮高兰影接,绶细草纹连。碧鳞惊棹侧,玄燕舞檐前。何必汾阳处,始复有山泉。
4.度秋:夏律昨留灰,秋箭今移晷。峨嵋岫初出,洞庭波渐起。桂白发幽岩,菊黄开灞涘。运流方可叹,含毫属微理。
5.仪鸾殿早秋:寒惊蓟门叶,秋发小山枝。松阴背日转,竹影避风移。提壶菊花岸,高兴芙蓉池。欲知凉气早,巢空燕不窥。
```

可以发现，文件中包含了43030首古诗，每首诗以“:”分隔标题和内容，内容以五言诗为主。深度学习模型通常要求以数字数据作为输入，如可以将图像转化为数字构成的矩阵。对于文字数据，一种简单且常用的方法为对文字进行独热编码(one-hot encoding)处理。该方法首先计算数据集字库中的字符种类N，将每个字符转化为N维向量，该向量只容许该字符代表的位为数字1，其他位为数字0。如字典库中若仅包含“你”“我”“他”3种字符，则其各自的独热编码可以为：你=[1 0 0]；我=[0 1 0]；他=[0 0 1]。

对文字进行独热编码有多种方式，本案例中首先统计数据集中的字符种类，对每种字符进行排序，排序结果为其独热编码中1的位置。下列代码首先定义数据读取和预处理函数，由于整体数据集以五言诗为主，首先过滤掉不属于五言诗的数据，以及整首诗长度小于或等于5个字符的异常数据，对于剩余数据，在每首诗的结尾增加结束符，代表一首诗歌的结束；随后统计数据集中每种字符出现的次数，将次数的排序设置为每个字符的编号，作为独热编码时的有效位信息。函数输出的是将中文转化为编号的数据集，以及每个字符与编号对应的字典。

```
>>> def load_and_preprocess(poem_path,end_char):
        poems=[line.strip().replace(' ','').split(':')[1] for line in open(poem_path,encoding='utf-8')]
        poem_list=[]
        #过滤异常或不属于五言诗的数据,在剩余数据结尾加上结束符号
        for poem in poems:
            if len(poem) <=5:
                continue
            if poem[5]==",":
                poem_list.append(poem+end_char)
        #提取诗歌中所有的字符
        character_list=[]
        for poem in poem_list:
            character_list+=[character for character in poem]
        #统计每种字符出现的频率
        charact_dst={}
        for char in character_list:
            charact_dst[char]=charact_dst.get(char,0)+1
        #依字符出现的频率排序,为每个字符赋予 ID
        char_pairs=sorted(charact_dst.items(),key=lambda x:x[1],reverse=True)
        chars,counts=zip(*char_pairs)
        char2num_dict={char:num for num,char in enumerate(chars)}
        num2char_dict={num:char for num,char in enumerate(chars)}
        char2num_func=lambda char:char2num_dict.get(char)
        poem_item=np.array([list(map(char2num_func,poem)) for poem in poem_list],dtype=object)
        return poem_item,char2num_dict,num2char_dict
```

下列代码首先确定数据集存放位置与结束符字符，使用定义好的 load_and_preprocess() 函数对数据集进行读取和预处理。根据输出结果，可以发现在预处理之后，数据集中的诗歌变为 24026 首，字符种类为 7056 种。

```
>>> poem_path='.\poetry.txt'
>>> end_char='\n'
>>> poem_item,char2num_dict,num2char_dict=load_and_preprocess(poem_path,end_char)
```

```
>>>print('经载入和转换后,数据集中共有{}种类的字符,共{}首诗歌,其中:\n 诗歌中出现频率最高 5 个字符与数字的对应关系为{}'.format(len(char2num_dict),len(poem_item),[i for i in char2num_dict.items()][:5]))

经载入和转换后,数据集中共有 7056 种类的字符,共 24026 首诗歌,其中:
诗歌中出现频率最高 5 个字符与数字的对应关系为[(',',0),('。',1),('\n',2),('不',3),('人',4)]
```

为了能可靠地评估模型性能与泛化能力，需要从数据集中提取出不被模型学习的验证集。下列代码首先对数据集进行顺序打乱与切分，再以 9∶1 的比例划分训练集与验证集。

```
>>> val_split=0.1
>>> np.random.shuffle(poem_item)
>>> num_val=int(len(poem_item) * val_split)
>>> num_train=len(poem_item)-num_val
```

为将数据输入到神经网络中训练，需要构造时序样本数据，即整个数据分成固定长度的序列作为输入，对应的输出便是该序列接下来的字符，直至在输入数据中包含结束字符或输出数据为结束字符。下列代码定义了对输入和输出数据进行对应的函数。

```
>>> def input_and_output(input_data,char2num_dict,end_char,unit_sentence):
        inputs=[]
        outputs=[]
        for word in range(len(input_data)):
            inputs_item=input_data[word:word+unit_sentence]
            outputs_item=input_data[word+unit_sentence]
            # 如果是末尾就结束
            if (char2num_dict[end_char] in inputs_item) or outputs_item==char2num_dict[end_char]:
                return np.array(inputs),np.array(outputs)
            else:
                inputs.append(inputs_item)
                outputs.append(outputs_item)
        return np.array(inputs),np.array(outputs)
```

随后便可以设计为模型输入数据的生成器。该生成器首先根据批量大小从数据集中提取数据，随后对数据进行独热编码处理。具体为：首先根据批量大小、诗句长度和字符种类生成全为零的矩阵；随后对每个批量中的每个输入中的字符按位置编号为 1。

```
>>> def batch_generator(input_data,char2num_dict,batch_size,end_
char,unit_sentence):
        char_size=len(char2num_dict)
        len_input=len(input_data)
        batch_index=0
        while True:
            inputs_onehot=[]
            outputs_onehot=[]
            for i in range(batch_size):
                batch_index=(batch_index+1)%len_input
                inputs,outputs=input_and_output(input_data[batch_
index],char2num_dict,end_char,unit_sentence)
                for j in range(len(inputs)):
                    inputs_onehot.append(inputs[j])
                    outputs_onehot.append(outputs[j])
            batch_size_oh=len(inputs_onehot)
            inputs_data=np.zeros((batch_size_oh,unit_sentence,char
_size),dtype=np.int8)
            outputs_data=np.zeros((batch_size_oh,char_size),dtype
=np.int8)
            for i,(input_text,output_text) in enumerate(zip(inputs_
onehot,outputs_onehot)):
                # 将输入数据每个字符对应的编号位置设置为 1
                for t,index in enumerate(input_text):
                    inputs_data[i,t,index]=1
                # 将输出数据每个字符对应的编号位置设置为 1
                outputs_data[i,output_text]=1
            yield inputs_data,outputs_data
```

10.2.2 基于循环神经网络的诗歌生成器

对于文本、语音等序列类型的数据，其前后输入数据之间具有较强的联系，为了更好地处理序列类型的数据，深度学习中有一类称为循环神经网络(recurrent neural network，RNN)的序列数据处理模型。如图 10-12 所示，与其他神经网络只能建立层与层之间的权重连接相比，循环神经网络可以利用其同一层之间建立的权值连接处理任意时序的输入序列，从而使得模型更好地学习到序列数据的前后关联。

本案例将采取基于循环神经网络的长短期记忆(long short-term memory，LSTM)网络作为诗歌生成器模型。其内部通过门控单元的设计，可以使网络在长距离依赖的序列上有更佳的表现。下列代码为构建网络模型的函数，其首先根据数据集中字符的种类数量确定输入层的

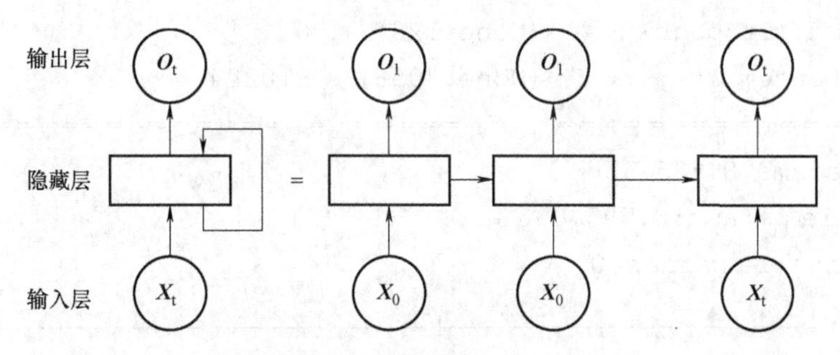

图 10-12　循环神经网络示意图

尺寸；随后便通过一层包含 256 个神经元的长短期记忆层，针对输入数据采用默认激活函数 Tanh，针对门控单元采用默认激活函数 Sigmoid，本层将输出完整的序列；下一层为随机失活(dropout)层，其通过在训练过程中随机丢弃部分神经元，避免在训练数据上产生复杂的相互适应，达到对抗过拟合的效果，这里设置失活率为 60&；在这之后为包含 128 个神经元的只输出最后一项输出的长短期记忆层和 60%失活率的随机失活层；最后通过全连接层，预测输出的字符。

```
>>> def create_LSTM(char2num_dict):
        char_size=len(char2num_dict)
        inputs=Input(shape=(None,char_size))
        x=LSTM(256,return_sequences=True)(inputs)
        x=Dropout(0.6)(x)
        x=LSTM(128)(x)
        x=Dropout(0.6)(x)
        output=Dense(char_size,activation='softmax')(x)
        return Model(inputs,output)
```

根据前面得出的字符与编号对照的字典，便可构建用于诗歌生成的深度学习模型。下列代码首先调用了模型生成函数，随后使用 .summary()方法对模型进行了总结。

```
>>> model=create_LSTM(char2num_dict)
>>> model.summary()
Model:"model"
_________________________________________________________________
Layer (type)                Output Shape              Param #
=================================================================
input_1 (InputLayer)        [(None,None,7056)]        0
lstm (LSTM)                 (None,None,256)           7488512
dropout (Dropout)           (None,None,256)           0
lstm_1 (LSTM)               (None,128)                197120
```

```
dropout_1 (Dropout)       (None,128)     0
dense (Dense)             (None,7056)   910224
=============================================================
Total params:8,595,856
Trainable params:8,595,856
Non-trainable params:0
_____________________________________________________________
```

可以发现，由于数据尺寸的关系，模型虽然仅有 2 层长短期记忆层，却共有约 859 万个参数，且均是可训练参数。模型中随机失活层能有效起到正则化并降低结构风险的效果。

通过下列代码可以绘制出图 10-13 所示的图形，对网络结构与每层的数据尺寸进行快速地可视化。

```
>>> tf.keras.utils.plot_model (model,to_file='LSTM_poem.png',show_shapes=True,dpi=300)
```

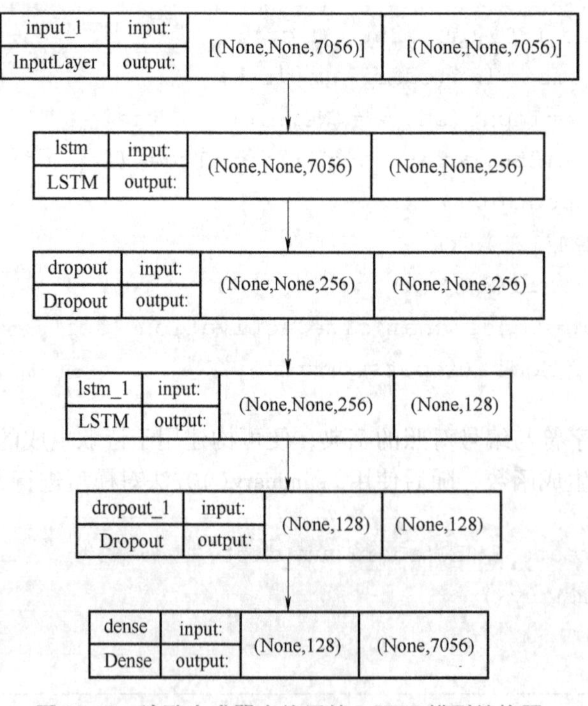

图 10-13　诗歌生成器中使用的 LSTM 模型结构图

作为诗歌生成器，模型的任务是根据序列的输入预测下一个输出字符。这实际上是一个分类问题，即预测输出是所有的字符种类中的哪一类。在神经网络最后一层经过 softmax 激活函数获得概率输出后，可使用交叉熵损失函数将类别的预测概率输出与真实类别的独热编码形式进行计算。下列代码使用 Adam 优化器、交叉熵损失函数、准确率指标对模型进行编译。

```
>>> model.compile(optimizer=Adam(),
                  loss='categorical_crossentropy',
                  metrics=['accuracy'])
```

10.2.3 诗歌生成器模型的训练与预测

在完成模型的定义后，便可使用数据集训练模型。为保证代码能在普通显存终端上运行，下列代码设置批量大小为2，若拥有较大显存的专业级显卡，则可适当提高批量大小的数值使训练更加稳定。训练回合数设定为70个，在训练时根据验证集准确率保存模型权重，将每个回合训练集与验证集的准确率和损失函数值保存至.csv文件，并使用TensorBoard对训练过程进行监控。随后，使用fit_generator()方法，以之前定义的生成器对模型开展训练。fit_geneartor()与之前使用的fit()的区别在于，后者一次性将所有数据加载至内存之中，而生成器每次仅加载批量大小的数据至内存之中。在面对数据数量远超过内存大小的情况时，应使用生成器的方法。

```
>>> batch_size=2
>>> epochs=70
>>> unit_sentence=6
#训练过程中保存权重
>>> checkpoint=ModelCheckpoint('./logs/{epoch:02d}-{val_loss:.4f}.h5',
                               monitor='val_loss',
                               save_weights_only=True,
                               save_best_only=True)
#启用 TensorBoard
>>> tbcallback=TensorBoard(log_dir='./logs')
#将每个回合训练集与验证集的损失函数值与准确率记录在.csv文件中
>>> csvlogger=CSVLogger('./logs/log.csv')
#使用构建的生成器训练模型
>>> model.fit_generator(batch_generator(poem_item,char2num_dict,
batch_size,end_char,unit_sentence),steps_per_epoch=max(1,num_train//
batch_size),validation_data=batch_generator(poem_item[:num_train],
char2num_dict,batch_size,end_char,unit_sentence),validation_steps=
max(1,num_val//batch_size),epochs=epochs,initial_epoch=0,allbacks=
[checkpoint,tbcallback,csvlogger])
```

在完成训练后，使用下列代码读取.csv文件中的数据，对每回合训练集和验证集的准确率进行可视化分析。由图10-14可见，模型在验证集上的准确率高于训练集的表现。一个可能的原因是在训练时随机失活的比例设置得过大，而在验证时随机失活层是自动关闭的，从而造成训练模型与验证时有一定差异，使得验证集的测试准确率提高。

```
>>> x=np.loadtxt('./logs/log.csv',delimiter=",",skiprows=1)
>>> plt.figure(figsize=(8,4))
>>>plt.plot(x[:,0],x[:,1],'b-',label='训练集准确率')
>>>plt.plot(x[:,0],x[:,3],'r-.',label='验证集准确率')
>>>plt.title('每回合训练集和验证集的准确率')
>>> plt.grid()
>>> plt.legend()
>>> plt.show()
```

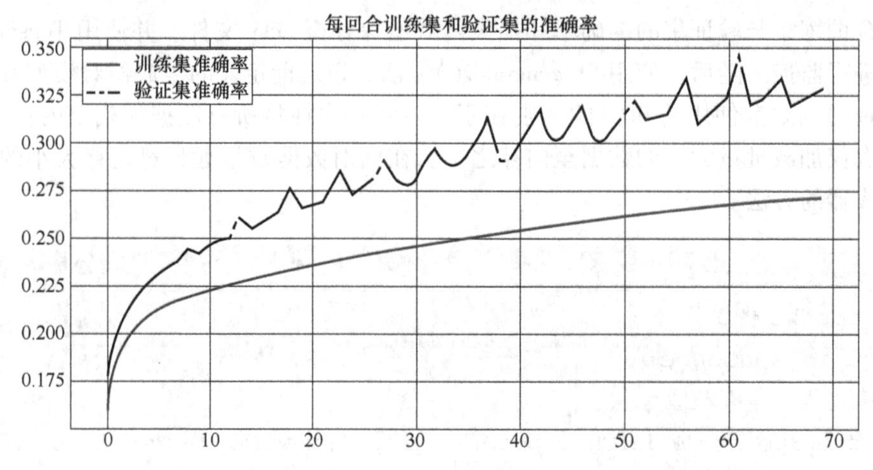

图 10-14　诗歌生成器神经网络每回合训练集和验证集的准确率

如前所述，在训练时的回调函数中定义了 TensorBoard 的使用。它是一款针对 TensorFlow 提供机器学习实验所需的可视化工具的工具包，其中一项重要的功能为跟踪可视化损失率和准确率等指标。在训练过程中或训练结束后，可以通过在命令行中输入如下代码启用 Tensorboard，其中 logs 为 TensorBoard 事件日志的存储地址。

```
tensorboard--logdir logs
```

之后命令行便会出现如下字符：

```
Serving TensorBoard on localhost; to expose to the network, use a proxy or pass--bind_all
TensorBoard 2.6.0 at http://localhost:6006/(Press CTRL+C to quit)
```

其中，6006 是 TensorBoard 的默认端口，该端口用来运行一个 TensorBoard 的实例。在浏览器中输入端口地址 http://localhost：6006/即可看到图 10-15 所示的显示界面。TesnorBoard 同样也可以在 Jupyter Notebook 中使用下列代码直接调用。

```
%load_ext tensorboard
%tensorboard--logdir logs
```

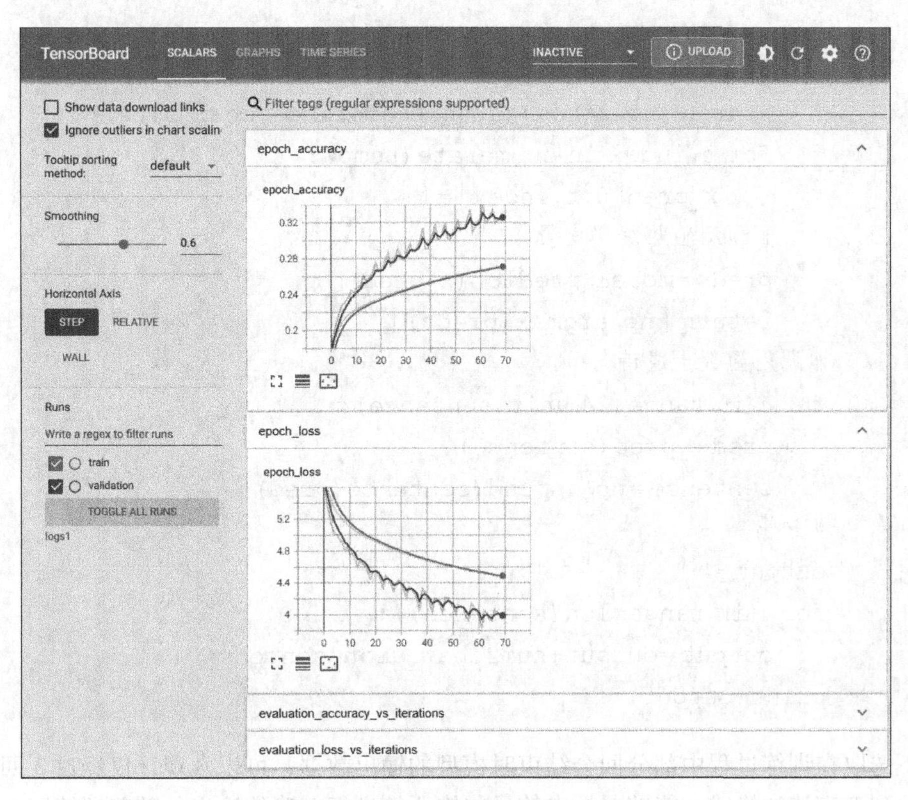

图 10-15　TensorBoard 显示界面

第 1 行代码首先加载 TensorBoard 的拓展，第 2 行代码与在命令行输入的代码相同，仅在开头增加了%符号代表其为 Jupyter Notebook 的魔术命令。

如图 10-15 所示，TesnorBoard 可以直观地对训练过程中的准确率、精度等关键指标开展可视化追踪，而无须手动编写可视化代码。除此之外，它还提供了图仪表盘对模型生成图进行数据诊断与可视化等丰富的剖析功能。

下列代码定义了根据当前模型进行诗歌生成的预测函数。其首先在输入数据中随机抽取一首诗的包含 6 个字符的首句，将其作为第一个序列输入；随后定义模型的预测函数，其基于模型预测的独热编码向量，取向量中的最大索引为预测的字符编号；循环调用预测函数便可进行诗句的生成与输出。

```
>>> def predict(model,input_data,char2num_dict,num2char_dict,unit_sentence):
        char_size=len(char2num_dict)
        #随机取一首诗的首句,进行预测
        index=np.random.randint(0,len(input_data))
        #保存诗句
        sentence=input_data[index][:unit_sentence]
        #预测函数
```

```
def _pred(text):
    temp=text[-unit_sentence:]
    x_pred=np.zeros((1,unit_sentence,char_size))
    for t,index in enumerate(temp):
        x_pred[0,t,index]=1
    # 预测独热编码向量
    preds=model.predict(x_pred)[0]
    return [np.argmax(preds)]
# 调用函数生成诗句
for i in range(24-unit_sentence):
    pred=_pred(sentence)
    sentence=np.append(sentence,pred)
# 输出
output=" "
for i in range(len(sentence)):
    output=output+num2char_dict[sentence[i]]
print(output)
```

以下选取在训练过程中部分回合结束时模型的输出数据，可以发现，仅经过 3 回合，模型已学习到五言诗的格式，能够对标点符号与终止符进行正确的输出。随着训练回合数的增加，诗歌生成器生成的诗句在文韵上逐渐接近真正的诗词。

```
Epoch 3:我经华原来,引饭重云封。挥手利金壁,犊门双古阳。
Epoch 10:春至今朝燕,山东自海溪。何当知修在,多作境中全。
Epoch 16:布石满山庭,纵横走气和。角形连四眼,明月向三关。
Epoch 18:天河堕双鲂,知几嵩阳北。病书尚高既,卧与令人亲。
Epoch 20:翠柏苦犹食,莓松新树香。晨摇落山树,雨月空山龛。
Epoch 23:闲门横古塘,白日应潜侵。草色枝醒种,龙光锦沽分。
Epoch 26:五老回无计,千金在意驰。水珠瀛雠白,柳发霜影红。
Epoch 33:泪滴珠难尽,池低玉管清。座中俱在地,货笠固相怜。
Epoch 35:文雅关西族,眸山祖蜀兵。万年无履赏,万载谁兵进。
Epoch 44:苇萧中辟户,一榻半秋来。扫云尘入砥,问鼓变其期。
Epoch 48:花开草复秋,花点春愁楠。驱马不有兴,赠君玉庭香。
Epoch 50:刻舟寻已化,经至正先趋。自生钟素荇,幽蔬静上蒿。
Epoch 54:非惟消旱暑,赖此畅所娱。君子上騕褭,天除绕系飞。
Epoch 61:情态任天然,闲论一欲空。闻游杳相见,悲风方皦时。
Epoch 65:近县多过客,欲归信园刍。白雪为南会,乾坤共寄忘。
Epoch 70:南国佳人至,东天千里知。听时生落合,延日气溅银。
```

此案例展示了深度学习的强大能力，只包含2层长短期记忆的神经网络模型便可以在文本生成任务上达到亮眼的表现。

10.3 识别验证码的OCR模型

随着网络爬虫技术的普及，一些网站为避免过度访问，通常会设置基于图像验证码的反爬机制。该机制在用户访问网站数据时要求用户输入给定的图像中的字符，而这些图像中的文字往往会通过线条或扭曲手段分离，让爬虫或恶意程序难以识别。随着深度学习技术在光学字符识别(optical character recognition，OCR)中的广泛应用，图像验证码的自动识别技术得到了长足的驱动。

光学字符识别是计算机视觉中一个重要的领域，其指通过对文本资料的图像进行分析、识别与处理，获取图像中文字与版面信息的过程。例如，基于图像的车牌识别系统就是OCR典型的一种应用。本节将构建基于深度学习端到端的OCR模型，用于识别网站中的验证码图像。

本案例中将使用到以下的库和模块，首先将其导入。

```
>>> import os
>>> import numpy as np
>>> import matplotlib.pyplot as plt
>>> import tensorflow as tf
>>> from tensorflow import keras
>>> from tensorflow.keras import layers
>>> from tensorflow.keras.callbacks import ModelCheckpoint,Tensor-
Board,CSVLogger
>>> from tensorflow.keras.models import Model
>>> from tensorflow.keras.optimizers import Adam
```

同时，本案例的可视化分析涉及中文的使用，需要进行如下设置。

```
>>> plt.rcParams['font.family']='SimHei'
>>> plt.rcParams['axes.unicode_minus']=False
```

10.3.1 验证码数据准备与预处理

本案例中使用到的验证码图像数据保存在verificaiton_code文件夹中，其中一共包含了1040张PNG格式的验证码数据图像，每张图像以该验证码中包含的字符命名，即图像名便为该图像的标签。首先通过以下代码导入每张图像的路径和标签值并进行观察。

```
>>> def load_images(data_path):
        images=[os.path.join(data_path,i) for i in os.listdir(data_path)]
```

```
        labels=[i.split(".png")[0] for i in os.listdir(data_path)]
        return images,labels
>>> images,labels=load_images('./verificaiton_code')
>>> print("共{}张验证码图像".format(len(images)))
>>> print("共{}个验证码标签".format(len(labels)))
>>> print("标签中共有{}种不同的字符".format(len(set(char for label in
labels for char in label))))
>>> print("前 3 张验证码的字符为:\n{}\n{}\n{}".format(labels[0],
labels[1],labels[2]))

共 1040 张验证码图像
共 1040 个验证码标签
标签中共有 19 种不同的字符
前 3 张验证码的字符为:
226md
22d5n
2356g
```

从上述代码的输出可以发现，验证码数据集每幅图像是由数字和字母构成的 6 位字符组成的。如 10.2.1 小节所述，深度学习通常不直接以普通文字数据作为输入，而通常需要将其转化为模型可识别的形式。下列代码对标签中每种字符依据其出现频率进行排序，将字符转化为数字形式，并输出包含每种字符与数字 ID 转换关系的字典和转换函数。

```
>>> def char_num_convert(labels):
        # 提取标签中所有字符
        character_list=[]
        for label in labels:
            character_list+=[character for character in label]
        # 统计每种字符的出现频率
        charact_dst={}
        for char in character_list:
            charact_dst[char]=charact_dst.get(char,0)+1
        # 对字符出现频率排序
        char_pairs=sorted(charact_dst.items(),key=lambda x:x[1],
reverse=True)
        chars,counts=zip(*char_pairs)
        # 依字符出现的频率排序,为每个字符赋予 ID
        char2num_dict={char:num for num,char in enumerate(chars)}
        num2char_dict={num:char for num,char in enumerate(chars)}
```

```
        # ID和字符互相转换的函数
        char2num_func=lambda char:char2num_dict.get(char)
        num2char_func=lambda num:num2char_dict.get(num)
        return char2num_dict,num2char_dict,char2num_func,num2char_func
    >>> char2num_dict,num2char_dict,char2num_func,num2char_func=char_
num_convert(labels)
    >>> print(char2num_dict)                    # 打印字符和数字 ID 对照字典
    {'n':0,'4':1,'5':2,'m':3,'g':4,'f':5,'3':6,'2':7,'8':8,'x':9,'c':10,'6':11,'d':
12,'7':13,'p':14,'b':15,'e':16,'w':17,'y':18}
```

接下来对数据根据路径进行读取与预处理，并将训练集与验证集转化为数据集对象 tensorflow.data.Dataset，该对象支持数据集的高效使用，尤其是针对多 GPU 分布式训练的情况提供了充足的优化。下列代码定义了制作数据集的函数，在函数中嵌套定义了分别用于预处理图像和预处理标签数据的函数。预处理图像的函数根据图片存储路径读取相应图片，将其转化为[0，1]浮点数格式的黑白图像。由于神经网络的设计与训练的要求，还需将图像的轴进行转换。预处理标签数据的函数将标签中字符串中的每个字符转化为对应的数字 ID。随后根据指定的训练集与验证集比例划分数据集，对其中数据使用定义的函数进行预处理，根据批量大小转化为 tensorflow.data.Dataset 数据对象。在定义好函数后，在本案例中设置批量大小为16、图像尺寸为(50，200)、训练集与验证集的比例为9∶1，生成训练数据集与验证数据集。

```
    >>> def train_vali_dataset(images,labels,batch_size,img_shape,
train_size=0.9,shuffle=True):
        images,labels=np.array(images),np.array(labels)
        size=len(images)
        indices=np.arange(size)
        # 打乱数据集顺序,以防止过拟合
        if shuffle:
            np.random.shuffle(indices)
        train_samples=int(size * train_size)
        # 划分训练集与验证集
        x_train,y_train=images[indices[:train_samples]],labels
[indices[:train_samples]]
        x_valid,y_valid=images[indices[train_samples:]],labels
[indices[train_samples:]]
        # 对每张输入图片的预处理
        def input_single(img):
            # 根据路径读取图片
            img=tf.io.read_file(img)
```

```
            # 转换为黑白格式
            img=tf.image.decode_image(img,1)
            # 调整图像至所需尺寸
            img=tf.image.resize(img,img_shape)
            # 将图像的宽度对应时间轴,以便后续神经网络的学习
            img=tf.transpose(img,perm=[1,0,2])
            # 将图像数值由[0,255]转化至[0,1]
            img=img/255.
            return img.numpy()
        # 对每个标签的预处理
        def label_single(label):
            # 将标签字符转换为数字 ID
            label=np.array(list(map(char2num_func,label)),np.int8)
            return label
        # 对数据集中的数据使用 map()函数进行预处理
        x_train,y_train=list(map(input_single,x_train)),list(map
(label_single,y_train))
        x_valid,y_valid=list(map(input_single,x_valid)),list(map
(label_single,y_valid))
        # 转化为 dataset 对象
        train_dataset = tf.data.Dataset.from_tensor_slices((x_
train,y_train)).batch(batch_size)
        validation_dataset=tf.data.Dataset.from_tensor_slices((x_
valid,y_valid)).batch(batch_size)
        return train_dataset,validation_dataset
    #设置批量大小为 16
    >>> batch_size=16
    #图像尺寸为长 200、宽 50
    >>> img_shape=(50,200)
    #构建训练数据集与验证数据集
    >>> train_dataset,validation_dataset=train_vali_dataset(images,
labels,batch_size,img_shape)
```

为验证数据预处理及数据集制作过程的正确，下列代码对数据集中的图像与对应的标签进行可视化。下列代码绘制出图 10-16 所示的 2 行 4 列共 8 个子图，每个子图的图像为数据集中一个批量的图像，子图标题设置为对应的标签。

```
    >>> fig,ax=plt.subplots(2,4,figsize=(12,3))
    >>> for batch in train_dataset.take(1):
```

```
        images=batch[0]
        labels=batch[1]
        for i in range(8):
            img=(images[i] * 255).numpy().astype("uint8")
            label=''.join(list(map(num2char_func,labels[i].numpy())))
            ax[i//4,i % 4].imshow(img[:,:,0].T,cmap="gray")
            ax[i//4,i % 4].set_title(label)
            ax[i//4,i % 4].axis("off")
>>> plt.show()
```

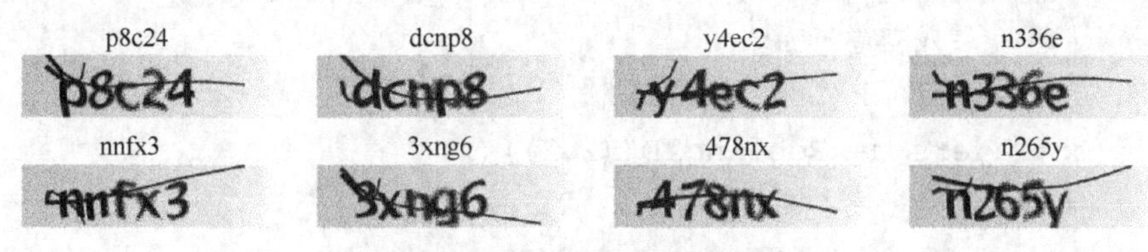

图 10-16　验证码训练集数据的可视化

由图 10-16 可见，数据集中的图像都具有相同的设定尺寸，标签与每幅图像也呈现一一对应的关系。这些表明数据集构建正确，可供模型训练使用。

10.3.2　基于卷积循环网络的 OCR 模型

10.2 节介绍了基于卷积神经网络对图像进行识别并将其分类至猫或狗的类别，而本案例中虽然也是基于图像数据，但需要识别出图像中的每一个字符，并输出图像代表的验证码字符。因为图像中字符出现的位置、大小、间隔均有不同，若直接采用卷积神经网络的结构并不能较好地完成 OCR 任务。通常来说，传统的 OCR 模型包含图像预处理、文字检测与文本识别 3 个阶段，但神经网络强大的特征学习能力使得端到端的 OCR 模型成为可能。本案例将基于图像验证码任务识别的特点，采用卷积循环网络这一模型，该网络结合了卷积神经网络在图像处理，以及循环神经网络在序列文本识别中的长处，以构建端到端的 OCR 识别算法。

下列代码定义了构建 OCR 识别模型神经网络的函数。该网络首先使用基于残差连接的卷积神经网络层对输入图像进行特征提取，随后将特征图经过变换后输入双向长短期记忆循环神经网络层中，对序列中的每一个特征进行学习，并输出其真实值的分布。采用这种结构无须对单个字符进行分布预测，而是将文本识别转化为序列学习问题。最后，通过全连接的转录层将序列每一帧的预测转化为最终的标签序列。

```
>>> def build_model():
        #使用残差连接的卷积神经网络层
        def res_block(x,num_filters):
            x1=layers.Conv2D(filters=num_filters,kernel_size=3,
strides=1,padding='same',kernel_initializer='he_normal')(x)
            x1=layers.BatchNormalization()(x1)
```

```
            x1=layers.Activation('relu')(x1)
            x1=layers.Conv2D(filters=num_filters,kernel_size=3,
strides=1,padding='same',kernel_initializer='he_normal')(x1)
            x1=layers.BatchNormalization()(x1)
            x2=layers.Conv2D(filters=num_filters,kernel_size=3,
strides=1,padding='same',kernel_initializer='he_normal')(x)
            y=layers.Add()([x1,x2])
        return y
        #模型的输入层
        inputs=layers.Input(shape=(img_shape[1],img_shape[0],1))
        #第一层残差卷积层
        x=res_block(inputs,32)
        x=layers.MaxPooling2D((2,2))(x)
        #第二层残差卷积层
        x=res_block(x,64)
        x=layers.MaxPooling2D((2,2))(x)
        #转换特征图
        new_shape=((img_shape[1]//4),(img_shape[0]//4)*64)
        x=layers.Reshape(target_shape=new_shape)(x)
        #全连接神经网络层
        x=layers.Dense(64,activation="relu")(x)
        x=layers.Dropout(0.2)(x)
        #两层双向长短期记忆循环神经网络层
        x=layers.Bidirectional(layers.LSTM(128,return_sequences=
True,dropout=0.2))(x)
        x=layers.Bidirectional(layers.LSTM(64,return_sequences=
True,dropout=0.2))(x)
        #输出层
        output=layers.Dense(len(char2num_dict)+1,activation=
"softmax")(x)
        return Model(inputs=inputs,outputs=output)
```

下列代码调用定义模型的函数建立模型，并绘制出图 10-17 所示的模型结构图。由结构图可以清晰地观察到，图像特征会同时经过左侧的卷积特征提取与右侧的 1×1 大小的卷积核运算并进行相加，此即在深度卷积神经网络中广泛使用的残差连接结构。

```
>>> model=build_model()
>>> tf.keras.utils.plot_model(model,to_file='OCR_CRNN.png',show_
shapes=True,dpi=300)
```

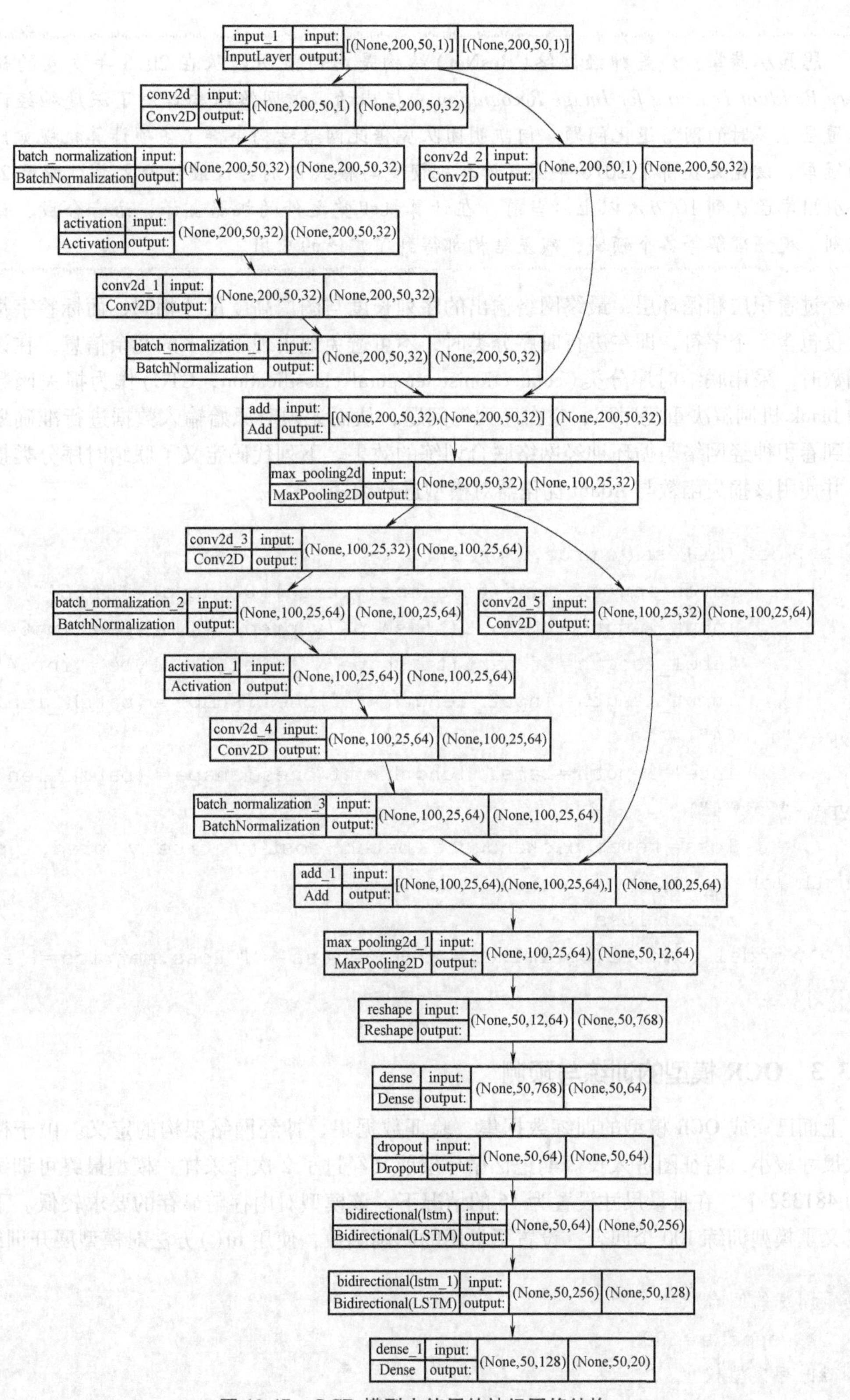

图 10-17　OCR 模型中使用的神经网络结构

思政小课堂：残差神经网络(ResNet)结构是由何凯明团队在2016年发表的论文 *Deep Residual Learning for Image Recognition* 中提出的，该网络结构解决了深度神经网络隐藏层过多时的网络退化问题。何凯明团队凭借此网络结构夺得了多项计算机视觉比赛的冠军。该论文获得了2016年国际计算机视觉与模式识别会议最佳论文奖，截至2022年引用率已达到10万次以上。当前，在计算机视觉之外的机器翻译、语音合成、语音识别、视频理解等各个领域，残差结构都得到了广泛的应用。

经过卷积层和循环层，最终网络输出的序列长度与图像高度尺寸相同，而标签字符串的长度仅包含5个字符，即在进行时序分类时，不可避免地出现了较多的冗余信息。在设计损失函数时，采用联结时序分类(connectionist temporal classification，CTC)作为损失函数，其采用blank机制解决重复序列、空白序列等问题，从而无须对原始输入数据进行准确划分便可达到卷积神经网络与循环神经网络联合训练的效果。下列代码定义了联结时序分类损失函数，并使用该损失函数与Adam优化器对模型进行编译。

```
>>> def CTCLoss(y_true,y_pred):
        batch_len=tf.cast(tf.shape(y_true)[0],dtype="int64")
        input_length=tf.cast(tf.shape(y_pred)[1],dtype="int64")
        label_length=tf.cast(tf.shape(y_true)[1],dtype="int64")
        input_length=input_length * tf.ones(shape=(batch_len,1),
dtype="int64")
        label_length=label_length * tf.ones(shape=(batch_len,1),
dtype="int64")
        loss=keras.backend.ctc_batch_cost(y_true,y_pred,input_
length,label_length)
        return loss
>>> model.compile(optimizer=Adam(),loss=CTCLoss,metrics=['accu-
racy'])
```

10.3.3 OCR模型的训练与预测

上面已完成OCR模型的训练数据集、验证数据集、神经网络架构的定义。由于模型的输入尺寸较小，特征图进入长短期记忆循环层前又经过了2次降采样，模型最终可训练的参数为481332个，在批量尺寸设置为16的情况下，该模型对内存与显存的要求较低。下列代码定义了模型训练100个回合，设置了常用的回调函数，使用fit()方法对模型展开训练。

```
#训练的回合数
>>> epochs=100
#保存模型权重
>>> checkpoint=ModelCheckpoint('./logs/{epoch:02d}-{val_loss:.4f}.h5',
```

```
                                   monitor='val_loss',
                                   save_weights_only=True,
                                   save_best_only=True)
# TensorBoard 回调
>>> tbcallback=TensorBoard(log_dir='./logs')
#保存每个回合训练集与验证集的损失函数的值至 CSV 文件中
>>> csvlogger=CSVLogger('./logs1/log.csv')
#训练模型
>>> model.fit(train_dataset,
              validation_data=validation_dataset,
              epochs=epochs,
              callbacks=[checkpoint,tbcallback,csvlogger])
```

在100个回合结束后，使用下列代码读取损失函数记录文件中的数据，绘制每回合训练集与验证集损失函数的值的变化情况，如图10-18所示，其中蓝色实线代表训练集损失函数的值，红色点画线指代验证集损失函数的值。由于在定义回调函数时也采用了TensorBoard，该过程亦可采取10.2.3小节中介绍的TensorBoard可视化方法完成。

```
>>> x=np.loadtxt('./logs/log.csv',delimiter=",",skiprows=1)
>>> plt.figure(figsize=(8,4))
>>> plt.plot(x[:,0],x[:,1],'b-',label='训练集损失函数的值')
>>> plt.plot(x[:,0],x[:,2],'r-.',label='验证集损失函数的值')
>>> plt.title('每回合训练集和验证集的损失函数的值')
>>> plt.grid()
>>> plt.legend()
>>> plt.show()
```

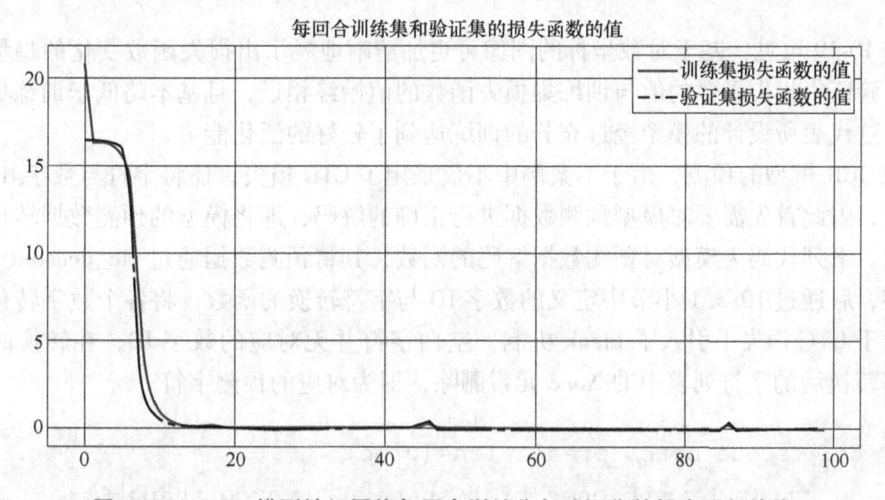

图10-18　OCR模型神经网络每回合训练集与验证集的损失函数的值

由图 10-18 可见，训练集与验证集损失函数的趋势与数值大致相同，但由于损失函数的数值的变化范围较大，基于普通坐标系的可视化并不直观，即无法通过图形充分理解变化的趋势。为此，可将代表损失函数值的纵轴转化为“对数坐标系”，即使用对数函数对所有纵坐标数值进行转化，如图 10-19 所示。实现代码如下：

```
>>> plt.figure(figsize=(8,4))
>>> plt.plot(x[:,0],x[:,1],'b-',label='训练集损失函数的值')
>>> plt.plot(x[:,0],x[:,2],'r-.',label='验证集损失函数的值')
>>> plt.title('每回合训练集和验证集的损失函数的值(对数坐标)')
>>> plt.grid()
>>> plt.legend()
>>> plt.yscale('log')      #纵轴转化为对数坐标
>>> plt.show()
```

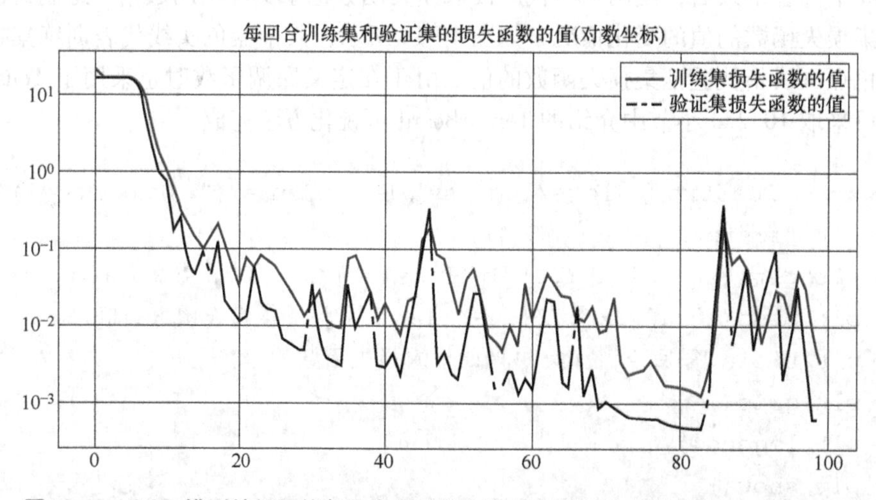

图 10-19　OCR 模型神经网络每回合训练集与验证集的损失函数的值（对数坐标）

由图 10-19 可见，基于对数坐标的图像可更加清晰地展示出损失函数变化的趋势。在本案例中，验证集损失函数的值与训练集损失函数的值始终相近，且基本略低于训练集损失函数的值，这代表所设计的模型经过充分的训练达到了较好的泛化能力。

对于 OCR 模型的预测，由于本案例中不仅采用了 CTC 损失，还将字符与数字 ID 之间进行了转换，因此首先需要对模型预测数据进行正确的解码，即将模型的预测数据转化为字符串的形式。下列代码为模型对预测数据解码的函数，其将预测数据通过 ctc_decode( ) 方法转化为数字，后通过 10.3.1 小节中定义的数字 ID 与字符转换的函数，将各个数字转化为对应字符。由于 CTC 损失中引入了 blank 机制，空白字符并无对应的数字 ID，在转换时会返回 None，将转换后的字符列表中的 None 元素删除，即为对应的预测字符。

```
>>> def decode_batch_predictions(pred):
        input_len=np.ones(pred.shape[0]) * pred.shape[1]
```

```
        # 对预测值进行解码
        results=keras.backend.ctc_decode(pred,input_length=input_
len,greedy=True)[0][0][:,:len(char2num_dict)]
        output_text=[]
        for res in results:
            # 将预测值由数字 ID 转换为对应的字符
            res=list(map(num2char_func,res.numpy()))
            # 去除 CTC 损失引入的 None
            res=list(filter(None,res))
            # 将列表转换为字符串
            res=''.join(map(str,res))
            output_text.append(res)
        return output_text
```

下列代码调用了定义的预测解码函数，对验证集中的一个批量 16 张图片进行可视化预测，生成图 10-20 所示的 4 行 4 列共 16 张子图，其中每幅子图的图像即为验证码图像，标题则为模型对此图像预测的字符。

```
>>> fig,ax=plt.subplots(4,4,figsize=(12,4))
>>> for batch in validation_dataset.take(1):
        batch_images=batch[0]
        batch_labels=batch[1]
        # 模型预测
        preds=model.predict(batch_images)
        # 调用预测解码函数
        pred_texts=decode_batch_predictions(preds)
        for i in range(len(pred_texts)):
            img=(batch_images[i,:,:,0] * 255).numpy().astype
(np.uint8)
            title=f"预测值:{pred_texts[i]}"
            ax[i//4,i % 4].imshow(img.T,cmap="gray")
            ax[i//4,i % 4].set_title(title)
            ax[i//4,i % 4].axis("off")
>>> plt.show()
```

由图 10-20 可见，每幅验证码图像的字符大小、位置、排列并不统一，且有不同方向的线条划分图像，个别验证码甚至人眼都需要仔细观察才可得出正确数值，但本案例设计的基于卷积循环网络的 OCR 模型可以对所有的验证码图像实现正确的预测识别。正由于深度学习技术强大的性能，当下各类 OCR 的模型基本上都是基于深度学习算法建立的。

图 10-20　OCR 模型在验证数据集上的预测

10.4　本章小结

本章介绍了深度学习的基本概念，并介绍了多个使用 Python 建立深度学习算法解决实际应用问题的案例。首先介绍了基于 Scikit-learn 构建多层感知机对线性不可分数据的分类，但由于 Scikit-learn 并没有对 GPU 运算的支持，事实上深度学习需采取专用的第三方库。本章着重介绍了基于 TensorFlow 构建卷积神经网络实现猫狗分类、构建循环神经网络实现诗歌生成器、构建卷积循环神经网络实现验证码 OCR 识别。需要注意的是，在深度学习中，网络结构的设计固然重要，但最核心的仍然是充足高质的训练数据，因此在选择深度学习算法前首先需要考虑数据集的大小与质量能否支撑算法的运行。

10.5　课后习题

1. 10.1.2 小节中设计的卷积神经网络存在一定过拟合现象。请对数据集和网络模型进行进一步改进，以提升网络在验证数据集上的准确率。

2. 10.2 节中的数据预处理使用了所有的文字作为训练数据，为节省内存开销，可在构建独热编码前去除低频词语。请实验去除文字比例和训练结果的关系。

3. 请根据 10.2 节中设计的诗歌生成器，设计预测函数，使其能够根据给定字符生成藏头诗。

4. 请设计深度学习系统，对 9.2.1 小节中的 MNIST 手写数字数据集进行分类识别，并与第 9 章中设计的逻辑回归识别模型进行对比。

参考文献

REFERENCES

[1] 董付国. Python 程序设计基础与应用 [M]. 北京：机械工业出版社，2022.

[2] 策勒. Python 程序设计：第 3 版 [M]. 王海鹏，译. 北京：人民邮电出版社，2018.

[3] 马瑟斯. Python 编程：从入门到实践 [M]. 袁国忠，译. 北京：人民邮电出版社，2016.

[4] 嵩天，礼欣，黄天羽. Python 语言程序设计基础 [M]. 2 版. 北京：高等教育出版社，2017.

[5] 麦金尼. 利用 Python 进行数据分析：原书第 2 版 [M]. 徐敬一，译. 北京：机械工业出版社，2018.

[6] 万托布拉斯. Python 数据科学手册 [M]. 陶俊杰，陈小莉，译. 北京：人民邮电出版社，2018.

[7] 龚沛曾，杨志强. Python 程序设计及应用 [M]. 北京：高等教育出版社，2021.

[8] 刘卫国. Python 语言程序设计 [M]. 北京：电子工业出版社，2016.

[9] 杰龙. 机器学习实战：基于 Scikit-Learn、Keras 和 TensorFlow 原书第 2 版 [M]. 宋能辉，李娴，译. 北京：机械工业出版社，2020.

[10] 郑，卡萨丽. 精通特征工程 [M]. 陈光欣，译. 北京：人民邮电出版社，2019.

[11] 伊格莱西亚斯，范德瓦尔特，达士诺. Python 科学计算最佳实践：SciPy 指南 [M]. 陈光欣，译. 北京：人民邮电出版社，2019.

[12] 海克. scikit-learn 机器学习：第 2 版 [M]. 张浩然，译. 北京：人民邮电出版社，2019.